全国技工院校工业机器人应用与维护专业教材（高级技能层级）

工业机器人应用技术
（ABB 西门子）

中国劳动社会保障出版社

图书在版编目(CIP)数据

工业机器人应用技术：ABB 西门子/杨杰忠，林东峰主编. -- 北京：中国劳动社会保障出版社，2018

全国技工院校工业机器人应用与维护专业教材. 高级技能层级

ISBN 978－7－5167－3414－8

Ⅰ. ①工… Ⅱ. ①杨… ②林… Ⅲ. ①工业机器人-高等职业教育-教材 Ⅳ. ①TP242. 2

中国版本图书馆 CIP 数据核字(2018)第 190175 号

中国劳动社会保障出版社出版发行

（北京市惠新东街 1 号　邮政编码：100029）

*

三河市华骏印务包装有限公司印刷装订　新华书店经销

787 毫米×1092 毫米　16 开本　22. 75 印张　494 千字

2018 年 8 月第 1 版　　2025 年 7 月第 8 次印刷

定价：56. 00 元

营销中心电话：400-606-6496

出版社网址：http://www. class. com. cn

http://jg. class. com. cn

简介

本书共分为三大模块，即工业机器人在码垛生产线中的应用与维护、工业机器人在涂胶生产线中的应用与维护、工业机器人在手机装配生产线中的应用与维护。每个模块又设置若干任务。在任务的选择上，以典型的工作任务为载体，坚持以能力为本位，重视实践能力的培养；在内容的组织上，整合相应的知识和技能，实现理论和操作的统一，符合学生认知规律。

本书是在充分吸收国内外职业教育先进理念的基础上，集众多一线教师多年的教学经验和企业实践专家的智慧完成的。在编写过程中，力求实现内容通俗易懂，既方便教师教学，又方便学生自学。特别是在操作技能部分，图文并茂，侧重于对程序设计、电路安装、通电试车过程和故障检修内容的细化，以提高学生在实际工作中分析和解决问题的能力，实现职业教育与社会生产实际的紧密结合。

本书具有三个突出特色。一是体现“新”，教材以工作过程中的典型工作任务为主线进行编写，充分反映了新材料、新工艺、新技术、新方法等“四新”知识。二是注重科学性，教材从编写模式到内容选取均符合教学规律，符合国内外制造业的发展水平，突出先进性、实用性，便于组织教学，可提高学生的学习效率。三是体现普适性，由于当前工业机器人应用与维护专业生源、学制存在较大差异，教材编写时进行了合理的梯度设计，以期照顾到不同求学者的学习基础。教材也可以作为企业员工培训教材使用。

本书配有方便教师上课使用的电子课件等数字化资源，可通过中国技工教育网（http://jg.class.com.cn）下载。针对教材中的重点内容制作了多媒体素材，使用移动终端扫描书中相应位置处的二维码即可在线观看。

本书由杨杰忠、林东峰主编，张敏翔、刘学忠、叶光显副主编，李华、沈洪、杨向军、砀武和、黄李生参编；邹火军主审。由于编者水平有限，书中若有错漏和不妥之处，恳请读者批评指正。

编　者

目录

模块一　工业机器人在码垛生产线中的应用与维护 …… 1

任务 1　认识码垛工业机器人 …… 1
任务 2　码垛输送机构的组装、接线与调试 …… 16
任务 3　立体码垛单元的组装、程序设计与调试 …… 30
任务 4　步进升降机构的组装、接线与调试 …… 44
任务 5　检测排列单元的程序设计与调试 …… 56
任务 6　机器人单元的程序设计与调试 …… 77
任务 7　机器人自动换夹具的程序设计与调试 …… 89
任务 8　机器人轮胎码垛入仓的程序设计与调试 …… 122
任务 9　机器人车窗分拣及码垛的程序设计与调试 …… 129
任务 10　机器人工作站的程序设计与调试 …… 137

模块二　工业机器人在涂胶生产线中的应用与维护 …… 149

任务 1　认识涂胶工业机器人 …… 149
任务 2　上料涂胶单元的组装、程序设计与调试 …… 165
任务 3　多工位涂装单元的组装、程序设计与调试 …… 185
任务 4　机器人单元的程序设计与调试 …… 199
任务 5　机器人自动换夹具的程序设计与调试 …… 218
任务 6　机器人车窗框架预涂胶的程序设计与调试 …… 228
任务 7　机器人车窗拾取并涂胶的程序设计与调试 …… 233
任务 8　机器人车窗装配的程序设计与调试 …… 240
任务 9　工作站整机的程序设计与调试 …… 247

模块三　工业机器人在手机装配生产线中的应用与维护 …… 262

任务 1　认识装配工业机器人 …… 262

任务 2　上料整列单元的组装、接线与调试 …… 274

任务 3　手机加盖单元的组装、程序设计与调试 …… 290

任务 4　机器人装配手机按键的程序设计与调试 …… 308

任务 5　机器人装配手机盖的程序设计与调试 …… 328

任务 6　工作站整机的程序设计与调试 …… 335

后记 …… 355

模块一　工业机器人在码垛生产线中的应用与维护

任务 1　认识码垛工业机器人

学习目标

知识目标：

1. 了解码垛机器人的特点及分类。
2. 掌握码垛机器人的系统组成及功能。

能力目标：

能够识别码垛机器人工作站的基本构成。

工作任务

码垛机器人是历经人工码垛、码垛机码垛两个阶段而发展出的自动化码垛作业智能化设备。码垛机器人的出现，不仅可改善劳动环境，而且对减轻劳动强度，保证人身安全，减少辅助设备资源，提高劳动生产率等具有重要意义，能够极大地提高码垛效率，提升物流速度，减少物料破损与浪费。因此，码垛机器人将逐步取代传统码垛设备以实现生产制造的"新自动化、新无人化"，码垛行业也将因码垛机器人的出现而步入"新起点"。如图 1—1—1 所示是机器人轮胎码垛入仓和机器人车窗分拣及码垛模拟工作站。

本任务的内容是初步认知码垛机器人，通过观看码垛机器人在工厂自动化生产线中的应用录像，以及参观工业机器人相关企业和生产现场，加深对码垛机器人的了解。最后在教师指导下，分组进行机器人轮胎码垛入仓和机器人车窗分拣及码垛工作站操作练习。

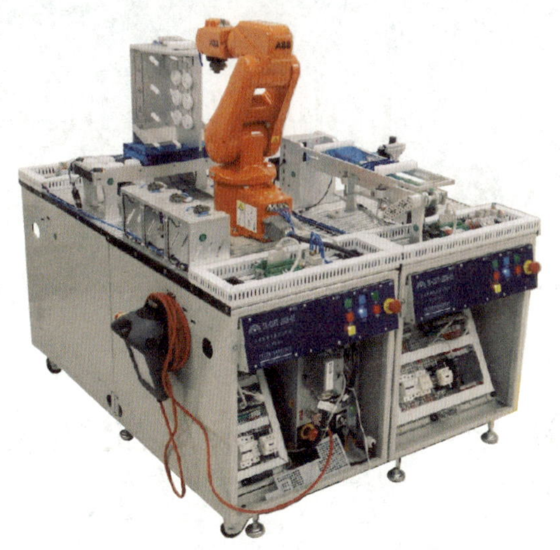

图 1—1—1　机器人轮胎码垛入仓和机器人车窗分拣及码垛模拟工作站

相关知识

一、码垛机器人的特点及分类

码垛机器人作为新型智能化码垛设备，具有作业高效、码垛稳定等优点，可显著减轻工作者劳动强度，已在各个行业的包装物流线中得到了广泛应用。归纳起来，码垛机器人主要有以下几个方面的优点：

（1）占地面积小，动作范围广，厂源浪费较少。

（2）能耗低，运行成本也较低。

（3）生产效率高，能显著改善劳动环境，减轻工作者劳动强度，实现“无人”或“少人”码垛。

（4）柔性高，适应性强，可实现不同类型物料码垛。

（5）定位准确，稳定性高。

码垛机器人作为工业机器人的一员，其结构形式和其他类型机器人相似（尤其是搬运机器人，码垛机器人与搬运机器人在本体结构上没有太大区别，通常可以认为码垛机器人本体比搬运机器人大）。码垛机器人多为四轴且多数带有辅助连杆，连杆主要起增加力矩和平衡的作用，码垛机器人一般不能进行横向或纵向移动，通常安装在物流线末端。码垛机器人按结构不同可分为关节式码垛机器人、摆臂式码垛机器人和龙门式码垛机器人，如图 1—1—2 所示。

二、码垛机器人的系统组成

码垛机器人需要与相应的辅助设备组成一个柔性化系统，才能进行码垛作业。以关节式码垛机器人为例，其工作系统主要由码垛机器人本体、码垛机器人末端执行器、

控制系统和安全保护装置组成，如图 1—1—3 所示。操作者可通过示教器和操作面板进行码垛机器人运动位置和动作程序的示教，设定运动速度、码垛参数等。

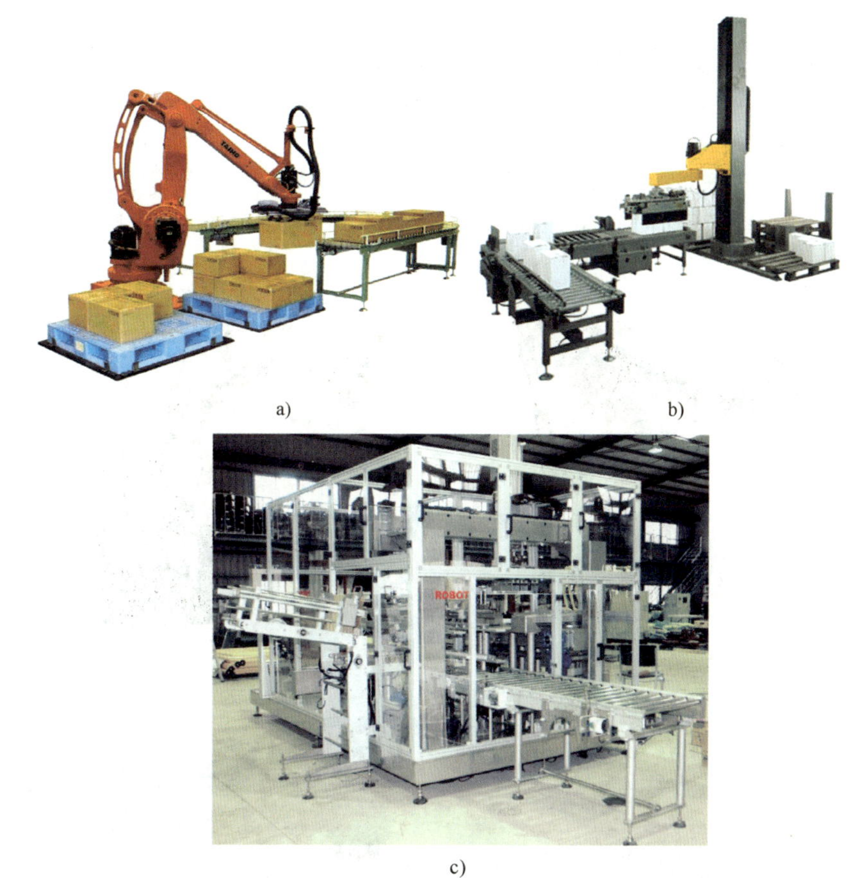

图 1—1—2　码垛机器人分类

a）关节式码垛机器人　b）摆臂式码垛机器人　c）龙门式码垛机器人

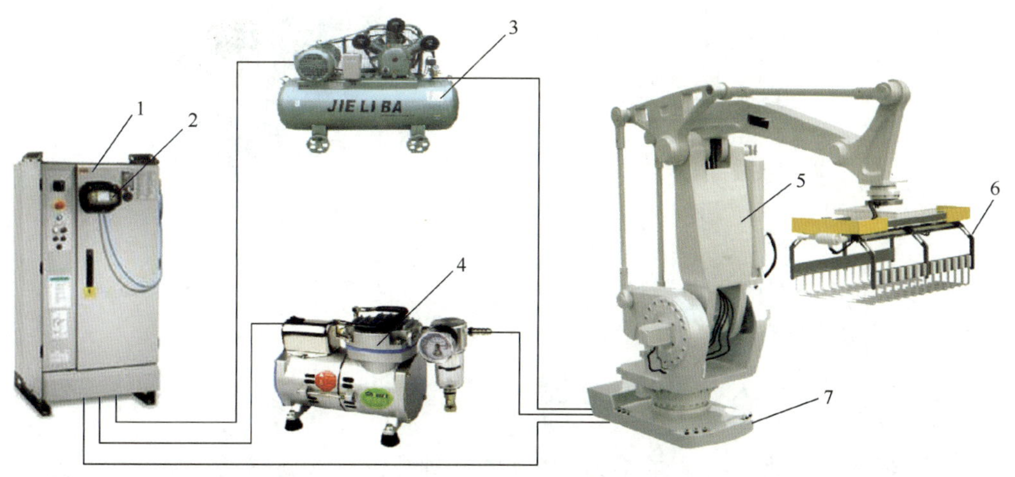

图 1—1—3　码垛机器人的系统组成

1—机器人控制柜　2—示教器　3—气体发生装置　4—真空发生装置
5—机器人本体　6—夹板式手爪　7—底座

三、码垛机器人本体

关节式码垛机器人常见本体多为四轴，也有五轴、六轴。码垛主要在物流线末端进行，码垛机器人本体安装在底座（或固定座）上，其位置的高低由生产线高度、托盘高度及码垛层数共同决定，多数情况下，码垛精度的要求没有机床上下料搬运精度高，为节约成本、降低投入资金、提高效益，四轴码垛机器人就足以满足日常码垛需要。如图 1—1—4 所示为 KUKA、FANUC、ABB、YASKAWA 公司生产的码垛机器人本体结构。

a)　b)　c)　d)

图 1—1—4　码垛机器人本体

a）KUKA KR 700PA　b）FANUC M-410iB　c）ABB IRB 660　d）YASKAWA MPL80

四、码垛机器人末端执行器

码垛机器人末端执行器是夹持物品移动的一种装置，常见形式有吸附式、夹板式、抓取式、组合式。

1. 吸附式末端执行器

吸附式末端执行器根据吸附原理不同可分为气吸附和磁吸附。在码垛机器人中，吸附式末端执行器主要为气吸附，广泛应用于医药、食品、烟酒等行业。

（1）气吸附

气吸附主要是利用吸盘内压力和大气压之间的压力差进行工作，依据工作方式不同分为真空吸盘气吸附、气流负压气吸附、挤压排气负压气吸附等，其结构如图 1—1—5 所示。

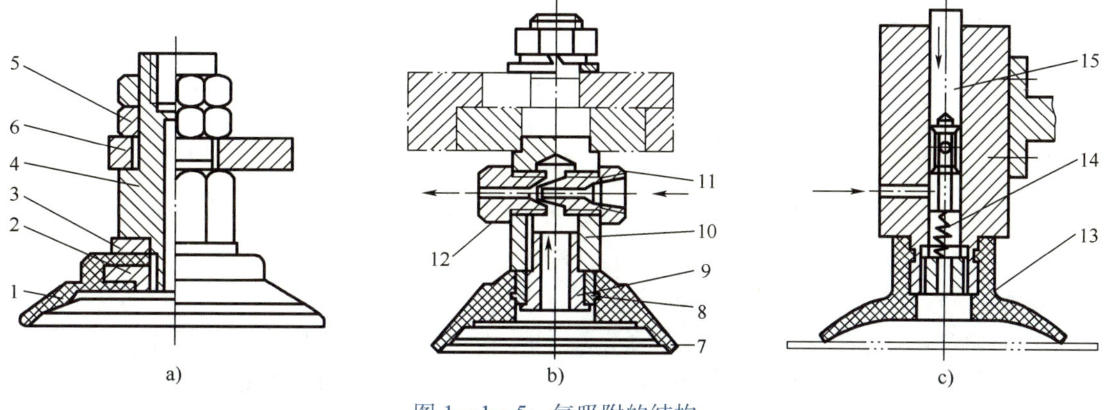

图 1—1—5 气吸附的结构

a）真空吸盘气吸附 b）气流负压气吸附 c）挤压排气负压气吸附

1、7、13—橡胶吸盘 2—固定环 3—垫片 4—支撑杆 5—螺母 6—基板
8—心套 9—透气螺钉 10—支撑架 11—喷嘴 12—喷嘴套 14—弹簧 15—拉杆

1）真空吸盘气吸附。通过连接真空发生装置和气体发生装置实现抓取和释放工件。工作时，真空发生装置将吸盘与工件之间的空气吸走使其达到真空状态，此时，吸盘内的压力小于吸盘外大气压，工件在外部压力的作用下被抓取。

2）气流负压气吸附。利用流体力学原理，通过压缩空气（高压）高速流动带走吸盘内气体（低压）使吸盘内形成负压，同样利用吸盘内外压力差完成取件动作，切断压缩空气随即消除吸盘内负压，完成释放工件动作。

3）挤压排气负压气吸附。利用吸盘变形和拉杆移动改变吸盘内外部压力完成工件吸取和释放动作。

气吸附吸盘的种类繁多，一般分为普通型和特殊型两种。普通型包括平面吸盘、超平吸盘、椭圆吸盘、波纹管形吸盘和圆形吸盘；特殊型吸盘是为了满足特殊应用场合而专门设计的，通常可分为专用型吸盘和异型吸盘，特殊型吸盘的结构和形状因吸附对象的不同而不同。吸盘吸附能力的大小主要受其结构影响，但材料也是影响其吸附能力的重要因素，目前吸盘常用材料多为丁腈橡胶、天然橡胶和半透明硅胶等。不同结构和材料的吸盘被广泛应用于汽车覆盖件、玻璃板件、金属板材的切割及上下料等场合，适合抓取表面相对光滑、平整、坚硬及微小的材料，具有高效、无污染、定位精度高等优点。

（2）磁吸附

磁吸附通过磁力来吸取工件。常见的磁吸附分为永磁吸附、电磁吸附、电永磁吸附等，其结构及工作原理如图 1—1—6 所示。

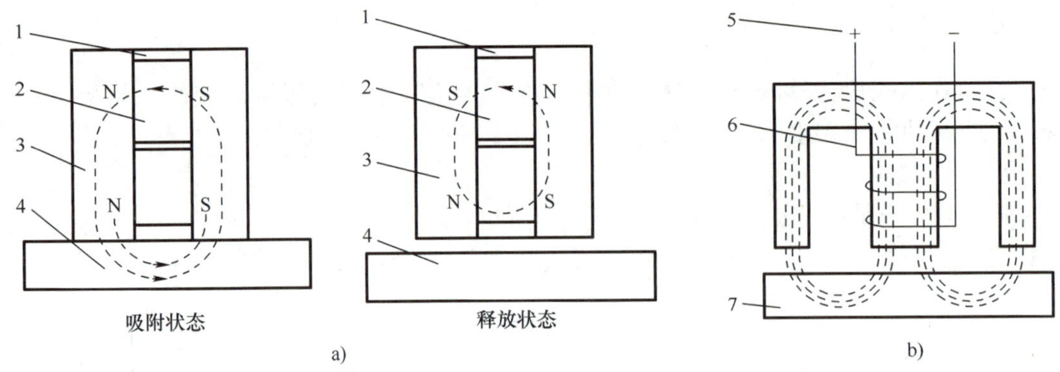

图 1—1—6 磁吸附的结构及工作原理
a）永磁吸附 b）电磁吸附
1—非导磁体 2—永磁体 3—磁轭 4、7—工件 5—直流电源 6—励磁线圈

1）永磁吸附。利用磁力线通路的连续性及磁场叠加性工作。一般永磁吸盘（多用钕铁硼为内核）的磁路为多个磁系，通过磁系之间的相互运动来控制工作磁极面上的磁场强度，进而实现工件的吸附和释放。

2）电磁吸附。在内部激磁线圈通直流电后产生磁力，从而吸附导磁性工件。

3）电永磁吸附。利用永磁磁铁产生磁力，再利用激磁线圈对吸力大小进行控制，起到“开、关”作用。电永磁吸附兼具永磁吸附和电磁吸附的优点，应用十分广泛。

磁吸附只能吸附对磁产生感应的物体，且无法应用于要求不能有剩磁的工件，同时磁力受温度影响较大，在高温下工作时也不能选择磁吸附。因此，磁吸附在使用过程中有一定局限性，适合抓取精度要求不高且在常温下工作的工件。

2. 夹板式末端执行器

夹板式手爪是最常用的夹板式末端执行器。常见夹板式手爪有单板式和双板式，如图 1—1—7 所示。手爪主要用于整箱或规则盒码垛，夹板式手爪夹持力度比吸附式手爪大，可一次码一箱（盒）或多箱（盒），并且两侧板光滑不会影响码垛产品外观质量。单板式与双板式的侧板一般都会有可旋转爪钩，需单独机构控制，工作状态下爪钩与侧板成 90°，起到撑托物件防止在高速运动中物料脱落的作用。

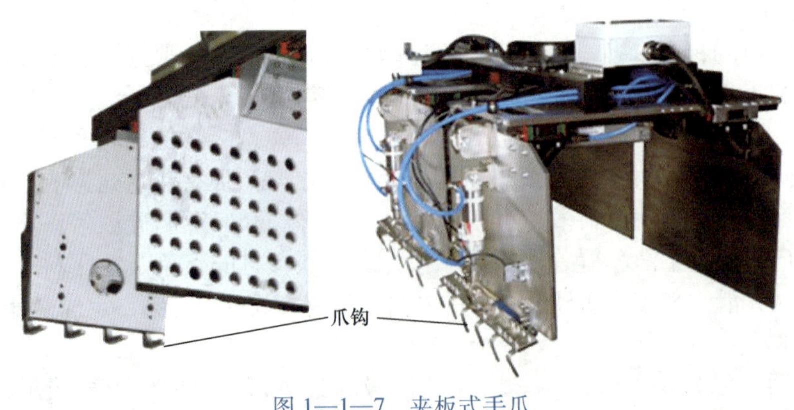

图 1—1—7 夹板式手爪
a）单板式 b）双板式

3. 抓取式末端执行器

抓取式手爪是最常见的抓取式末端执行器，可灵活适应不同形状和内含物（如大米、沙砾、塑料、水泥、化肥等）物料袋的码垛。如图 1—1—8 所示为 ABB 公司配套 IRB 460 型和 IRB 660 型码垛机器人专用的即插即用 FlexGripper 抓取式手爪，采用不锈钢制作，可胜任极端条件下作业的要求。

图 1—1—8　抓取式手爪

4. 组合式末端执行器

组合式手爪是最常见的组合式末端执行器，它通过组合以获得各单组手爪优势，灵活性较大，各单组手爪之间既可单独使用又可配合使用，可同时满足多个工位的码垛。如图 1—1—9 所示为 ABB 公司配套 IRB 460 型和 IRB 660 型码垛机器人专用的即插即用 FlexGripper 组合式手爪。

图 1—1—9　组合式手爪

码垛机器人末端执行器依靠外力进行驱动，需要连接相应外部信号控制装置及传感系统，来控制码垛机器人末端执行器的动作，其驱动方式多为气动和液压驱动。通常在保证相同夹紧力情况下，气动比液压驱动负载轻、卫生、成本低、易获取，所以实际码垛系统中以压缩空气为驱动力的居多。

五、码垛机器人的周边设备与工位布局

码垛机器人工作站是一种集成化系统，可与生产系统相连接形成一个完整的集成化包装码垛生产线。码垛机器人完成一项码垛工作，除需要码垛机器人（机器人本体和码垛系统）外，还需要一些辅助周边设备。同时，为节约生产空间，合理的机器人工位布局尤为重要。

1. 周边设备

常见的码垛机器人周边设备有金属检测机、重量复检机、自动剔除机、倒袋机、整形机、待码输送机、传送带等。

（1）金属检测机（见图 1—1—10）

对于有些码垛场合，如食品、医药、化妆品、纺织品等的码垛，为防止在生产制造过程中混入金属等异物，需要金属检测机进行流水线检测。

（2）重量复检机（见图 1—1—11）

重量复检机在自动化码垛流水作业中有着重要作用，其可对前工序是否漏装、多装进行检查，并对合格品、欠重品、超重品进行统计，以实现产品质量控制。

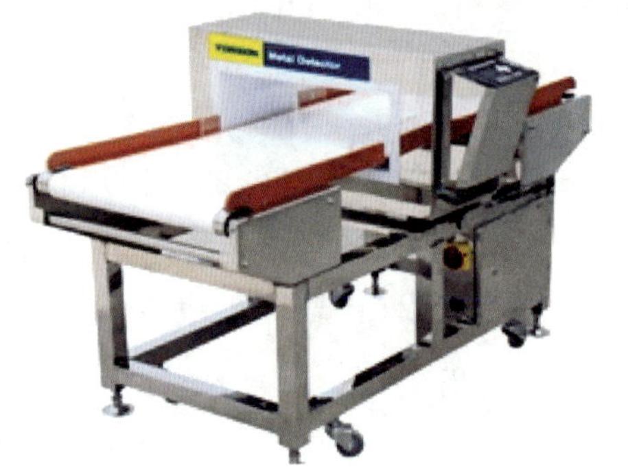

图 1—1—10　金属检测机

图 1—1—11　重量复检机

（3）自动剔除机（见图 1—1—12）

自动剔除机安装在金属检测机和重量复检机之后，主要用于剔除含金属异物及重量不合格的产品。

（4）倒袋机（见图 1—1—13）

倒袋机可以将输送过来的袋装码垛物按照预定程序进行输送、倒袋、转位等操作，以使码垛物按流程进入后续工序。

（5）整形机（见图 1—1—14）

整形机主要用于袋装码垛物的外形整形，经整形机整形后的袋装码垛物内可能存在的积聚物会均匀分散。

（6）待码输送机（见图 1—1—15）

待码输送机是码垛机器人生产线的专用输送设备，码垛货物聚集于此，便于码垛机器人末端执行器抓取。

图 1—1—12　自动剔除机

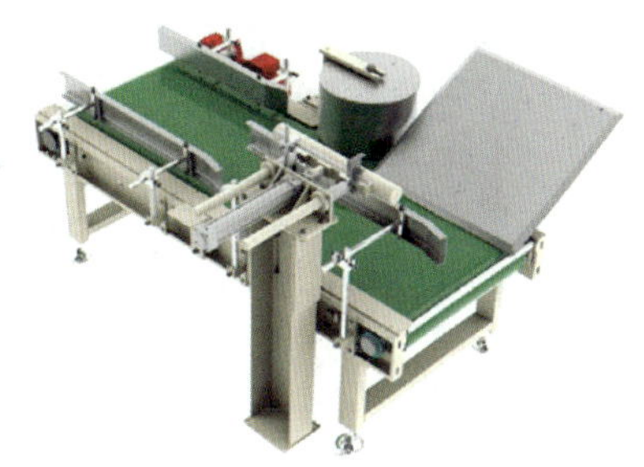

图 1—1—13　倒袋机

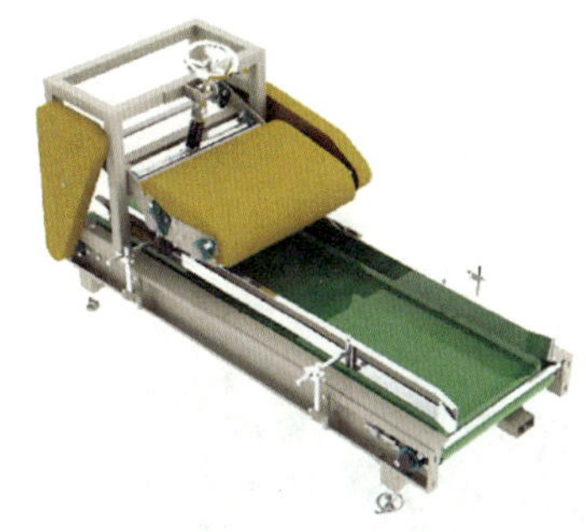

图 1—1—14　整形机

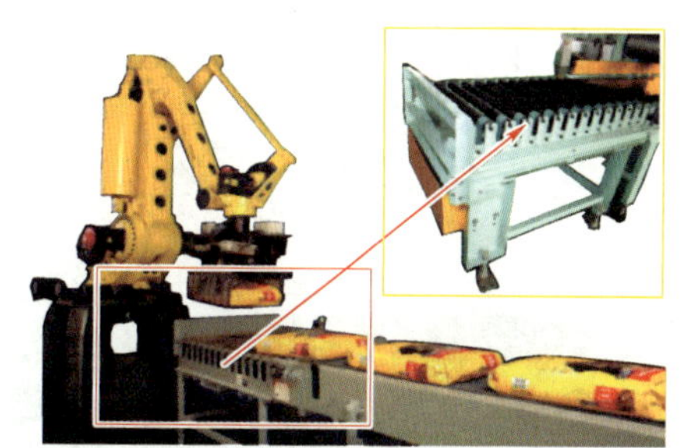

图 1—1—15　待码输送机

（7）传送带（见图 1—1—16）

传送带是自动化码垛生产线上必不可少的一个装置，针对不同的厂源条件可选择不同的形式。

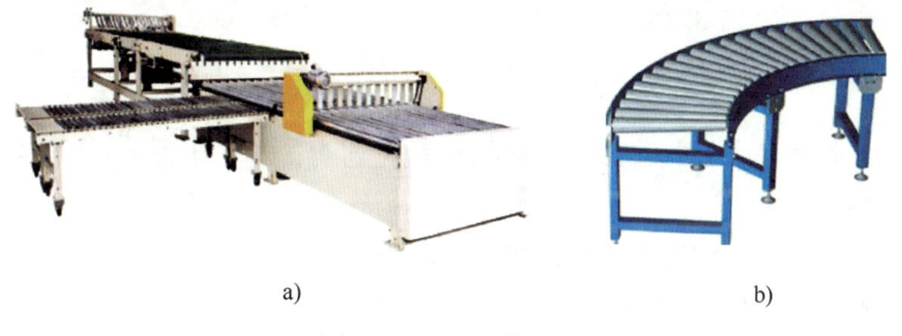

a)　　b)

图 1—1—16　传送带

a）组合式　b）转弯式

2. 工位布局

码垛机器人工作站的布局应以提高生产效率、节约场地、安全可靠为目的，在实际生产中，常见的码垛工作站布局主要有全面式码垛和集中式码垛两种。

（1）全面式码垛

码垛机器人安装在生产线末端，可针对一条或两条生产线，具有输送线成本低、占地面积小、灵活性大和产量高等优点，如图 1—1—17 所示。

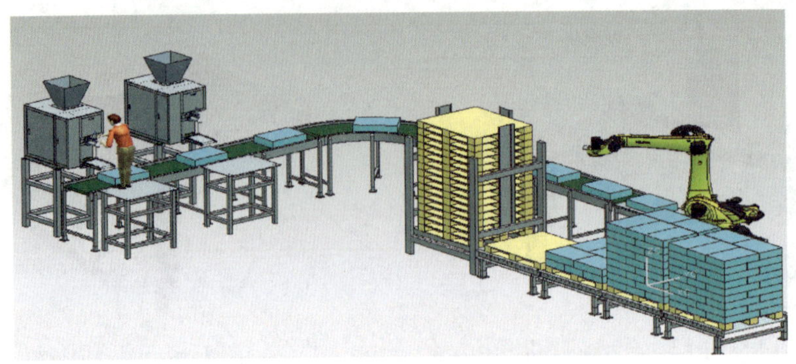

图 1—1—17　全面式码垛

（2）集中式码垛

码垛机器人被集中安装在某一区域，可将所有生产线集中在一起，虽然输送线成本较高，但节省生产区域资源，节约人员维护成本，一人便可全部操控，如图 1—1—18 所示。

图 1—1—18　集中式码垛

在实际码垛生产线中，按码垛进出情况常规划有一进一出、一进两出和四进四出等形式。具体情况如下：

1）一进一出。一进一出常出现在生产区域相对较小、码垛线生产比较繁忙的情况下，此类型码垛速度较快，托盘分布在机器人左侧或右侧，缺点是需要人工换托盘，自动化程度不够高，如图 1—1—19 所示。

2）一进两出。在一进一出的基础上添加输出托盘，一侧输入满盘信号，机器人不会停止等待，直接码垛另一侧，码垛效率明显提高，如图 1—1—20 所示。

3）两进两出。两进两出是两条输送输入，两条码垛输出，多数两进两出系统无须人工干预，码垛机器人能自动定位摆放托盘，是目前应用最广，也是性价比最高的一种码垛形式，如图 1—1—21 所示。

4）四进四出。四进四出系统多配有自动更换托盘功能，主要应用于多条生产线的低产量或中等产量的码垛，如图 1—1—22 所示。

图 1—1—19　一进一出

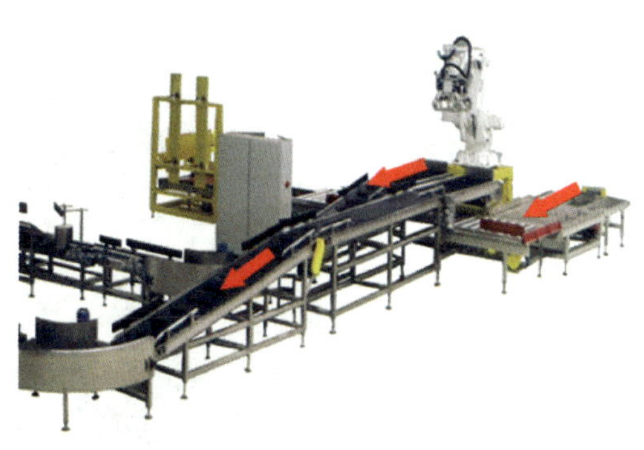

图 1—1—20　一进两出

图 1—1—21　两进两出

图 1—1—22　四进四出

六、机器人轮胎码垛入仓和机器人车窗分拣及码垛模拟工作站

机器人轮胎码垛入仓和机器人车窗分拣及码垛模拟工作站如图 1—1—23 所示，其组成部件见表 1—1—1。

机器人轮胎码垛入仓工作站的工作内容是通过正反双向运行的传输机构输送轮胎物料到机器人抓取工位，机器人利用三爪夹具逐个拾取轮胎并挂装到两边四面（1×3+2×3）×2 共 18 个工位的立体仓库内，传输机构的正反双向运行，可有效防止物料的卡、堵现象。机器人车窗分拣及码垛工作站的工作内容是机器人通过吸盘夹具依次将存储仓内的车窗拾取到检测位进行大小边检测，然后根据检测结果分类摆放到不同工位；工件摆放完毕后，摆放工位能够自动下降并正反方向运行，把工件有序重新装入存储仓。

1. 六轴机器人单元

本工作站六轴机器人单元采用实际工业应用的 ABB 公司六轴控制机器人，本体型号为 IRB-120，有效负载 3 kg，臂展 0. 58 m，配套工业控制器，由钣金制成机器人固定架，结实稳定；配置多个机器人夹具摆放工位，带有自动快换功能，灵活多用，桌体配重，能保证机器人高速运动时不出现摇晃，如图 1—1—24 所示。

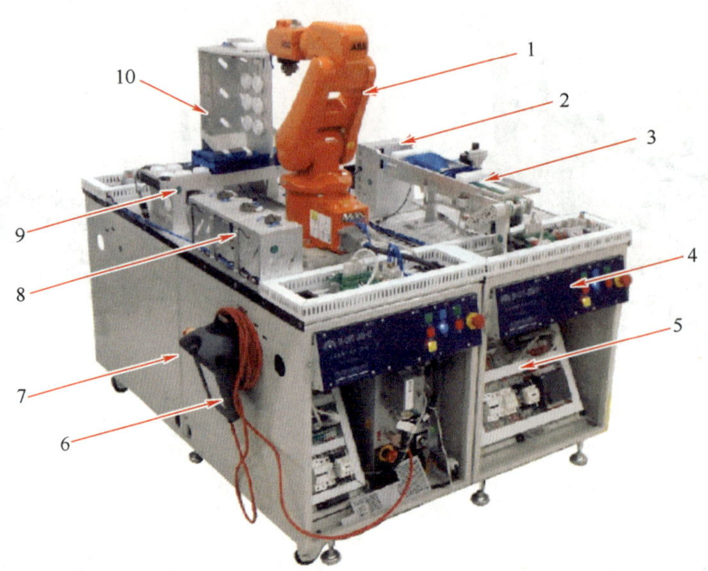

图 1—1—23　机器人轮胎码垛入仓和机器人车窗分拣及码垛模拟工作站

表 1—1—1　机器人轮胎码垛入仓和车窗分拣及码垛模拟工作站组成部件

序号	名称	序号	名称	序号	名称
1	六轴机器人	5	电气控制挂板	9	轮胎输送带机构
2	存储仓与检测台	6	机器人示教器	10	轮胎立体仓库
3	车窗输送机构	7	模型桌体		
4	操作面板	8	机器人夹具座		

2. 轮胎码垛单元

轮胎码垛单元提供了双面四侧 18 个轮胎挂装工位，并有正反双向运行输送工件系统，如图 1—1—25 所示。

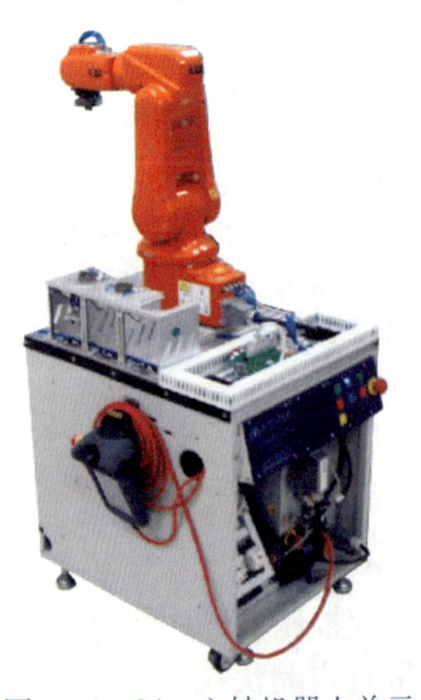

图 1—1—24　六轴机器人单元

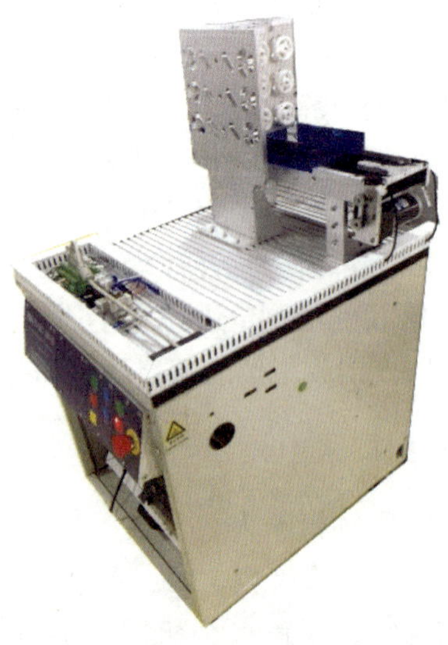

图 1—1—25　轮胎码垛单元

3. 检测排列单元

检测排列单元的功能是通过步进升降机构提供物料的连续供应，在检测台检测物料方向，并将结果上传保证物料摆放正确，如图 1—1—26 所示。

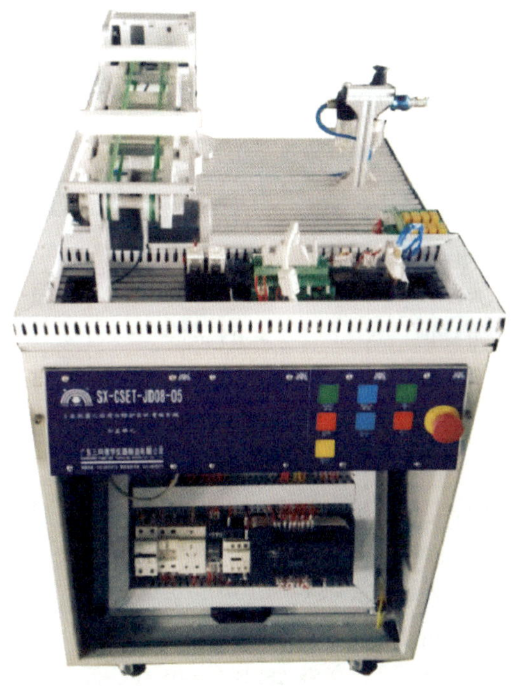

图 1—1—26　检测排列单元

4. 机器人末端执行器

本工作站机器人末端执行器主要配有三爪夹具和双吸盘夹具。其中三爪夹具用来辅助机器人完成汽车轮胎的拾取、入库流程，如图 1—1—27a 所示；双吸盘夹具用来辅助机器人完成单个物料（车窗玻璃）的拾取与搬运，如图 1—1—27b 所示。

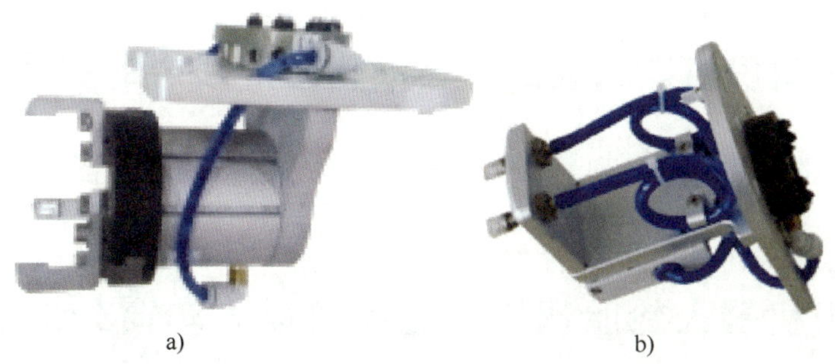

a)　　　　b)

图 1—1—27　机器人末端执行器

a）三爪夹具　b）双吸盘夹具

任务实施

一、任务准备

实施本任务需使用的实训设备及工具材料可参考表 1—1—2。

表 1—1—2　　实训设备及工具材料

序号	分类	名称	型号规格	数量	单位	备注
1	工具	电工常用工具		1	套	
2		内六角扳手	3. 0 mm	1	个	
3		内六角扳手	4. 0 mm	1	个	
4	设备器材	ABB 机器人	SX-CSET-JD08-05-34	1	套	
5		立体码垛模型	SX-CSET-JD08-05-29	1	套	
6		检测排列模型	SX-CSET-JD08-05-30	1	套	
7		三爪夹具组件	SX-CSET-JD08-05-10	1	套	
8		吸盘夹具组件	SX-CSET-JD08-05-11	1	套	
9		夹具座组件	SX-CSET-JD08-05-15A	2	套	
10		气源两联件组件	SX-CSET-JD08-05-16	1	套	
11		模型桌体 A	SX-CSET-JD08-05-41	1	套	
12		模型桌体 B	SX-CSET-JD08-05-42	1	套	
13		计算机桌	SX-815Q-21	2	套	
14		计算机	自定	2	套	
15		无油空压机	静音	1	台	
16		资料光盘		1	张	
17		说明书		1	本	

二、观看码垛机器人在工厂自动化生产线中的应用录像

记录工业机器人的品牌及型号，查阅相关资料，了解码垛机器人在实际生产中的应用。

三、认识机器人轮胎码垛入仓和机器人车窗分拣及码垛模拟工作站

在教师的指导下，操作机器人轮胎码垛入仓和机器人车窗分拣及码垛模拟工作站，了解其工作过程。

1. 机器人轮胎码垛入仓的操作（见图 1—1—28）

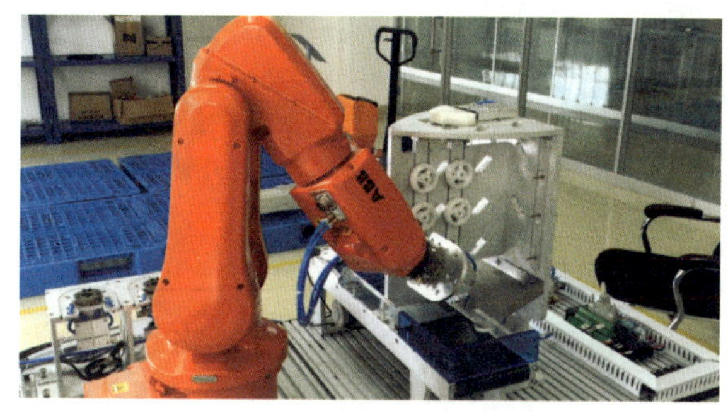

图 1—1—28　机器人轮胎码垛入仓示意图

2. 机器人车窗分拣及码垛的操作（见图 1—1—29）

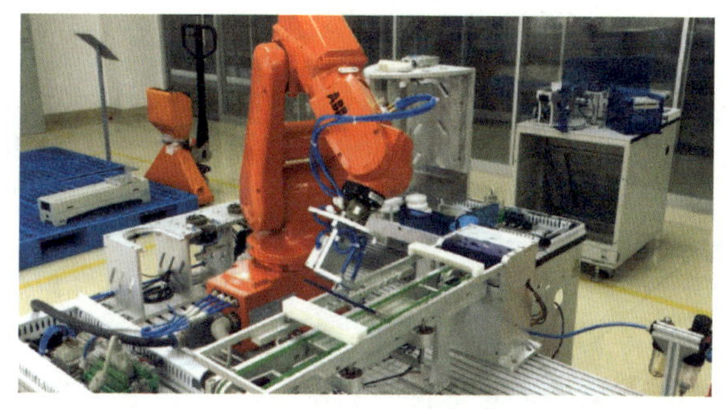

图 1—1—29　机器人车窗分拣及码垛示意图

检查测评

对任务的完成情况进行检查，并将结果填入表 1—1—3 内。

表 1—1—3　　任务测评表

序号	主要内容	考核要求	评分标准	配分	扣分	得分
1	观看录像	正确记录机器人的品牌及型号，能正确描述其主要技术指标及特点	1. 记录机器人的品牌、型号有错误或遗漏，每处扣 2 分 2. 描述主要技术指标及特点有错误或遗漏，每处扣 2 分	20		
2	机器人轮胎码垛入仓和机器人车窗分拣及码垛模拟工作站的操作	1. 能正确操作机器人轮胎码垛入仓 2. 能正确操作机器人车窗分拣及码垛	1. 不能正确操作机器人轮胎码垛入仓扣 35 分 2. 不能正确操作机器人车窗分拣及码垛扣 35 分	70		

续表

序号	主要内容	考核要求	评分标准	配分	扣分	得分
3	安全文明生产	劳动保护用品穿戴整齐；遵守操作规程；讲文明礼貌；操作结束后清理现场	1. 操作中，违反安全文明生产考核要求的任何一项扣5分，扣完为止 2. 当发现学生有重大事故隐患时，要立即予以制止，并每次扣安全文明生产总分5分	10		
合计						

任务2　码垛输送机构的组装、接线与调试

学习目标

知识目标：

1. 了解识读装配图的要求、方法和步骤。
2. 掌握电气设备的安装工艺及要求。
3. 掌握电气元件的接线及要求。
4. 掌握检测排列单元的组成。

能力目标：

1. 能够参照装配图进行码垛输送机构的组装。
2. 能够参照接线图完成单元桌面电气元件的安装与接线。
3. 能够完成气缸与电动机部分的接线。
4. 能够利用给定测试程序进行通电测试。

工作任务

有一台由立体码垛单元、六轴机器人单元、检测排列单元组成的工业机器人轮胎码垛入仓和机器人车窗分拣及码垛模拟工作站，各单元间预留了扩展与升级的接口，现需要对该工作站检测排列单元（图1—1—26）带式输送机构进行组装、接线及调试，并交有关人员验收，安装完成后可按功能要求正常运转。

相关知识

一、识读装配图

装配图是表达机器或部件的工作原理、运动方式、零件间的连接及其装配关系的图样，是制定装配工艺规程，进行装配、检验、安装及维修的重要技术文件。

1. 识读装配图的要求

（1）了解装配体的名称、用途、性能、结构和工作原理。

（2）读懂各主要零件的结构形状及其在装配体中的功用。

（3）了解各零件之间的装配关系、连接方式，了解装、拆顺序。

2. 识读装配图的方法和步骤

（1）概括了解

1）先看标题栏。标题栏一般位于图纸的右下方，可以从标题栏了解装配体的名称、比例和大致的用途。

2）后看明细栏。明细栏位于标题栏的上方，可以从明细栏了解标准件和专用件的名称、数量以及专用件的材料、热处理要求等。

3）再粗看视图。分析整个装配图上有哪些视图，各视图采用什么表达方法，表达的重点是什么，反映了哪些装配关系，零件之间的连接方式以及视图间的投影关系等。

（2）分析装配关系和工作原理

在概括了解的基础上，结合有关说明书仔细分析机器或部件的工作原理和装配关系，这是识读装配图的一个重要环节，主要了解以下内容：首先，分析零部件，了解零件的主要作用和基本形状，弄清装配体的工作原理和运动情况；其次，分析配合关系，根据装配图上标注的尺寸，弄清哪些零件有配合要求，其配合制、配合类别及配合精度等；再次，分析定位与调整，判断零件各方面之间的关系，哪些是彼此接触的，如何定位，是否有间隙需要调整以及如何调整等；最后，分析连接与固定，分清零件之间的连接、固定方式，是否可拆。

（3）分析零件，读懂零件形状

利用装配图的表达方法和投影关系，将零件的投影从重叠的视图中分离出来，读懂零件的基本结构形状和作用。

（4）分析尺寸，了解技术要求

读懂装配图中的必要尺寸，分析装配过程中或装配后达到的技术要求，以及对装配体的工作性能、调试与检验等要求。

本任务中的码垛输送机构装配图如图 1—2—1 所示。

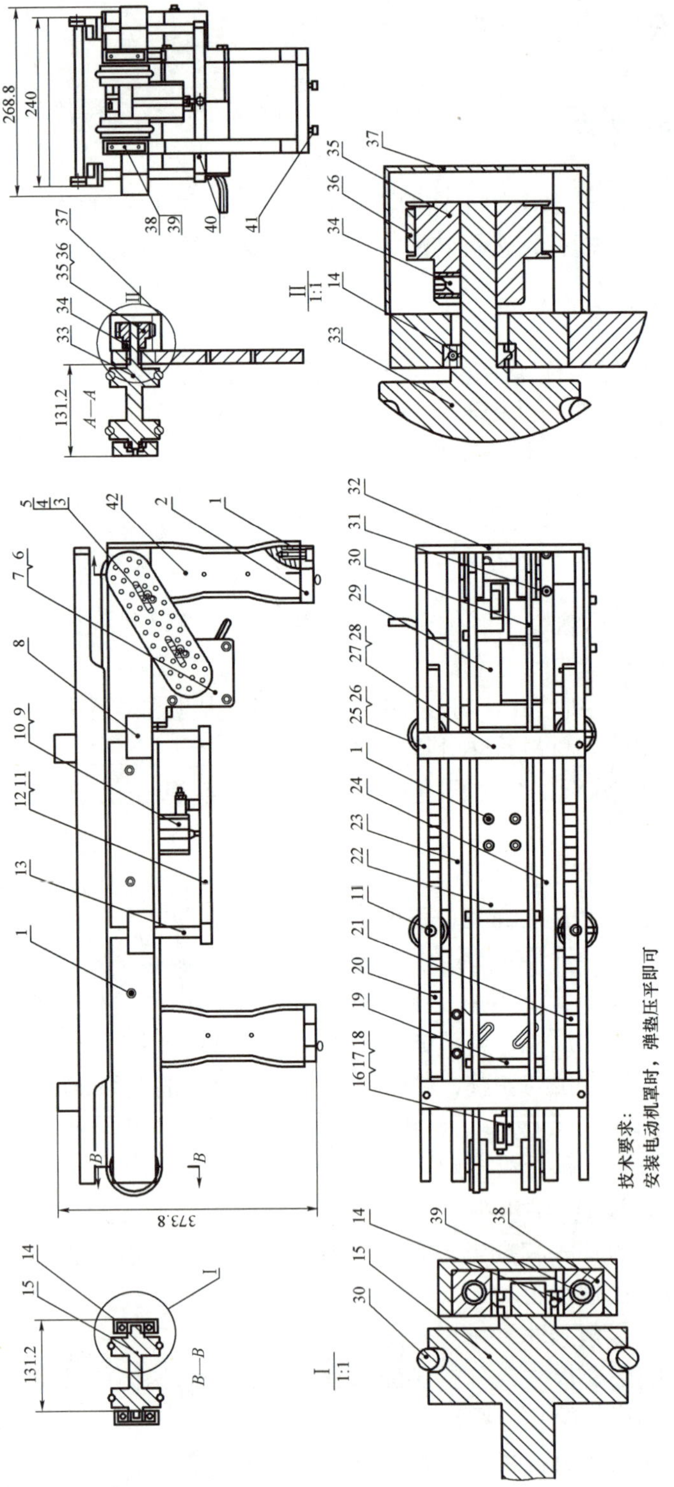

技术要求：
安装电动机罩时，弹垫压平即可

序号	图号	名称	材料规格型号	数量	备注	序号	图号	名称	材料规格型号	数量	备注
42	SX-CSET-JD08-05-06-01-002	传送带支架	AL6063	2		21	SX-CSET-JD08-05-06-01-011	玻璃左卡槽	AL6063	1	
41	—	T形螺母	M4-4不锈钢	4		20	SX-CSET-JD08-05-06-01-010	玻璃右卡槽	AL6063	1	
40	SX-CSET-JD08-05-06-01-021	导杆连接板	AL6063	2		19	SX-CSET-JD08-05-06-01-009	圆带垫筒	AI6063	3	
39	—	内六角紧定螺钉	M5×30不锈钢	4		18	—	十字槽沉头螺钉	M3×8不锈钢	8	
38	SX-CSET-JD08-05-06-01-020	轴承座	AL6063	2		17	—	光电开关	E3Z-D61	2	
37	SX-CSET-JD08-05-06-01-019	同步轮罩	Q235/1.2 mm	1		16	SX-CSET-JD08-05-06-01-008	传感器安装座	AL6063	2	
36	—	同步带	HTD3M-282×10	1		15	SX-CSET-JD08-05-06-01-007	圆带从动轮	AL6063	1	
35	SX-CSET-JD08-05-06-01-018	同步轮	铝合金	2		14	—	深沟球轴承	628-8	4	
34	—	内六角紧定螺钉	M5×6不锈钢	2		13	SX-CSET-JD08-05-06-01-006	导杆	304不锈钢	4	
33	SX-CSET-JD08-05-06-01-017	圆带主动轮	AL6063	1		12	SX-CSET-JD08-05-06-01-005	连接条	AL6063	1	
32	SX-CSET-JD08-05-06-01-016	玻璃挡块	AL6063	1		11	—	内六角圆柱头螺钉	M4×12不锈钢	15	
31	—	内六角圆柱头螺钉	M5×40不锈钢	4		10	—	气缸	JD20×20-S	1	
30	—	圆带	PUϕ5×1170	2		9	—	节流阀	ASL4-M5	2	
29	—	直流减速机	Z2D1024GN-18S-2GN	1		8	SX-CSET-JD08-05-06-01-004	直线轴承座	AL6063	4	
28	—	内六角圆柱头螺钉	M3×30不锈钢	4		7	SX-CSET-JD08-05-06-01-003	电机固定座	AL6063	1	
27	SX-CSET-JD08-05-06-01-015	玻璃刮块	白色POM	2		6	—	内六角圆柱头螺钉	M5×20不锈钢	2	
26	—	内六角圆柱头螺钉	M3×10不锈钢	22		5	—	平垫	ϕ4不锈钢	6	
25	—	直线轴承	LMF8UU	4		4	—	弹垫	ϕ4不锈钢	6	
24	SX-CSET-JD08-05-06-01-014	带轮左固定板	AL6063	1		3	—	内六角圆柱头螺钉	M4×40不锈钢	2	
23	SX-CSET-JD08-05-06-01-013	带轮右固定板	AL6063	1		2	SX-CSET-JD08-05-06-01-001	支架底板	AL6063	2	
22	SX-CSET-JD08-05-06-01-012	输送带横梁	AL6063	1		1	—	内六角圆柱头螺钉	M5×12不锈钢	22	

标记	处数	分区	文件号	签名	年月日	组件				广东三向教学仪器制造有限公司
设计			标准化			版本号	图幅	数量	比例	码垛输送机构模型
绘图			审核			V1.0	A3		1:4	SX-CSET-JD08-05-30-00
校核			批准			共　张，第　张				
工艺			日期							

图 1—2—1　码垛输送机构装配图

二、电气设备的安装工艺及要求

电气设备的安装工艺及要求如下：

（1）电气元件的安装应横平竖直，不得歪斜。

（2）所有需做防振处理的元器件须有良好的减振措施，不得松动。

（3）电气挂板上各电气元件须安装齐备，各元件无剐伤及划痕等外观缺陷，油漆均匀、无脱落现象。

（4）各电气元件标示须粘贴完好，标识应清晰、正确、牢固。

三、电气元件的接线工艺及要求

1. 下线要求

（1）按照电气图规定型号、规格下线，不得乱用。

（2）下线过程中，检查电缆外包绝缘是否平整、均匀，有无破损、拉伤、鼓包等缺陷。

（3）用斜口钳或断线钳按线路走向及其连接位置所需长度下线。

（4）一般情况下，同一根导线中间不允许有接头。不得不对接时，必须采用相应规格的对接端头。

2. 接线的工艺及要求

（1）布线应符合布线图所规定的走向和位置。

（2）布线时应注意使电线尽量远离发热器件并采取隔热、防火措施。

（3）布线采用集中布线法，控制电路如需接地应集中到一点接地。屏蔽线一端应可靠接地，一台车上所有屏蔽线应集中到一点接地。

（4）布线采用线槽、线管或裸露布线，线槽分为金属线槽和塑料线槽，金属线槽应全程铺设阻燃橡胶板。线槽内部及出口边缘应光滑，无尖角、毛刺，槽内异物应清理干净。线槽安装应牢固。

（5）电线、电缆出入线槽应加防护，出入线管或金属隔板孔口应用阻燃套、环或环保胶条、环扣式密封防护，管套上还须涂抹密封胶。导线在线管、线槽中铺设时，应理顺、理直，不得有缠绕和明显松散、多余弯曲。

（6）导线需弯曲时，弯曲半径不应小于导线外径的六倍。

四、检测排列单元的组成

检测排列单元是机器人轮胎码垛入仓和机器人车窗分拣及码垛模拟工作站的重要组成部分，它主要由车窗升降机构、车窗检测平台、车窗、车窗码垛传输机构、单元桌面电气元件、分拣码垛单元控制面板、分拣码垛单元电气挂板和单元桌体组成，如图 1—2—2 所示。

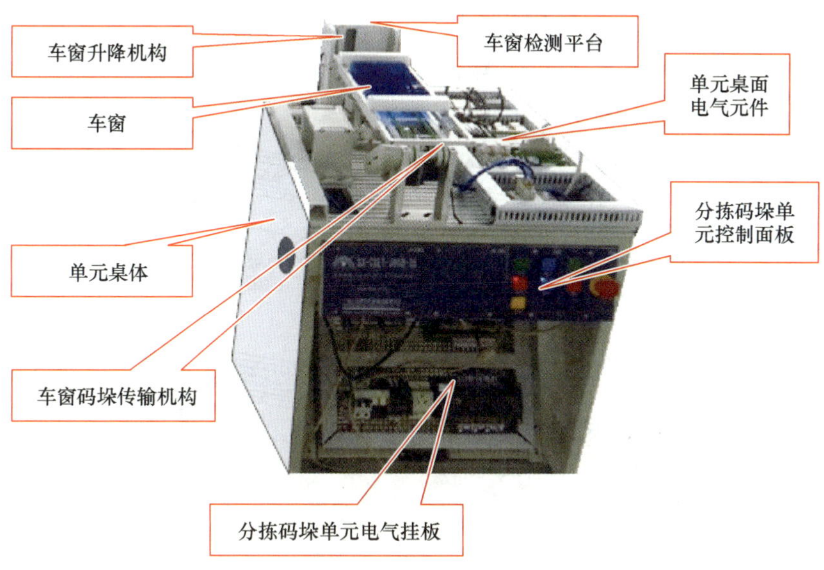

图 1—2—2　检测排列单元的组成

其中，车窗码垛输送机构的外形如图 1—2—3 所示，具体的组成部件见表 1—2—1。

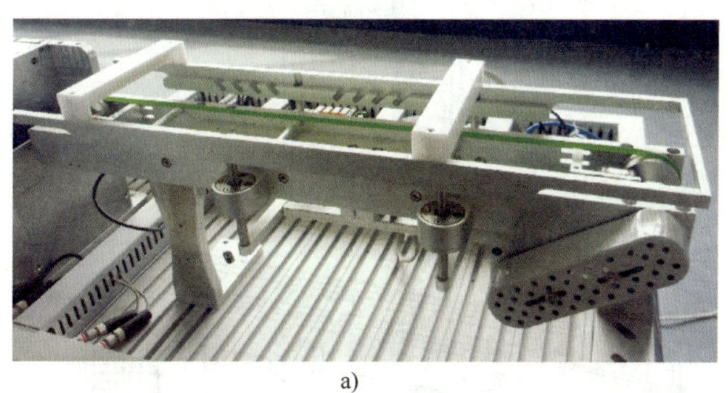
a)

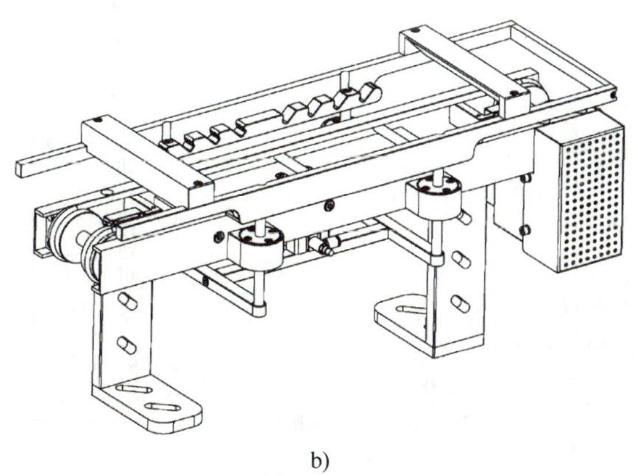
b)

图 1—2—3　车窗码垛输送机构的外形
a）实物图　b）示意图

表 1—2—1　　车窗码垛输送机构的组成部件

名称	图示	说明
玻璃传送带	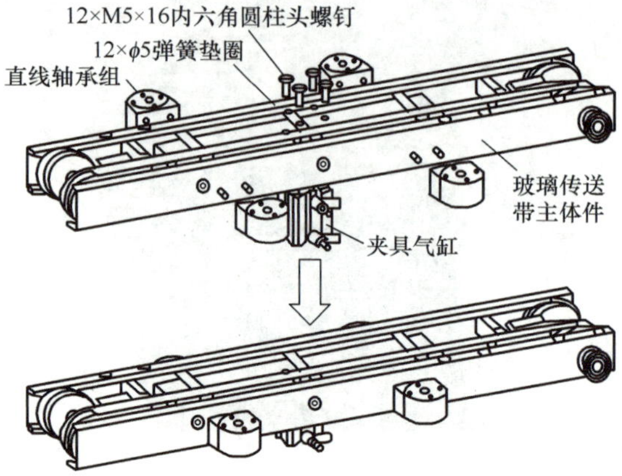 12×M5×16内六角圆柱头螺钉 12×ϕ5弹簧垫圈 直线轴承组 玻璃传送带主体件 夹具气缸	主要由玻璃传送带主体件、直线轴承组、夹具气缸组成
安装上传送电动机组的玻璃传送带	2×M5×40内六角圆柱头螺钉 2×ϕ5弹簧垫圈 5×D4平垫 5×M4×8内六角圆柱头螺钉 同步轮罩 5×ϕ4弹簧垫圈 64XL同步带 电动机组	传送电动机组主要由电动机组、同步带、同步轮罩组成
传送带支撑组件	传送带支架 支架底板 2×ϕ5弹簧垫圈 2×M5×16内六角圆柱头螺钉	传送带支撑组件由输送带支架和支架底板组成

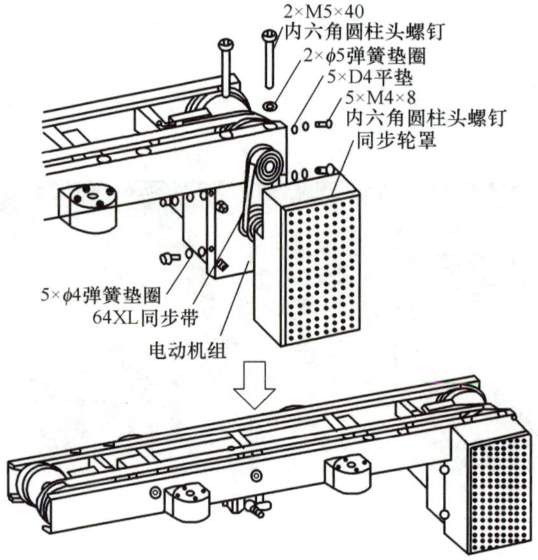

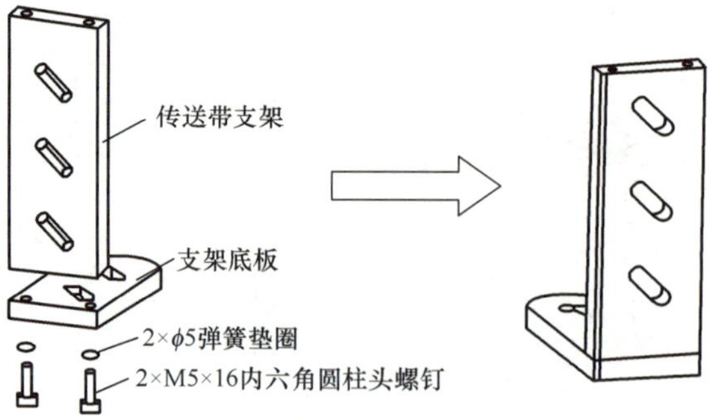

续表

名称	图示	说明
安装上支撑架、传送电动机组的玻璃传送带	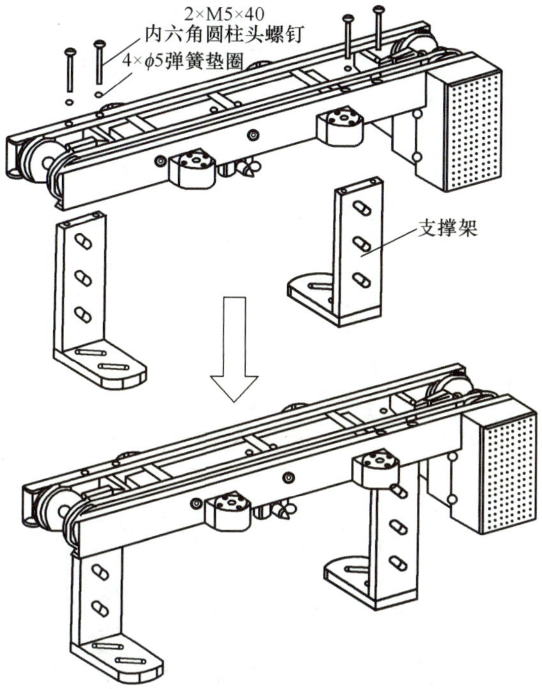	将支撑组件与玻璃传送带主体件组装连接
连接架	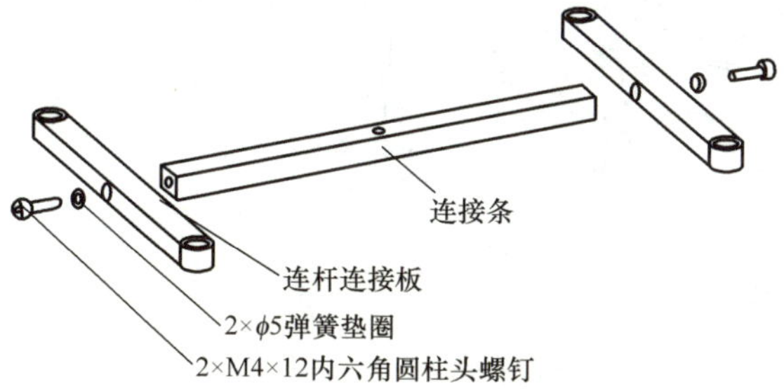	连接架主要由连杆连接板和连接条组成
导杆卡槽	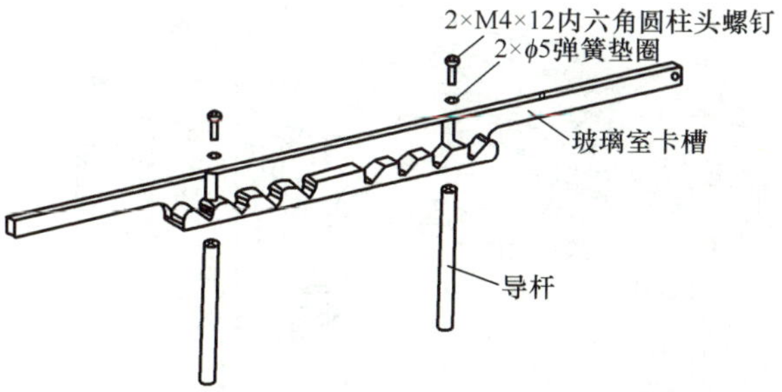	导杆卡槽分为左、右两套，主要由导杆、玻璃左卡槽、玻璃右卡槽组成

续表

名称	图示	说明
安装上左右导杆卡槽和连接杆的玻璃传送带	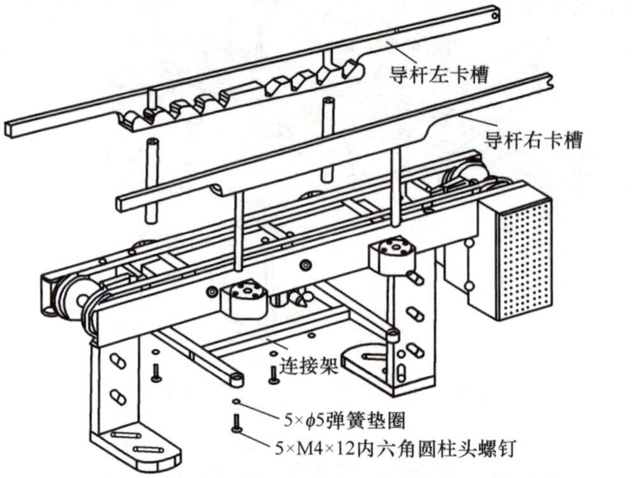 导杆左卡槽 导杆右卡槽 连接架 5×ϕ5弹簧垫圈 5×M4×12内六角圆柱头螺钉	左右导杆卡槽安装在传送带的上方，连接杆安装在传送带的下方
安装上玻璃挡板和刮板的玻璃传送带	玻璃刮板 6×ϕ3弹簧垫圈 玻璃刮板 4×M3×25内六角圆柱头螺钉 玻璃挡板 2×M3×12内六角圆柱头螺钉	玻璃挡板安装在左右导杆卡槽的右边，玻璃刮板安装在左右导杆卡槽的上边
车窗码垛输送机构	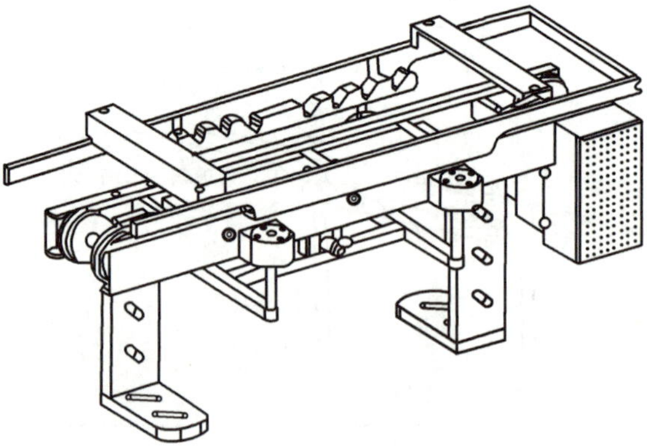	完整的车窗码垛输送机构主要由玻璃传送带主体件、直线轴承组件、夹具气缸、传送电动机组、支撑架、连接架、左右导杆卡槽、玻璃挡板和刮板等组成

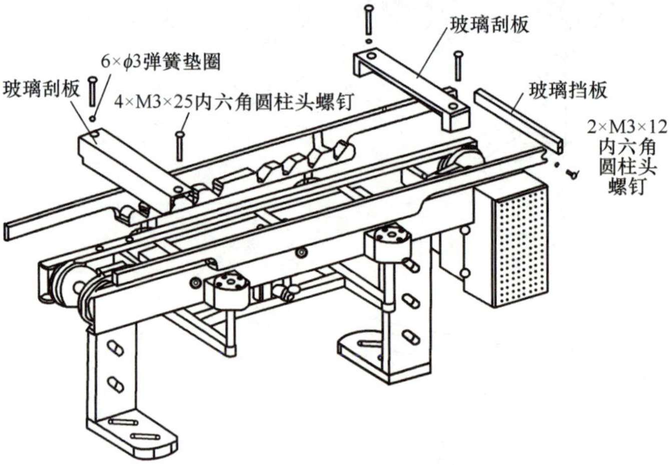

任务实施

一、任务准备

实施本任务教学所使用的实训设备及工具材料可参考表 1—1—2。

二、在单元桌体上完成码垛输送机构的组装

1. 识别码垛输送机构的零部件

根据如图 1—2—4 所示的码垛输送机构零部件汇总，并完成表 1—2—2 的填写。

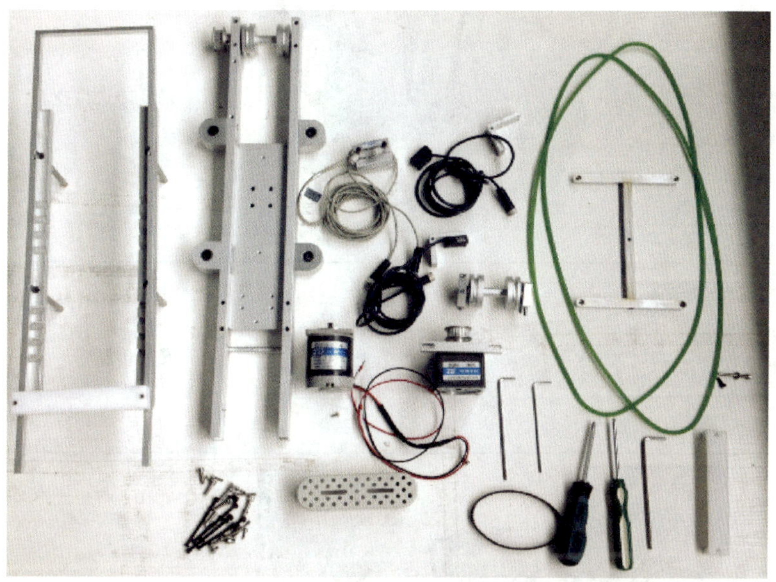

图 1—2—4　码垛输送机构零部件汇总

表 1—2—2　码垛输送机构的零部件

名称	用途	名称	用途

2. 码垛输送机构的组装

参照图 1—2—1 和表 1—1—2，按表 1—2—3 的方法及步骤进行码垛输送机构的组装。

表 1—2—3　　码垛输送机构的组装方法及步骤

步骤	图示	说明
1	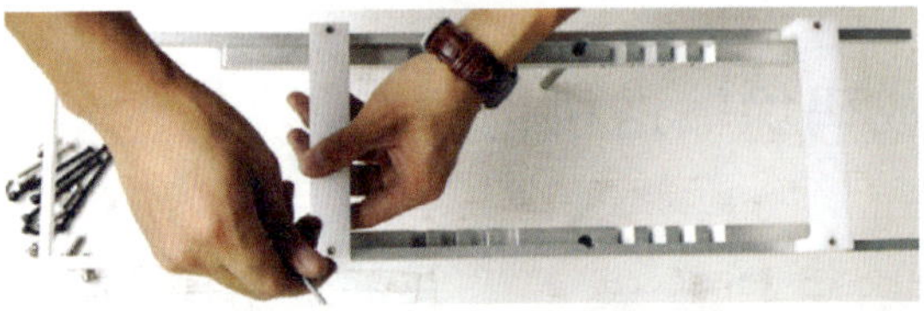	安装玻璃刮板
2	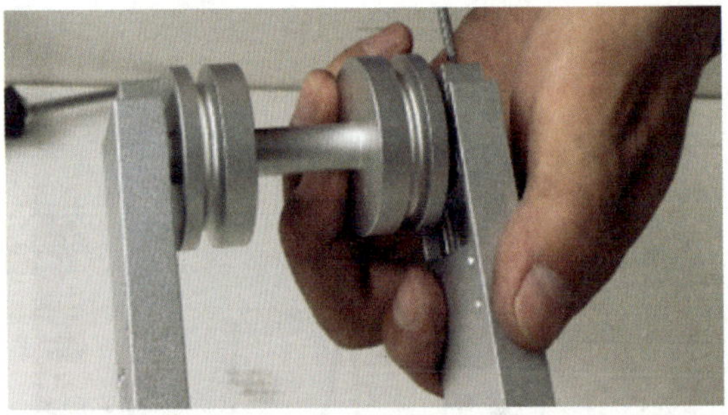	安装传送带支架
3		安装传送带
4	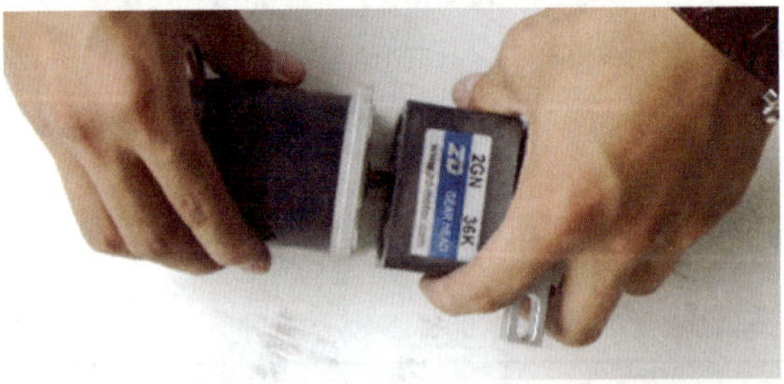	组装直流电动机
5	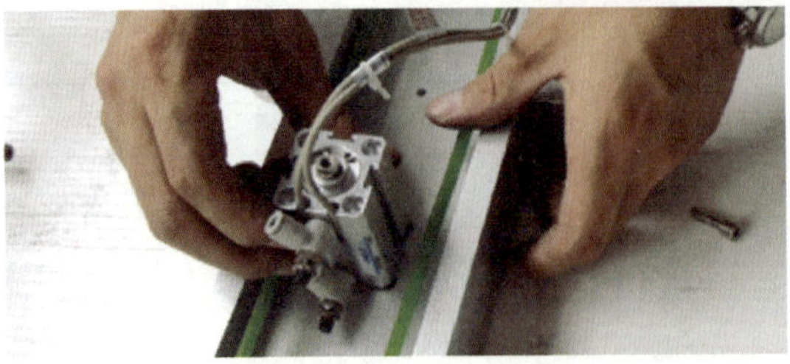	安装夹具气缸

续表

步骤	图示	说明
6	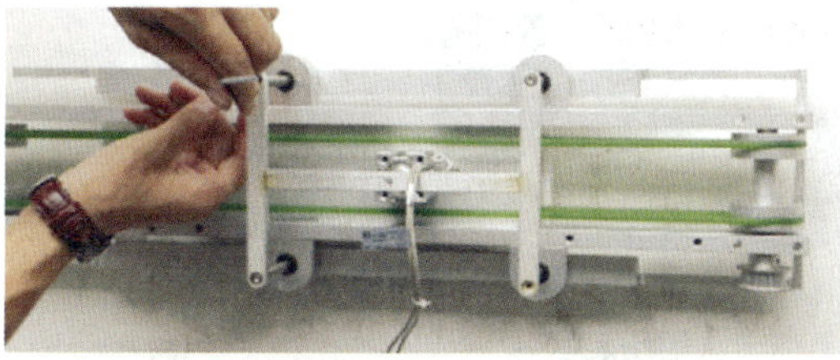	安装连接架
7		安装直流电动机
8	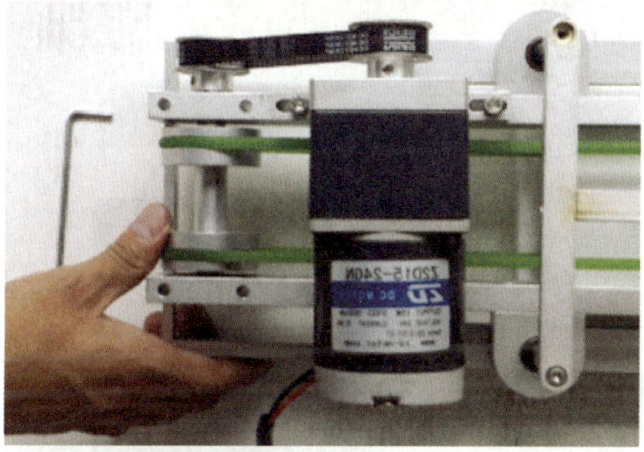	安装直流电动机同步带
9	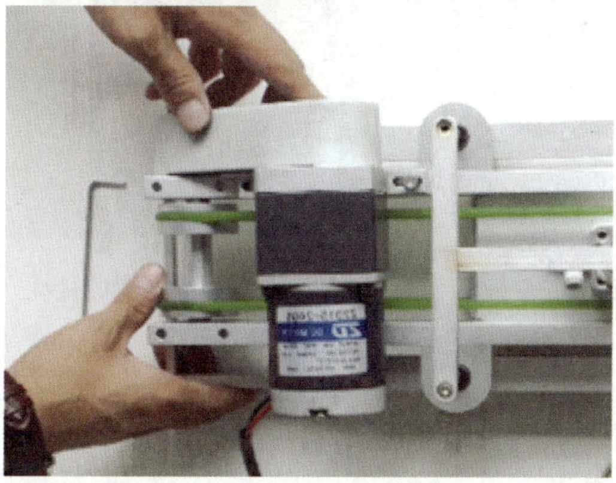	安装直流电动机同步罩轮

续表

步骤	图示	说明
10	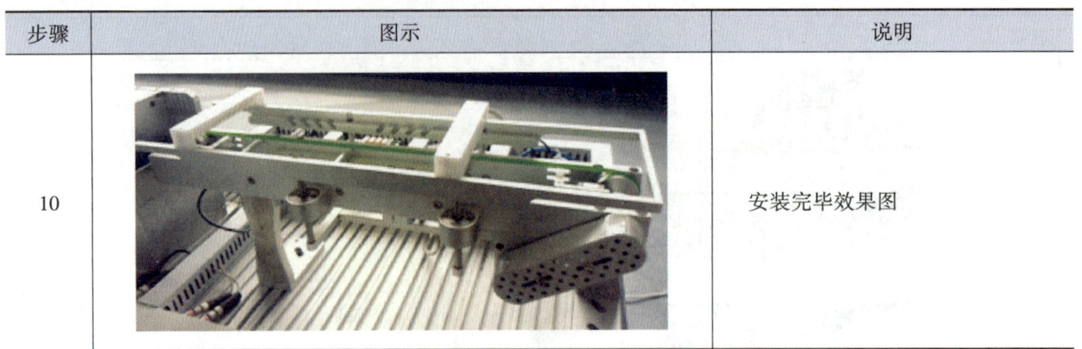	安装完毕效果图

三、在单元桌体上完成电气元件的安装与接线

1. 安装线槽

在桌面上合适位置安装线槽（参考设备布局）。

2. 元件布置与安装

在合适位置分别安装电磁阀、ABB 中间继电器、接线端子。

3. 接线

（1）电磁阀的接线

电磁阀的接线效果如图 1—2—5 所示。

（2）中间继电器接线

中间继电器接线效果如图 1—2—6 所示。

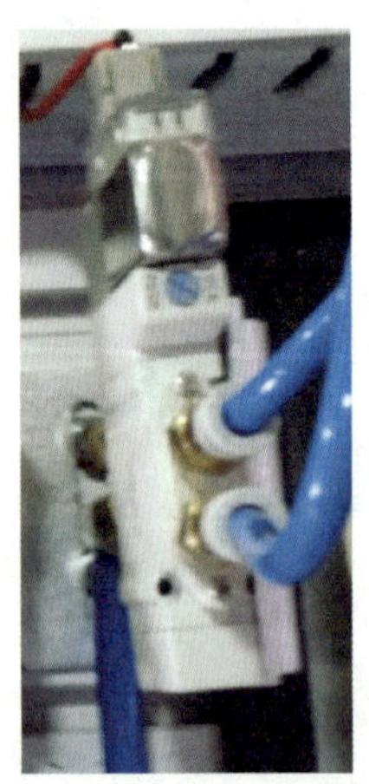

图 1—2—5　电磁阀的接线

图 1—2—6　中间继电器的接线

（3）接线端子的接线

将所有桌面上元器件的接线根据标注的线号接到桌面端子排上，端子排接线后的整体效果如图 1—2—7 所示。

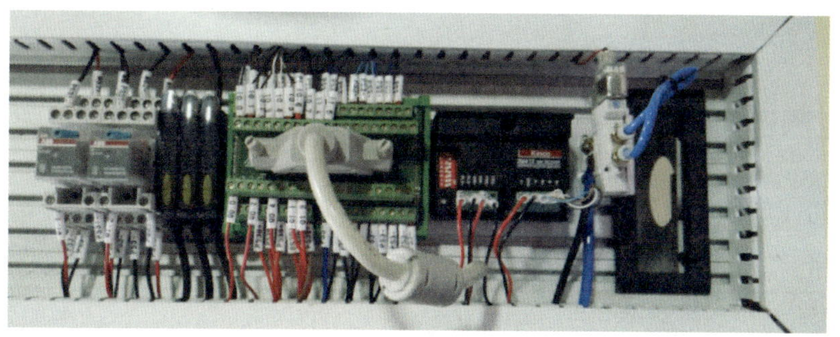

图 1—2—7　接线整体效果图

四、完成气缸及电动机部分的接线

1. 伸缩气缸的电气连接

将伸缩气缸的引出线通过连接器与桌面接口控制线路引出线连接（每条引线均带标牌，找到对应连接器对插即可），如图 1—2—8 所示。

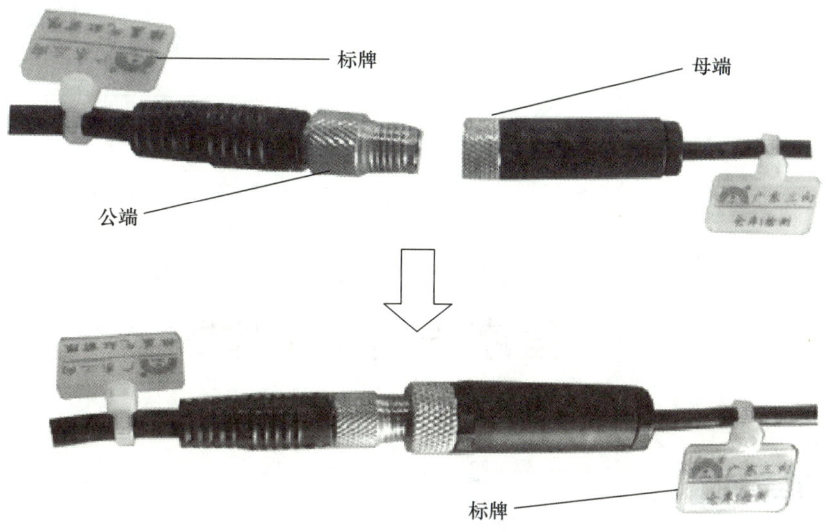

图 1—2—8　伸缩气缸的电气连接

2. 直流电动机正反转的连接

将直流电动机引线与桌面正反转继电器连接。

五、系统调试

利用给定测试程序进行通电测试，检验气缸的伸缩控制及传送带的正反转控制效果。

检查测评

对任务的完成情况进行检查，并将结果填入表 1—2—4 内。

表 1—2—4　任务测评表

序号	主要内容	考核要求	评分标准	配分	扣分	得分
1	码垛输送机构的组装	正确描述码垛输送机构的组成，并完成安装	1. 描述码垛输送机构的组成有错误或遗漏，每处扣 5 分 2. 码垛输送机构安装有错误或遗漏，每处扣 5 分	50		
2	单元桌面电气元件的安装与接线	正确完成单元桌面电气元件的安装与接线	1. 元器件的安装有错误或遗漏，每处扣 5 分 2. 接线有错误或遗漏，每处扣 5 分 3. 不能按照接线图接线，本项不得分	40		
3	安全文明生产	劳动保护用品穿戴整齐；遵守操作规程；讲文明礼貌；操作结束后清理现场	1. 操作中，违反安全文明生产考核要求的任何一项扣 5 分，扣完为止 2. 当发现学生有重大事故隐患时，要立即予以制止，并每次扣安全文明生产总分 5 分	10		
合计						

任务 3　立体码垛单元的组装、程序设计与调试

学习目标

知识目标：

1. 掌握立体码垛单元的组成。
2. 了解轮胎输送机构的结构。
3. 掌握立体码垛单元的控制流程。

能力目标：

1. 能够参照装配图进行轮胎立体仓库和轮胎输送机构的组装。
2. 能够完成立体码垛单元控制程序设计与调试。

工作任务

有一台由立体码垛单元、六轴机器人单元组成的工业机器人轮胎码垛入仓模拟工作站，现需要完成立体码垛单元的轮胎立体仓库系统的组装、程序设计及调试，并交有关人员验收，安装完成后可按功能要求正常运转。

相关知识

一、立体码垛单元的组成

立体码垛单元是工业机器人轮胎码垛入仓模拟工作站的重要组成部分，主要由轮胎立体仓库、轮胎输送机构、单元桌面电气元件、控制面板、电气控制挂板和单元桌体组成，提供双面四侧 18 个轮胎挂装工位，并有正反双向运行输送工件系统，如图 1—3—1 所示。

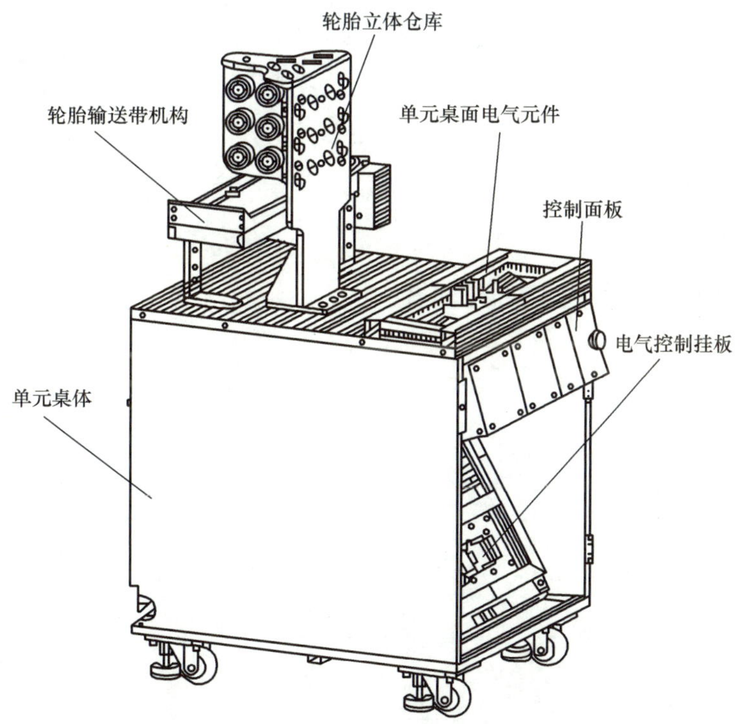

图 1—3—1　立体码垛单元

1. 轮胎立体仓库

轮胎立体仓库能为立体码垛单元提供双面四侧 18 个轮胎挂装工位，其外形如图 1—3—2 所示。

2. 轮胎输送机构

轮胎输送机构的外形如图 1—3—3 所示。

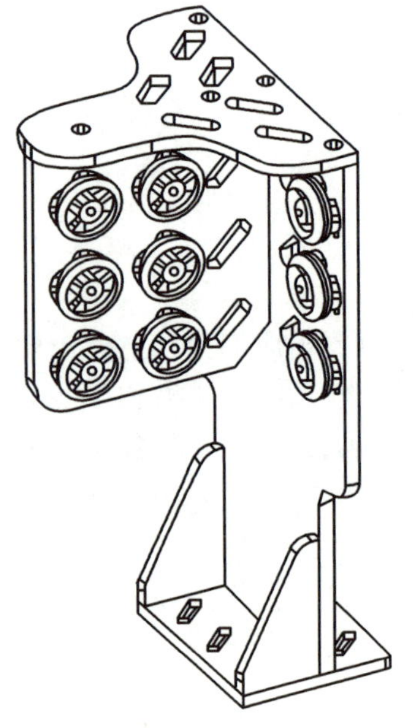

图 1—3—2　轮胎立体仓库外形

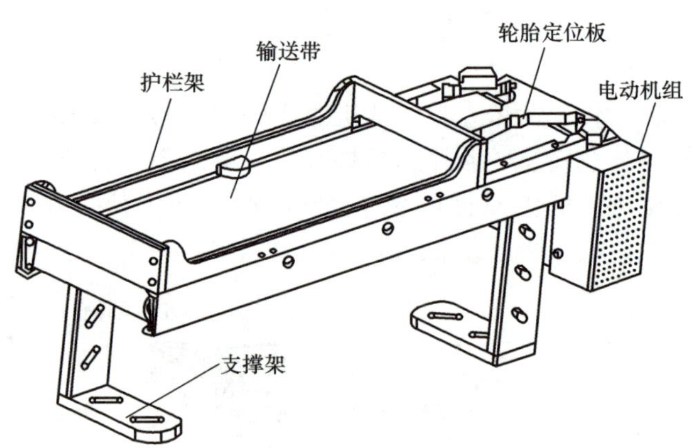

图 1—3—3　轮胎输送机构外形

二、立体码垛单元功能框图

立体码垛单元功能框图如图 1—3—4 所示。

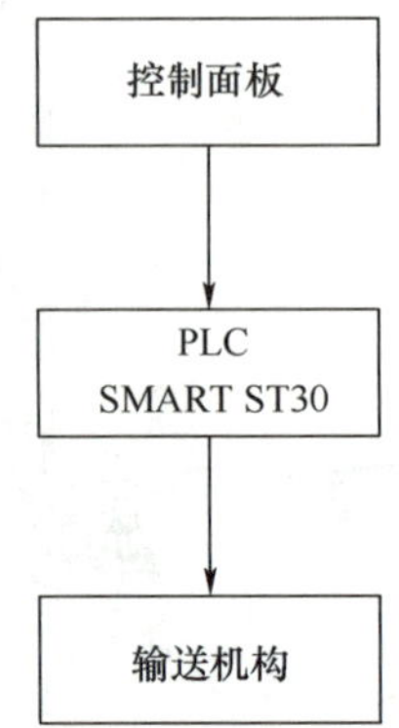

图 1—3—4　立体码垛单元功能框图

三、立体码垛单元控制流程

立体码垛单元控制流程如图 1—3—5 所示。

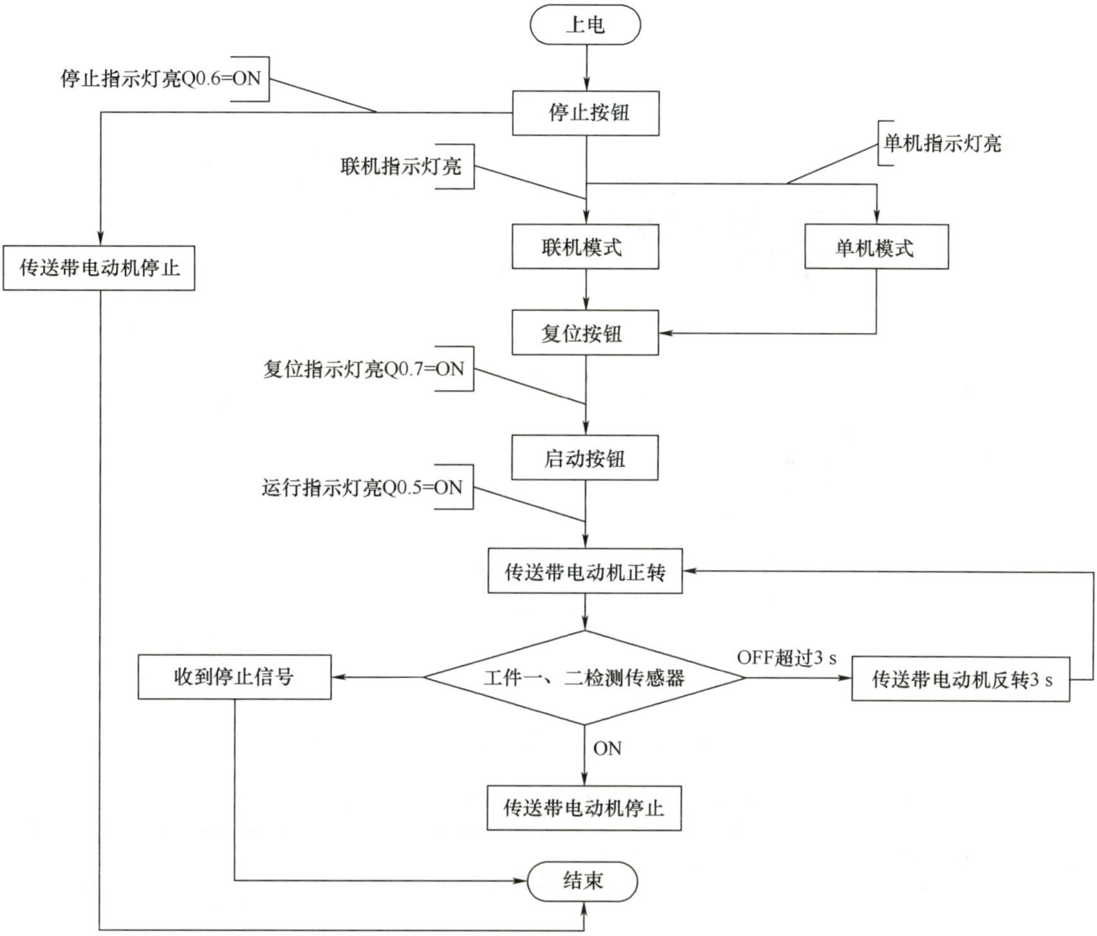

上电
停止按钮
停止指示灯亮Q0.6=ON
传送带电动机停止
联机指示灯亮
单机指示灯亮
联机模式
单机模式
复位按钮
复位指示灯亮Q0.7=ON
启动按钮
运行指示灯亮Q0.5=ON
传送带电动机正转
工件一、二检测传感器
OFF超过3 s
传送带电动机反转3 s
收到停止信号
ON
传送带电动机停止
结束

图 1—3—5　立体码垛单元控制流程图

任务实施

一、任务准备

实施本任务教学所使用的实训设备及工具材料可参考表 1—1—2。

二、在单元桌体上完成轮胎立体仓库和轮胎输送机构的装配

1. 识别轮胎立体仓库和轮胎输送机构的零部件

根据如图 1—3—6 所示的轮胎立体仓库和轮胎输送机构零部件汇总，完成表 1—3—1 的填写。

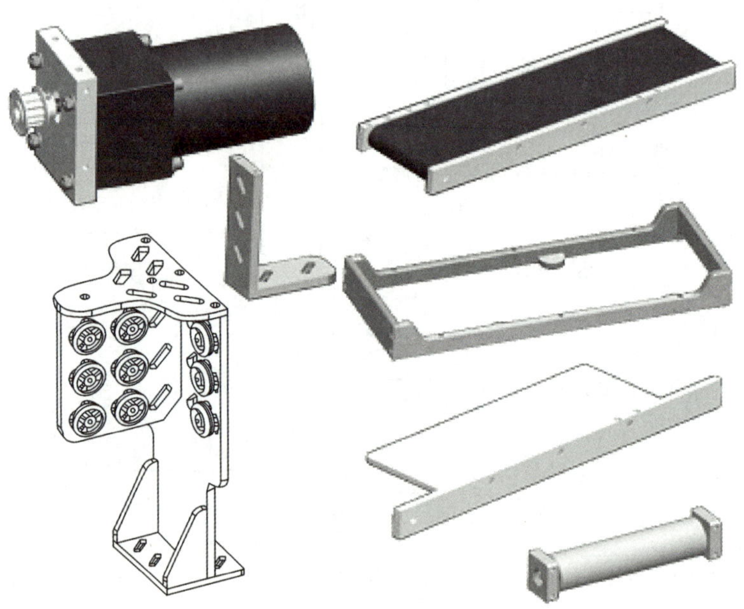

图 1—3—6　轮胎立体仓库和轮胎输送带机构零部件汇总

表 1—3—1　　轮胎立体仓库和轮胎输送机构的零部件

名称	用途	名称	用途

2. 轮胎立体仓库和轮胎输送机构的组装

按表 1—3—2 的方法及步骤进行轮胎立体仓库和轮胎输送机构的组装。

表 1—3—2　　轮胎立体仓库和轮胎输送机构的组装方法及步骤

步骤	图示	说明
轮胎立体仓库的安装	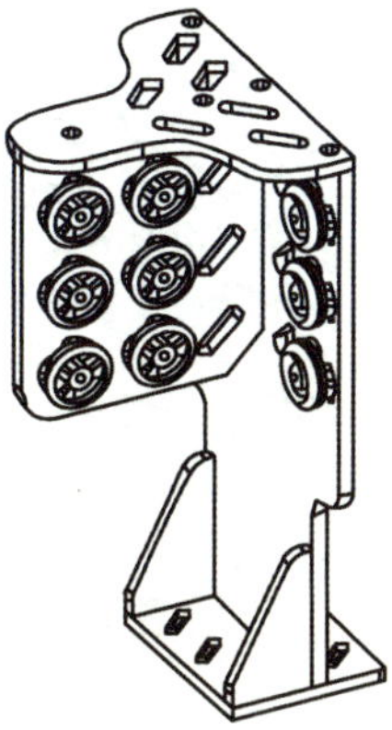	先安装好立体仓库，然后在立体仓库的双面四侧 18 个轮胎挂装工位上挂上轮胎模型
支撑架的组装	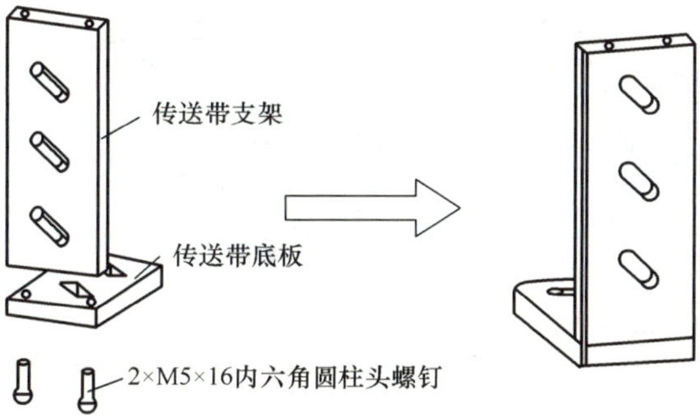 传送带支架 传送带底板 2×M5×16内六角圆柱头螺钉	通过内六角圆柱头螺钉，将传送带支架与传送带底板组装成支撑架
电动机组的安装	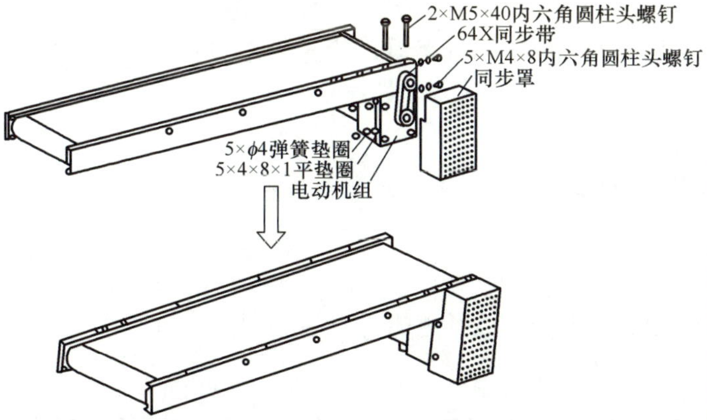 2×M5×40内六角圆柱头螺钉 64X同步带 5×M4×8内六角圆柱头螺钉 同步罩 5×ϕ4弹簧垫圈 5×4×8×1平垫圈 电动机组	把电动机、同步带、同步罩安装到传送带主体件上

续表

步骤	图示	说明
轮胎输送机构的组装	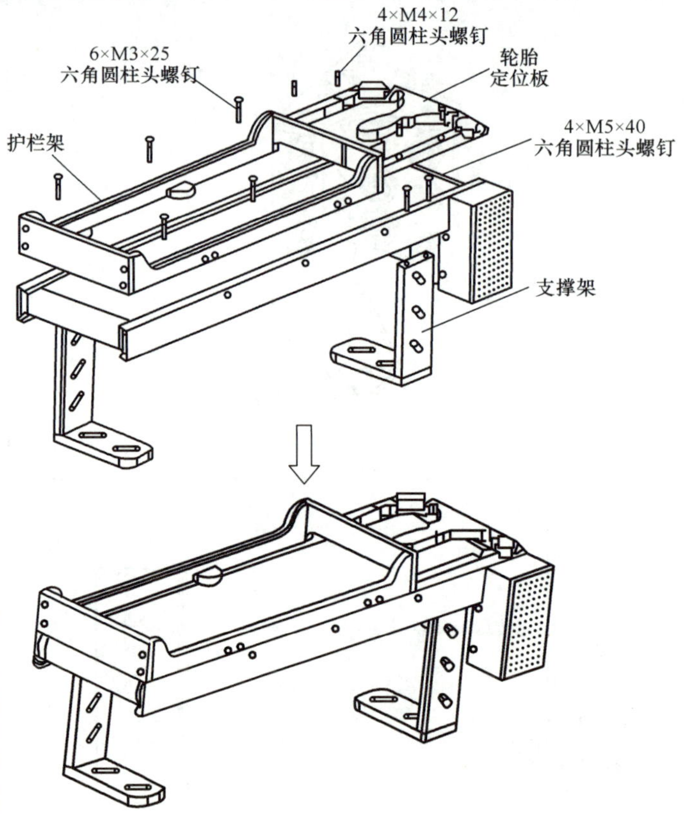 4×M4×12 六角圆柱头螺钉 6×M3×25 六角圆柱头螺钉 轮胎定位板 4×M5×40 六角圆柱头螺钉 护栏架 支撑架	把两个支撑架、护栏架及轮胎定位板依次安装到传送带主体件上

三、立体码垛单元的安装

把组装好的轮胎立体仓库及输送机构安装在立体码垛单元桌面，如图 1—3—1 所示；将光纤头直接插入对应的光纤放大器；传送带电动机引接到桌面继电器 KA17 的 5、7 号端子。

四、I/O 功能分配

1. I/O 功能分配表

立体码垛单元 PLC 的 I/O 功能分配见表 1—3—3。

表 1—3—3　　立体码垛单元 PLC 的 I/O 功能分配表

I/O 地址	功能描述	备注
I0. 3	工件一传感器感应到工件，I0. 3 闭合	
I0. 4	工件二传感器感应到工件，I0. 4 闭合	

续表

I/O 地址	功能描述	备注
I1.0	按下“启动”按钮，I1.0 闭合	
I1.1	按下“停止”按钮，I1.1 闭合	
I1.2	按下“复位”按钮，I1.2 闭合	
I1.3	联机信号，I1.3 闭合	
Q0.5	Q0.5 闭合，面板运行指示灯（绿）点亮	
Q0.6	Q0.6 闭合，面板停止指示灯（红）点亮	
Q0.7	Q0.7 闭合，面板复位指示灯（黄）点亮	
Q1.1	Q1.1 闭合，KA16 继电器带动传送带电动机正转	
Q1.2	Q1.2 闭合，KA17 继电器带动传送带电动机反转	

2. 立体码垛单元桌面接口板端子分配表

立体码垛单元桌面接口板端子分配见表 1—3—4。

表 1—3—4　立体码垛单元桌面接口板端子分配表

桌面接口板地址	线号	功能描述	备注
4	工件一检测（I0.3）	工件一检测传感器信号线	
5	工件二检测（I0.4）	工件二检测传感器信号线	
26	传送带电动机正转（Q1.1）	KA16 继电器线圈“14”号接线端	
27	传送带电动机反转（Q1.2）	KA17 继电器线圈“14”号接线端	
41	工件一检测+	工件一检测传感器电源线+端	
42	工件二检测+	工件二检测传感器电源线+端	
49	工件一检测-	工件一检测传感器电源线-端	
50	工件二检测-	工件二检测传感器电源线-端	
61	PS39+	KA16 继电器“9”号接线端	
62	PS39+	KA17 继电器“9”号接线端	
68	PS3-	KA16 继电器“11”号接线端	
69	PS3-	KA17 继电器“11”号接线端	
71	PS3-	KA16 继电器“12”号接线端	
72	PS3-	KA17 继电器“12”号接线端	
63	PS39+	提供 24 V 电源+	
64	PS3-	提供 24 V 电源-	

3. 立体码垛单元挂板接口板端子分配表

立体码垛单元挂板接口板端子分配见表 1—3—5。

表 1—3—5　立体码垛单元挂板接口板端子分配表

挂板接口板地址	线号	功能描述	备注
4	I0.3	工件一检测传感器	
5	I0.4	工件二检测传感器	
26	Q1.1	传送带电动机正转继电器	
27	Q1.2	传送带电动机反转继电器	

续表

挂板接口板地址	线号	功能描述	备注
A	PS3+	继电器常开触点（KA31：6）	
B	PS3−	直流电源 24 V-进线	
C	PS32+	继电器常开触点（KA31：5）	
D	PS33+	继电器触点（KA31：9）	
E	I1. 0	启动按钮	
F	I1. 1	停止按钮	
G	I1. 2	复位按钮	
H	I1. 3	联机信号	
I	Q0. 5	启动指示灯	
J	Q0. 6	停止指示灯	
K	Q0. 7	复位指示灯	
L	PS39+	直流 24 V+	

五、PLC 控制接线图

本任务 PLC 控制接线图如图 1—3—7 所示。

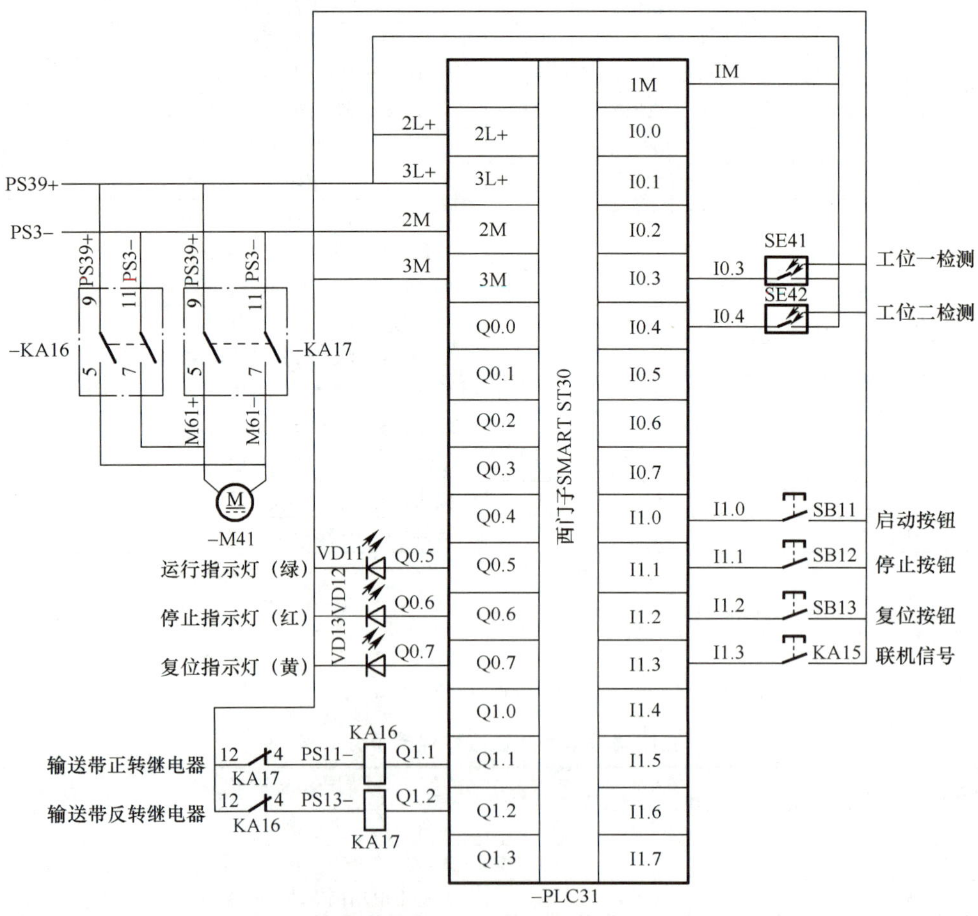

图 1—3—7　PLC 控制接线图

六、程序设计

本任务所需的立体码垛单元参考程序梯形图如图 1—3—8 所示。

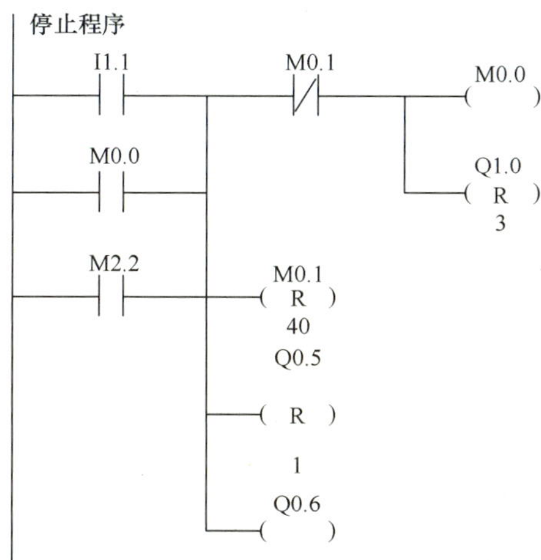

符号	地址	注释
CPU_输出5	Q0.5	运行指示灯
CPU_输出6	Q0.6	停止指示灯
CPU_输出8	Q1.0	推料气缸电磁阀
CPU_输入9	I1.1	停止按钮
m00	M0.0	单元停止
m01	M0.1	单元复位

复位程序

SM0.0　I1.2　M0.0　M0.0 (R) 1
M2.3
M0.1 (S) 1
Q0.6 (R) 1
Q1.1 (S) 1
M0.1　SM0.5　Q0.7 ( )
M0.4
I0.3　I0.4　M0.4 (S) 1
Q1.1 (R) 1

符号	地址	注释
Always_On	SM0.0	始终接通
Clock_1s	SM0.5	针对1 s的周期时间，时钟脉冲接通0.5 s，关断0.5 s
CPU_输出6	Q0.6	停止指示灯
CPU_输出7	Q0.7	复位指示灯
CPU_输出9	Q1.1	传送带反转
CPU_输入10	I1.2	复位按钮
CPU_输入3	I0.3	轮胎位置1检测
CPU_输入4	I0.4	轮胎位置2检测
m00	M0.0	单元停止
m01	M0.1	单元复位

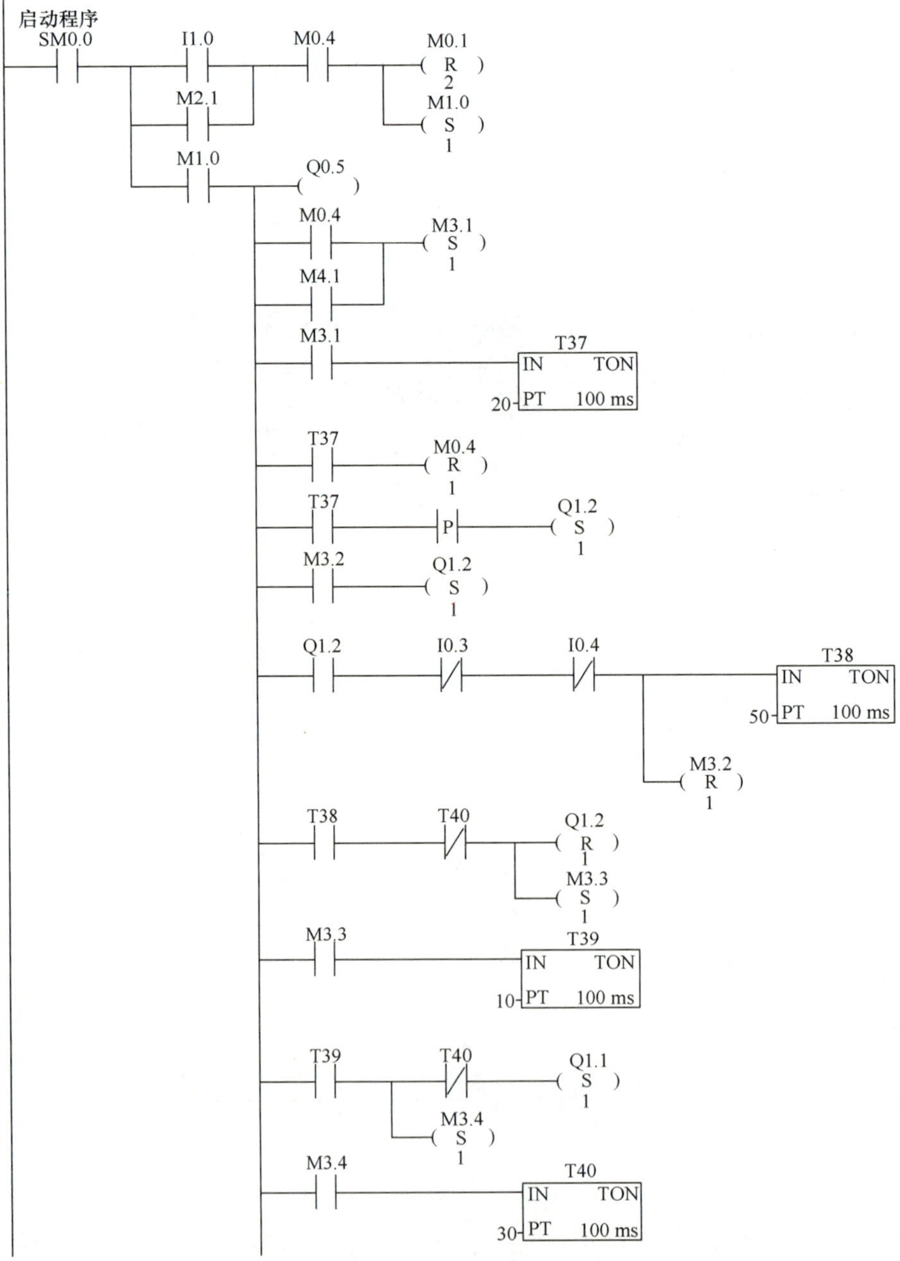

启动程序

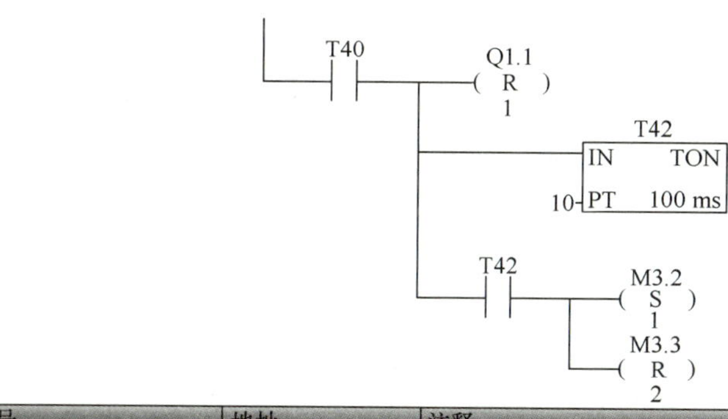

符号	地址	注释
Always_On	SM0.0	始终接通
CPU_输出10	Q1.2	传送带正转
CPU_输出5	Q0.5	运行指示灯
CPU_输出9	Q1.1	传送带反转
CPU_输入3	I0.3	轮胎位置1检测
CPU_输入4	I0.4	轮胎位置2检测
CPU_输入8	I1.0	启动按钮
m01	M0.1	单元复位

启动程序

M1.0　Q1.2　I0.3　I0.4　T41 IN TON 20 PT 100 ms

I0.3　T43 IN TON 8 PT 100 ms

I0.4　T44 IN TON 8 PT 100 ms

Q1.2　T43　T44　M3.6 (S) 1

I0.3　T43　M4.3 (S) 1

I0.4　T44　M4.4 (S) 1

T43　T44　Q1.2 (R) 1

M3.6　M4.3　M4.4　P　M3.7 (S) 1

I0.3　T47 IN TON 1 PT 100 ms

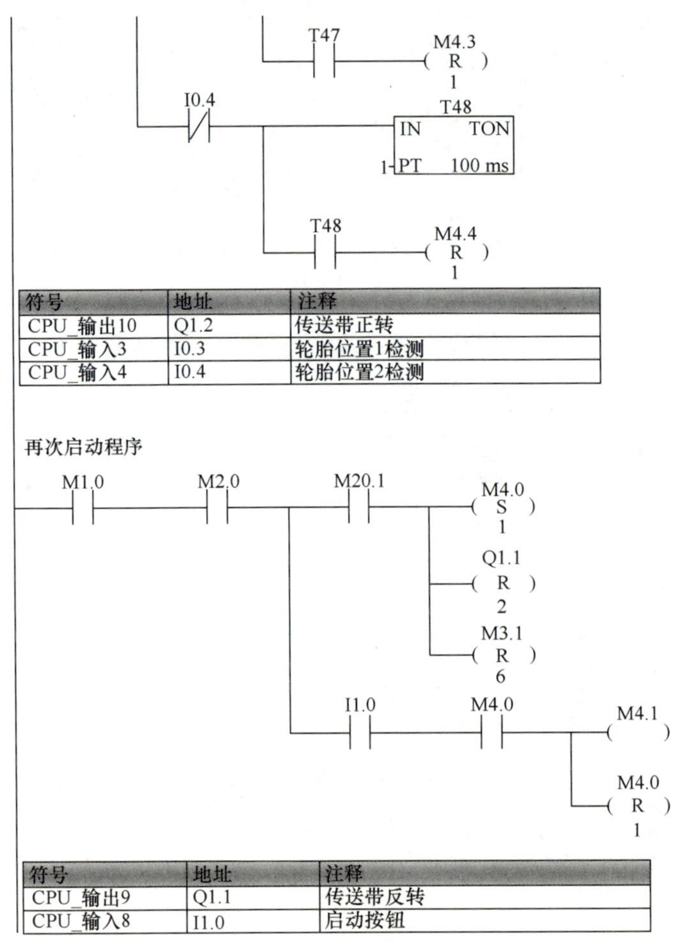

符号	地址	注释
CPU_输出10	Q1.2	传送带正转
CPU_输入3	I0.3	轮胎位置1检测
CPU_输入4	I0.4	轮胎位置2检测

符号	地址	注释
CPU_输出9	Q1.1	传送带反转
CPU_输入8	I1.0	启动按钮

图 1—3—8　立体码垛单元参考程序梯形图

七、系统调试

1. 上电前检查

（1）观察机构上各元件外表是否有明显移位、松动或损坏等现象，如果存在以上现象，及时调整、紧固或更换元件。

（2）对照接口板端子分配表或接线图检查桌面和挂板接线是否正确，尤其要检查 24 V 电源和电气元件电源线等线路是否有短路、断路现象。

（3）设备上不能放置任何不属于本工作站的物品，如有发现应及时清除。

2. 启动设备前注意事项

启动前应确保输送机构上工位一检测与工位二检测位置不能有物料存在，如有需移走物料。

3. 传感器调试

（1）当工位一与工位二有汽车轮胎时，对应的工位检测传感器应能检测到并能准确输出信号。若检测不到，可使用一字旋具慢慢调整传感器顶部旋钮。

（2）推料气缸处于缩回状态时，推料气缸缩回限位磁性开关应能准确感应并输出信号。若检测不到，可使用一字旋具松开磁性开关顶部旋钮，前后移动磁性开关位置直至感应指示灯亮，再旋紧磁性开关旋钮。

（3）推料气缸处于伸出状态时，推料气缸伸出限位磁性开关应能准确感应并输出信号。若检测不到，可使用一字旋具松开磁性开关顶部旋钮，前后移动磁性开关位置直至感应指示灯亮，再旋紧磁性开关旋钮。

检查测评

对任务的完成情况进行检查，并将结果填入表 1—3—6 内。

表 1—3—6　　任务测评表

序号	主要内容	考核要求	评分标准	配分	扣分	得分
1	轮胎立体仓库和轮胎输送机构的组装	正确描述轮胎立体仓库和轮胎输送机构的组成，并完成安装	1. 轮胎立体仓库和轮胎输送机构描述有错误或遗漏，每处扣 5 分 2. 轮胎立体仓库和轮胎输送机构安装有错误或遗漏，每处扣 5 分	20		
2	立体码垛单元控制程序的设计与调试	列出 PLC I/O 地址分配表；根据加工工艺，设计梯形图及 PLC 控制接线图	1. 输入/输出地址遗漏或错误，每处扣 5 分 2. 梯形图表达不正确或画法不规范，每处扣 1 分 3. 接线图表达不正确或画法不规范，每处扣 2 分	30		
		按 PLC 控制接线图在配线板上正确安装接线，安装要准确、紧固、美观，导线要走线槽，导线要有端子标号	1. 损坏元件扣 5 分 2. 布线不走线槽、不美观，每根扣 1 分 3. 接点松动、露铜过长、反圈、压绝缘层，标记线号不清楚、遗漏或误标，引出端无别径压端子，每处扣 1 分 4. 损伤导线绝缘或线芯，每根扣 1 分 5. 不按 PLC 控制接线图接线，每处扣 5 分	10		
		熟练正确地将所编程序输入 PLC；按照被控设备的动作要求进行模拟调试，达到设计要求	1. 不能熟练操作 PLC 键盘输入指令扣 2 分 2. 不会用删除、插入、修改、存盘等命令，每项扣 2 分 3. 仿真试车不成功扣 30 分	30		

续表

序号	主要内容	考核要求	评分标准	配分	扣分	得分
3	安全文明生产	劳动保护用品穿戴整齐；遵守操作规程；讲文明礼貌；操作结束后清理现场	1. 操作中，违反安全文明生产考核要求的任何一项扣5分，扣完为止 2. 当发现学生有重大事故隐患时，要立即予以制止，并每次扣安全文明生产总分5分	10		
合计						

任务4　步进升降机构的组装、接线与调试

学习目标

知识目标：

1. 掌握步进电动机的工作原理。
2. 熟悉 2M420 步进驱动器的接线方式和规格参数。
3. 掌握步进驱动器各端子接口的功能。

能力目标：

1. 能够进行步进升降机构的组装。
2. 能够完成步进电动机、步进驱动器与 PLC 端子的接线。
3. 能够完成步进升降机构的调试。

工作任务

步进升降机构是分拣装配单元的重要组成部分，其主要作用是为分拣装配单元连续提供物料。现需要对步进升降机构的步进电动机、步进驱动器和 PLC 端子进行组装、接线及调试，使之能够正常运转。

相关知识

一、步进电动机

步进电动机是将电脉冲信号转变为角位移或线位移的开环控制元件，如图 1—4—1

所示。在非超载的情况下，电动机的转速、停止的位置只取决于脉冲信号的频率和脉冲数，而不受负载变化的影响。当步进驱动器接收到一个脉冲信号时，它就驱动步进电动机按设定的方向转动一个固定的角度，称为“步距角”，它的旋转是以固定的角度逐步运行的，通过控制脉冲个数可以控制角位移量，从而达到准确定位的目的。同时，可以通过控制脉冲频率来控制电动机转动的速度和加速度，从而达到调速的目的。

图 1—4—1　两相混合式步进电动机

1. 步进电动机的分类

步进电动机的种类很多，常见分类情况见表 1—4—1。

表 1—4—1　步进电动机的分类

分类方式	具体类型
按力矩产生的原理	（1）反应式：转子无绕组，定子和转子均开小齿，步距小，应用最广 （2）永磁式：转子的极数与每相定子极数相等，不开小齿，步距角较大，力矩较大 （3）感应子式（混合式）：转子和定子均有多个小齿以提高步矩精度，优点是转矩大、动态性能好、步距角小
按输出力矩大小	（1）伺服式：输出力矩在 $10^{-2} \sim 10^{-1}$ N·m，只能驱动较小的负载，要与液压扭矩放大器配用，才能驱动机床工作台等较大的负载 （2）功率式：输出力矩较大，可以直接驱动机床工作台等较大的负载
按定子数	（1）单定子式 （2）双定子式 （3）三定子式 （4）多定子式
按各相绕组分布	（1）径向分布式：电动机各相按圆周依次排列 （2）轴向分布式：电动机各相按轴向依次排列

2. 两相混合式步进电动机的结构

两相混合式步进电动机轴向结构如图 1—4—2 所示。转子被分为完全对称的两段，一段转子的磁力线沿转子表面呈放射形进入定子铁心，称为 N 极转子；另一段转子的磁力线经过定子铁心沿定子表面穿过气隙回归到转子中去，称为 S 极转子。图中虚线闭合回路为磁力线的行走路线。相应地定子也被分为两段，其上装有 A、B 两相对称绕组。同时，沿转子轴在两段转子中间安装一块永磁铁，形成转子的 N、S 极性。从轴向看过去，两段转子齿中心线彼此错开半个转子齿距。

3. 两相步进电动机的原理

通常电动机的转子为永磁体，当电流流过定子绕组时，定子绕组产生一矢量磁场。该磁场会带动转子旋转一角度，使转子的一对磁场方向与定子的磁场方向一致。每输入一个电脉冲，电动机转动一个角度前进一步。电动机输出的角位移与输入的脉冲数

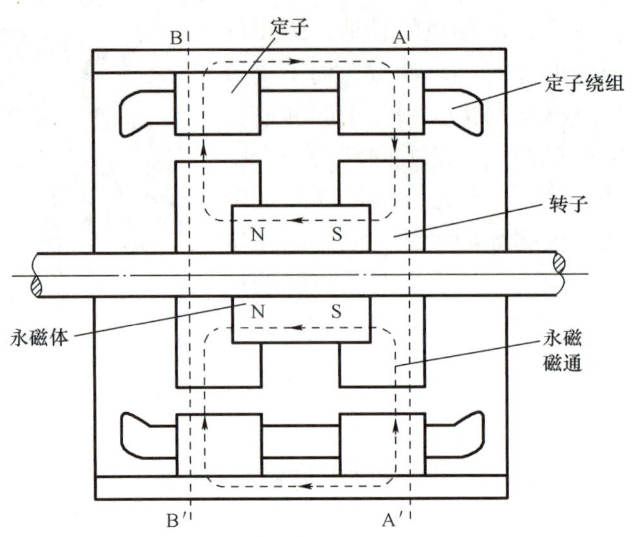

图 1—4—2　两相混合式步进电动机轴向结构

成正比，转速与脉冲频率成正比，改变绕组通电的顺序，电动机就会反转。所以可用控制脉冲数量、电动机各相绕组的通电顺序来控制步进电动机的转动。

4. 两相步进电动机的工作方式

两相步进电动机的工作方式主要有以下几种：

单四拍（见图 1—4—3）：$A-B-\overline{A}-\overline{B}-$循环

双四拍：$AB-\overline{BA}-\overline{AB}-\overline{B}A-$循环

单双八拍：$A-AB-B-B\overline{A}-\overline{A}-\overline{A}\,\overline{B}-\overline{B}-\overline{B}A-$循环

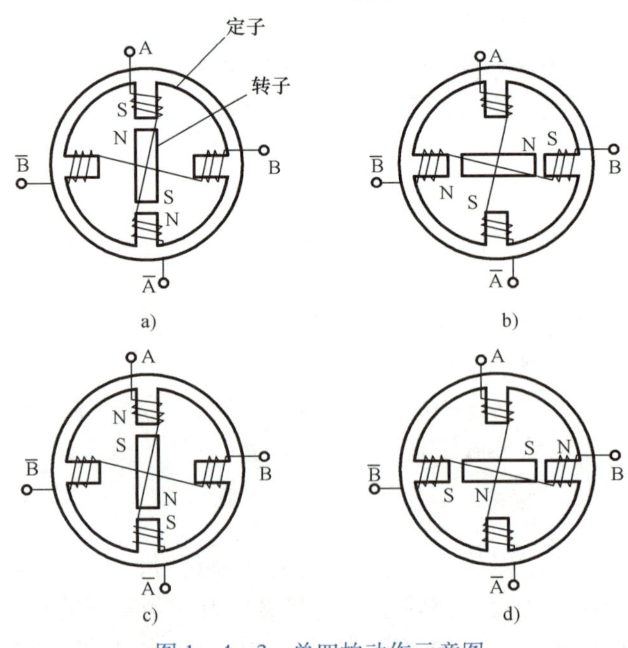

图 1—4—3　单四拍动作示意图

二、步进驱动器

从步进电动机的转动原理可以看出，要使步进电动机正常运行，必须按规律控制步进电动机的每一相绕组得电。步进驱动器的作用是对控制脉冲进行环形分配、功率放大，使步进电动机绕组按一定顺序通电，控制电动机转动。

1. 步进驱动器工作原理

步进驱动控制系统的工作原理如图 1—4—4 所示。以两相步进电动机为例，当给驱动器一个脉冲信号和一个正方向信号时，经过环形分配器和功率放大后，电动机绕组通电顺序为 A-B-$\overline{A}$-$\overline{B}$，其四个状态周而复始进行变化，电动机顺时针转动；若方向信号变为负时，通电顺序就变为 $\overline{B}$-$\overline{A}$-B-A，电动机就逆时针转动。

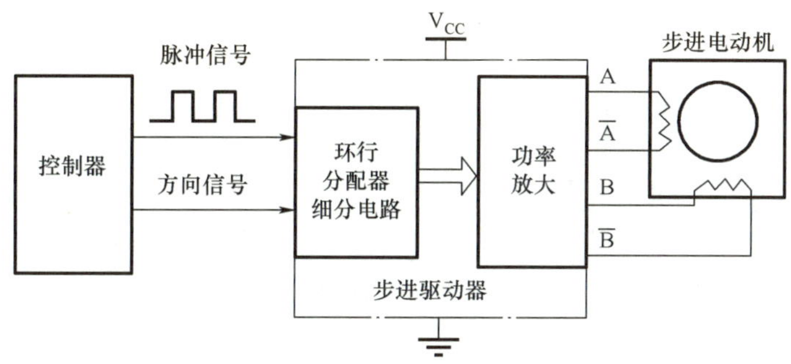

图 1—4—4　步进驱动控制系统的工作原理

2. 2M420 步进驱动器的接线

以本任务采用的 2M420 步进驱动器为例，其典型接线图如图 1—4—5 所示。

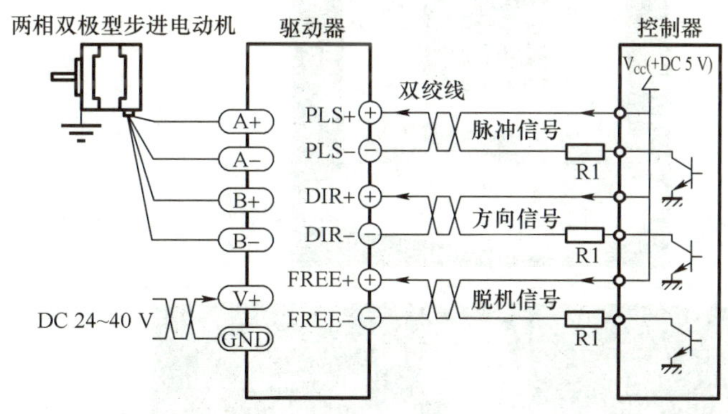

图 1—4—5　2M420 步进驱动器典型接线图

3. 2M420 步进驱动器的规格参数

2M420 步进驱动器的规格参数见表 1—4—2。

表 1—4—2　　2M420 步进驱动器的规格参数

名称	规格参数
供电电压	直流 24~40 V
输出相电流	0.3~2.5 A
控制信号输入电流	6~20 mA
冷却方式	自然风冷
使用环境要求	避免有大量金属粉尘、油雾或腐蚀性气体
使用环境温度	-10~+45℃
使用环境湿度	85%非冷凝
重量	0.4 kg

任务实施

一、任务准备

实施本任务教学所使用的实训设备及工具材料可参考表 1—1—2。

二、步进升降机构的组装

按表 1—4—3 的方法及步骤进行步进升降机构的组装。

表 1—4—3　　步进升降机构的组装方法及步骤

步骤	图示	说明
1		安装支撑板
2		安装丝杆

续表

步骤	图示	说明
3	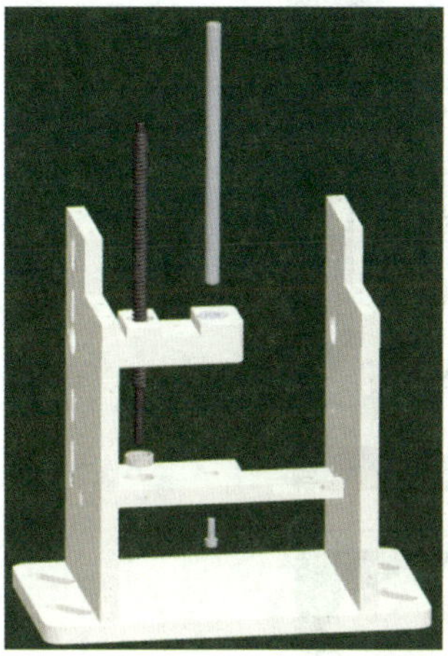	安装导杆
4	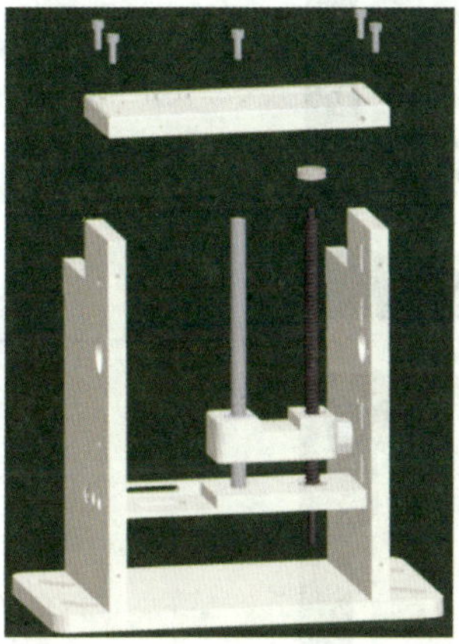	安装固定顶板
5	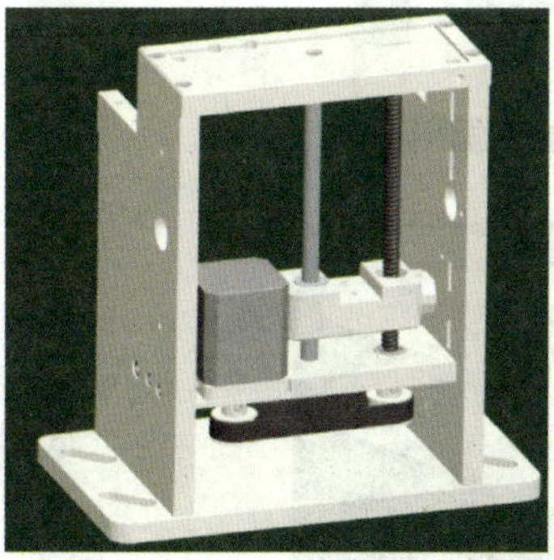	安装步进电动机与同步带

续表

步骤	图示	说明
6	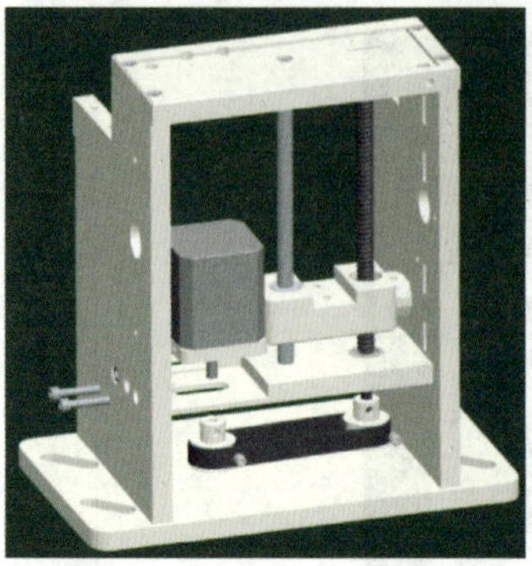	固定步进电动机
7	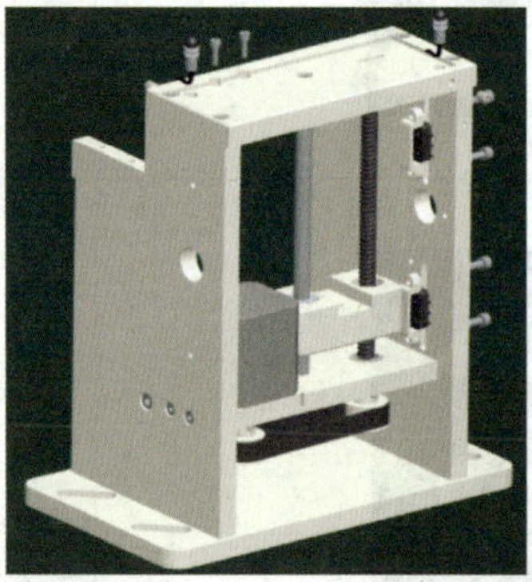	安装上下限位与光纤头
8	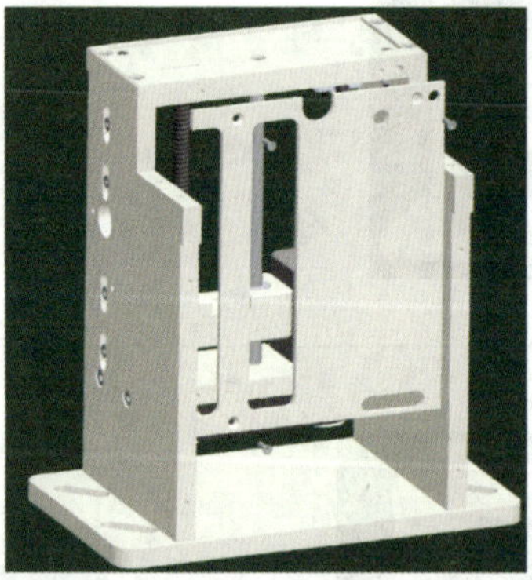	安装内封板
9	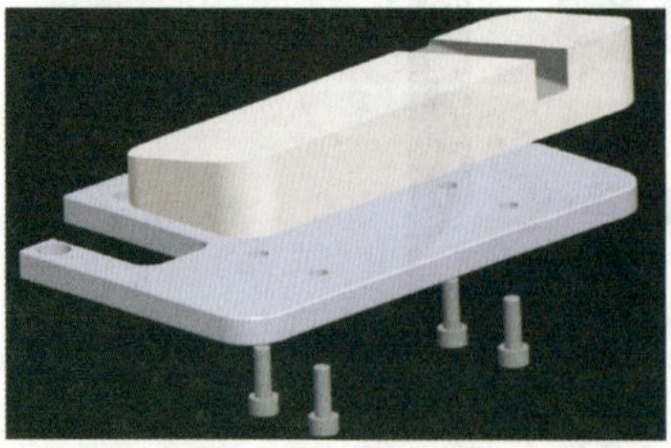	组装托料台

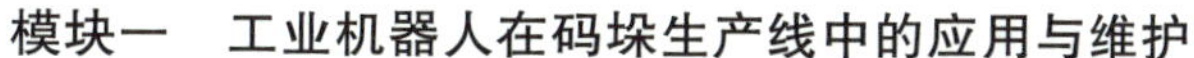

续表

步骤	图示	说明
10		安装托料台
11		安装前后封板
12		安装完成效果图

三、I/O 功能分配

步进升降机构单元 PLC 的 I/O 功能分配见表 1—4—4。

表 1—4—4　　步进升降机构单元 PLC 的 I/O 功能分配表

I/O 地址	功能描述	备注
I0.0	步进下限位触发，I0.0 断开	
I0.1	步进上限位触发，I0.1 断开	
I0.3	物料到位检测传感器触发，I0.3 闭合	

续表

I/O 地址	功能描述	备注
I1. 0	按下“启动”按钮，I1. 0 闭合	
I1. 1	按下“停止”按钮，I1. 1 闭合	
I1. 2	按下“复位”按钮，I1. 2 闭合	
Q0. 0	Q0. 0 闭合，步进驱动器得到脉冲信号，步进电动机运行	
Q0. 2	Q0. 2 闭合，改变步进电动机运行方向	
Q0. 4	Q0. 4 闭合，升降气缸电磁阀得电	
Q0. 5	Q0. 5 闭合，面板运行指示灯（绿）点亮	
Q0. 6	Q0. 6 闭合，面板停止指示灯（红）点亮	
Q0. 7	Q0. 7 闭合，面板复位指示灯（黄）点亮	

四、PLC 控制接线图

步进电动机、步进驱动器与 PLC 接线如图 1—4—6 所示。

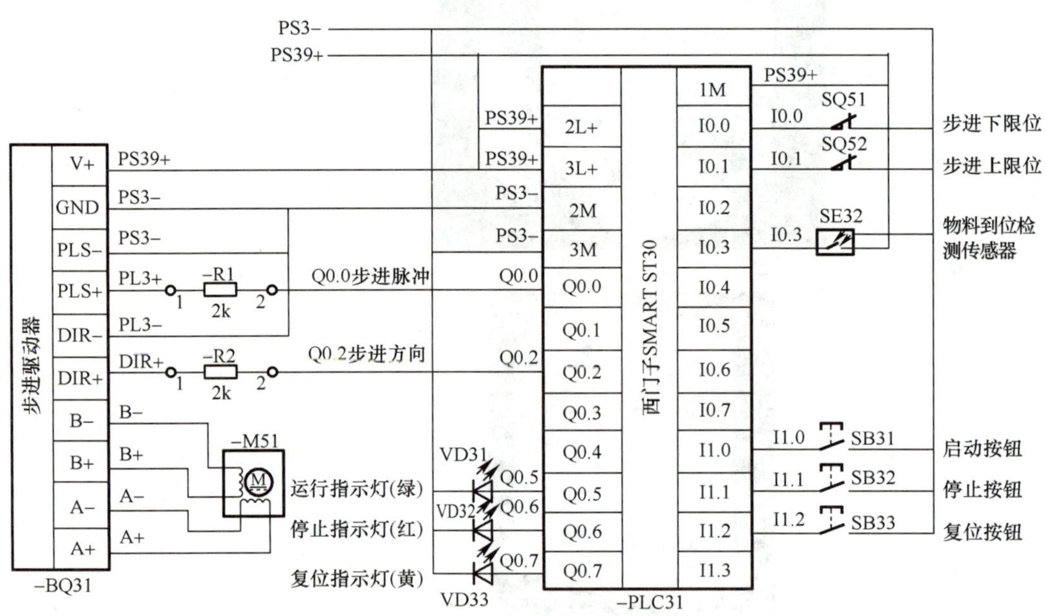

图 1—4—6　步进电动机、步进驱动器与 PLC 接线图

五、线路安装

根据步进电动机、步进驱动器与 PLC 接线图在指定的位置进行步进电动机、步进驱动器与 PLC 的线路安装。

六、程序设计

本任务的步进升降机构控制参考程序设计如下：在 STEP 7-Micro/WIN SMART 软件下使用向导制作运动包络，自动生成子例程，然后在主程序中直接调用即可，如

图 1—4—7 所示（向导制作运动包络参考任务 5 部分）。

初始化运动轴

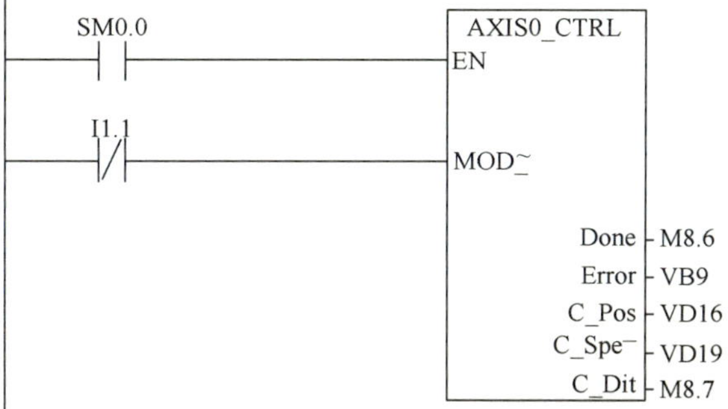

SM0.0　I1.1

AXIS0_CTRL
EN
MOD~
Done - M8.6
Error - VB9
C_Pos - VD16
C_Spe~ - VD19
C_Dit - M8.7

符号	地址	注释
Always_On	SM0.0	始终接通
CPU_输入9	I1.1	停止按钮

步进复位：下降

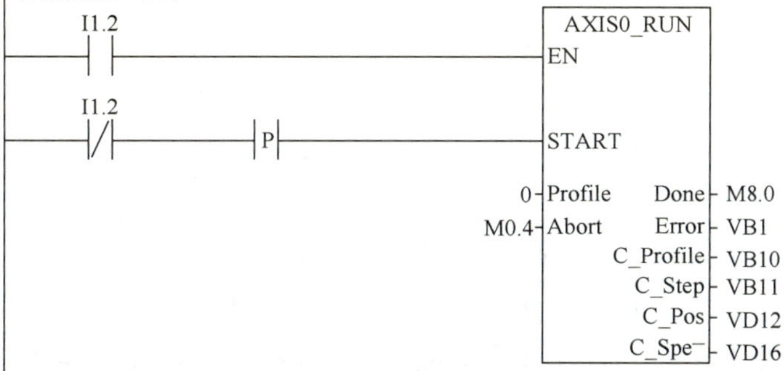

I1.2　I1.2　P

AXIS0_RUN
EN
START
0 - Profile　Done - M8.0
M0.4 - Abort　Error - VB1
C_Profile - VB10
C_Step - VB11
C_Pos - VD12
C_Spe~ - VD16

符号	地址	注释
CPU_输入10	I1.2	复位按钮
M04	M0.4	复位完成

步进上升：出料

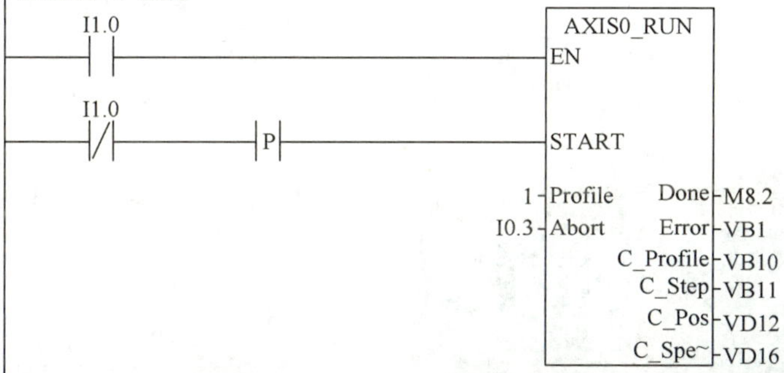

I1.0　I1.0　P

AXIS0_RUN
EN
START
1 - Profile　Done - M8.2
I0.3 - Abort　Error - VB1
C_Profile - VB10
C_Step - VB11
C_Pos - VD12
C_Spe~ - VD16

符号	地址	注释
CPU_输入3	I0.3	玻璃到位检测
CPU_输入8	I1.0	启动按钮

图 1—4—7　步进升降机构控制的梯形图程序

七、系统调试

1. 上电前检查

（1）观察机构上各元件外表是否有明显移位、松动或损坏等现象，如果存在以上现象，及时调整、紧固或更换元件。

（2）对照接口板端子分配表或接线图检查桌面和挂板接线是否正确，尤其要检查 24 V 电源和电气元件电源线等线路是否有短路、断路现象。

（3）设备上不能放置任何不属于本工作站的物品，如有发现应及时清除。

2. 启动设备前注意事项

（1）观察车窗玻璃板的数量是否是 8 个，如超过应移走多余的，如不足应添加。

（2）检查步进驱动器电源接线是否正确。

（3）当机器人停止在步进升降台正上方时禁止启动设备。

3. 传感器的调试

（1）当车窗玻璃板处在传送带前端检测或传送带末端检测光电传感器上方时，应能准确感应并输出信号。

（2）当车窗玻璃板处在外形检测传感器 A 与外形检测传感器 B 正上方时，应能准确判断外形并输出信号。

（3）当步进机构带动车窗玻璃板上升到物料到位检测光纤传感器时，应能准确检测并输出信号。

（4）当步进机构处于原点时，步进原点传感器应能准确切断输出信号。

（5）当步进机构碰压步进下限位微动开关时，应能准确切断与 PLC 的信号。

（6）当步进机构碰压步进上限位微动开关时，应能准确切断与 PLC 的信号。

4. 步进系统调试

（1）步进驱动系统需要利用 PLC 和计算机进行电路测试，主要测试线路连接 I/O 是否正确，检查步进电动执行机构的手动工作情况，设置合适的参数。

（2）步进驱动器的 DIP 拨码开关默认设置为 11010111，如图 1—4—8 所示。

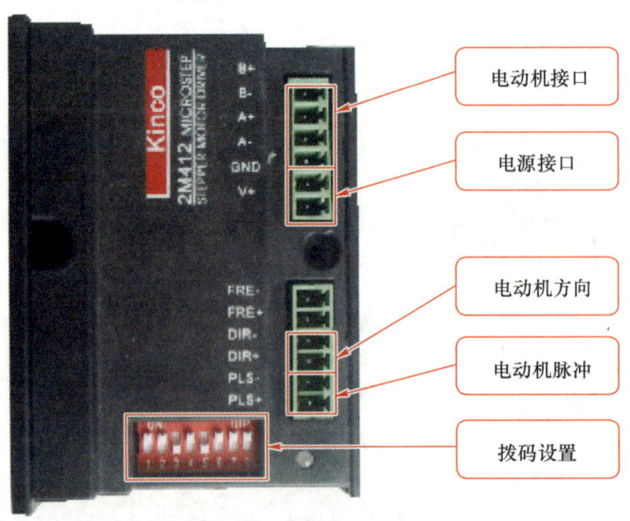

图 1—4—8　步进驱动器

（3）步进驱动器各端子接口的功能见表 1—4—5。

表 1—4—5　驱动器各端子接口的功能

标记符号	功能	注释
POWER	电源指示灯	绿色为通电
PLS	步进脉冲信号	下降沿有效，每当脉冲由高向低变化时，电动机走一步
DIR	步进方向信号	用于改变电动机转向
V+	电源正极	DC 12~40 V
GND	电源负极	
A+	电动机接线	A 相接线
A-		
B+		B 相接线
B-		
DIP1~DIP8	电动机电流细分数设置	ON：1
		OFF：0

（4）DIP 开关功能说明。DIP 拨码开关用来设定驱动器的工作方式和工作参数，使用前应仔细阅读参考资料。注意更改拨码开关的设定之前要先切断电源。DIP 开关的功能描述见表 1—4—6。

表 1—4—6　DIP 开关的功能描述

开关序号	ON 功能	OFF 功能	特别说明
DIP1~DIP4	细分设定用	细分设定用	
DIP5	静态电流半流	静态电流全流	
DIP6~DIP8	输出电流设置用	输出电流设置用	

（5）细分设定见表 1—4—7。

表 1—4—7　细分设定

开关序号			DIP1 为 ON	DIP1 为 OFF
DIP2	DIP3	DIP4	细分	细分
ON	ON	ON	无效	2
OFF	ON	ON	4	4
ON	OFF	ON	8	5
OFF	OFF	ON	16	10
ON	ON	OFF	32	25
OFF	ON	OFF	64	50
ON	OFF	OFF	128	100
OFF	OFF	OFF	256	200

检查测评

对任务的完成情况进行检查，并将结果填入表 1—4—8 内。

表 1—4—8　　　　任务测评表

序号	主要内容	考核要求	评分标准	配分	扣分	得分
1	步进电动机升降机构的组装	正确描述步进电动机升降机构的组成，并完成安装	1. 步进电动机升降机构描述有错误或遗漏，每处扣 5 分 2. 步进电动机升降机构安装有错误或遗漏，每处扣 5 分	20		
2	步进电动机升降机构单元控制程序的设计与调试	列出 PLC I/O 地址分配表；根据加工工艺，设计梯形图及 PLC 控制接线图	1. 输入/输出地址遗漏或错误，每处扣 5 分 2. 梯形图表达不正确或画法不规范，每处扣 1 分 3. 接线图表达不正确或画法不规范，每处扣 2 分	30		
		按 PLC 控制接线图在配线板上正确安装接线，安装要准确、紧固、美观，导线要走线槽，导线要有端子标号	1. 损坏元件扣 5 分 2. 布线不走线槽、不美观，每根扣 1 分 3. 接点松动、露铜过长、反圈、压绝缘层，标记线号不清楚、遗漏或误标，引出端无别径压端子，每处扣 1 分 4. 损伤导线绝缘或线芯，每根扣 1 分 5. 不按 PLC 控制接线图接线，每处扣 5 分	10		
		熟练正确地将所编程序输入 PLC；按照被控设备的动作要求进行模拟调试，达到设计要求	1. 不能熟练操作 PLC 键盘输入指令扣 2 分 2. 不会用删除、插入、修改、存盘等命令，每项扣 2 分 3. 仿真试车不成功扣 30 分	30		
3	安全文明生产	劳动保护用品穿戴整齐；遵守操作规程；讲文明礼貌；操作结束后清理现场	1. 操作中，违反安全文明生产考核要求的任何一项扣 5 分，扣完为止 2. 当发现学生有重大事故隐患时，要立即予以制止，并每次扣安全文明生产总分 5 分	10		
合计						

任务 5　检测排列单元的程序设计与调试

学习目标

知识目标：

掌握使用 STEP 7-Micro/WIN SMART 软件向导制作脉冲控制包络表的方法。

能力目标：

1. 能够运用 PLC 控制步进电动机的运行。

2. 能够根据控制要求，完成检测排列单元控制程序的设计与调试，并能解决运行过程中出现的常见问题。

工作任务

有一检测排列单元如图 1—5—1 所示，现需要设计其 PLC 控制程序并调试。本任务只考虑检测排列单元作为独立设备运行，在其按钮操作面板（见图 1—5—2）上选择“单机”。

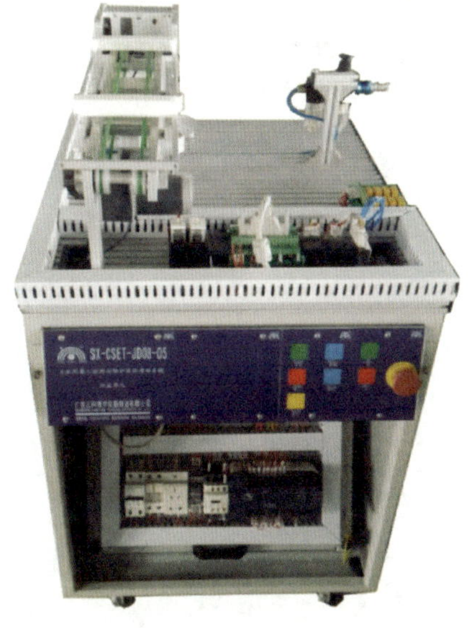

图 1—5—1　检测排列单元

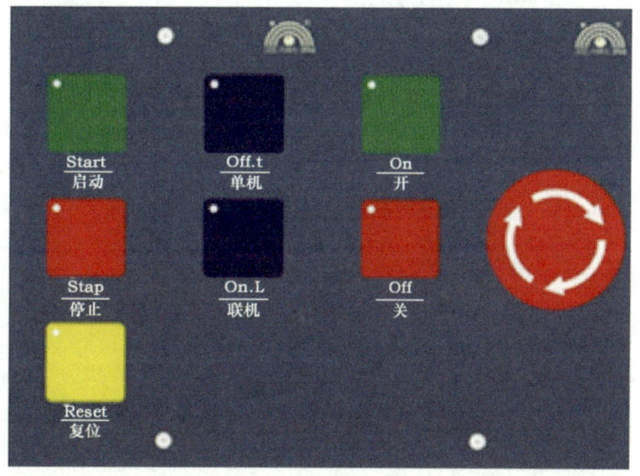

图 1—5—2　检测排列单元按钮操作面板

具体的控制要求如下：

（1）初始状态为传送带上未放置车窗，设备上电和气源接通后，传送带顶升气缸处于缩回位置，排列支架处于升起状态，上料机构处于步进下限位位置，“急停”按钮没有按下。若设备不在上述初始状态，复位灯亮，按下“复位”按钮，设备回到初始位置，复位灯灭。

（2）设备准备好后，将车窗玻璃板放到输送机上。启动指示灯亮，按下“启动”按钮，设备启动。传送带顶升气缸伸出，伸出到位后，输送机传送带正转，输送机把车窗输送到上料机构内，当输送机上的末端传感器 5 s 内没有检测到车窗通过时输送机传送带停止运行。传送带顶升气缸缩回，缩回到位后，上料机构的步进电动机正转将车窗上升到物料到位检测传感器位置，到位后上料机构的步进电动机停止运行，人工取走上料机构最上层的车窗（每次只能取走一块车窗，取走车窗间隔时间为 2 s）。上料机构的步进电动机继续正转带动车窗上升到物料到位检测传感器位置后停止，人工再次取走最上层的车窗，依次循环直至所有车窗全部取走后结束。

相关知识

脉冲控制包络表制作

西门子 STEP 7-Micro/WIN SMART 软件自带运动向导，可制作脉冲控制包络图。方法及步骤如下：

（1）打开 STEP 7-Micro/WIN SMART 软件，选择“项目 1”→“向导”→“运动”，如图 1—5—3 所示；双击“运动”弹出“运动控制向导”对话框，如图 1—5—4 所示，选择“轴 0”复选框，点击“下一个”按钮。

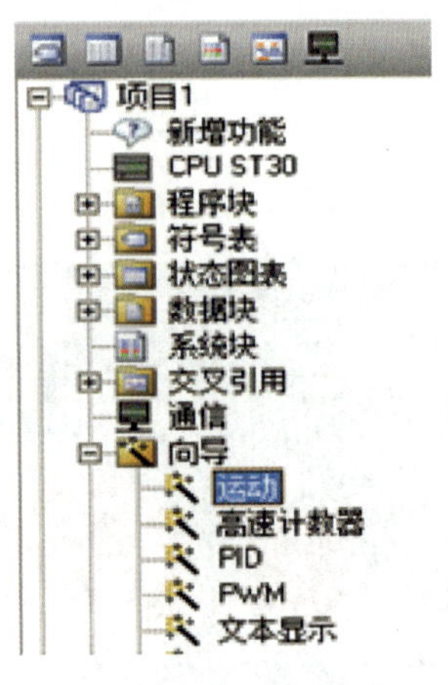

图 1—5—3　向导选择

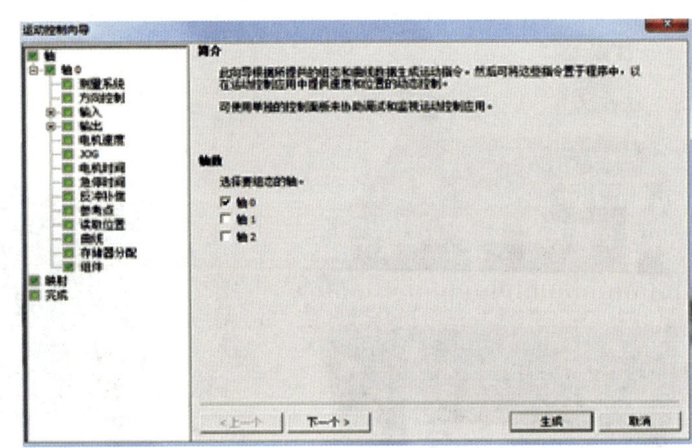

图 1—5—4　“运动控制向导”对话框

（2）弹出“轴命名”画面，如图 1—5—5 所示；点击“下一个”按钮弹出“选择测量系统”画面，选择“相对脉冲”项，如图 1—5—6 所示。

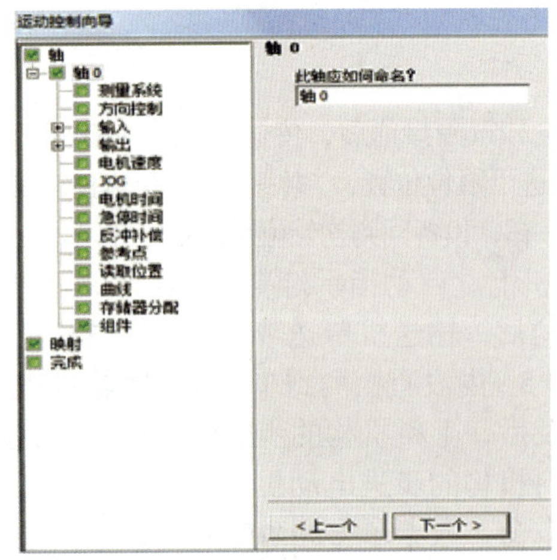

图 1—5—5　轴命名

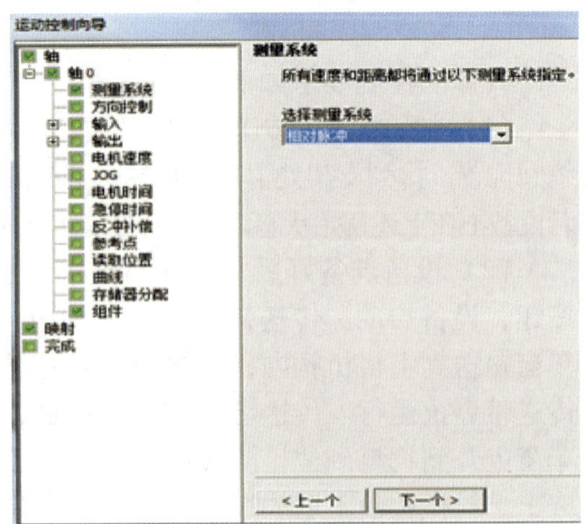

图 1—5—6　选择测量系统

（3）点击“下一个”按钮弹出“方向控制”画面，选择相位与极性，如图1—5—7所示。

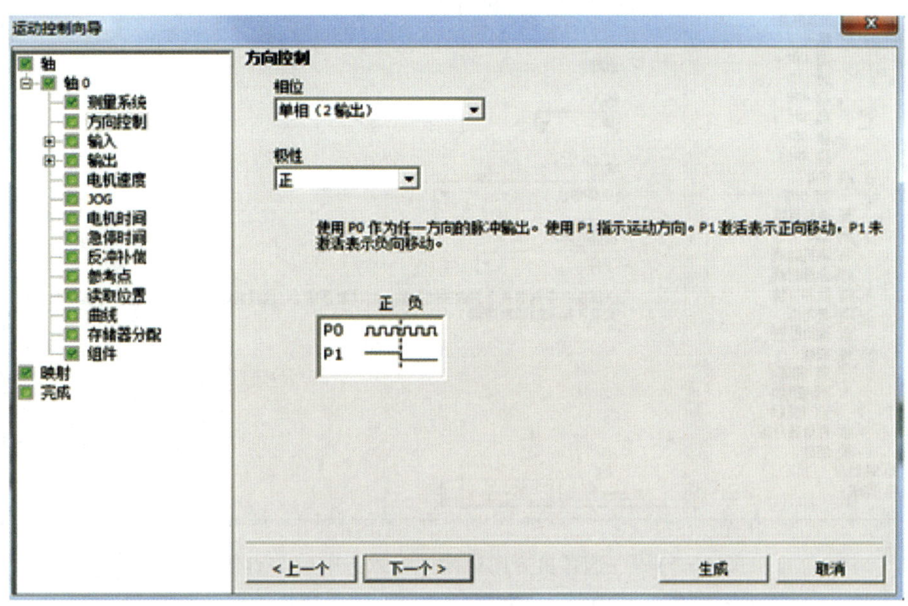

图1—5—7　选择相位和极性

（4）点击“下一个”按钮弹出“正方向极限”画面，勾选“启用”复选框，选择输入、响应与有效电平，如图1—5—8所示。

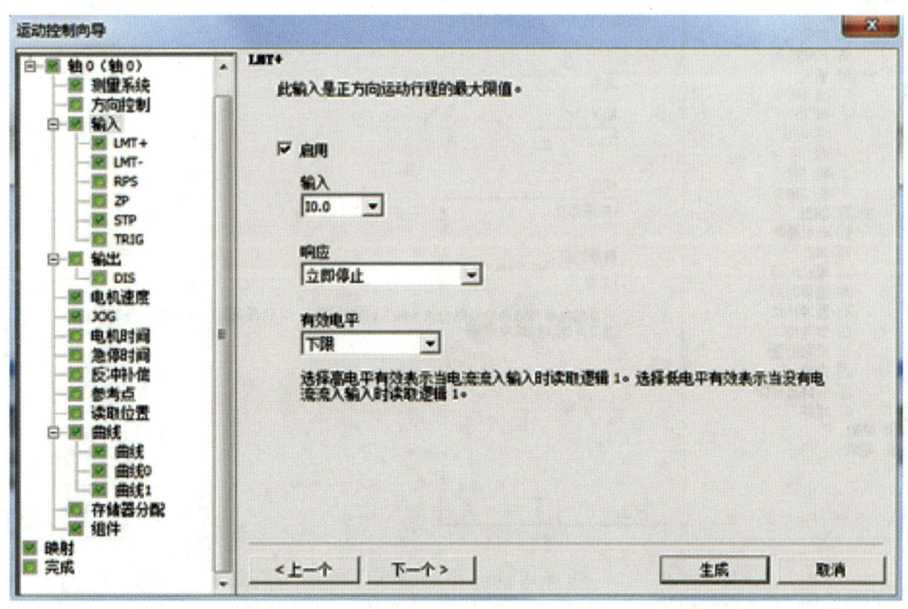

图1—5—8　选择正方向极限的输入、响应与有效电平

（5）点击“下一个”按钮弹出“负方向极限”画面，勾选“启用”复选框，选择输入、响应与有效电平，如图1—5—9所示。

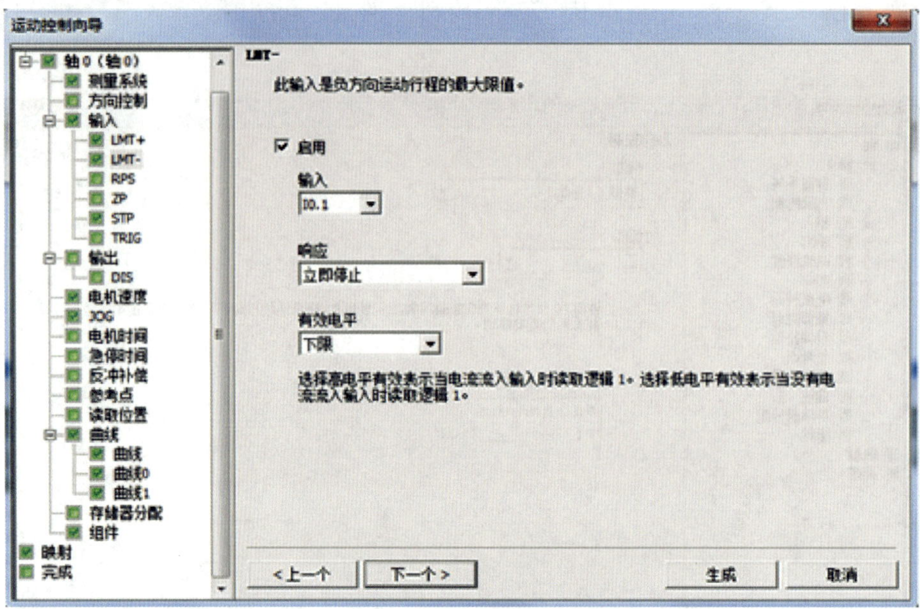

图 1—5—9　选择负方向极限的输入、响应与有效电平

（6）连续点击“下一个”按钮至弹出“运动停止”画面，勾选“启用”复选框，选择输入、响应与有效电平，如图 1—5—10 所示。

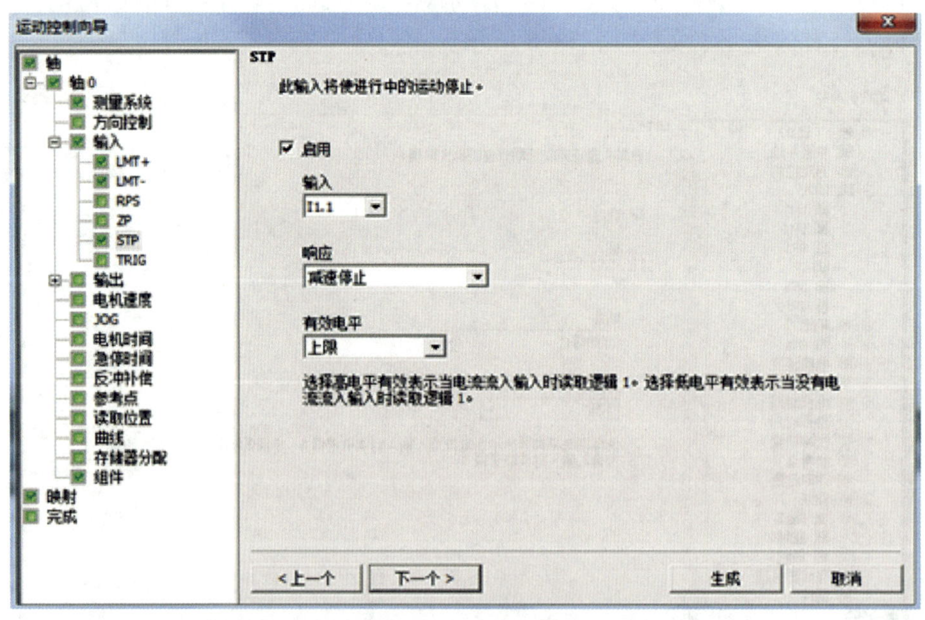

图 1—5—10　选择运动停止的输入、响应与有效电平

（7）连续点击“下一个”按钮至弹出“组态速度”画面，选择最大值、最小值与启动/停止速度，如图 1—5—11 所示。

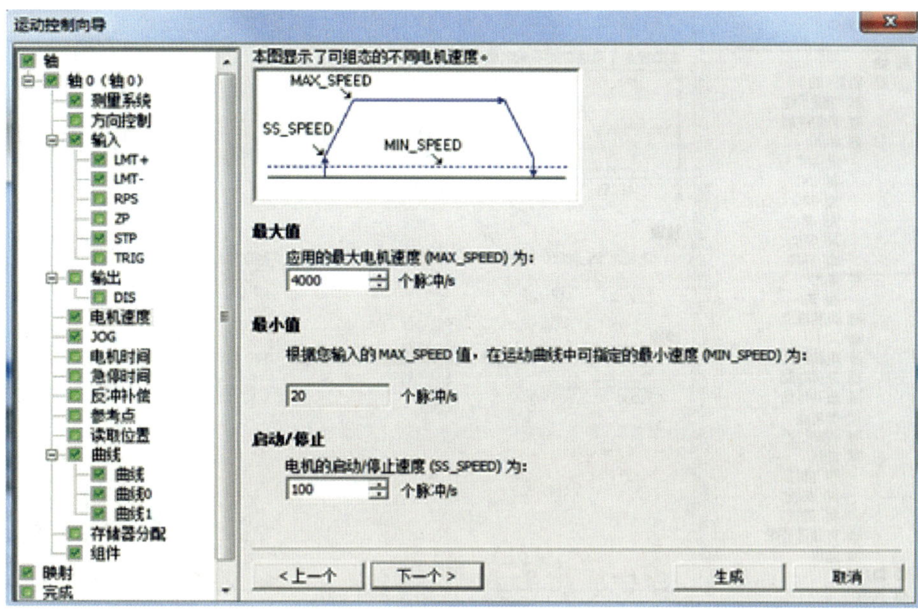

图 1—5—11　设置组态速度

（8）点击“下一个”按钮弹出“点动控制”画面，选择点动速度与增量脉冲，如图 1—5—12 所示。

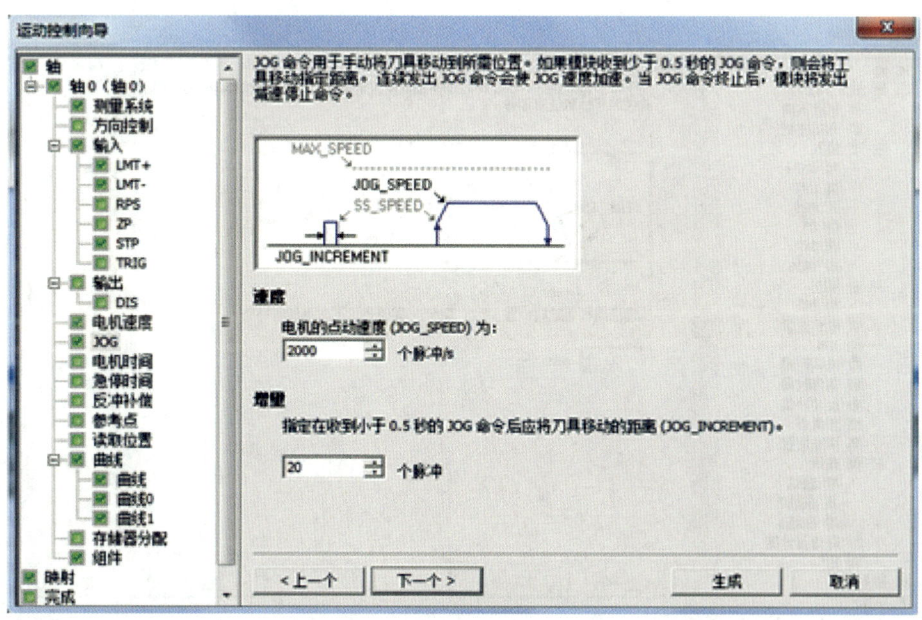

图 1—5—12　设置点动控制

（9）点击“下一个”按钮弹出“加减速时间”画面，选择加速时间与减速时间，如图 1—5—13 所示。

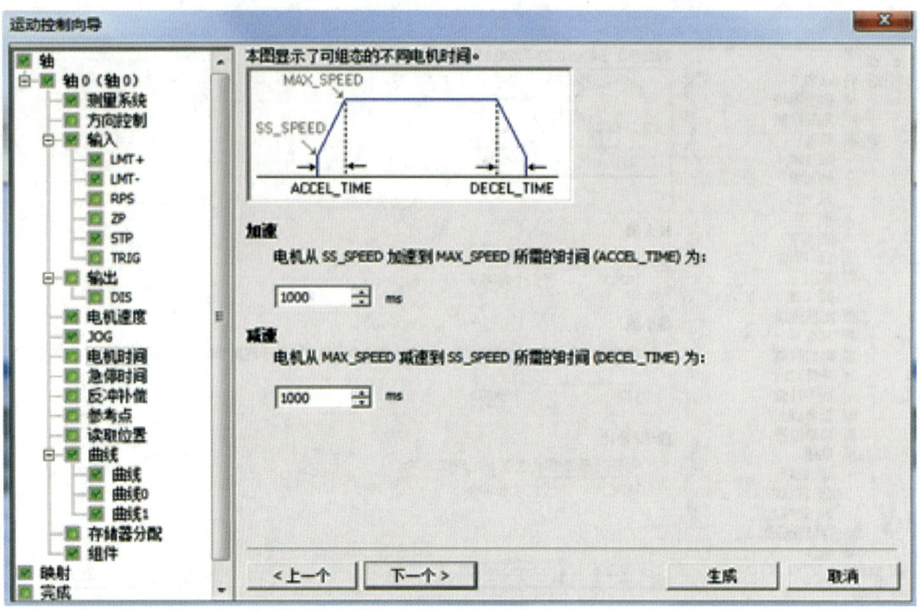

图 1—5—13　设置加减速时间

（10）点击“下一个”按钮弹出“急停时间”画面，选择补偿时间量，如图 1—5—14 所示。

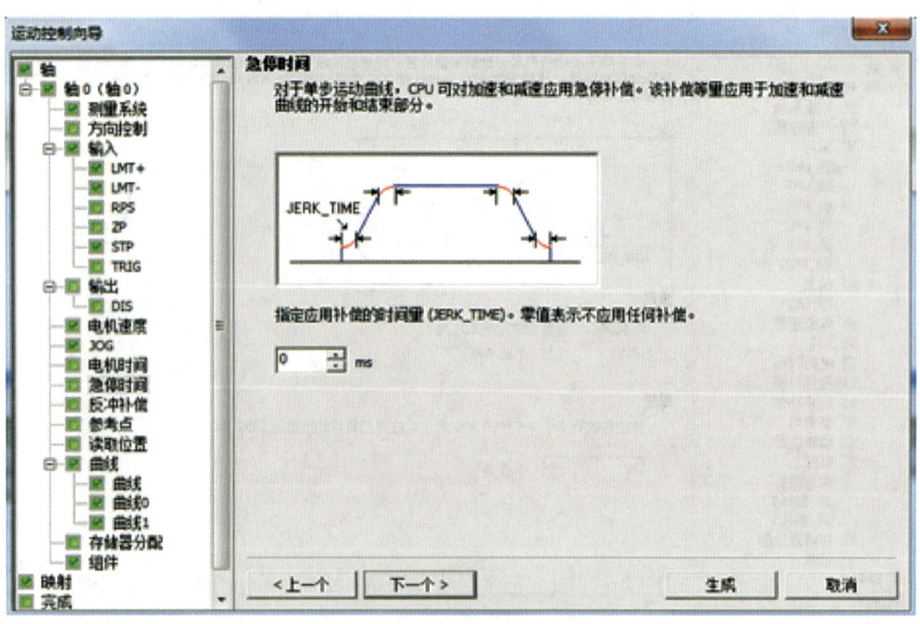

图 1—5—14　设置急停时间

（11）点击“下一个”按钮弹出“反冲补偿”画面，选择补偿脉冲，如图 1—5—15 所示。

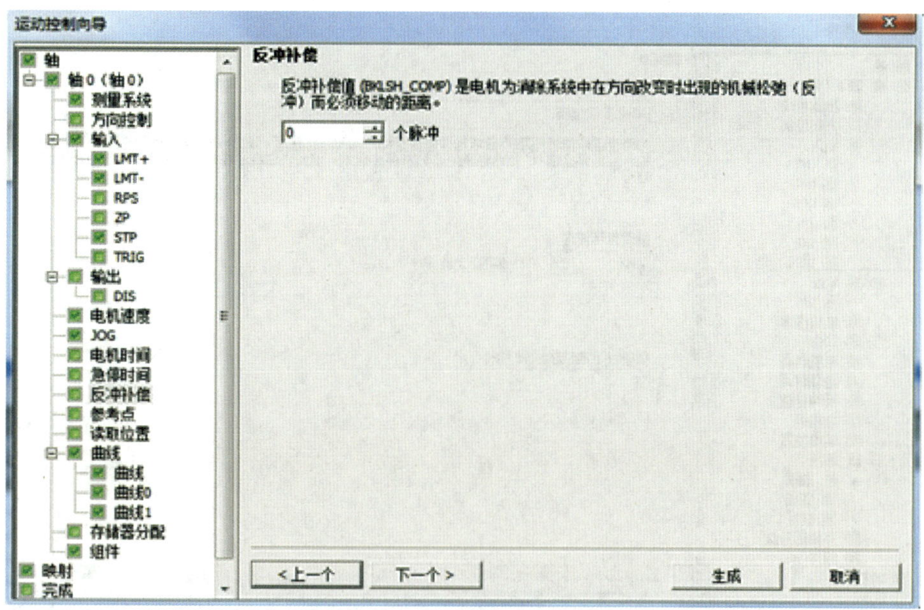

图 1—5—15　设置反冲补偿

（12）连续点击“下一个”按钮至弹出“曲线”画面，选择“单速连续旋转”，指定目标速度与曲线的旋转方向，如图 1—5—16 所示。

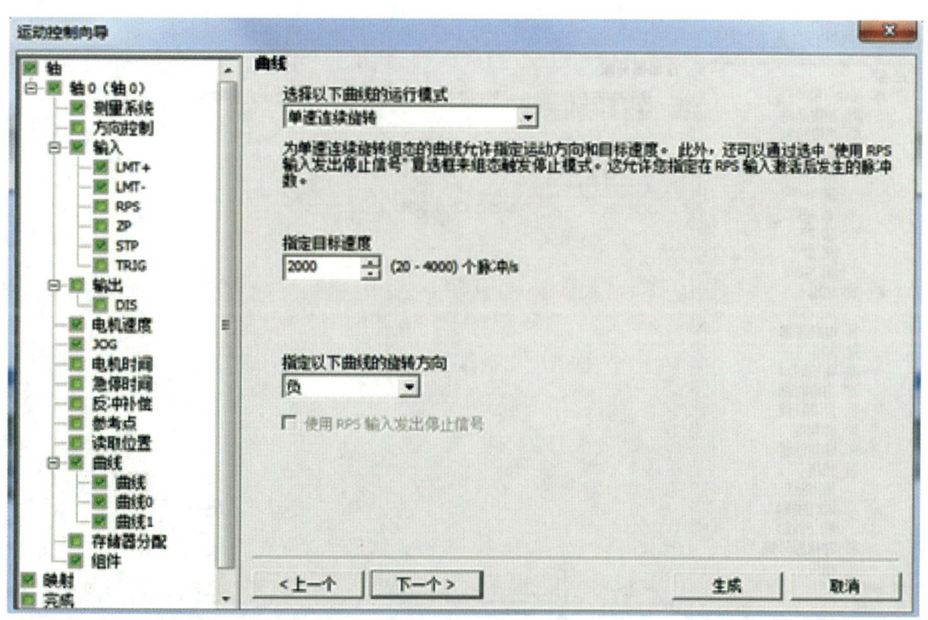

图 1—5—16　设置曲线

（13）点击“下一个”按钮弹出“曲线 0”画面，选择“单速连续旋转”，指定目标速度与曲线的旋转方向，如图 1—5—17 所示。

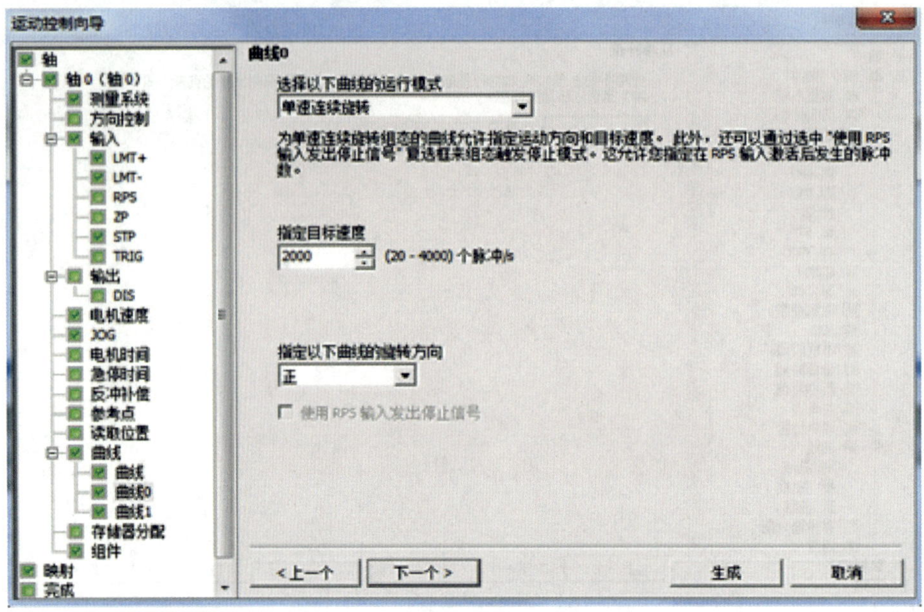

图 1—5—17　设置曲线 0

（14）连续点击“下一个”按钮至弹出“存储器分配”画面，存储区域建议使用系统自动分配区域，如图 1—5—18 所示。

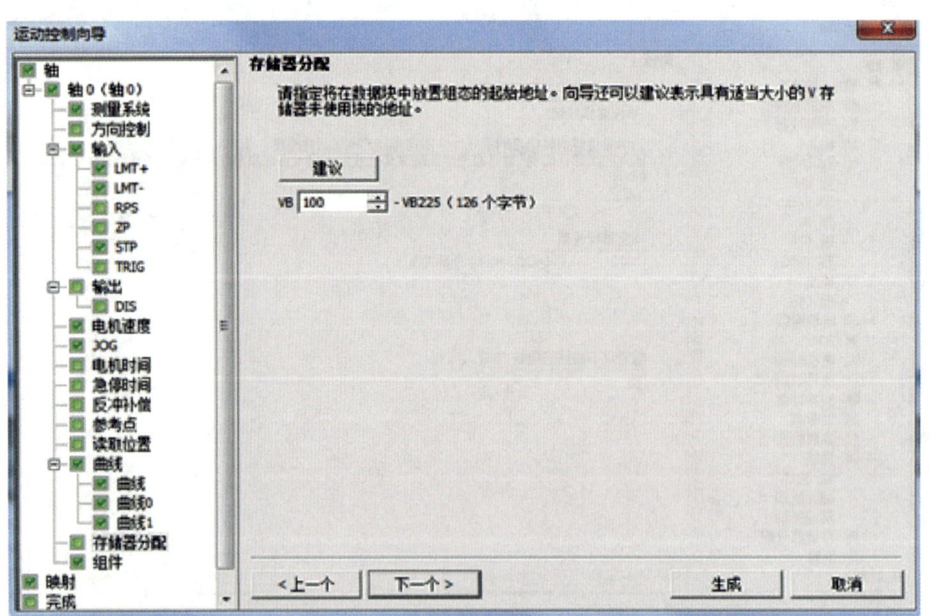

图 1—5—18　设置存储器分配

（15）点击“下一个”按钮弹出“组件”画面，在此可以看到将要生成的子程序，如图 1—5—19 所示。

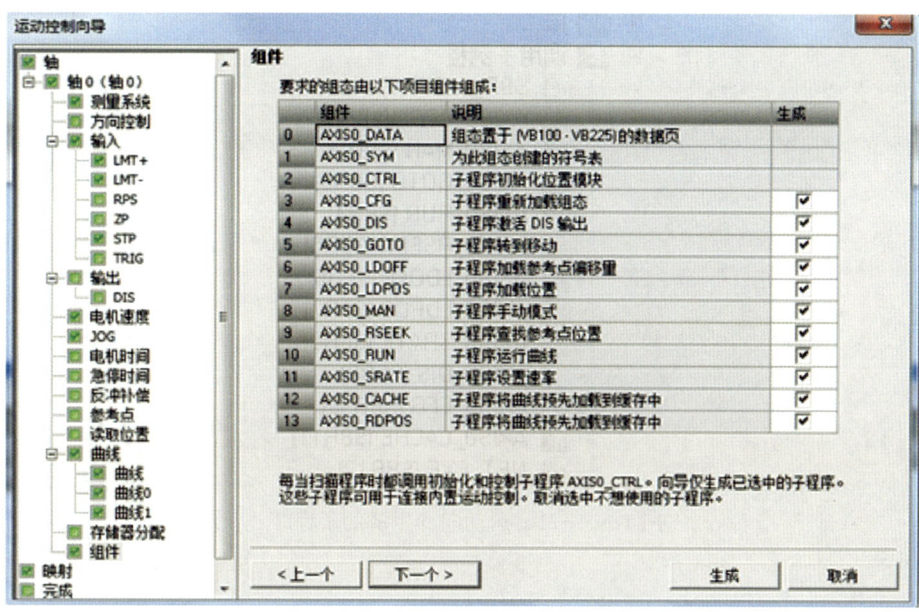

图 1—5—19　将要生成的子程序

（16）点击“下一个”按钮弹出“映射”画面，在这可以看到运动轴与 I/O 关联地址，如图 1—5—20 所示。最后点击“生成”按钮即可。

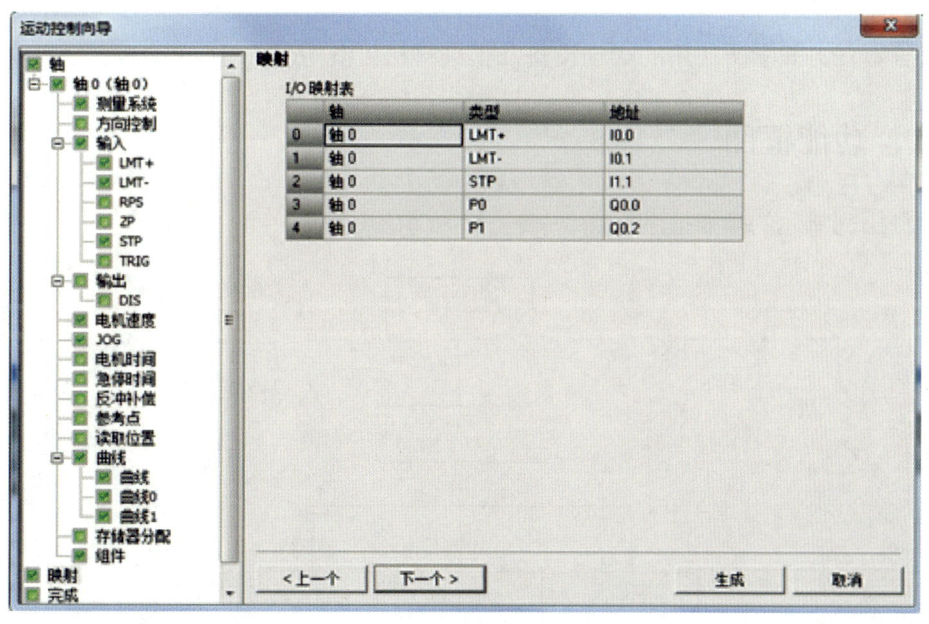

图 1—5—20　运动轴与 I/O 关联地址

（17）在项目指令树下的“调用子例程”中可以看到生成的子程序，在主程序中根据要求直接调用即可，如图 1—5—21 所示。

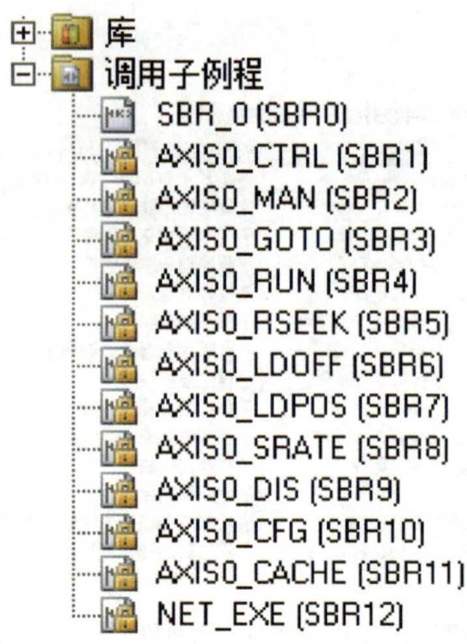

图 1—5—21　运动向导生成的子程序

任务实施

一、任务准备

实施本任务教学所使用的实训设备及工具材料可参考表 1—1—2。

二、功能框图

检测排列单元的功能框图如图 1—5—22 所示。

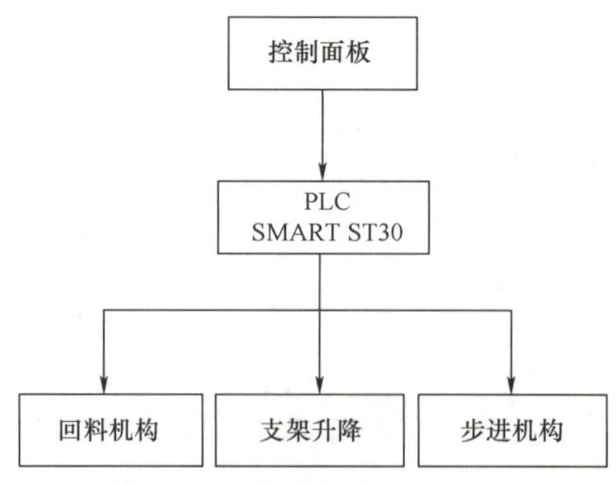

图 1—5—22　检测排列单元功能框图

三、I/O 功能分配

检测排列单元 PLC 的 I/O 功能分配见表 1—5—1。

表 1—5—1　　检测排列单元 PLC 的 I/O 功能分配表

I/O 地址	功能描述	备注
I0. 0	步进下限位触发，I0. 0 断开	
I0. 1	步进上限位触发，I0. 1 断开	
I0. 3	物料到位检测传感器触发，I0. 3 闭合	
I0. 4	外形 A 检测传感器触发，I0. 4 闭合	
I0. 5	外形 B 检测传感器触发，I0. 5 闭合	
I0. 6	升降气缸下限位磁性开关触发，I0. 6 闭合	
I1. 0	按下“启动”按钮，I1. 0 闭合	
I1. 1	按下“停止”按钮，I1. 1 闭合	
I1. 2	按下“复位”按钮，I1. 2 闭合	
I1. 3	联机信号触发，I1. 3 闭合	
I1. 4	传送带前端传感器感应到工件，I1. 4 闭合	
I1. 5	传送带尾端传感器感应到工件，I1. 5 闭合	
Q0. 0	Q0. 0 闭合，步进驱动器得到脉冲信号，步进电动机运行	
Q0. 2	Q0. 2 闭合，改变步进电动机运行方向	
Q0. 4	Q0. 4 闭合，升降气缸电磁阀得电	
Q0. 5	Q0. 5 闭合，面板运行指示灯（绿）点亮	
Q0. 6	Q0. 6 闭合，面板停止指示灯（红）点亮	
Q0. 7	Q0. 7 闭合，面板复位指示灯（黄）点亮	
Q1. 1	Q1. 1 闭合，传送带电动机正转	
Q1. 2	Q1. 2 闭合，传送带电动机反转	

四、PLC 控制接线图

本任务 PLC 控制接线图如图 1—5—23 所示。

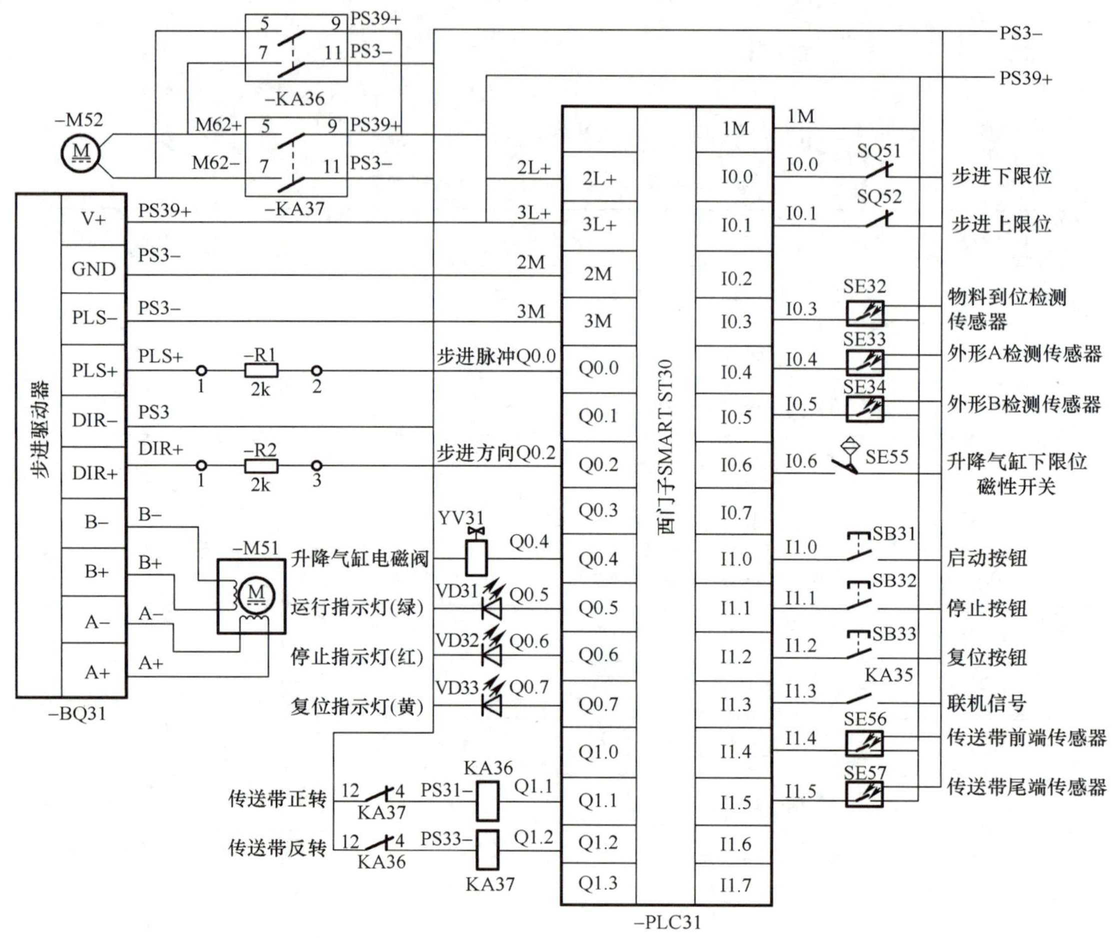

图 1—5—23　PLC 控制接线图

五、程序设计

1. 程序设计思路

本任务的控制流程如图 1—5—24 所示，主要由两部分组成，一部分是系统复位初始状态检测，另一部分是检测排列单元控制。只有初始状态检测完成以后检测排列单元控制才能运行，如初始状态检测不对，将对检测排列单元进行复位，让检测排列单元回到初始状态。

2. 程序的编写

检测排列单元参考主程序梯形图如图 1—5—25 所示。

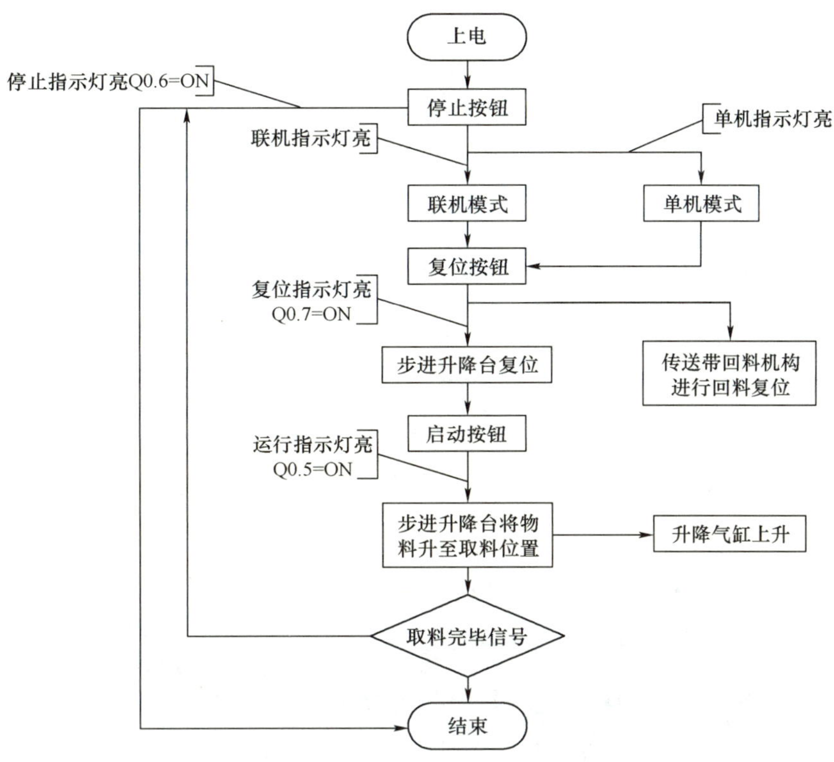

图 1—5—24　检测排列单元控制流程图

六、系统调试与运行

（1）调整气动部分，检查气路是否正常，气压是否正确，气缸的动作速度是否合理。

（2）检查磁性开关的安装位置是否到位，磁性开关工作是否正常。

（3）检查光电传感器灵敏度是否合适，确保检测的可靠性。

（4）按任务要求流程测试程序。

（5）优化程序。

想一想，练一练

如果在输送机将车窗送入上料机构时，车窗在输送机上发生堵塞，如图 1—5—26 所示，该如何解决？

【提示】可运用输送机电动机反转和正转相互配合的方式来解决此问题。

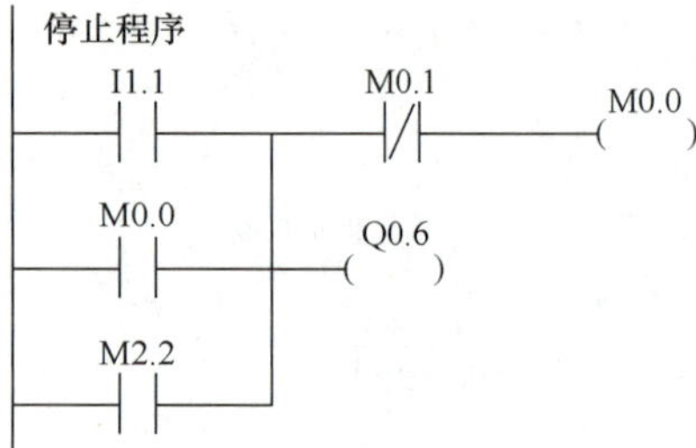

符号	地址	注释
CPU_输出6	Q0.6	停止指示灯
CPU_输入9	I1.1	停止按钮
M00	M0.0	单元停止
M01	M0.1	单元复位

停止程序

I1.1　M0.1 (R) 20

M2.2　T10 (R) 8

Q0.5 (R) 7

符号	地址	注释
CPU_输出5	Q0.5	运行指示灯
CPU_输入9	I1.1	停止按钮
M01	M0.1	单元复位

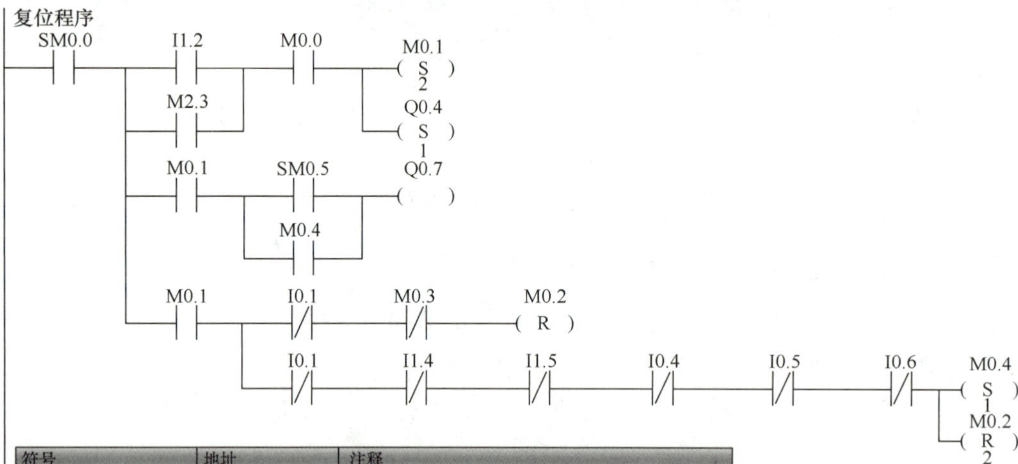

符号	地址	注释
Always_On	SM0.0	始终接通
Clock_1s	SM0.5	针对1s的周期时间，时钟脉冲接通0.5 s，关断0.5 s
CPU_输出4	Q0.4	升降气缸电磁阀
CPU_输出7	Q0.7	复位指示灯
CPU_输入1	I0.1	步进上限位
CPU_输入10	I1.2	复位按钮
CPU_输入12	I1.4	传送带前端检测
CPU_输入13	I1.5	传送带末端检测
CPU_输入4	I0.4	车窗外形A检测
CPU_输入5	I0.5	车窗外形B检测
CPU_输入6	I0.6	升降气缸缩回限位
M00	M0.0	单元停止
M01	M0.1	单元复位
M02	M0.2	回原点1
M03	M0.3	回原点2
M04	M0.4	复位完成

初始化运动轴

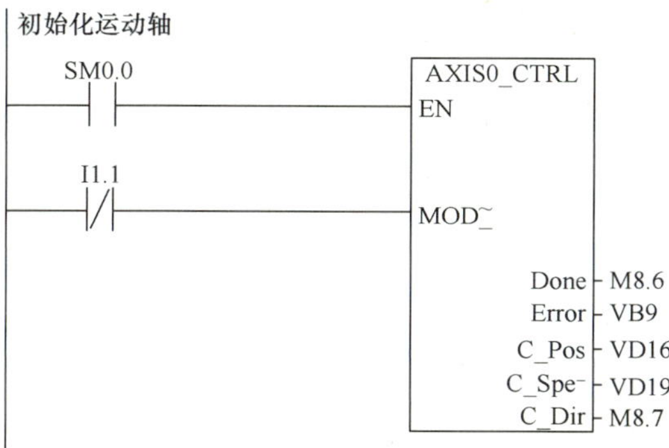

符号	地址	注释
Always_On	SM0.0	始终接通
CPU_输入9	I1.1	停止按钮

步进复位：下降

M0.2
AXIS0_RUN
EN
M0.2
P
START
0 Profilc
M0.4 Abort
Done M8.0
Error VB1
C_Profile VB10
C_Step VB11
C_Pos VD12
C_Spe~ VD16

符号	地址	注释
M02	M0.2	回原点1
M04	M0.4	复位完成

点动控制

SM0.0
AXIS0_MAN
EN
M12.0
RUN
I1.5
JOG_P
I1.4
JOG_N
+500 Speed
M12.3 Dir
Error VB5
C_Pos VD22
C_Spe~ VD26
C_Dir M12.4

符号	地址	注释
Always_On	SM0.0	始终接通
CPU_输入12	I1.4	传送带前端检测
CPU_输入13	I1.5	传送带末端检测

启动程序

SM0.0 I1.0 M0.4 M1.0 (S) 1
M2.1 M0.1 (R) 4
M1.0 M1.2 Q0.4 (R) 1
I0.6 T10 IN TONR 10-PT 100 ms
T10 ==I 10 Q1.0 (S) 1
I0.6 I1.5 T11 IN TONR 21-PT 100 ms
I1.5 T12 IN TONR 50-PT 100 ms
T11 ==I 12 T12 ==I 40 Q1.0 (R) 1
T11 T12 P Q1.1 (S) 1
Q1.1 I1.4 T40 IN TON 30-PT 100 ms
T40 I1.4 I1.5 T10 (R) 4
I1.4 I1.5 P M1.1 (S) 2
Q1.1 (R) 1

符号	地址	注释
Always_On	SM0.0	始终接通
CPU_输出4	Q0.4	升降气缸电磁阀
CPU_输出8	Q1.0	传送带正转继电器
CPU_输出9	Q1.1	传送带反转继电器
CPU_输入12	I1.4	传送带前端检测
CPU_输入13	I1.5	传送带末端检测
CPU_输入6	I0.6	升降气缸缩回限位
CPU_输入8	I1.0	启动按钮
M01	M0.1	单元复位
M04	M0.4	复位完成
M10	M1.0	单元启动
M11	M1.1	
M12	M1.2	

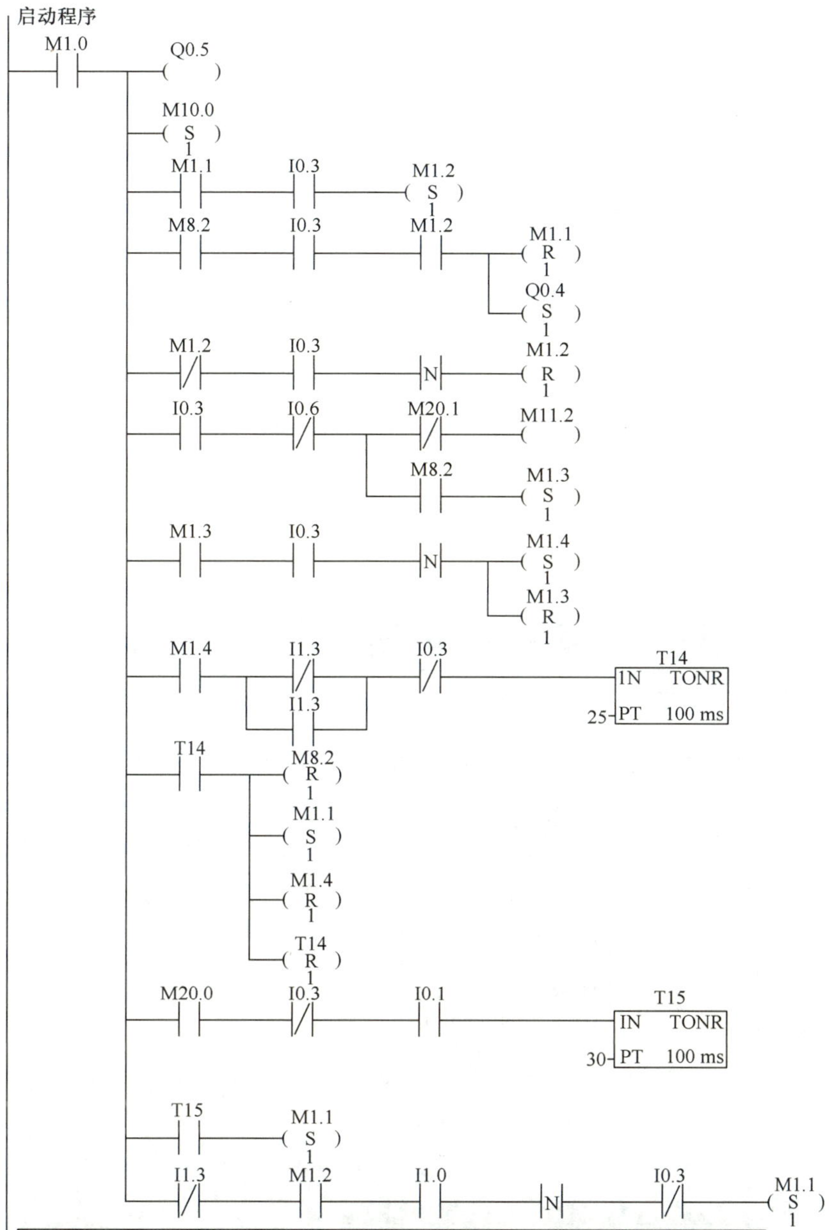

启动程序

符号	地址	注释
CPU_输出4	Q0.4	升降气缸电磁阀
CPU_输出5	Q0.5	运行指示灯
CPU_输入1	I0.1	步进上限位
CPU_输入11	I1.3	单/联机
CPU_输入3	I0.3	车窗到位检测
CPU_输入6	I0.6	升降气缸缩回限位
CPU_输入8	I1.0	启动按钮
M10	M1.0	单元启动
M100	M10.0	
M11	M1.1	
M112	M11.2	车窗有料信号
M12	M1.2	
M13	M1.3	
M14	M1.4	
M200	M20.0	机器人搬运中
M201	M20.1	机器人搬运完成

再次启动运行

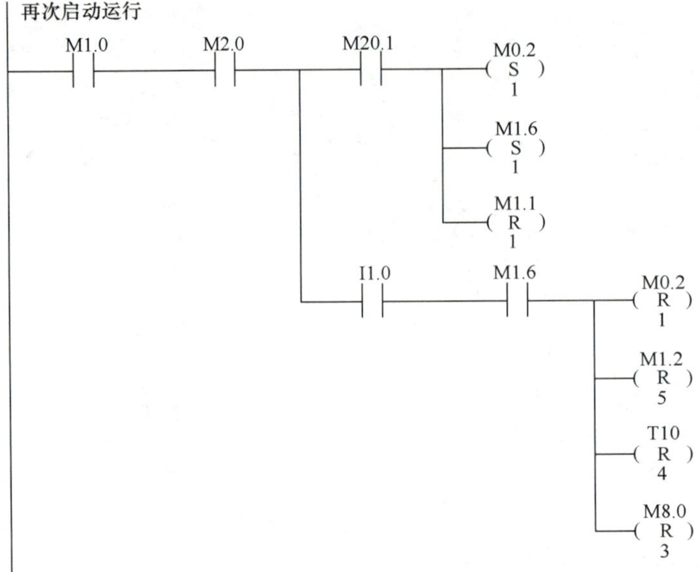

符号	地址	注释
CPU_输入8	I1.0	启动按钮
M02	M0.2	回原点1
M10	M1.0	单元启动
M11	M1.1	
M12	M1.2	
M20.1	M20.1	机器人搬运完成

步进上升：出料

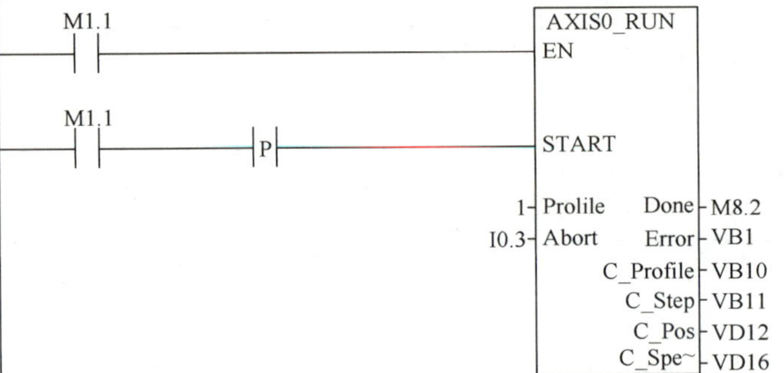

符号	地址	注释
CPU_输入3	I0.3	车窗到位检测
M11	M1.1	

信号传送

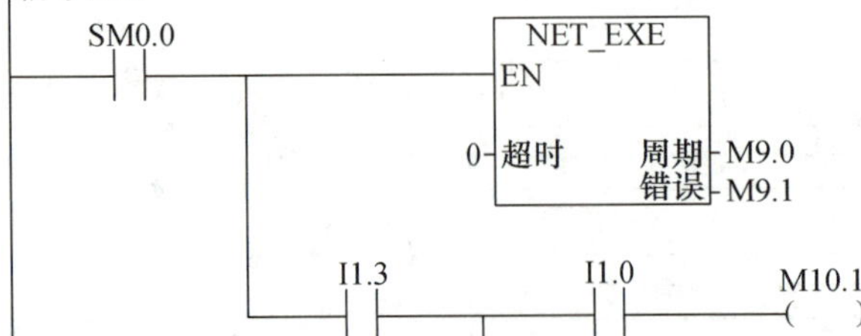

I1.1 M10.2
I1.2 M10.3
I1.3 M10.4
SM0.5 M10.5
M1.0 M10.6
M0.0 M10.7
M0.1 M11.0
M0.4 M11.1
I0.3 M11.3
I0.4 M11.4
I0.5 M11.5

符号	地址	注释
Always_On	SM0.0	始终接通
Clock_1s	SM0.5	针对1s的周期时间，时钟脉冲接通0.5 s, 关断 0.5 s
CPU_输入10	I1.2	复位按钮
CPU_输入11	I1.3	单/联机
CPU_输入3	I0.3	车窗到位检测
CPU_输入4	I0.4	车窗外形A检测
CPU_输入5	I0.5	车窗外形B检测
CPU_输入8	I1.0	启动按钮
CPU_输入9	I1.1	停止按钮
M00	M0.0	单元停止
M01	M0.1	单元复位
M04	M0.4	复位完成
M10	M1.0	单元启动
M101	M10.1	启动按钮
M102	M10.2	停止按钮
M103	M10.3	复位按钮
M104	M10.4	联/单机
M105	M10.5	通信信号
M106	M10.6	单元启动
M107	M10.7	单元停止
M110	M11.0	单元复位
M111	M11.1	复位完成
M113	M11.3	车窗检测传感器A
M114	M11.4	车窗检测传感器B

图 1—5—25　检测排列单元参考主程序梯形图

图 1—5—26　车窗在输送机上发生堵塞

检查测评

对任务的完成情况进行检查，并将结果填入表 1—5—2 内。

表 1—5—2　　任务测评表

序号	主要内容	考核要求	评分标准	配分	扣分	得分
1	检测排列单元控制程序的设计与调试	列出 PLC I/O 地址分配表；根据加工工艺，设计梯形图及 PLC 控制接线图	1. 输入/输出地址遗漏或错误，每处扣 5 分 2. 梯形图表达不正确或画法不规范，每处扣 1 分 3. 接线图表达不正确或画法不规范，每处扣 2 分	40		
		按 PLC 控制接线图在配线板上正确安装接线，安装要准确、紧固、美观，导线要走线槽，导线要有端子标号	1. 损坏元件扣 5 分 2. 布线不走线槽、不美观，每根扣 1 分 3. 接点松动、露铜过长、反圈、压绝缘层，标记线号不清楚、遗漏或误标，引出端无别径压端子，每处扣 1 分 4. 损伤导线绝缘或线芯，每根扣 1 分 5. 不按 PLC 控制接线图接线，每处扣 5 分	10		
		熟练正确地将所编程序输入 PLC；按照被控设备的动作要求进行模拟调试，达到设计要求	1. 不能熟练操作 PLC 键盘输入指令扣 2 分 2. 不会用删除、插入、修改、存盘等命令，每项扣 2 分 3. 仿真试车不成功扣 30 分	40		
2	安全文明生产	劳动保护用品穿戴整齐；遵守操作规程；讲文明礼貌；操作结束后清理现场	1. 操作中，违反安全文明生产考核要求的任何一项扣 5 分，扣完为止 2. 当发现学生有重大事故隐患时，要立即予以制止，并每次扣安全文明生产总分 5 分	10		
合计						

任务 6 机器人单元的程序设计与调试

学习目标

知识目标：

1. 掌握数据传送指令 MOV 的功能及应用。
2. 掌握数据比较指令的功能及应用。

能力目标：

能够根据控制要求，完成机器人单元控制程序的设计与调试，并能解决运行过程中出现的常见问题。

工作任务

有一机器人单元如图 1—6—1 所示，其单元控制器中有一段机器人上夹具的程序，现需要设计 PLC 控制程序实现机器人的运行。本任务只考虑机器人单元作为独立设备运行，在其按钮操作面板（见图 1—6—2）上选择“单机”。

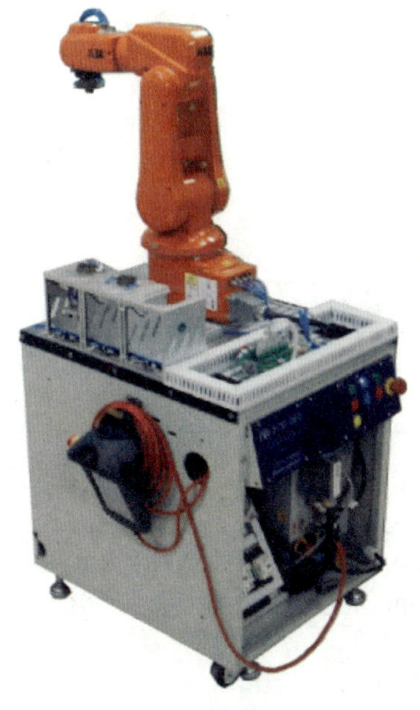

图 1—6—1 机器人单元

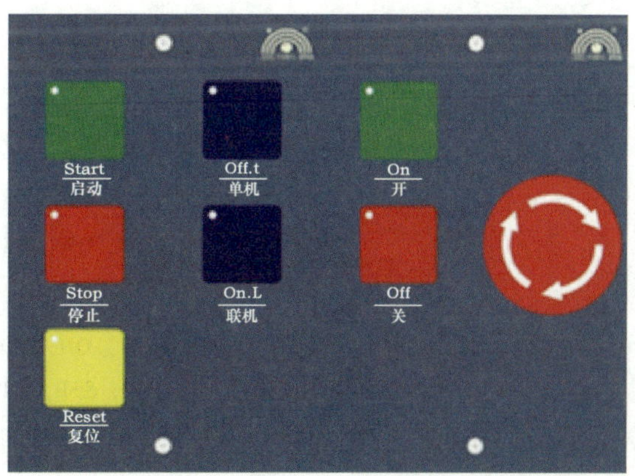

图 1—6—2 机器人单元按钮操作面板

具体的控制要求如下：

设备上电，接通气源且气压正常，松开“急停”按钮，选择“单机”，按下“复位”按钮，机器人回到原点位置，复位指示灯亮；按下“启动”按钮，复位指示灯灭，启动指示灯亮，机器人运行上夹具程序。

相关知识

一、数据传送指令（MOV）

1. 指令的助记符及功能

数据传送指令分为字节传送、字传送、双字传送和实数传送，如图 1—6—3 所示。

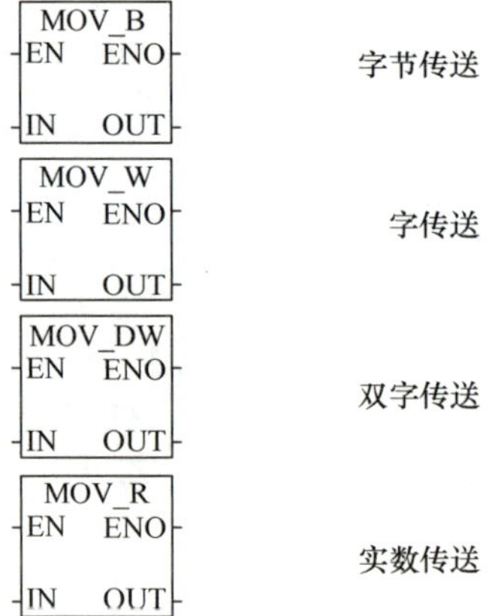

图 1—6—3 传送指令

数据传送指令的有效操作数见表 1—6—1。

表 1—6—1 数据传送指令的有效操作数

输入/输出	数据类型	操作数
IN	BYTE	IB，QB，VB，MB，SMB，SB，LB，AC，*VD，*LD，*AC，Constant
	WORD，INT	IW，QW，VW，MW，SW，SMW，T，C，LW，AC，AIW，*VD，*LD，*AC，Constant
	DWORD，DINT	ID，QD，VD，MD，SMD，SD，LD，HC，&VB，&IB，&QB，&MB，&SB，&T，&C，&SMB，&AIW，&AQW，AC，*VD，*LD，*AC，Constant
	REAL	ID，QD，VD，MD，SMD，SD，LD，AC，*VD，*LD，*AC，Constant

续表

输入/输出	数据类型	操作数
OUT	BYTE	IB，QB，VB，MB，SMB，SB，LB，AC，*VD，*LD，*AC
	WORD，INT	IW，QW，VW，MW，SW，SMW，T，C，LW，AC，AQW，*VD，*LD，*AC
	DWORD，DINT，REAL	ID，QD，VD，MD，SMD，SD，LD，AC，*VD，*LD，*AC

2. 传送指令的使用方法

传送指令的使用方法基本相同，以块传送指令的使用方法为例，其使用方法如图 1—6—4 所示。

源数据值	30	31	32	33
源数据地址	VB20	VB21	VB22	VB23
如果I2.1=1，则执行BLKMOV_B，将源数据值送到目标地址				
目标数据值	30	31	32	33
目标数据地址	VB100	VB101	VB102	VB103

图 1—6—4　块传送指令的使用方法

块传送指令的使用说明如下：

（1）在图 1—6—4 中，当 I2. 1 闭合时，执行块传送指令，把 VB20 开始的四字节地址内数据传送到 VB100 开始的四字节地址内。

（2）若传送前 VB20～VB23 内数据分别是 30、31、32、33，则传送完成后 30、31、32、33 数值分别被传送到 VB100～VB103 内。

二、数据比较指令

1. 数据比较指令的助记符及功能

数据比较指令是对两个数据类型的数值进行比较，比较数值可以是字节、整数、双整数、实数。数据比较类型见表 1—6—2。

表 1—6—2　　数据比较类型

比较类型	输出仅在以下条件为 TRUE
= =（LAD/FBD） =（STL）	IN1 等于 IN2
< >	IN1 不等于 IN2
>=	IN1 大于或等于 IN2
<=	IN1 小于或等于 IN2
>	IN1 大于 IN2
<	IN1 小于 IN2

IN1 和 IN2 数据类型见表 1—6—3。

表 1—6—3　　IN1、IN2 数据类型

数据类型标识符	所需 IN1、IN2 数据类型
B	无符号字节
W	有符号字整数
D	有符号双字整数
R	有符号实数

2. 编程实例

数据比较指令的使用格式如图 1—6—5 所示。其使用说明如下：

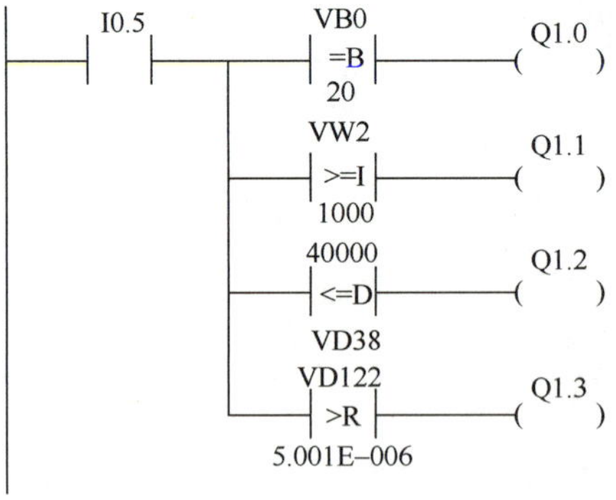

图 1—6—5　数据比较指令应用实例

当 I0. 5 接通，执行数据比较指令。当 VB0 等于 20 时，Q1. 0 闭合；当 VW2 大于等于1 000 时，Q1. 1 闭合；当 40 000 小于等于 VD38 时，Q1. 2 闭合；当 VD122 大于 5. 001E-006 时，Q1. 3 闭合。

任务实施

一、任务准备

实施本任务教学所使用的实训设备及工具材料可参考表 1—1—2。

二、功能框图

本任务机器人单元功能框图如图 1—6—6 所示。

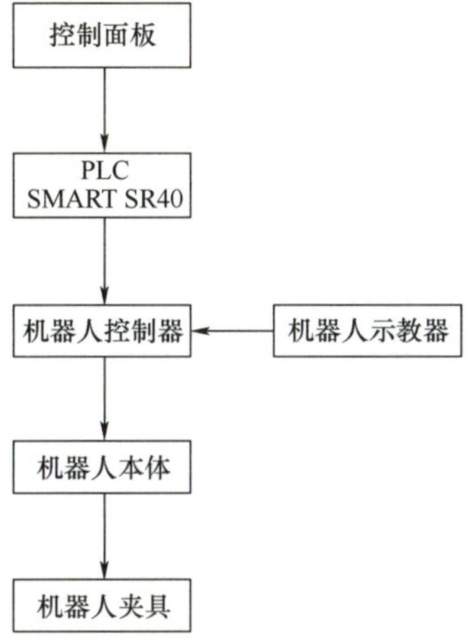

图 1—6—6　机器人单元功能框图

三、I/O 功能分配

本任务机器人单元 PLC 与机器人 I/O 功能分配见表 1—6—4。

表 1—6—4　　机器人单元 PLC 与机器人 I/O 功能分配表

序号	PLC I/O 地址	功能描述	对应机器人 I/O	备注
1	I0. 0	按下“启动”按钮，I0. 0 闭合		
2	I0. 1	按下“停止”按钮，I0. 1 闭合		
3	I0. 2	按下“复位”按钮，I0. 2 闭合		
4	I0. 3	联机信号触发，I0. 3 闭合		
5	I1. 2	自动模式，I1. 2 闭合	OUT4	

续表

序号	PLC I/O 地址	功能描述	对应机器人 I/O	备注
6	I1.3	伺服运行中，I1.3 闭合	OUT5	
7	I1.4	程序运行，I1.4 闭合	OUT6	
8	I1.5	异常报警，I1.5 闭合	OUT7	
9	I1.6	机器人急停，I1.6 闭合	OUT8	
10	I1.7	机器人回到原点，I1.7 闭合	OUT9	
11	I2.0	预留	OUT10	
12	I2.1	预留	OUT11	
13	I2.2	预留	OUT12	
14	I2.3	预留	OUT13	
15	I2.4	机器人搬运完成，I2.4 闭合	OUT14	
16	I2.5	机器人开始搬运，I2.5 闭合	OUT15	
17	I2.6	预留	OUT16	
18	Q0.0	Q0.0 闭合，机器人上电，电动机上电	IN4	
19	Q0.1	Q0.1 闭合，伺服启动	IN5	
20	Q0.2	Q0.2 闭合，主程序开始运行	IN6	
21	Q0.3	Q0.3 闭合，机器人运行中	IN7	
22	Q0.4	Q0.4 闭合，机器人停止	IN8	
23	Q0.5	Q0.5 闭合，伺服停止	IN9	
24	Q0.6	Q0.6 闭合，机器人异常复位	IN10	
25	Q0.7	Q0.7 闭合，车窗就绪信号	IN11	
26	Q1.0	Q1.0 闭合，面板运行指示灯（绿）点亮		
27	Q1.1	Q1.1 闭合，面板停止指示灯（红）点亮		
28	Q1.2	Q1.2 闭合，面板复位指示灯（黄）点亮		
29	Q1.3	Q1.3 闭合，车窗排列左信号/轮胎左有料信号	IN12	
30	Q1.4	Q1.4 闭合，车窗排列右信号/轮胎右有料信号	IN13	
31	Q1.5	Q1.5 闭合，车窗有料信号	IN14	
32	Q1.6	Q1.6 闭合，选择车窗检测	IN15	
33	Q1.7	Q1.7 闭合，选择轮胎码垛	IN16	
34	无	OUT1 为 ON，快换夹具电磁阀 YV21 动作	OUT1	
35	无	OUT2 为 ON，工作 A 电磁阀 YV22 动作	OUT2	
36	无	OUT3 为 ON，工作 B 电磁阀 YV23 动作	OUT3	
37	无	夹具 1 到位，IN1 为 OFF	IN1	
38	无	夹具 2 到位，IN2 为 OFF	IN2	

四、PLC 控制接线图

本任务 PLC 控制接线图如图 1—6—7 所示。

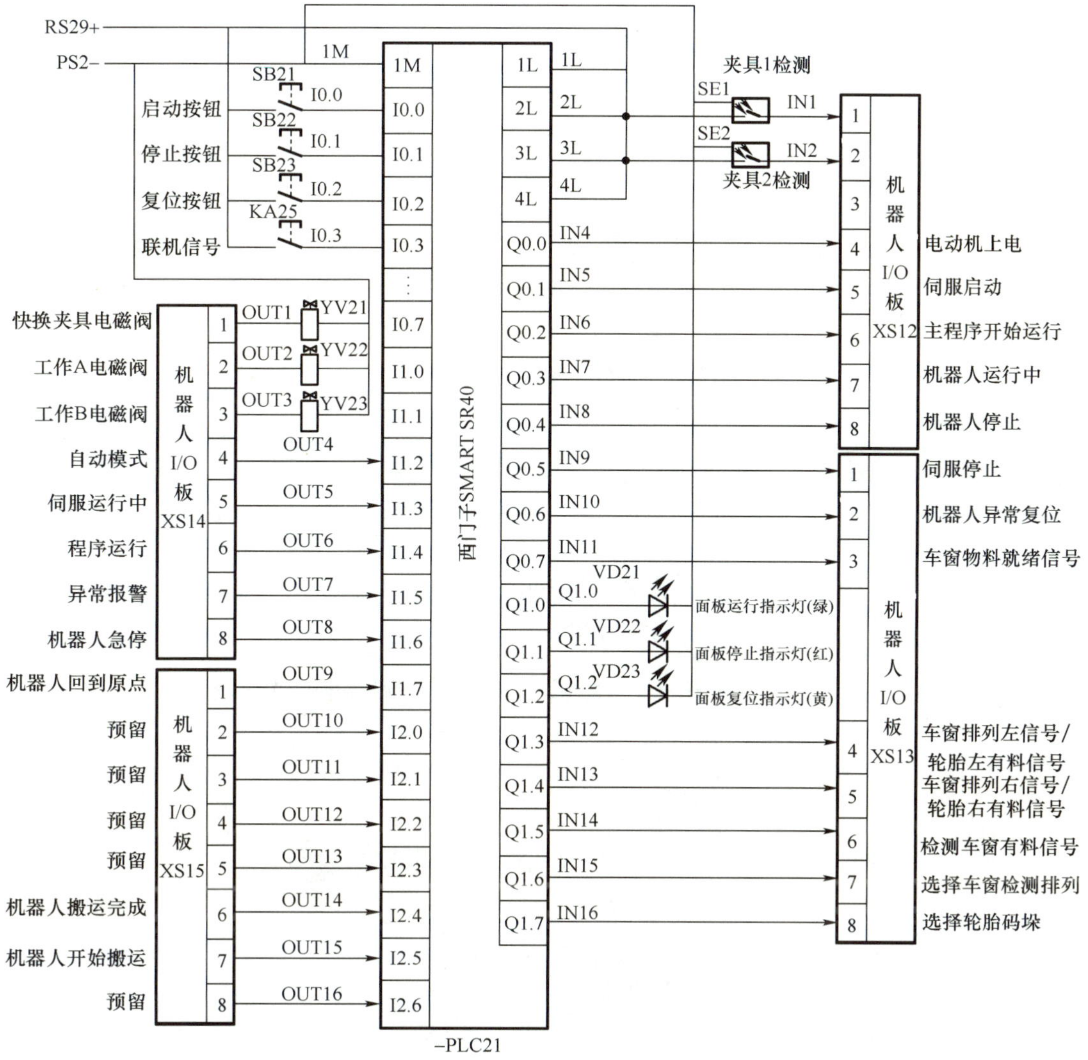

RS29+
PS2−
1M
启动按钮 SB21 I0.0
停止按钮 SB22 I0.1
复位按钮 SB23 I0.2
联机信号 KA25 I0.3
快换夹具电磁阀 OUT1 YV21
工作A电磁阀 OUT2 YV22
工作B电磁阀 OUT3 YV23
自动模式 OUT4 I1.2
伺服运行中 OUT5 I1.3
程序运行 OUT6 I1.4
异常报警 OUT7 I1.5
机器人急停 OUT8 I1.6
机器人I/O板XS14
机器人回到原点 OUT9 I1.7
预留 OUT10 I2.0
预留 OUT11 I2.1
预留 OUT12 I2.2
预留 OUT13 I2.3
机器人搬运完成 OUT14 I2.4
机器人开始搬运 OUT15 I2.5
预留 OUT16 I2.6
机器人I/O板XS15
1M I0.0 I0.1 I0.2 I0.3 I0.7 I1.0 I1.1 I1.2 I1.3 I1.4 I1.5 I1.6 I1.7 I2.0 I2.1 I2.2 I2.3 I2.4 I2.5 I2.6
西门子SMART SR40
−PLC21
1L 2L 3L 4L Q0.0 Q0.1 Q0.2 Q0.3 Q0.4 Q0.5 Q0.6 Q0.7 Q1.0 Q1.1 Q1.2 Q1.3 Q1.4 Q1.5 Q1.6 Q1.7
夹具1检测 SE1 IN1
夹具2检测 SE2 IN2
机器人I/O板XS12
IN4 电动机上电
IN5 伺服启动
IN6 主程序开始运行
IN7 机器人运行中
IN8 机器人停止
IN9 伺服停止
IN10 机器人异常复位
IN11 车窗物料就绪信号
VD21 面板运行指示灯(绿)
VD22 面板停止指示灯(红)
VD23 面板复位指示灯(黄)
IN12 车窗排列左信号/轮胎左有料信号
IN13 车窗排列右信号/轮胎右有料信号
IN14 检测车窗有料信号
IN15 选择车窗检测排列
IN16 选择轮胎码垛
机器人I/O板XS13

图 1—6—7　PLC 控制接线图

五、程序设计

1. 程序设计思路

本任务的控制流程比较简单，只有一个部分，如图 1—6—8 所示。由于本次任务控制的对象是机器人控制器，而机器人控制器也具有类似 PLC 控制功能，所以可以把它看成一个 PLC，而机器人单元的机器人控制器与 PLC 是点对点通信，所以在设计 PLC 程序的时候要考虑到机器人控制器和 PLC 之间的配合。

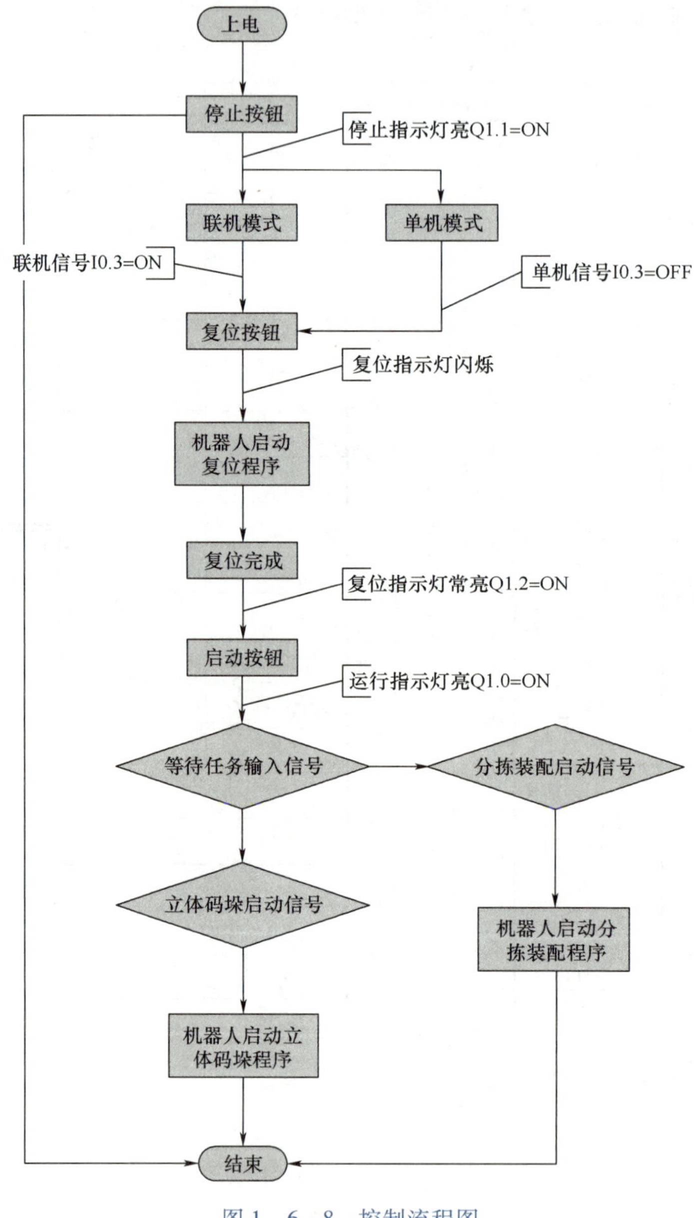

图 1—6—8　控制流程图

2. 系统主程序的设计

本任务参考主程序梯形图如图 1—6—9 所示。

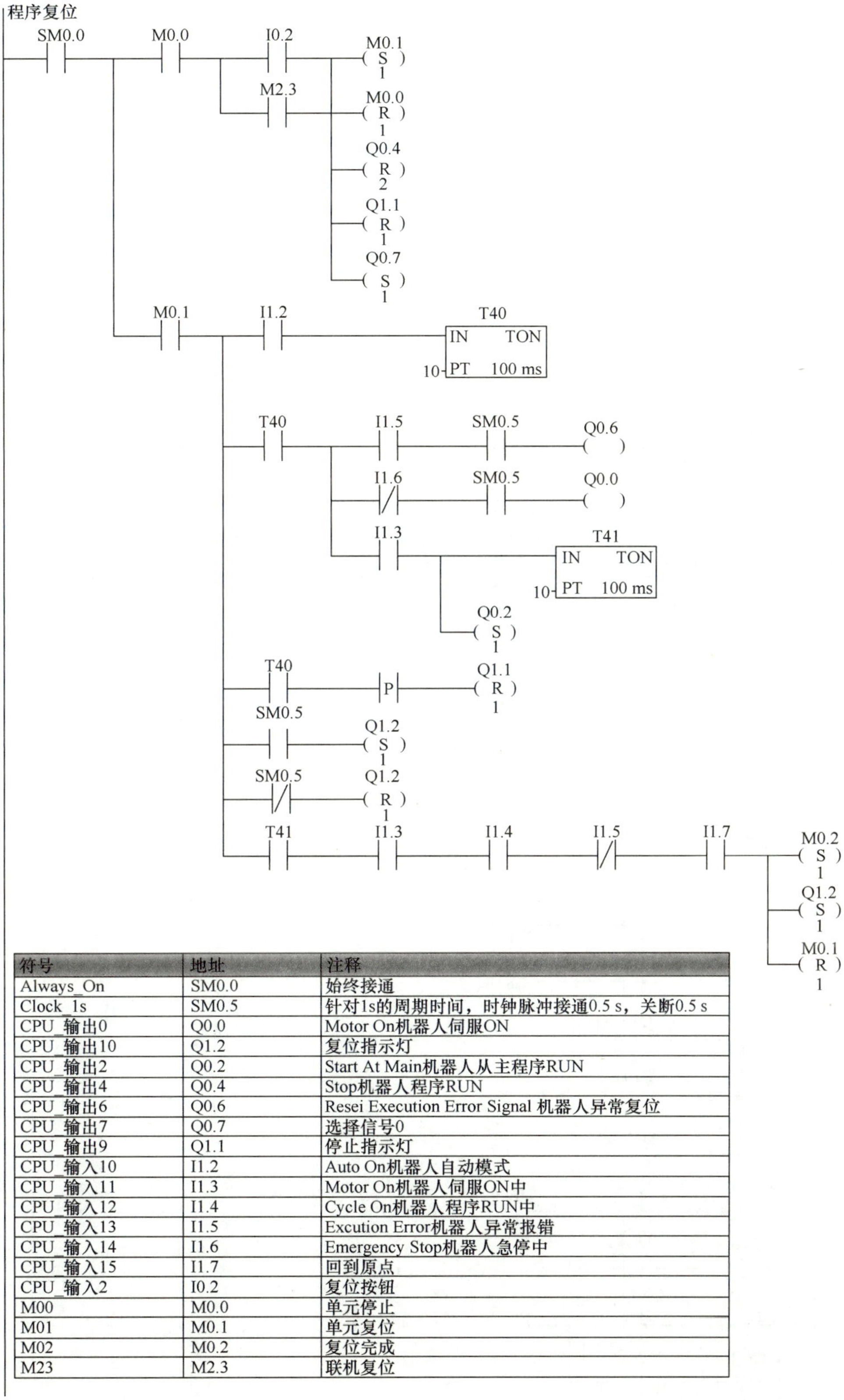

程序复位

SM0.0　M0.0　I0.2　M0.1 (S) 1
M2.3　M0.0 (R) 1
Q0.4 (R) 2
Q1.1 (R) 1
Q0.7 (S) 1

M0.1　I1.2　T40 IN TON　10-PT 100 ms

T40　I1.5　SM0.5　Q0.6 ( )
I1.6　SM0.5　Q0.0 ( )
I1.3　T41 IN TON　10-PT 100 ms
Q0.2 (S) 1

T40　P　Q1.1 (R) 1
SM0.5　Q1.2 (S) 1
SM0.5　Q1.2 (R) 1
T41　I1.3　I1.4　I1.5　I1.7　M0.2 (S) 1
Q1.2 (S) 1
M0.1 (R) 1

符号	地址	注释
Always_On	SM0.0	始终接通
Clock_1s	SM0.5	针对1s的周期时间，时钟脉冲接通0.5 s，关断0.5 s
CPU_输出0	Q0.0	Motor On机器人伺服ON
CPU_输出10	Q1.2	复位指示灯
CPU_输出2	Q0.2	Start At Main机器人从主程序RUN
CPU_输出4	Q0.4	Stop机器人程序RUN
CPU_输出6	Q0.6	Resei Execution Error Signal 机器人异常复位
CPU_输出7	Q0.7	选择信号0
CPU_输出9	Q1.1	停止指示灯
CPU_输入10	I1.2	Auto On机器人自动模式
CPU_输入11	I1.3	Motor On机器人伺服ON中
CPU_输入12	I1.4	Cycle On机器人程序RUN中
CPU_输入13	I1.5	Excution Error机器人异常报错
CPU_输入14	I1.6	Emergency Stop机器人急停中
CPU_输入15	I1.7	回到原点
CPU_输入2	I0.2	复位按钮
M00	M0.0	单元停止
M01	M0.1	单元复位
M02	M0.2	复位完成
M23	M2.3	联机复位

启动程序

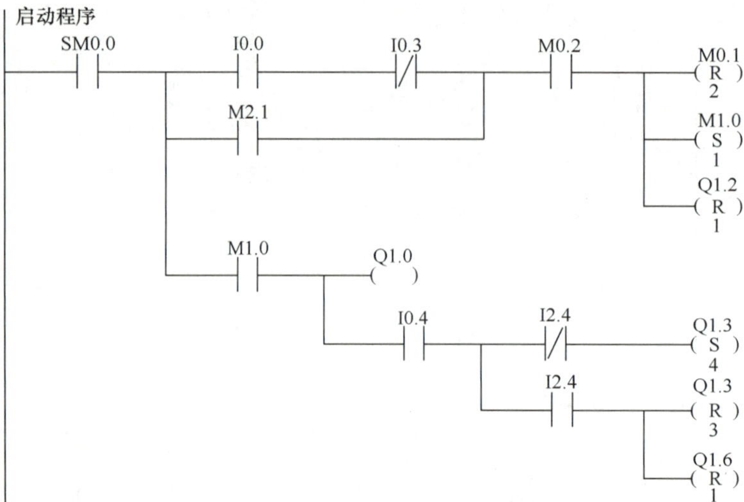

符号	地址	注释
Always_On	SM0.0	始终接通
CPU_输出10	Q1.2	复位指示灯
CPU_输出11	Q1.3	选择信号A
CPU_输出14	Q1.6	选择信号B
CPU_输出8	Q1.0	运行指示灯
CPU_输入0	I0.0	启动按钮
CPU_输入20	I2.4	机器人搬运完成
CPU_输入3	I0.3	单联机信号
CPU_输入4	I0.4	
M01	M0.1	单元复位
M02	M0.2	复位完成
M10	M1.0	单元启动
M21	M2.1	联机启动

启动机器人程序

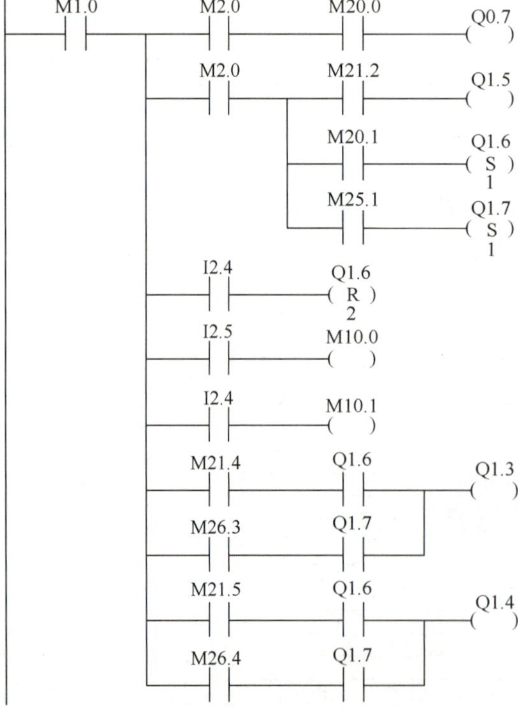

符号	地址	注释
CPU_输出11	Q1.3	选择信号A
CPU_输出12	Q1.4	选择信号B
CPU_输出13	Q1.5	选择信号3
CPU_输出14	Q1.6	选择信号4
CPU_输出15	Q1.7	选择信号5
CPU_输出7	Q0.7	选择信号0
CPU_输入20	I2.4	机器人搬运完成
CPU_输入21	I2.5	机器人开始搬运
M10	M1.0	单元启动
M100	M10.0	机器人开始搬运
M101	M10.1	机器人搬运完成
M20	M2.0	全部联机信号
M200	M20.0	车窗就绪信号
M201	M20.1	2#启动按钮
M212	M21.2	车窗有料信号
M214	M21.4	车窗检测传感器B
M251	M25.1	3#启动按钮

停止程序

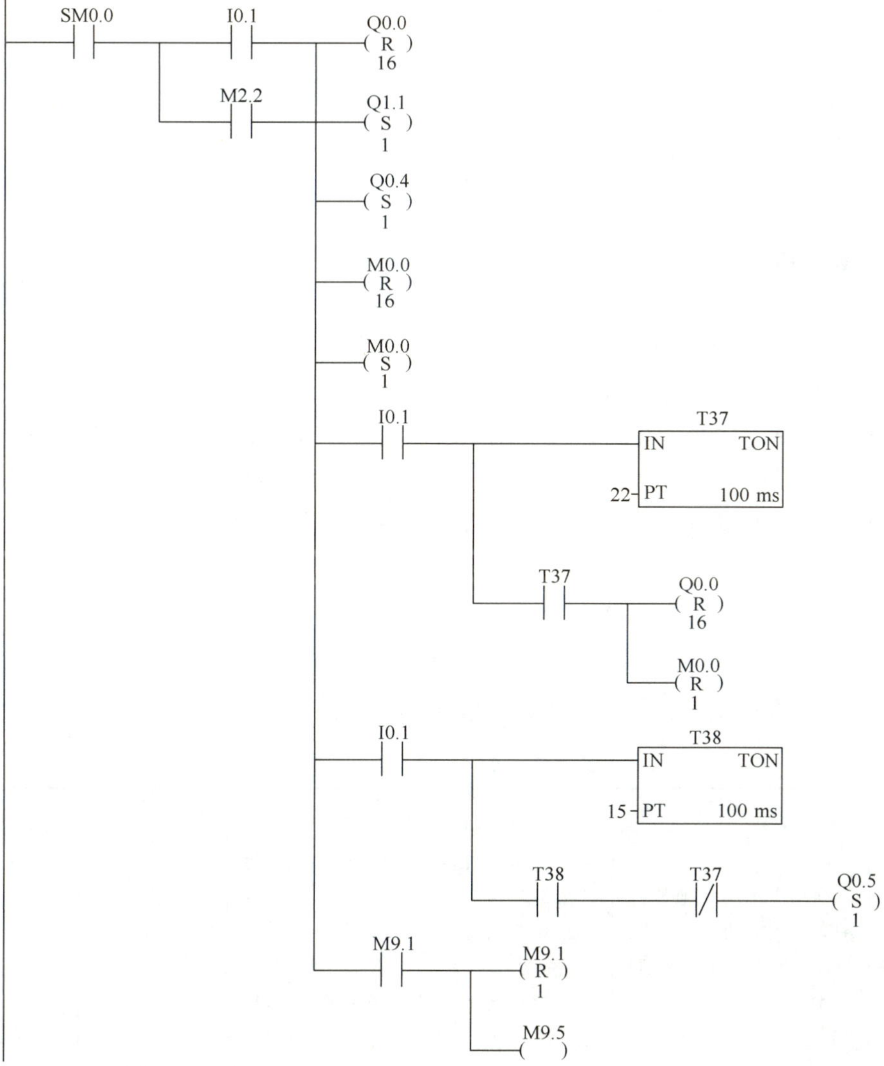

SM0.0
I0.1
M2.2
Q0.0
(R)
16
Q1.1
(S)
1
Q0.4
(S)
1
M0.0
(R)
16
M0.0
(S)
1
I0.1
T37
IN TON
22-PT 100 ms
T37
Q0.0
(R)
16
M0.0
(R)
1
I0.1
T38
IN TON
15-PT 100 ms
T38
T37
Q0.5
(S)
1
M9.1
M9.1
(R)
1
M9.5
( )

符号	地址	注释
Always_On	SM0.0	始终接通
CPU_输出0	Q0.0	Motor On机器人伺服ON
CPU_输出4	Q0.4	Stop机器人程序RUN
CPU_输出5	Q0.5	Motor Off机器人伺服OFF
CPU_输出9	Q1.1	停止指示灯
CPU_输入1	I0.1	停止按钮
M00	M0.0	单元停止
M22	M2.2	联机停止

图 1—6—9 参考主程序梯形图

六、系统调试与运行

（1）调整气动部分，检查气路是否正常、气压是否正确、气缸的动作速度是否合理。

（2）检查磁性开关的安装位置是否到位、磁性开关工作是否正常。

（3）检查光电传感器灵敏度是否合适，确保检测的可靠性。

（4）按任务要求流程测试程序。

（5）优化程序。

想一想，练一练

在本任务的基础上，增加一个 PLC 的停止按钮。要求在机器人回原点的过程中按下 PLC 停止按钮，机器人停止运行，按下 PLC 启动按钮机器人继续运行。应如何设计该程序？

【提示】按下 PLC 停止按钮，让机器人控制的机器人程序 STOP 和机器人伺服 OFF 为 1，机器人停止运行。按下 PLC 启动按钮，让机器人控制的机器人程序 STOP 和机器人伺服 OFF 为 0，同时机器人控制的机器人程序 RUN 和机器人伺服 ON 为 1。

检查测评

对任务的完成情况进行检查，并将结果填入表 1—6—5 内。

表 1—6—5　　任务测评表

序号	主要内容	考核要求	评分标准	配分	扣分	得分
1	机器人单元控制程序的设计与调试	列出 PLC I/O 地址分配表；根据加工工艺，设计梯形图及 PLC 控制接线图	1. 输入/输出地址遗漏或错误，每处扣 5 分 2. 梯形图表达不正确或画法不规范，每处扣 1 分 3. 接线图表达不正确或画法不规范，每处扣 2 分	40		

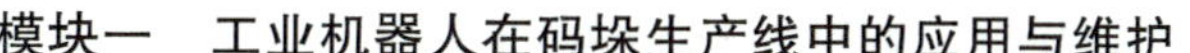

续表

序号	主要内容	考核要求	评分标准	配分	扣分	得分
1	机器人单元控制程序的设计与调试	按 PLC 接线图在配线板上正确安装接线，安装要准确、紧固、美观，导线要走线槽，导线要有端子标号	1. 损坏元件扣 5 分 2. 布线不走线槽、不美观，每根扣 1 分 3. 接点松动、露铜过长、反圈、压绝缘层，标记线号不清楚、遗漏或误标，引出端无别径压端子，每处扣 1 分 4. 损伤导线绝缘或线芯，每根扣 1 分 5. 不按 PLC 控制接线图接线，每处扣 5 分	10		
		熟练正确地将所编程序输入 PLC；按照被控设备的动作要求进行模拟调试，达到设计要求	1. 不能熟练操作 PLC 键盘输入指令扣 2 分 2. 不会用删除、插入、修改、存盘等命令，每项扣 2 分 3. 仿真试车不成功扣 30 分	40		
2	安全文明生产	劳动保护用品穿戴整齐；遵守操作规程；讲文明礼貌；操作结束后清理现场	1. 操作中，违反安全文明生产考核要求的任何一项扣 5 分，扣完为止 2. 当发现学生有重大事故隐患时，要立即予以制止，并每次扣安全文明生产总分 5 分	10		
合计						

任务 7　机器人自动换夹具的程序设计与调试

学习目标

知识目标：

1. 掌握 ABB RobotStudio 编程软件的使用方法。
2. 掌握六轴工业机器人参数设置与程序编写方法。
3. 掌握六轴工业机器人示教器的使用方法。

能力目标：

能够使用 ABB 六轴工业机器人程序设计的基本语言，完成 ABB 六轴工业机器人自动换夹具控制程序的设计与调试，并能解决运行过程中出现的常见问题。

工作任务

有一台 ABB 六轴工业机器人，配置了两种夹具，分别用来完成汽车车窗分拣码垛和汽车轮胎立体码垛这两个工作站的工作，现需要编写机器人自动换夹具的控制程序并示教。

具体的控制要求如下：

在联机状态下，当机器人检测到来自两个工作站中任意一个站的开始信号时，可以自动更换相应的夹具以完成码垛工作。

相关知识

一、RobotStudio 编程软件的使用

1. 建立工作站

（1）安装完“RobotStudio”软件后，双击桌面“RobotStudio 5.61”图标或点击“开始”→“所有程序”→“ABB Industrial”→“RobotStudio”运行软件。

（2）在软件初始界面点击“文件”→“新建”，创建新工作站，如图 1—7—1 所示。

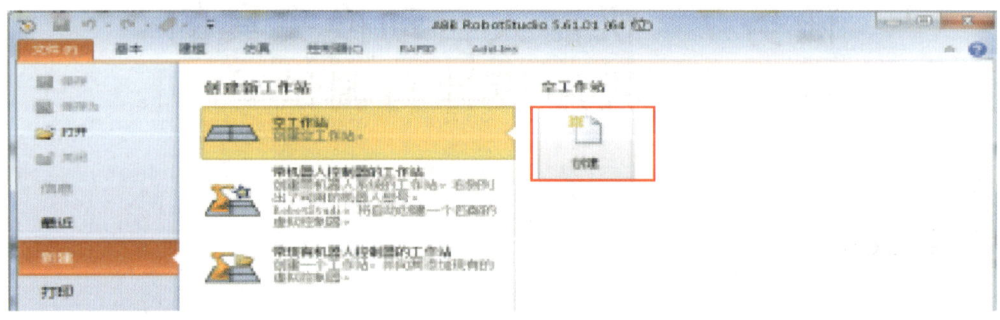

图 1—7—1　创建新工作站

（3）点击“ABB 模型库”下拉菜单，如图 1—7—2 所示，弹出 ABB 机器人库，选择所需机器人，如图 1—7—3 所示。

（4）弹出所选机器人信息，点击“确定”按钮，如图 1—7—4 所示。

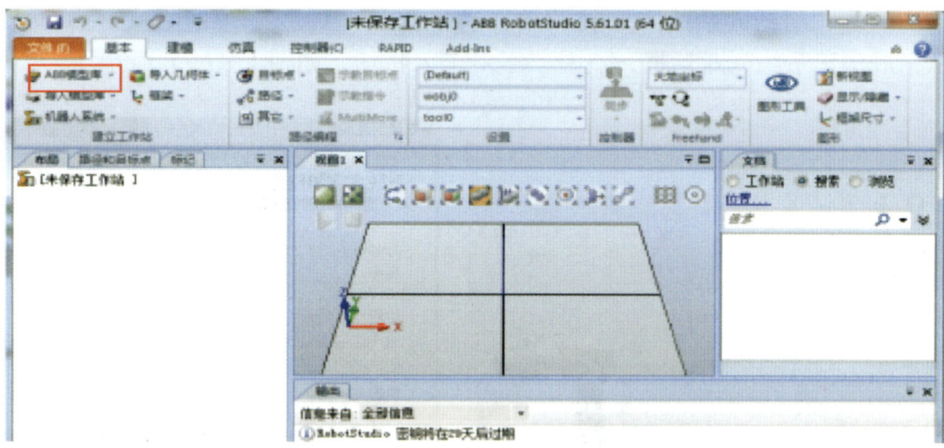

图 1—7—2　打开“ABB”模型库

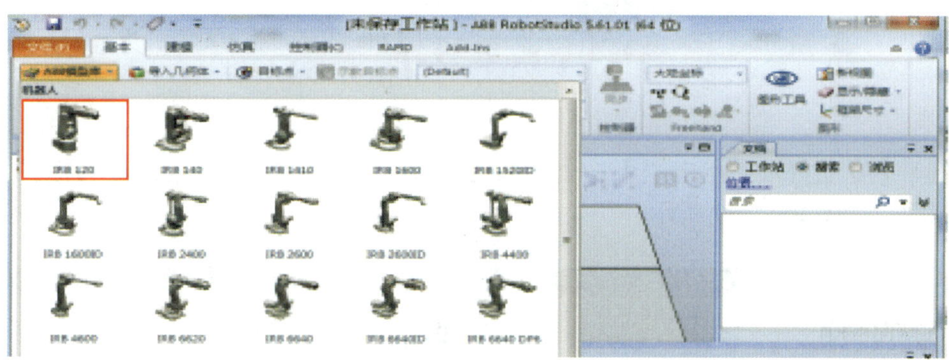

图 1—7—3　选择机器人

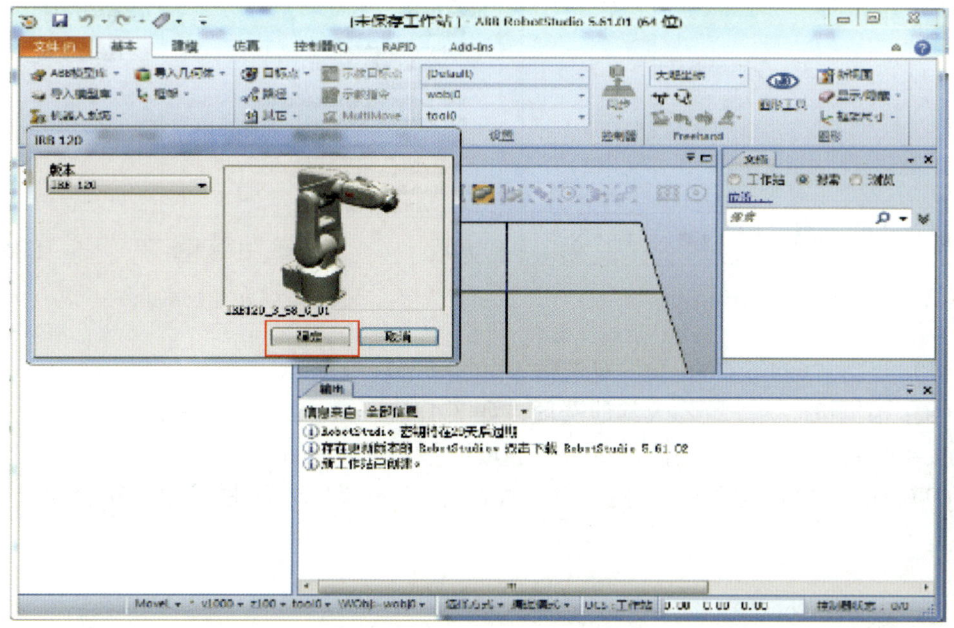

图 1—7—4　确认选择机器人

（5）点击“机器人系统”下拉菜单，选择“从布局...”，如图 1—7—5 所示，弹出“从布局创建系统”对话框，点击“下一个”按钮，如图 1—7—6 所示。

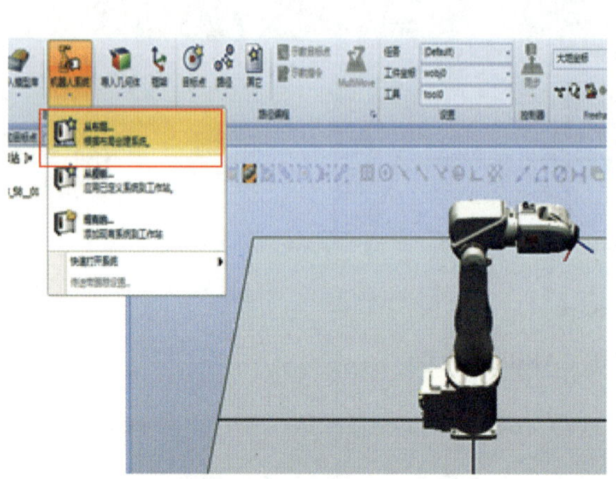

图 1—7—5　选择“从布局...”

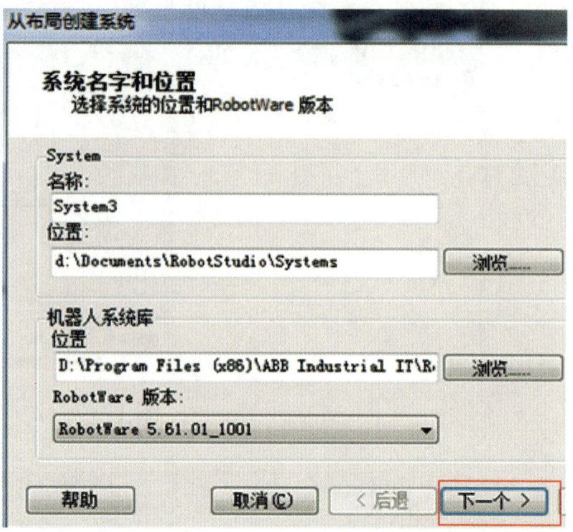

图 1—7—6　“从布局创建系统”对话框

（6）勾选选择项，点击“下一个”按钮，如图 1—7—7 所示，点击“选项”按钮进行修改，如图 1—7—8 所示。

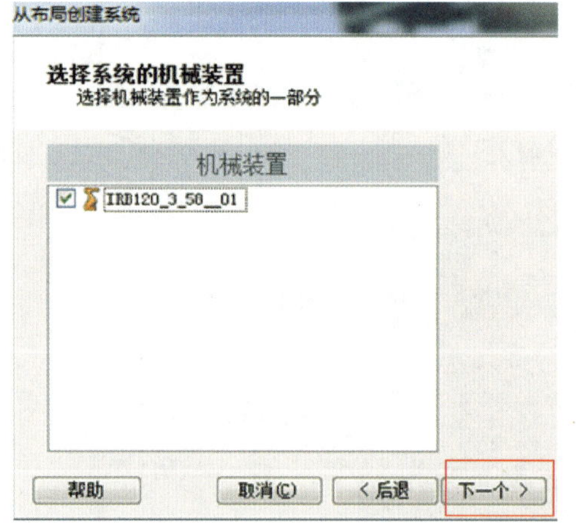

图 1—7—7　勾选选择项

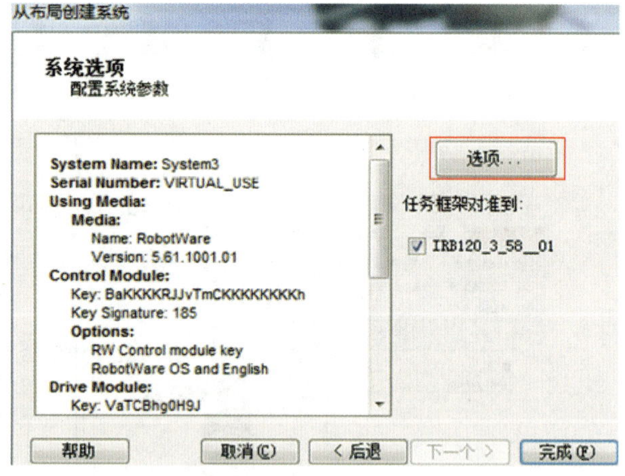

图 1—7—8　选项设置

（7）点击“644-5 Chinese”复选框，如图 1—7—9 所示。

（8）根据机器人配置勾改其他选项，如图 1—7—10、图 1—7—11 所示；点击“确定”按钮回到系统选项对话框，点击“完成”按钮回到工作站画面。

（9）打开“控制器”工具栏，点击如图 1—7—12 所示下拉菜单，选择“虚拟示教器”。

图 1—7—9　勾选中文

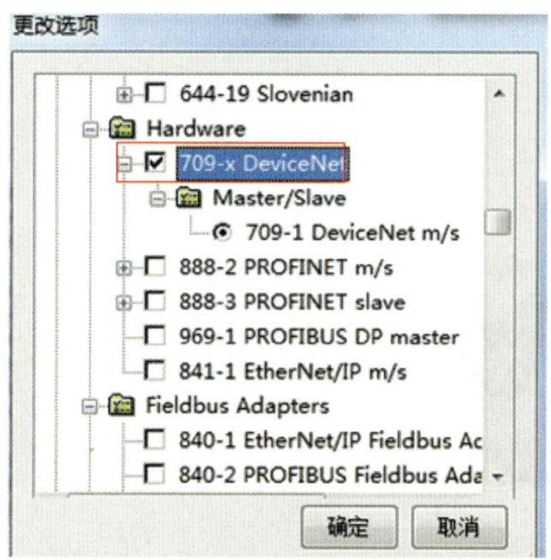

图 1—7—10　勾选其他选项 1

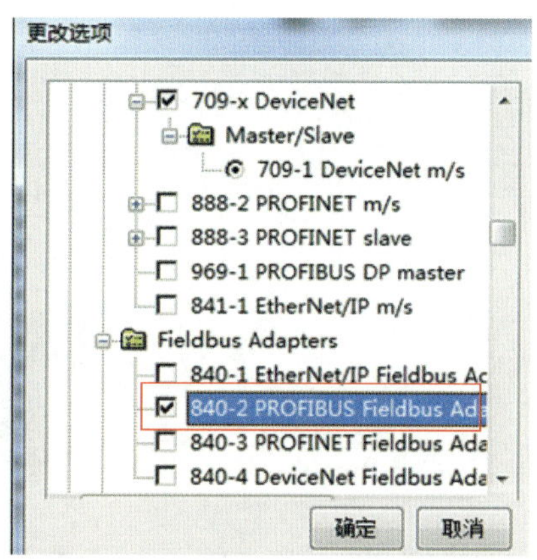

图 1—7—11　勾选其他选项 2

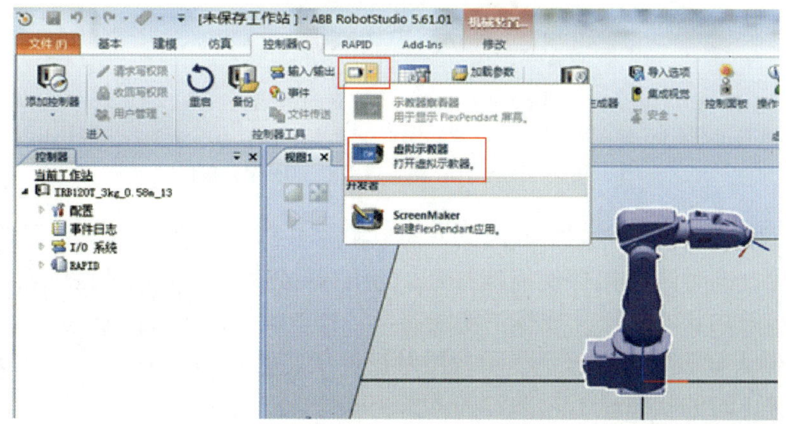

图 1—7—12　选择虚拟示教器

（10）打开虚拟示教器，如图 1—7—13 所示，在这里可以实现设置、编程、调试、仿真等功能。

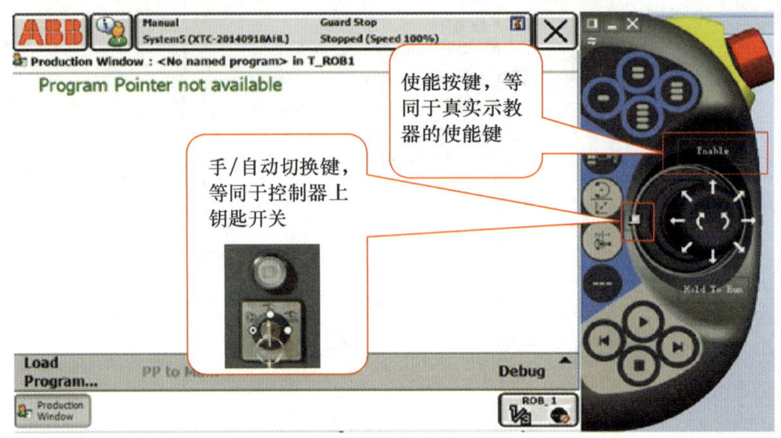

图 1—7—13　虚拟示教器

2. 示教器的组成及握持方法

（1）示教器的组成如图 1—7—14 所示。

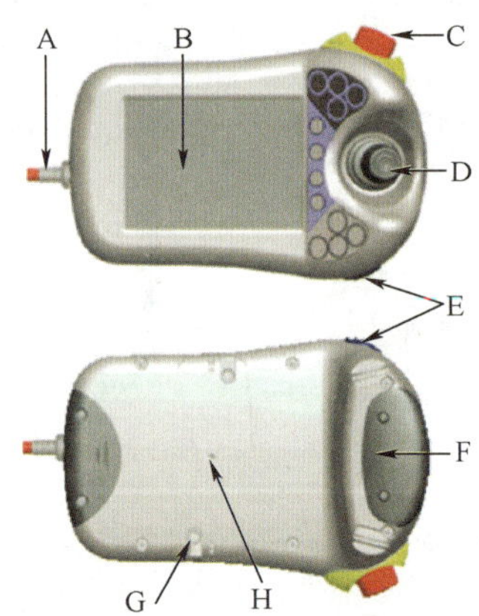

图 1—7—14　示教器的组成

A—连接电缆　B—触摸屏　C—急停开关　D—手动操作摇杆　E—数据备份用 USB 接口
F—使能器按钮　G—触摸屏用笔　H—复位按钮

（2）示教器的握持方法。如图 1—7—15 和图 1—7—16 所示，示教器应用左手臂托起扣紧使用，同时四指扣押使能器按钮。使能器按钮分为两挡，按下第一挡机器人将处于电动机开启状态，松开或按下使能器第二挡电动机均为关闭状态。

（3）机器人伺服状态会显示在示教器触摸屏状态栏，如图 1—7—17 所示分别为电动机开启与停止时的状态显示。

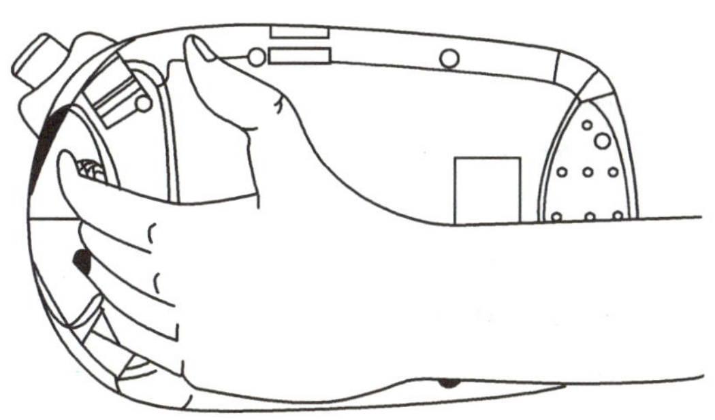

图 1—7—15　示教器的握持方法示意图

图 1—7—16　示教器的握持方法实物图

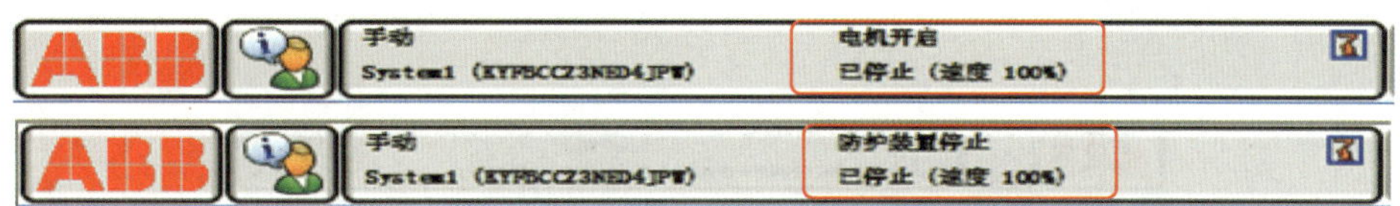

图 1—7—17　机器人伺服状态显示

3. 示教器显示语言更改

（1）示教器默认显示语言是英文，为方便使用，需将其更改为中文。点击触摸屏左上角“ABB”按钮，在弹出画面中选择“Control Panel”，如图 1—7—18 所示。

图 1—7—18　选择控制面板

（2）在弹出画面中选择“Language”，如图 1—7—19 所示；然后选择“Chinese”，点击“OK”按钮，如图 1—7—20 所示。

（3）在重启确认对话框中点击“Yes”按钮后系统重启，如图 1—7—21 所示。重启后就会发现示教器已切换成中文界面。

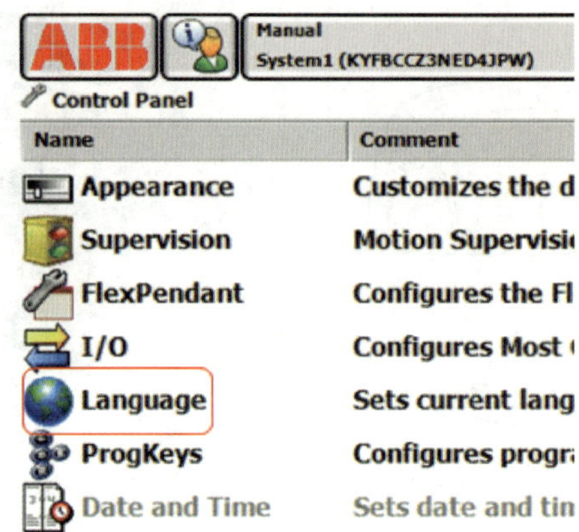

图 1—7—19　选择语言

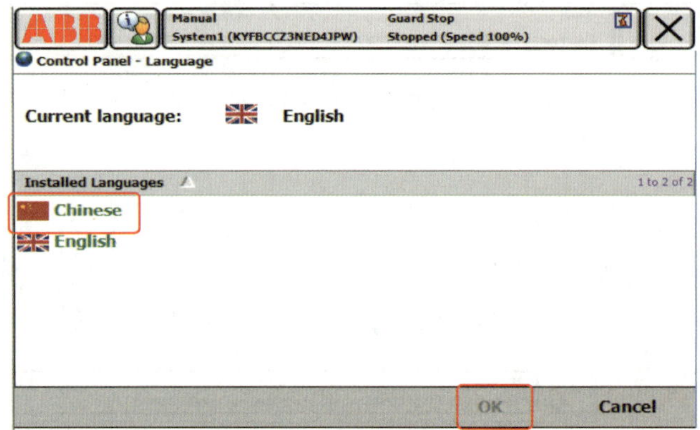

图 1—7—20　选择中文

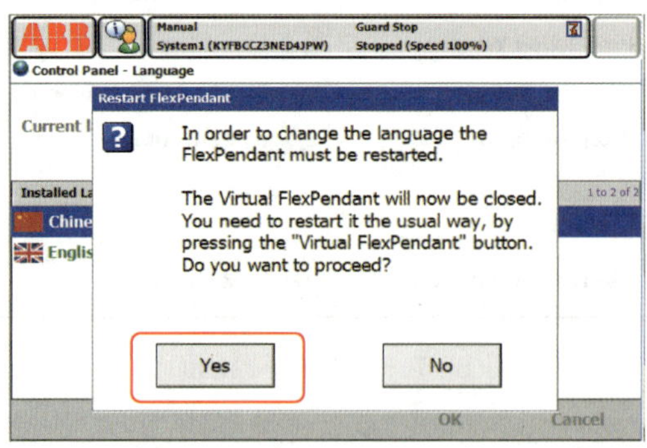

图 1—7—21　重启确认

4. 数据备份与恢复

（1）点击“ABB”按钮，选择“备份与恢复”，如图 1—7—22 所示。在新出现的“备份与恢复”界面中点击“备份当前系统”按钮，如图 1—7—23 所示。

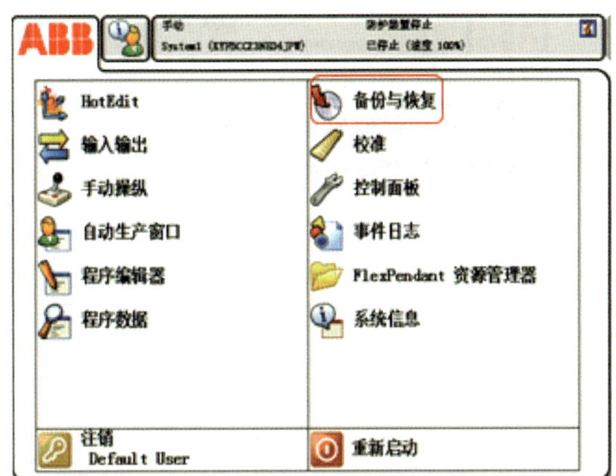

图 1—7—22　选择备份与恢复

图 1—7—23　选择备份系统

（2）点击“ABC…”按钮，进行存放备份数据目录名称的设定，然后点击“…”，选择备份存放的位置（机器人硬盘或是 USB 存储设备），最后点击“备份”进行备份操作，如图 1—7—24 所示。

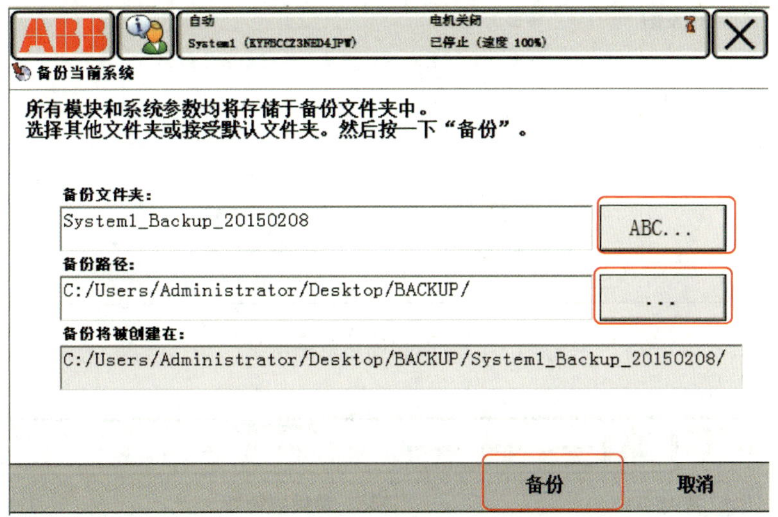

图 1—7—24　设置备份路径及文件夹

（3）在“备份与恢复”界面中，点击“恢复系统…”按钮，如图 1—7—25 所示。在新出现的界面中点击“…”，选择备份存放的目录，然后点击“恢复”，如图 1—7—26 所示。

（4）在弹出的对话框中点击“是”按钮，将完成系统恢复，如图 1—7—27 所示。

5. EIO 文件导入

（1）点击“ABB”按钮，选择“控制面板”，如图 1—7—28 所示。

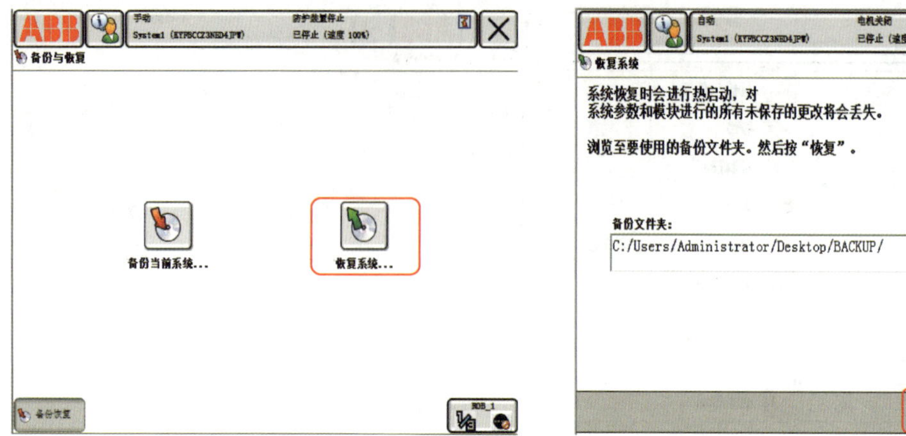

图 1—7—25　选择恢复系统　　　　图 1—7—26　选择存放目录

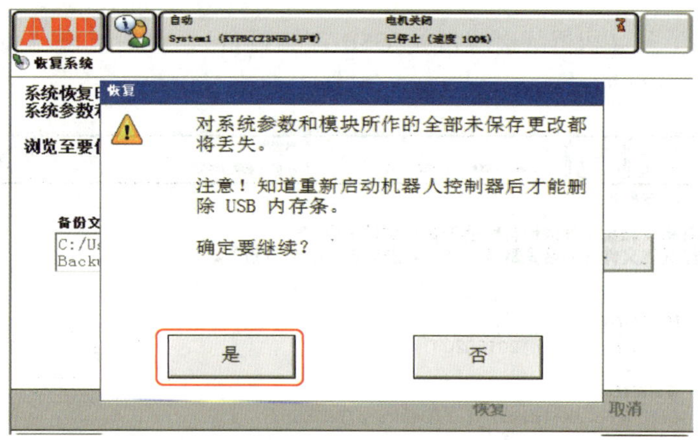

图 1—7—27　确认数据恢复

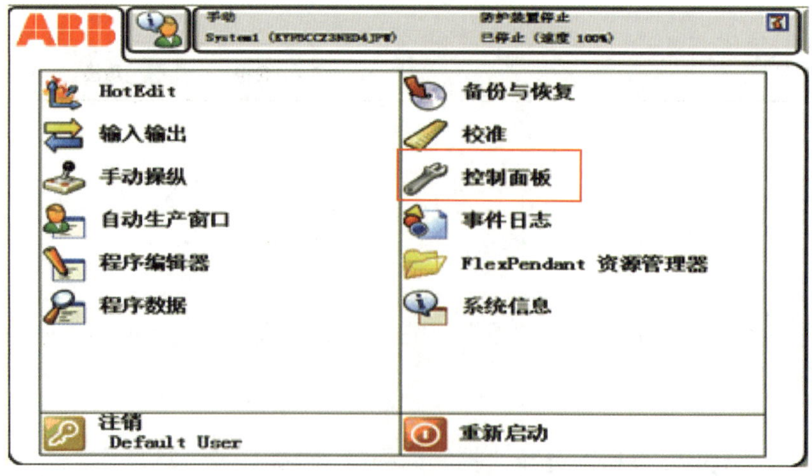

图 1—7—28　选择控制面板

（2）选择“配置”，如图1—7—29所示。在“配置”页面的“I/O”主题中，打开“文件”菜单，点击“加载参数...”，如图1—7—30所示。

图1—7—29　选择配置选项　　图1—7—30　选择加载参数

（3）在加载参数界面中选中“删除现有参数后加载”单选框后点击“加载...”按钮，如图1—7—31所示。

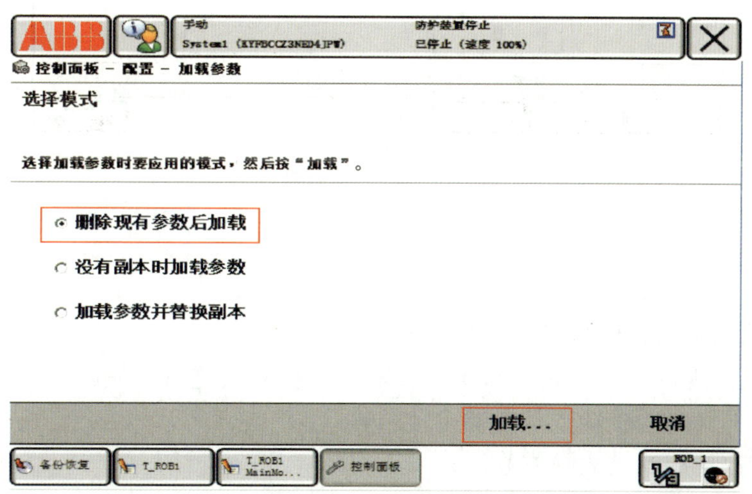

图1—7—31　加载项选择

（4）在备份目录中找到EIO. cfg文件，然后点击“确定”，如图1—7—32所示。

图 1—7—32　加载文件选择

（5）在弹出的对话框中点击“是”按钮，重启后完成导入，如图 1—7—33 所示。

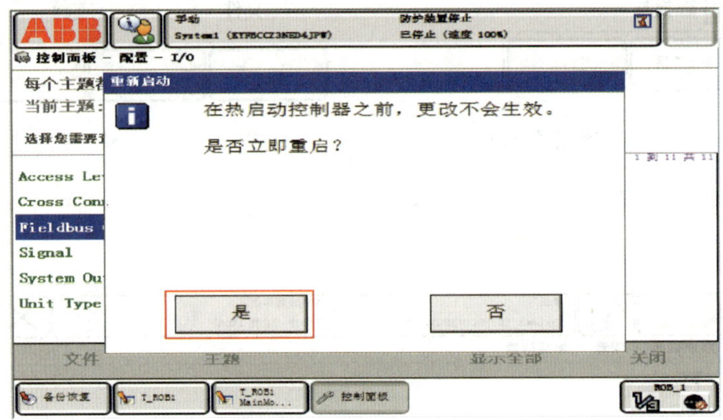

图 1—7—33　重启确认

6. 机器人机械原点的位置更新

（1）进行机器人机械原点更新的前提

若机器人出现以下任何一种状况时，需要对机器人进行机械原点位置更新：

1）更换伺服电动机转数计数器电池后；

2）当转数计数器进故障维修后；

3）转数计数器与测量板之间断开后；

4）断电后，机器人关节轴发生了位移；

5）当系统报警提示“10036 转数计数器未更新”时。

（2）进行机器人机械原点位置更新的方法

1）手动操作示教器使机器人 6 个关节回到机械原点位置，机械原点在机器人本体上都

有标注，不同机器人机械原点位置不同。示教器上各按键功能，如图 1—7—34 所示。

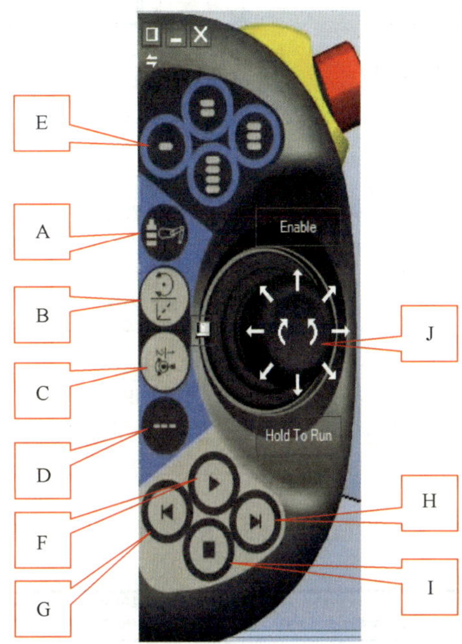

图 1—7—34　示教器各按键功能指示

A—选择机械单元　B—线性/重定位模式切换　C—关节 1-3/4-6 轴模式切换　D—增量切换　E—自定义按键　F—运行　G—单步后退　H—单步前进　I—停止　J—操作手柄

2）点击“ABB”按钮，选择“校准”，如图 1—7—35 所示。

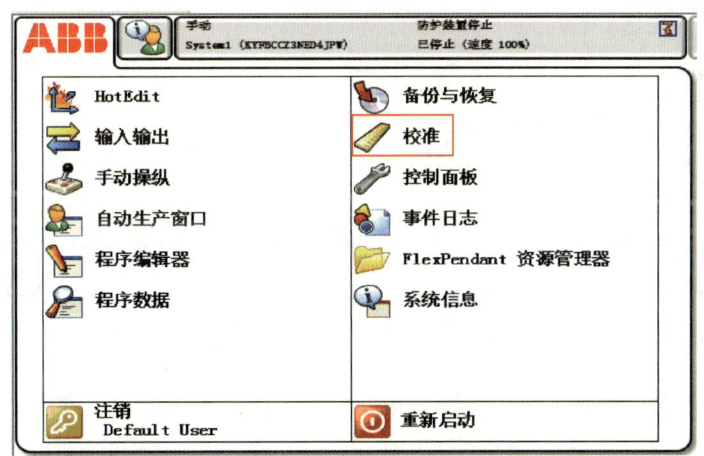

图 1—7—35　选择校准

3）在弹出的“校准”画面中，点击“ROB_1”，然后点击“校准参数”，选择“编辑电动机校准偏移...”，如图 1—7—36、图 1—7—37 所示。

4）在弹出的警告对话框中点击“是”按钮，如图 1—7—38 所示。

5）弹出校准参数修改画面，如图 1—7—39 所示。把机器人自带原点数据输入对应偏移值，点击“确定”按钮。

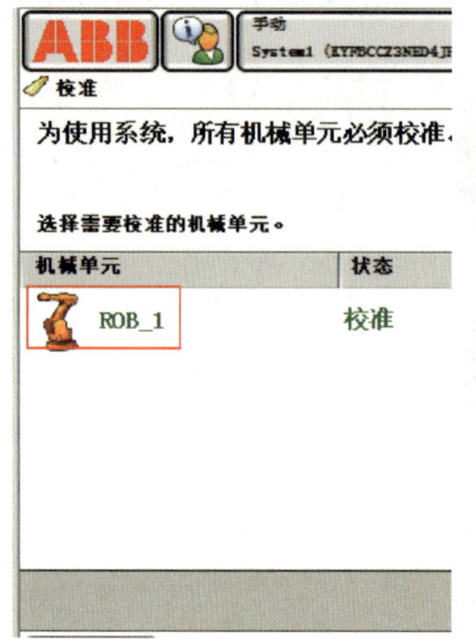

图 1—7—36　选择校准机械单元

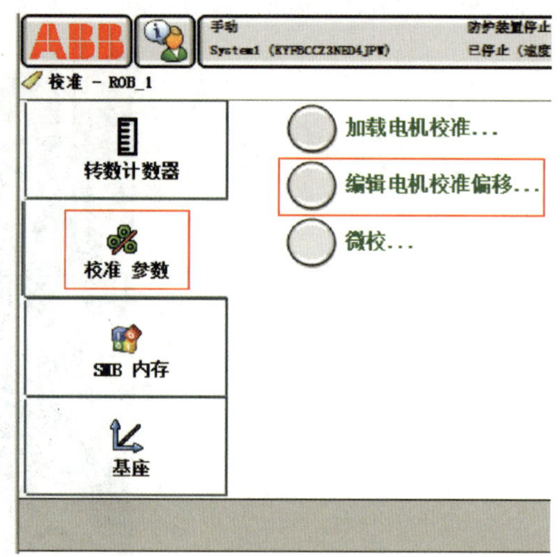

图 1—7—37　选择校准参数方式

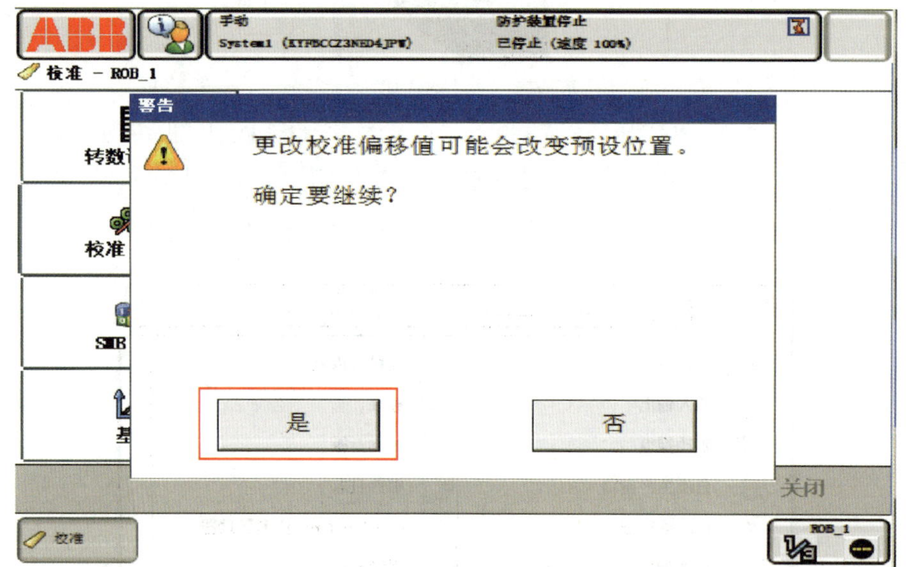

图 1—7—38　确认更改校准

6）在弹出的对话框中点击“是”按钮，重启机器人控制器，如图 1—7—40 所示。

7）再次进入校准画面，点击“ROB_1”，如图 1—7—41 所示；在弹出画面中点击“转数计数器”，选择“更新转数计数器...”，如图 1—7—42 所示。

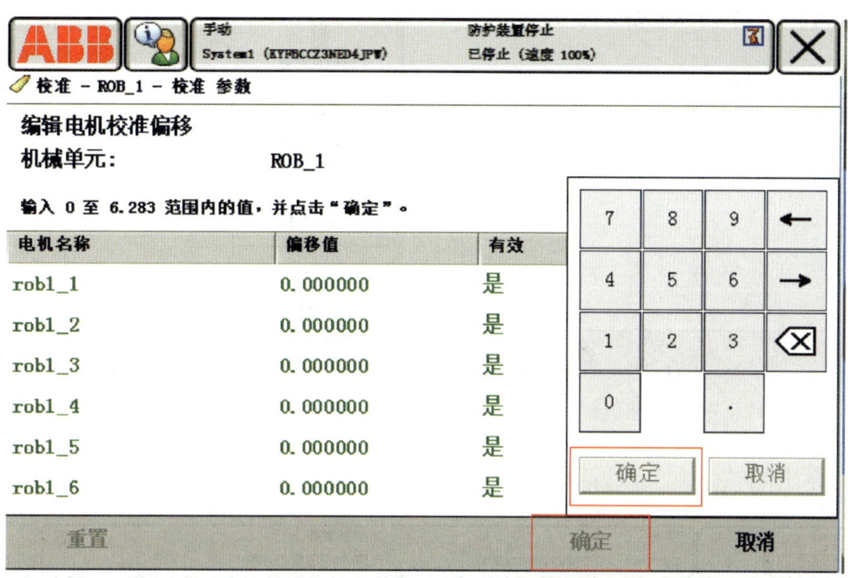

图 1—7—39　修改校准参数值

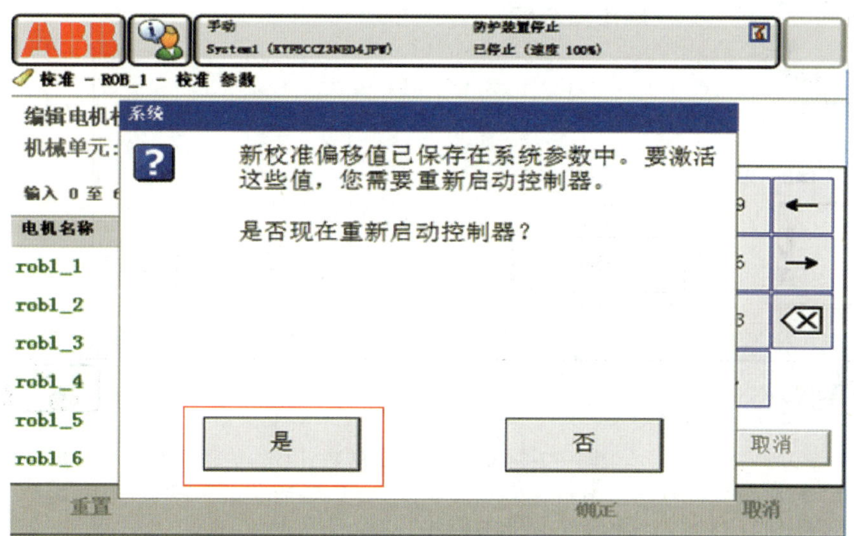

图 1—7—40　重启控制器

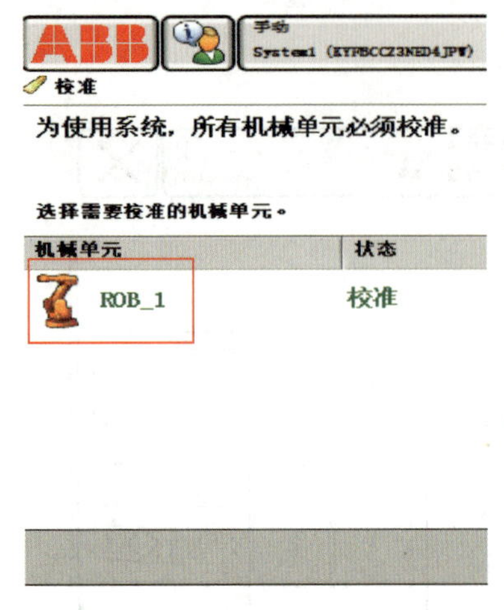

图 1—7—41　选择校准机械单元

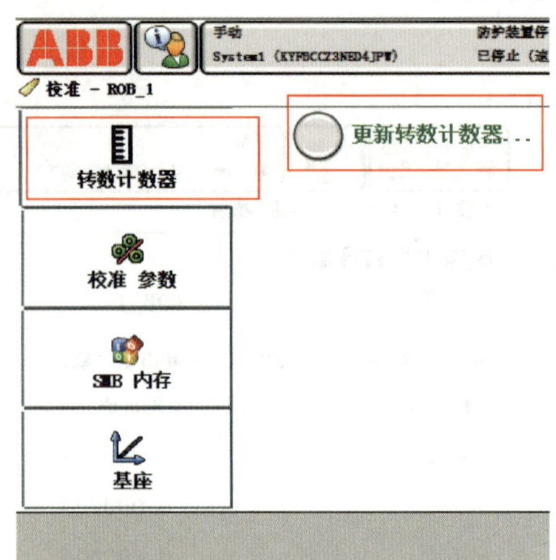

图 1—7—42　更新转数计数器

8）在弹出的“警告”对话框中点击“是”按钮，如图 1—7—43 所示。

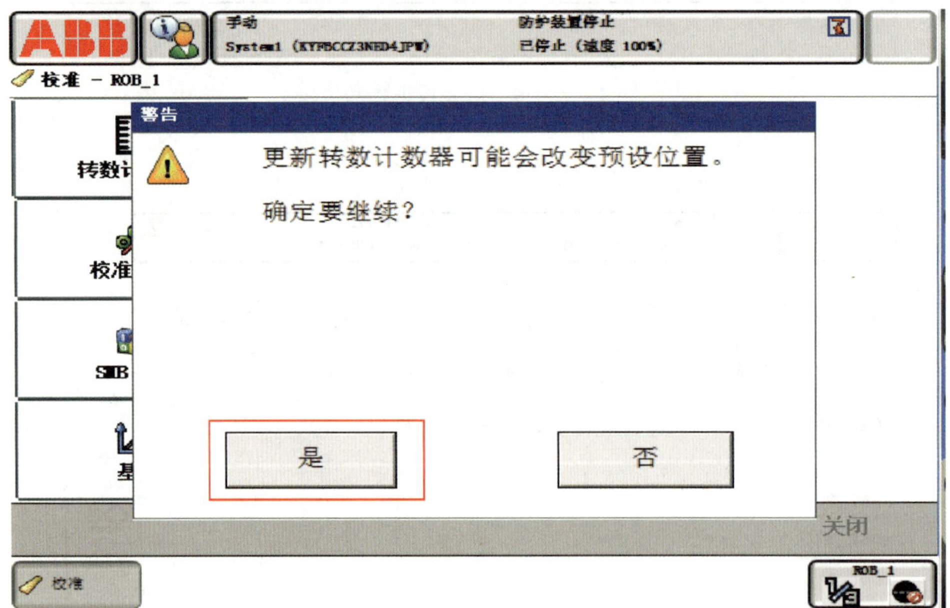

图 1—7—43　确认更新转数计数器

9）在弹出的“转数计数器”画面中点击“全选”后，点击“更新”，如图 1—7—44 所示。

10）在弹出的“警告”对话框中点击“更新”按钮，如图 1—7—45 所示，然后等待更新过程完成即可。

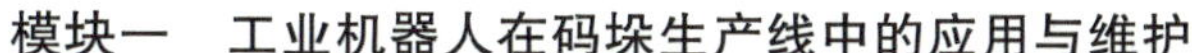

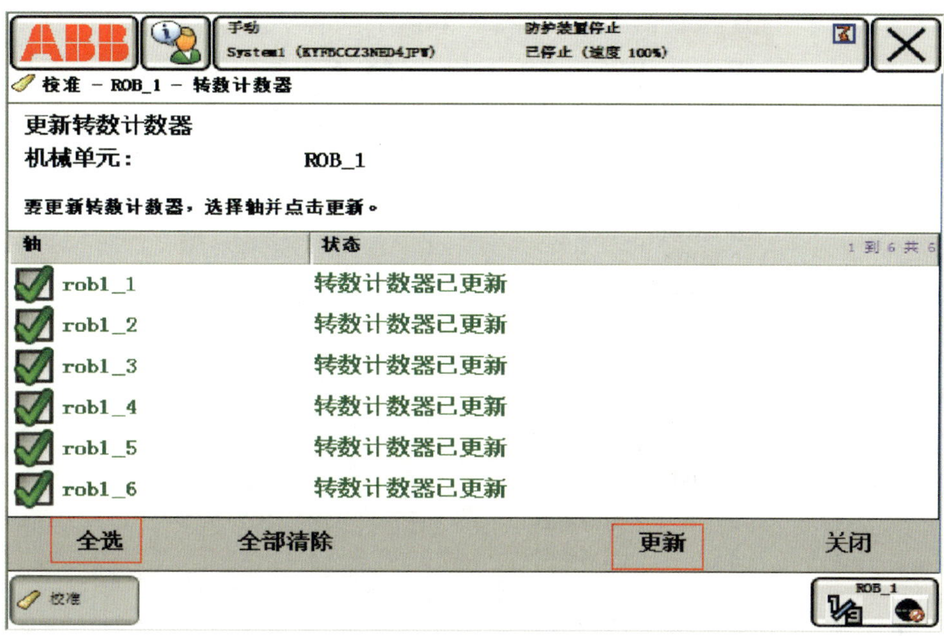

图 1—7—44　全选后更新

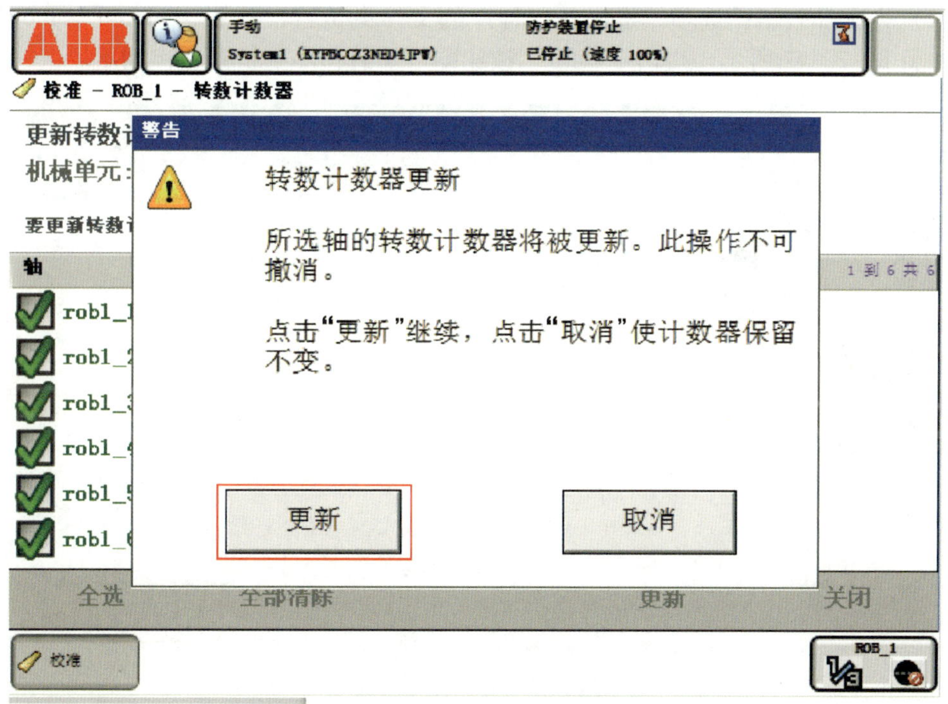

图 1—7—45　确认更新

7. 机器人在线程序的写入

（1）打开 RobotStudio 软件，连接好机器人控制器，点击“RAPID”栏，选中“T-ROB”项，点击右键选择加载模块，如图 1—7—46 所示。

图 1—7—46　打开加载模块

（2）弹出加载路径选项，选择备份程序的文件夹位置，找到“Module1. mod”文件，如图 1—7—47 所示，点击“打开”按钮即可加载程序到机器人控制器。

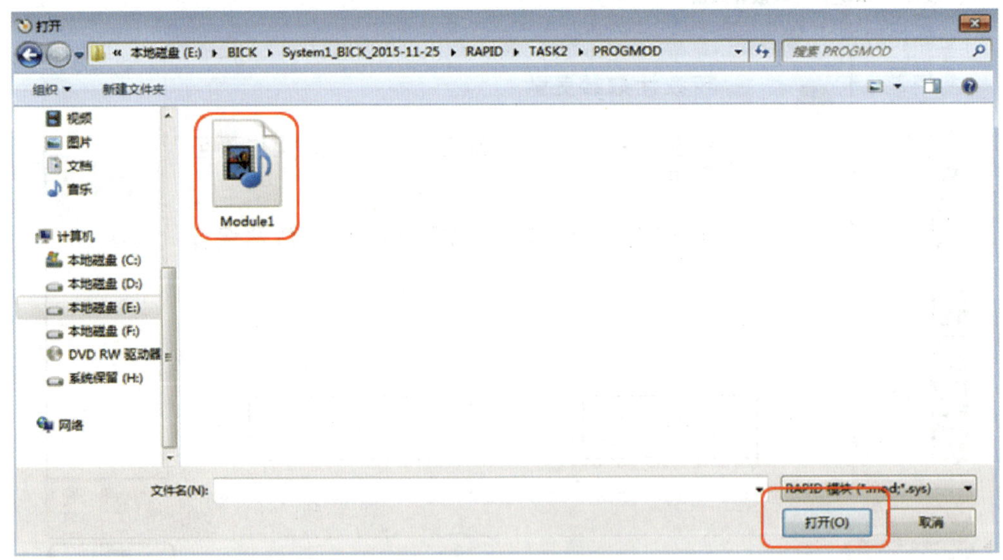

图 1—7—47　任务加载

二、创建机器人工具数据与工件坐标系

在进行正式编程之前，需要先构建起必要的编程环境，因此机器人的工具数据与工件坐标系在编程前就需要进行定义。

1. 创建机器人工具数据

创建工具数据是机器人操作前期准备工作中的一个重要部分，需要创建的工具数据包括工具的 TCP（工具中心点）、质量等。一般不同的机器人应用配置不同的工具，在执行机器人程序时，机器人将工具的中心点移至编程位置，那么如果要更改工具以及工具坐标系，机器人的移动也随之改变。

（1）TCP 设定原理

为了获得准确的 TCP，可以使用六点法求得。

1）首先在机器人工作范围内找一个非常精确的固定点作为参考点。

2）然后在工具上确定一个参考点。

3）手动操纵机器人去移动工具上的参考点，得到第三点；将工具的参考点垂直于固定点得到第四点；将工具参考点从固定点向将要设定为 TCP 的 *X* 方向移动得到第五点；将工具参考点从固定点向将要设定为 TCP 的 *Z* 方向移动得到第六点。

4）机器人通过这几个位置点的位置数据计算求得 TCP 数据，TCP 数据保存后即可被程序进行调用。

（2）工具数据 TCP 创建

下面以图 1—7—48 所示为例进行工具数据 TCP 创建操作。

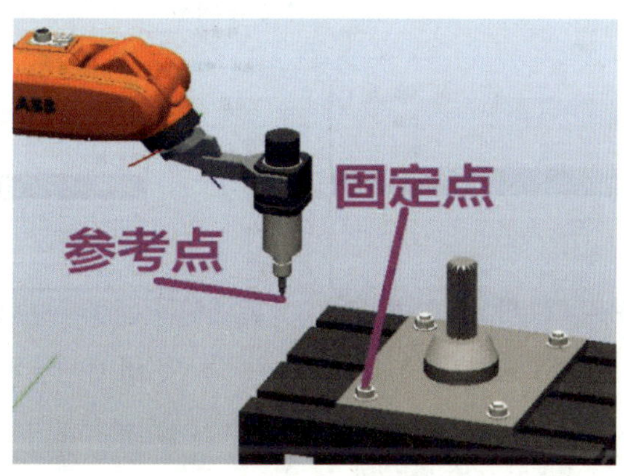

图 1—7—48 TCP 创建示例

1）点击“ABB”按钮，选择“手动操纵”，如图 1—7—49 所示；在弹出的画面中选择“工具坐标”，如图 1—7—50 所示。

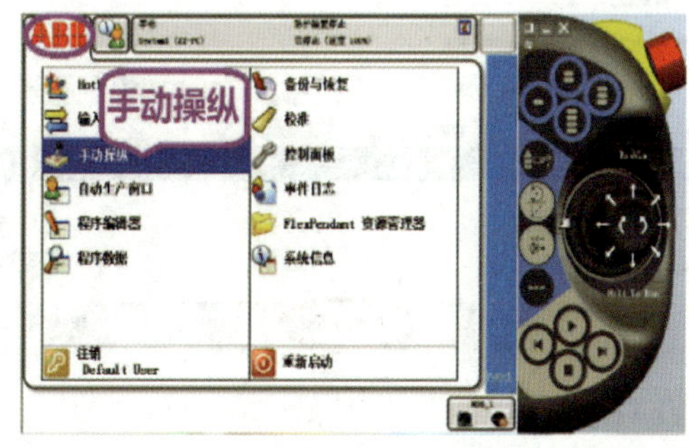

图 1—7—49 选择手动操纵

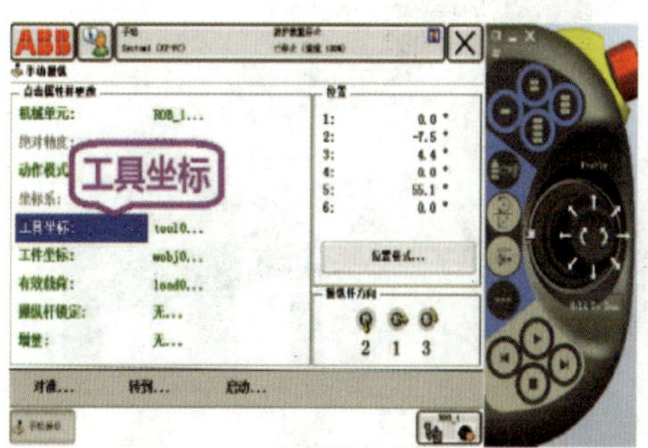

图 1—7—50 选择工具坐标

2）在弹出的画面中点击“新建…”，如图 1—7—51 所示；将新建工具坐标命名为“tool1”后，点击“确定”，如图 1—7—52 所示。

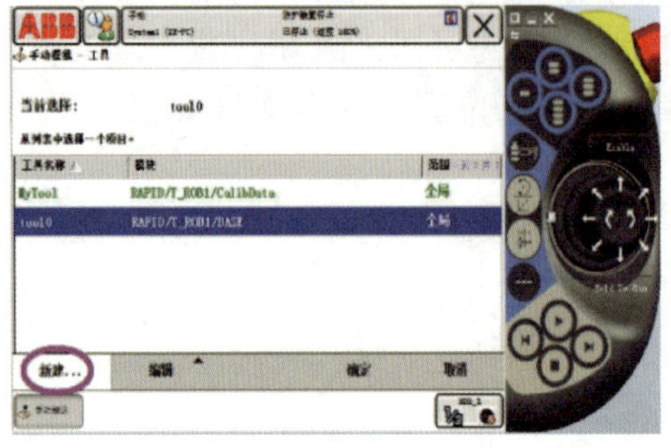

图 1—7—51　新建工具坐标

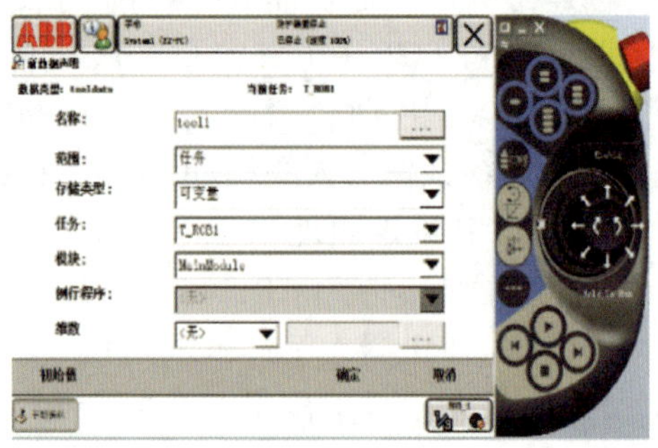

图 1—7—52　设定工具坐标名称

3）选中“tool1”后，点击“编辑”菜单中的“定义…”选项，如图 1—7—53 所示；在新出现的画面中点击“方法”的下拉菜单，选择“TCP 和 Z，X”，使用 6 点法设定 TCP，如图 1—7—54 所示。

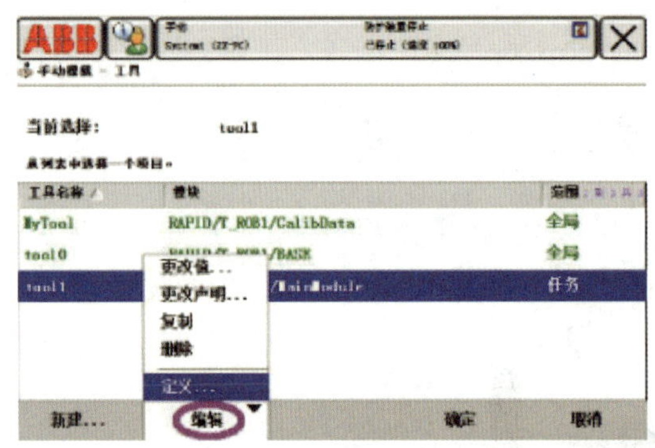

图 1—7—53　选择定义项

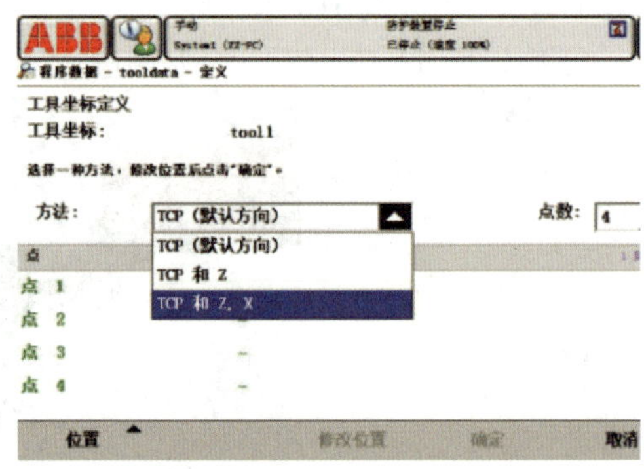

图 1—7—54　选择 6 点法

4）选择合适的手动操作模式，使用摇杆将工具参考点靠上固定点，作为第 1 点，如图 1—7—55 所示；点击“修改位置”，将点 1 位置记录下来，如图 1—7—56 所示。

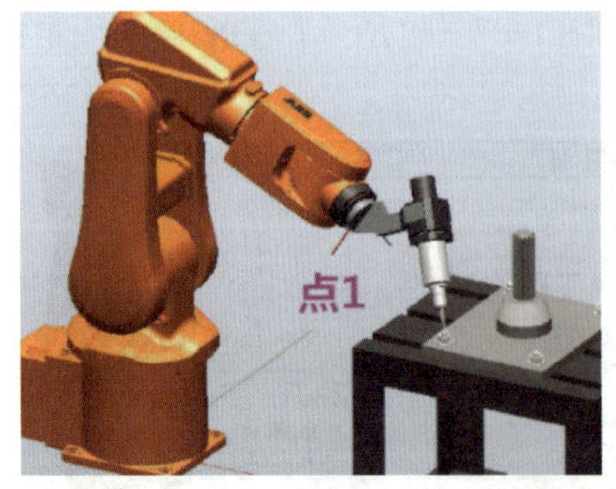

图 1—7—55　靠上第 1 点

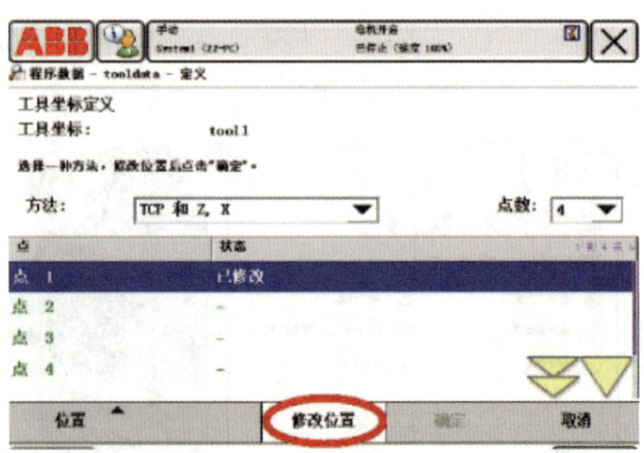

图 1—7—56　记录第 1 点

5）变换机器人工具姿态，将如图 1—7—57 所示的位置作为第 2 点；点击“修改位置”，将点 2 位置记录下来，如图 1—7—58 所示。

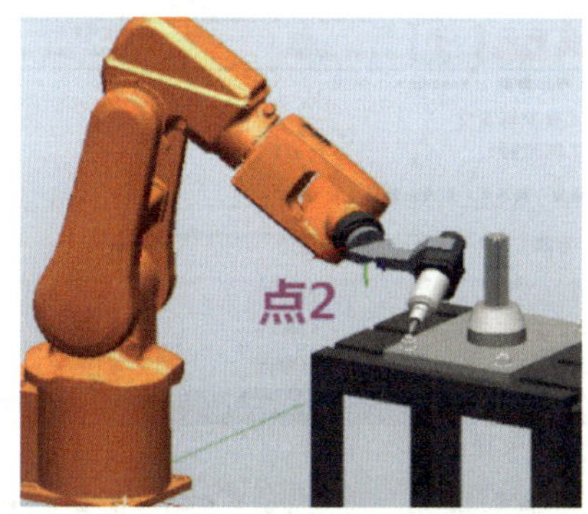

图 1—7—57　第 2 点姿态

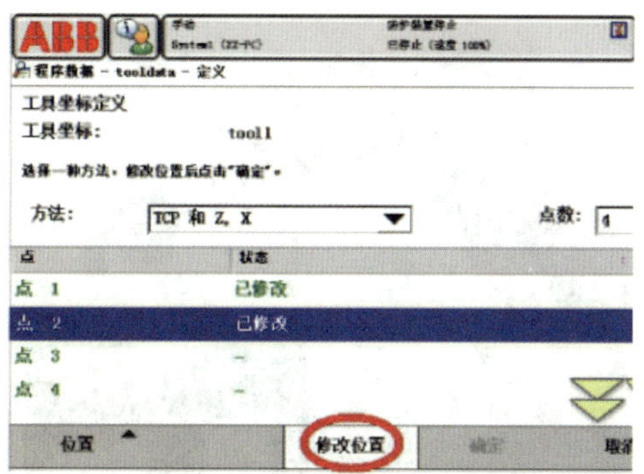

图 1—7—58　记录第 2 点

6）变换机器人工具姿态，将如图 1—7—59 所示的位置作为第 3 点；点击“修改位置”，将点 3 位置记录下来，如图 1—7—60 所示。

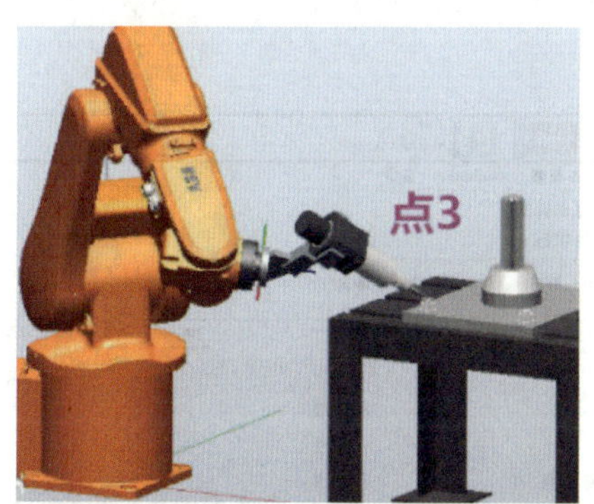

图 1—7—59　第 3 点姿态

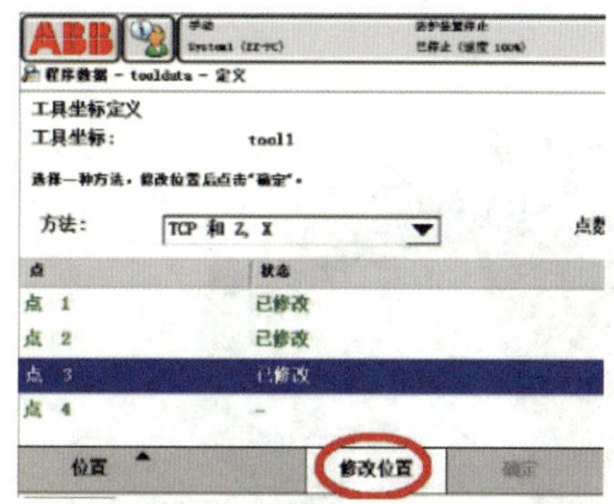

图 1—7—60　记录第 3 点

7）变换机器人工具姿态，将如图 1—7—61 所示的位置作为第 4 点；点击“修改位置”，将点 4 位置记录下来，如图 1—7—62 所示。

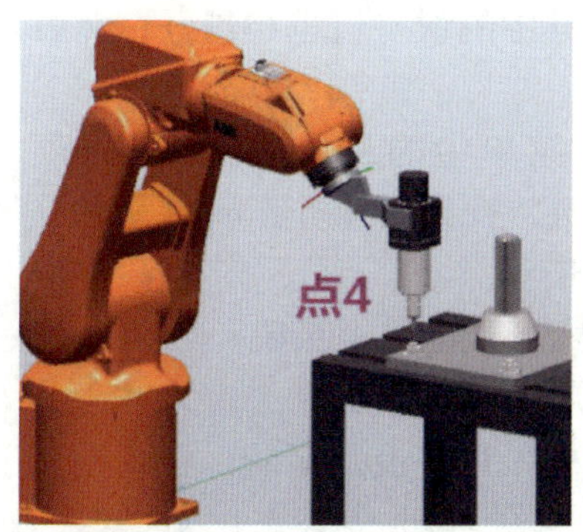

图 1—7—61　第 4 点姿态

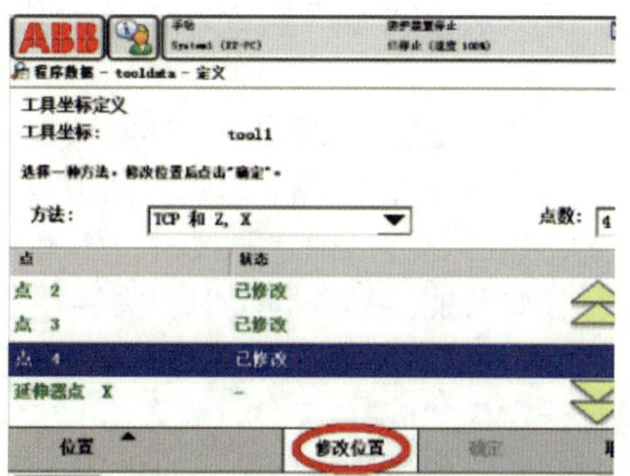

图 1—7—62　记录第 4 点

8）将工具参考点以点 4 的姿态从固定点移动到工具的+*X* 方向，如图 1—7—63 所示；点击“修改位置”，将延伸点 *X* 位置记录下来，如图 1—7—64 所示。

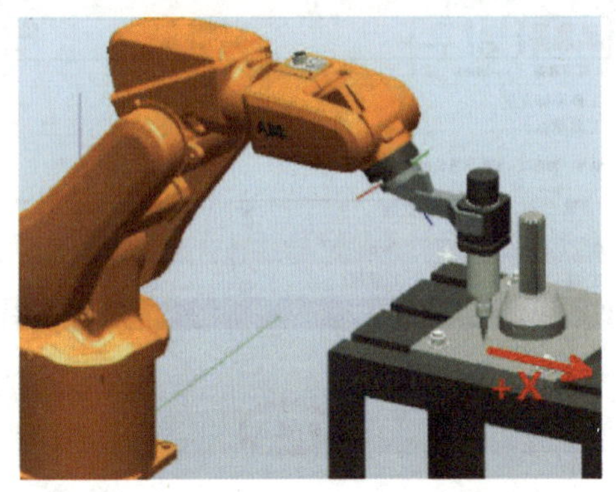

图 1—7—63　*X* 延伸点姿态

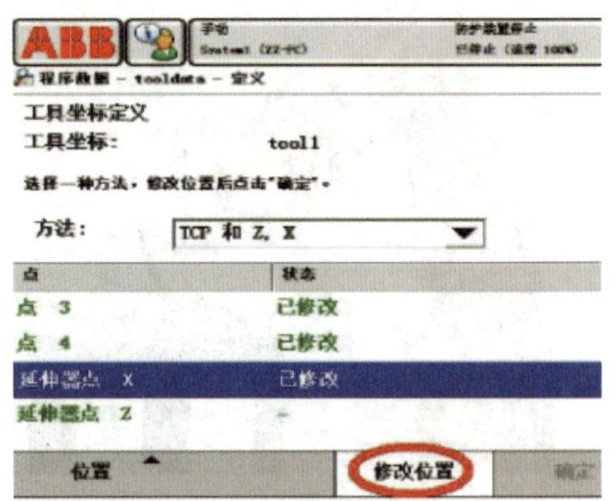

图 1—7—64　记录 *X* 延伸点

9）将工具参考点以点 4 的姿态移动到工具的+*Z* 方向，如图 1—7—65 所示；点击“修改位置”，将延伸点 *Z* 位置记录下来，然后点击“确定”按钮，如图 1—7—66 所示。

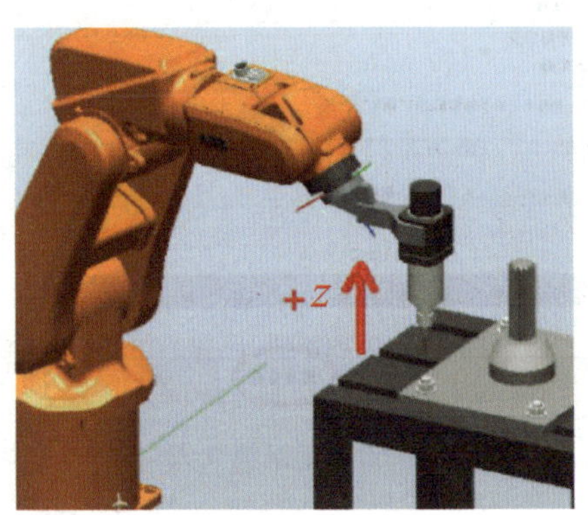

图 1—7—65　*Z* 延伸点姿态

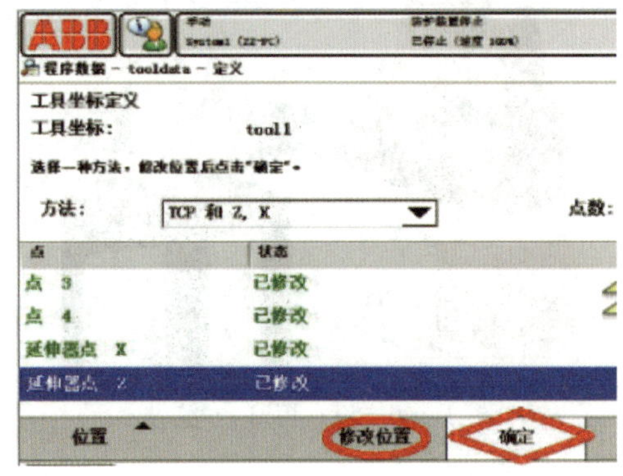

图 1—7—66　记录 *Z* 延伸点

10）系统会出现如图 1—7—67 所示误差界面，其中的误差值越小越好，然后点击“确定”按钮。

11）在工具选择界面选中“tool1”，点击编辑菜单中的“更改值...”选项，如图 1—7—68 所示；在出现的编辑界面中点击翻页箭头，找到工具质量 mass 一栏，根据实际设定，然后点击“确定”按钮，如图 1—7—69 所示。

12）设定好的工具数据 tool1，需要在重定位模式下验证是否精确。如图 1—7—70 所示，回到手动操纵界面，将动作模式选定为“重定位...”，坐标系选定为“工具...”，工具坐标选定为“tool1...”，然后点击“启动...”，如果 TCP 设定精确，可以看到工具参考点与固定点始终保持接触，而机器人会根据重定位操作改变姿态，如图 1—7—71 所示。

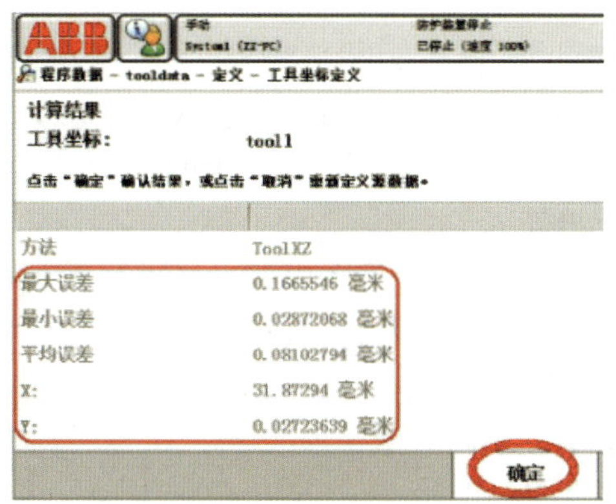

图 1—7—67 误差界面

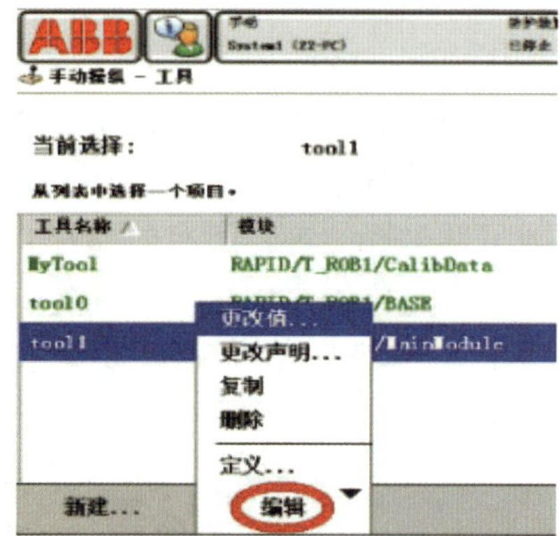

图 1—7—68 编辑界面

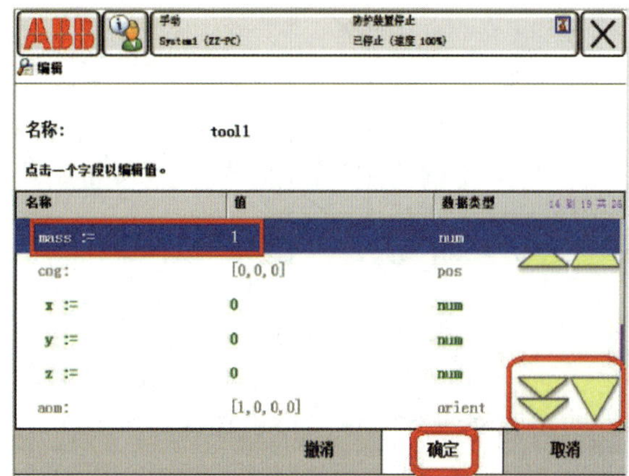

图 1—7—69 质量设置界面

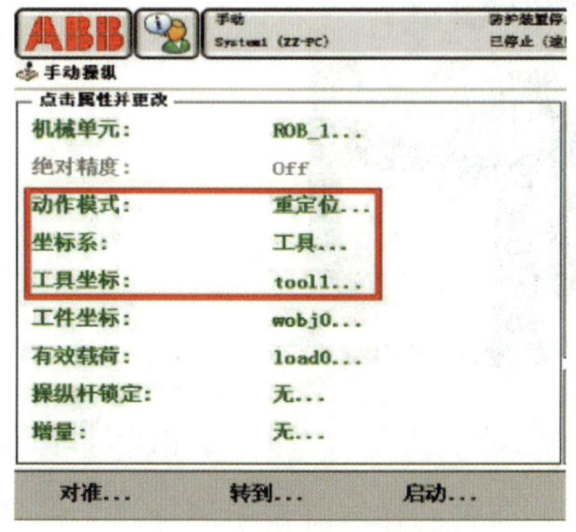

图 1—7—70 验证工具数据 tool1

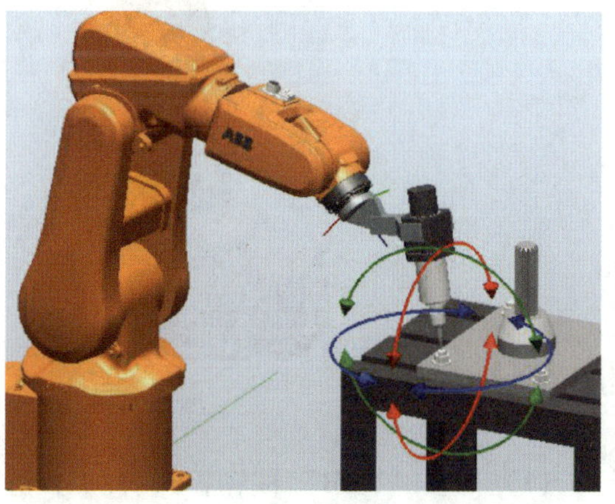

图 1—7—71 机器人按照设定改变姿态

2. 创建工件坐标系

工件坐标对应工件，它定义工件相对于大地坐标（或其他坐标）的位置，对机器人进行编程是就是在工件坐标中创建目标和路径。重新定位工作站中的工件时，只需要更改工件坐标位置，所有的路径将即刻随之更新。

在操作对象的平面上，只需定义 3 个点，就可以建立一个工件坐标，如图 1—7—72 所示，X_1 点确定工件坐标原点，X_1、X_2 确定坐标 X 正方向，Y_1 确定坐标 Y 正方向，最后 Z 的正方向根据右手定则得出。

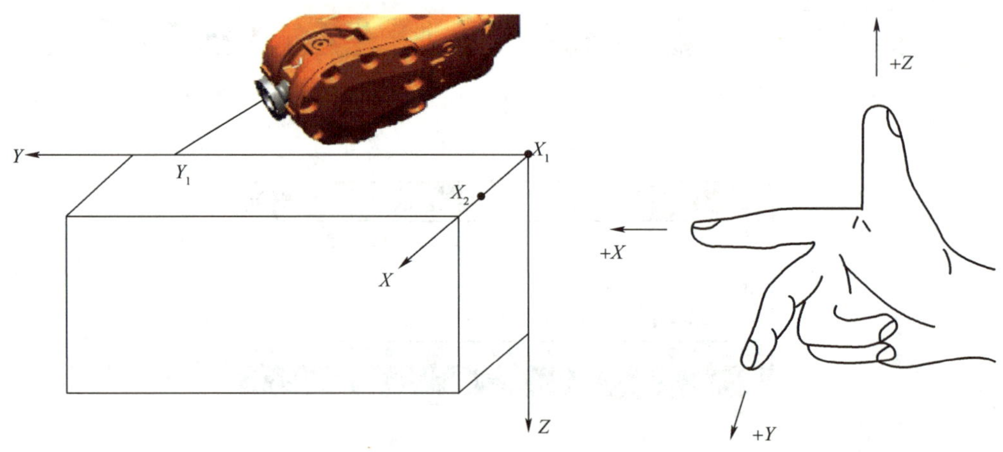

图 1—7—72　工件坐标设定原理

下面以图 1—7—73 所示为例进行工件坐标创建操作。

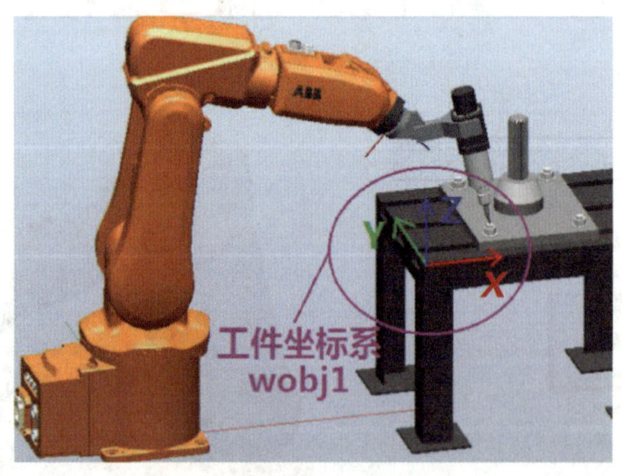

图 1—7—73　工件坐标设定示例

（1）点击“ABB”按钮，选择“手动操纵”，在手动操纵界面中选择“工件坐标”，如图 1—7—74 所示；在弹出的界面中点击“新建”按钮，如图 1—7—75 所示。

（2）按图 1—7—76 所示设定工件坐标数据属性，然后点击“确定”按钮；在新出现的界面中打开编辑菜单，选择“定义...”，如图 1—7—77 所示。

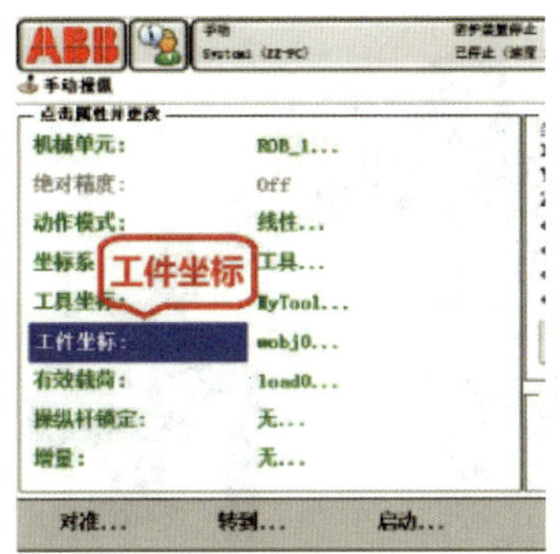

图 1—7—74　工件坐标工件坐标

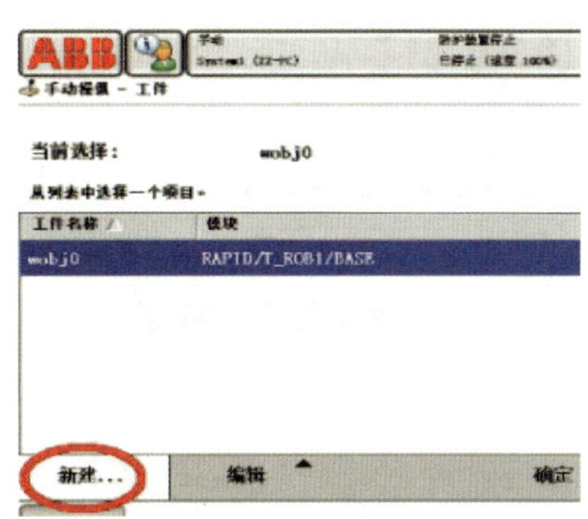

图 1—7—75　新建工件坐标

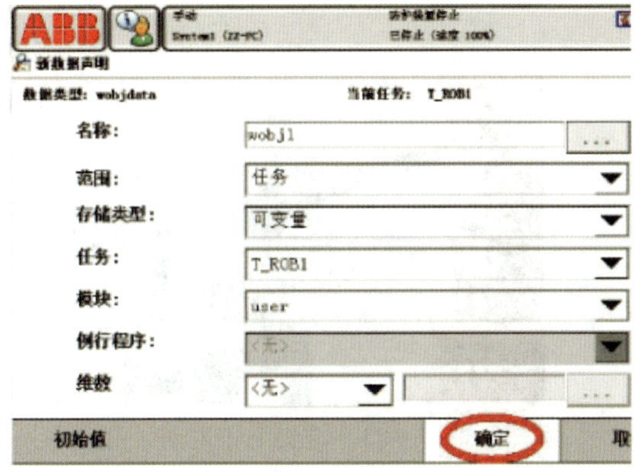

图 1—7—76　设定工件坐标数据属性

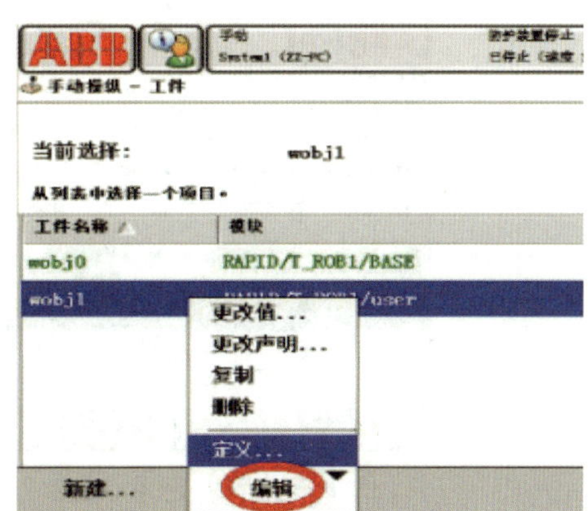

图 1—7—77　编辑定义

（3）将用户方法设定为“3 点”，如图 1—7—78 所示；手动操作机器人，让工具中心点靠近图 1—7—79 所示 X_1 点，作为工件坐标系原点。

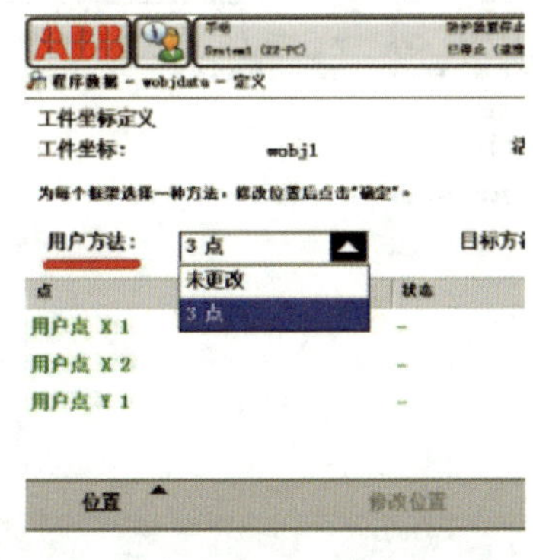

图 1—7—78　选择 3 点法

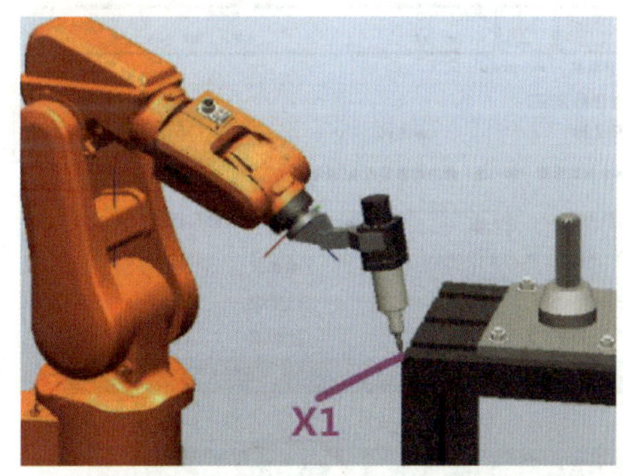

图 1—7—79　定义原点

（4）点击“修改位置”按钮，将 X_1 点记录下来，如图 1—7—80 所示；沿着待定义工件坐标的 X 正方向，手动操作机器人靠近工件坐标 X_2 点，如图 1—7—81 所示。

（5）点击“修改位置”按钮，将 X_2 点记录下来，如图 1—7—82 所示；手动操作机器人靠近工件坐标 Y_1 点，如图 1—7—83 所示。

图 1—7—80　记录原点

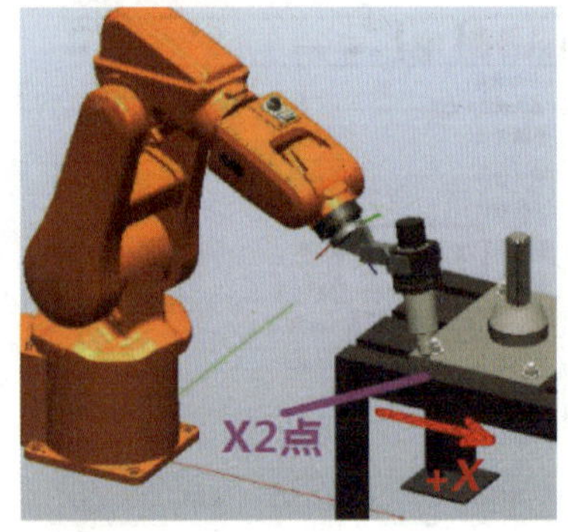

图 1—7—81　定义 *X* 正方向

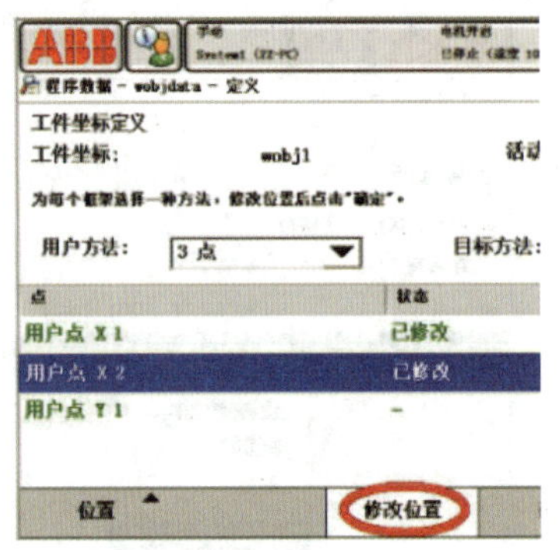

图 1—7—82　记录 X_2 点

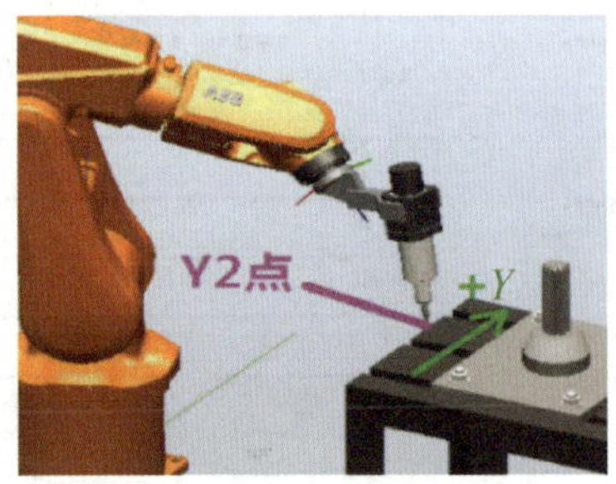

图 1—7—83　定义 *Y* 正方向

（6）点击“修改位置”按钮，将 *Y*1 点记录下来，然后点击“确定”，如图 1—7—84 所示。在出现的“工件坐标定义”界面中，对自动生成的工件坐标数据进行确认，然后点击“确定”，完成工件坐标数据的创建，如图 1—7—85 所示。

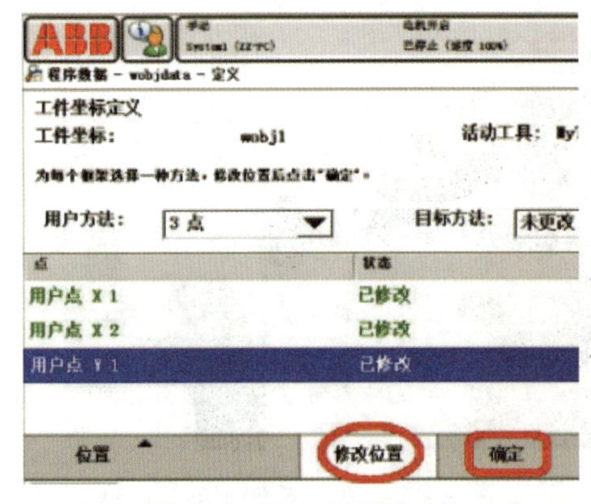

图 1—7—84　记录 Y_1 点

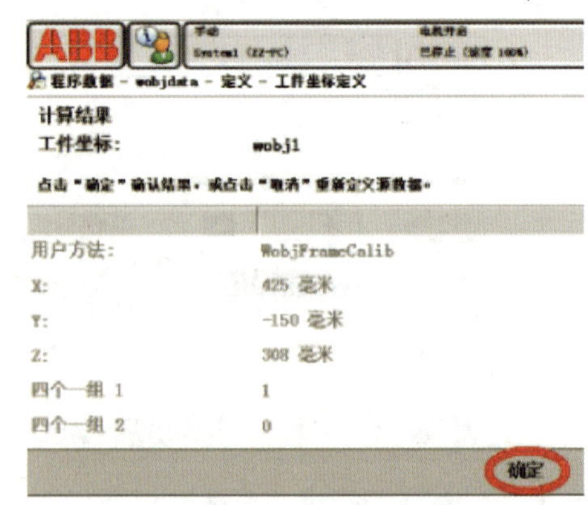

图 1—7—85　确认生成数据

（7）回到手动操纵工件选择界面，选择 wobj1，点击“确定”按钮，如图 1—7—86 所示；按照如图 1—7—87 所示设定好手动操作项目，然后点击“启动”，体验新建立的工件坐标。

（8）回到工作站，点击“同步”下拉菜单中的“同步到工作站…”，如图 1—7—88

所示；出现如图 1—7—89 所示对话框，勾选“工件坐标 wobj1”复选框，然后点击“确定”按钮。

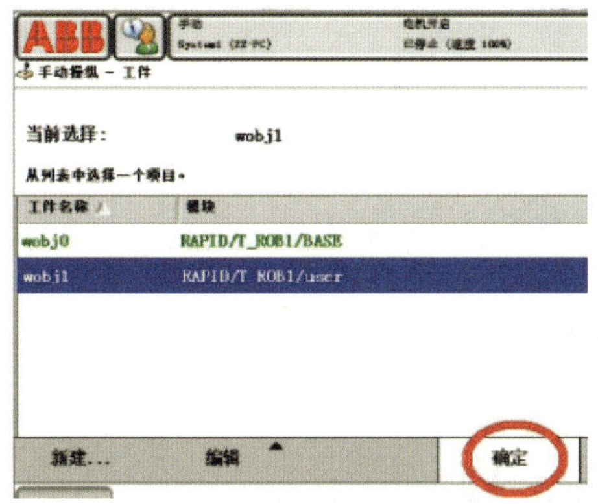

图 1—7—86　选择 wobj1

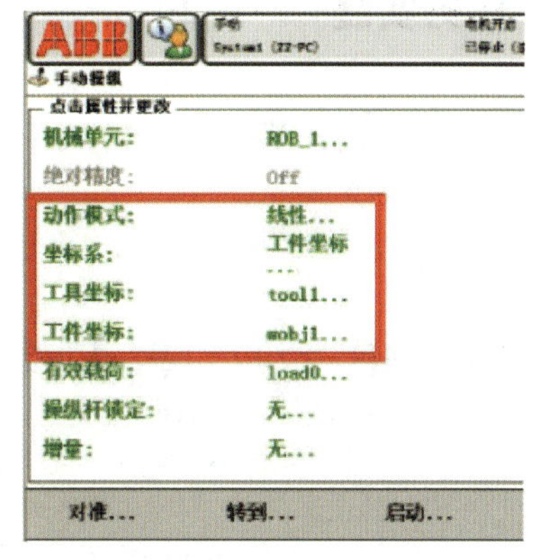

图 1—7—87　体验工件坐标

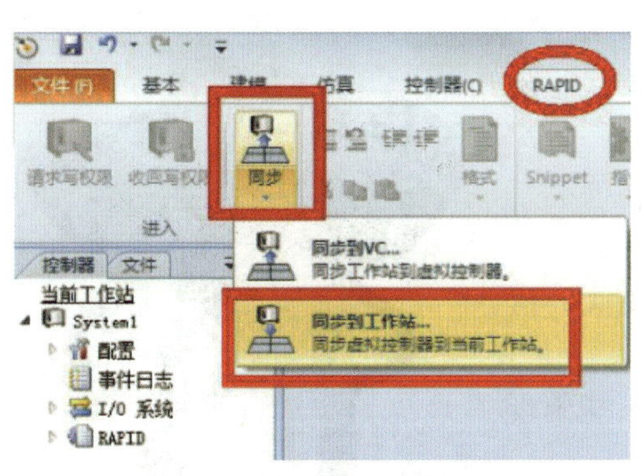

图 1—7—88　同步到工作站

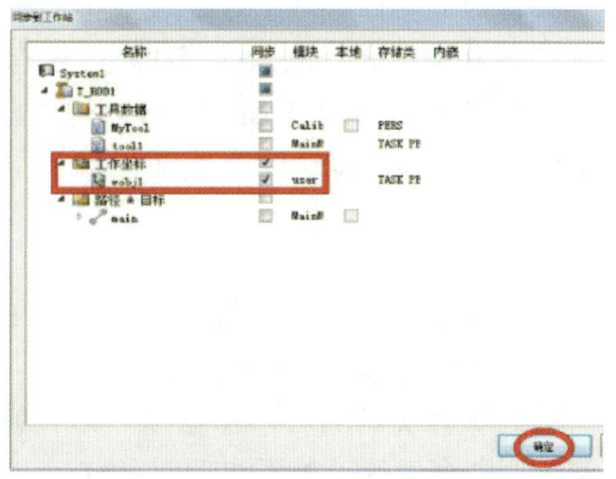

图 1—7—89　确认同步

（9）同步完成后，在工作站中将能看到 wobj1，如图 1—7—90 所示。

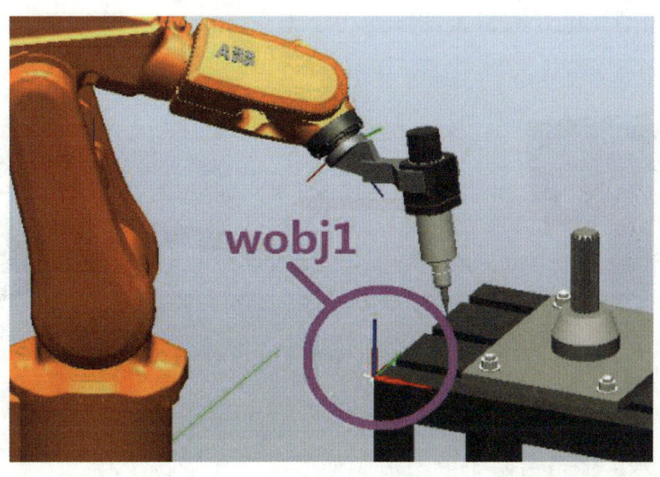

图 1—7—90　工具坐标

任务实施

一、任务准备

实施本任务教学所使用的实训设备及工具材料可参考表 1—1—2。

二、ABB 工业机器人的使用准备

1. 上电前检查

（1）观察机构上各元件外表是否有明显移位、松动或损坏等现象，如果存在以上现象，及时调整、紧固或更换元件。

（2）对照接口板端子分配表或接线图检查桌面和挂板接线是否正确，尤其要检查 24 V 电源和电气元件电源线等线路是否有短路、断路现象。

【提示】设备初次组装调试时必须认真检查线路是否正确，机器人伺服速度调至 30% 以下。

2. 硬件调试

（1）接通气路，打开气源，手动按下电磁阀，确认各气缸及传感器的初始状态。

（2）吸盘夹具的气管（见图 1—7—91）不能出现折痕，否则会导致吸盘不能吸取车窗。

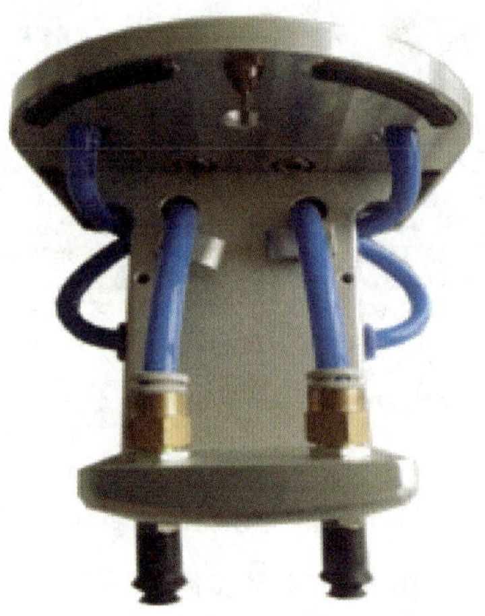

图 1—7—91　吸盘夹具

（3）槽型光电开关（EE-SX951P）的调节，如图 1—7—92 所示。各夹具安放到位后，槽型光电开关无信号输出；安放有偏差时，槽型光电开关有信号输出，此时应调节槽型光电开关位置使偏差小于 1.0 mm 如图 1—7—93 所示。

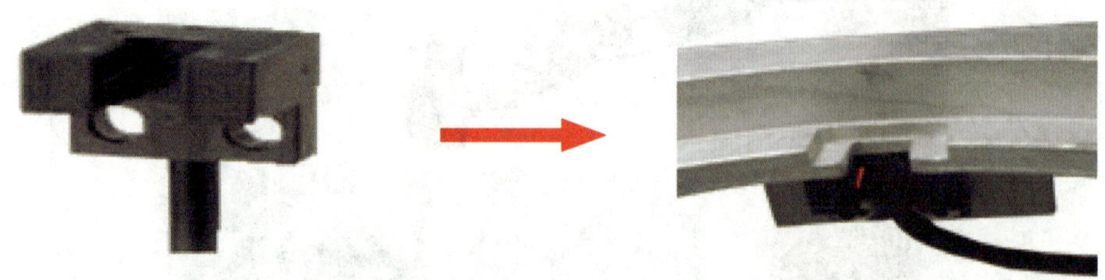

图 1—7—92　槽型光电开关（EE-SX951P）的调节

（4）节流阀的调节。打开气源，用小一字旋具对气动电磁阀的测试旋钮进行操作，如图 1—7—94 所示，调节气缸上的节流阀使气缸动作顺畅柔和。

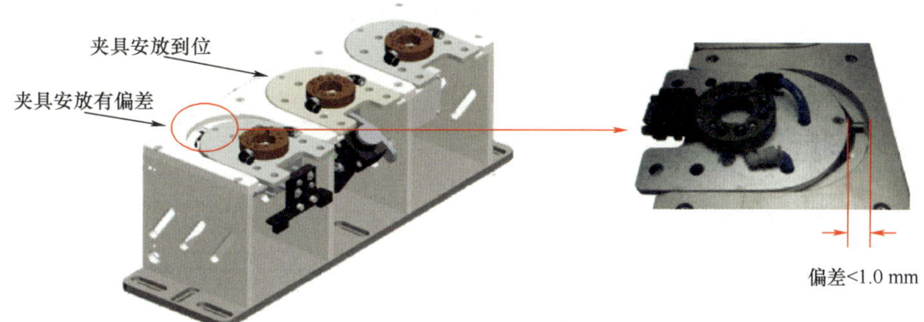

图 1—7—93　槽型光电开关的夹具安放

图 1—7—94　气动电磁阀的操作

3. 六轴机器人的调试

（1）按照如图 1—7—95 所示的方法，把机器人本体、控制器和示教器连接起来。

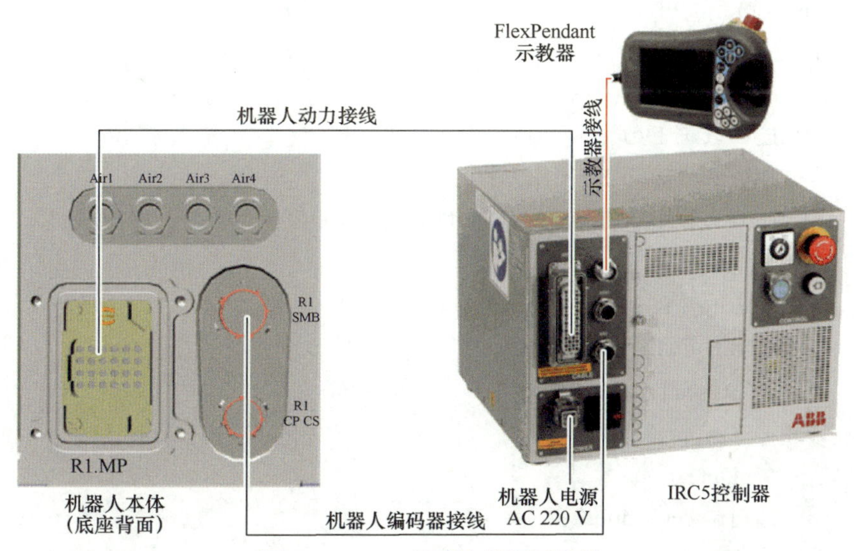

图 1—7—95　机器人的硬件接线

（2）写入机器人原点数据（写入方法参照机器人机械原点的位置更新），配置机器人 I/O 地址并定义关联输入/输出信号。

三、程序设计

1. 规划并绘制机器人运行轨迹图

机器人取夹具时，各点的位置如图 1—7—96 所示。

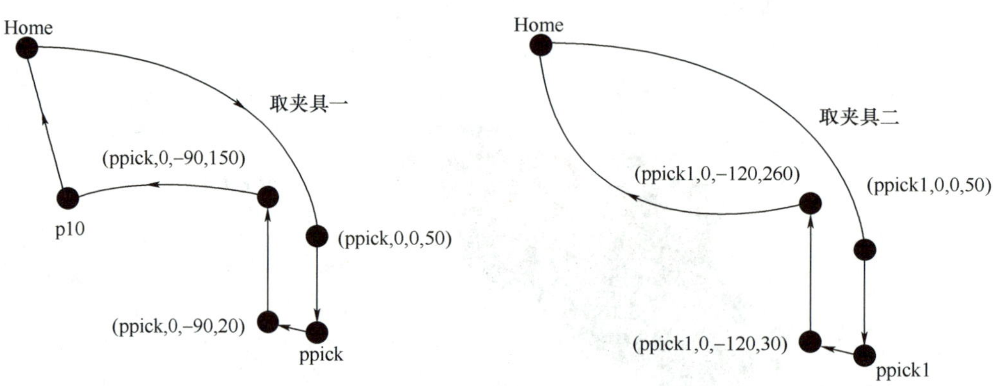

图 1—7—96　机器人取夹具轨迹图

2. 根据轨迹图设计机器人程序

根据机器人运动轨迹编写机器人程序。首先编写机器人主程序和取夹具、放夹具子程序，子程序编写完成后关键点要示教。

（1）机器人参考主程序

```
PROC main()
    DateInit;
    rHome;
    WHILE TRUE DO
        TPWrite "Wait Start.....";
        WHILE DI10_15=0 AND DI10_16=0 DO
        ENDWHILE
        TPWrite "Running: Start.";
        WHILE DI10_15=1 DO
            Reset DO10_9;
            Gripper3;
            Detection;
            !placeGripper3;
            DateInit;
```

```
        ENDWHILE
        WHILE DI10_16=1 DO
            Reset DO10_9;
            Gripper1;
            Tirepallet;
            DateInit;
            !placeGripper1;
        ENDWHILE
    ENDWHILE
ENDPROC
```

（2）机器人取吸盘夹具子程序（仅供参考）

```
PROC Gripper3()
    MoveJ Offs(ppick1, 0, 0, 50), v200, z60, tool0;
    Set DO10_1;
    MoveL Offs(ppick1, 0, 0, 0), v20, fine, tool0;
    Reset DO10_1;
    WaitTime 1;
    MoveL Offs(ppick1, -3, -120, 30), v50, z60, tool0;
    MoveL Offs(ppick1, -3, -120, 260), v100, z60, tool0;
ENDPROC
```

（3）机器人放吸盘夹具子程序（仅供参考）

```
PROC placeGripper3()
    MoveJ Offs(ppick1, -3, -120, 220), v200, z100, tool0;
    MoveL Offs(ppick1, 0, -120, 20), v100, z100, tool0;
    MoveL Offs(ppick1, 0, 0, 0), v60, fine, tool0;
    Set DO10_1;
    WaitTime 1;
    MoveL Offs(ppick1, 0, 0, 40), v30, z100, tool0;
    MoveL Offs(ppick1, 0, 0, 50), v60, z100, tool0;
    Reset DO10_1;
    Reset DO10_10;
    Reset DO10_11;
    Reset DO10_12;
    IF DI10_12=0 THEN
    MoveJ Home, v200, z100, tool0;
    ENDIF
ENDPROC
```

（4）机器人取三爪夹具子程序（仅供参考）

```
PROC Gripper1( )
    MoveJ Offs(ppick, 0, -100, 200), v200, z60, tool0;
    MoveJ Offs(ppick, 0, 0, 50), v200, z60, tool0;
    Set DO10_1;
    MoveL Offs(ppick, 0, 0, 0), v40, fine, tool0;
    Reset DO10_1;
    WaitTime 1;
    MoveL Offs(ppick, -3, -90, 20), v50, z100, tool0;
    MoveL Offs(ppick, -3, -90, 150), v100, z60, tool0;
    MoveJ Home, v200, z100, tool0;
ENDPROC
```

（5）机器人放三爪夹具子程序（仅供参考）

```
PROC placeGripper1( )
    MoveJ Offs(ppick, -2.5, -120, 200), v200, z100, tool0;
    MoveL Offs(ppick, -2.5, -120, 20), v100, z100, tool0;
    MoveL Offs(ppick, 0, 0, 0), v40, fine, tool0;
    Set DO10_1;
    WaitTime 1;
    MoveL Offs(ppick, 0, 0, 40), v30, z100, tool0;
    MoveL Offs(ppick, 0, 0, 50), v60, z100, tool0;
    Reset DO10_1;
ENDPROC
```

四、机器人示教

程序下载完毕后，用示教器示教程序中所涉及的点，示教调试记录见表 1—7—1。

表 1—7—1　　机器人测试示教调试记录表

设备名称		日期		
设备型号		示教人员		
示教点	注释	实际运动点		偏差值
Home	机器人初始位置	程序中定义		
ppick	取三爪夹具点			
ppick1	取吸盘夹具点			
p10	过渡点			
结论				

五、程序调试与运行

将所编写的程序下载后试运行，针对试运行中出现的问题进行调试，将试运行过程中遇到的问题与解决方案记录下来。

检查测评

对任务的完成情况进行检查，并将结果填入表1—7—2内。

表1—7—2　　任务测评表

序号	主要内容	考核要求	评分标准	配分	扣分	得分
1	机器人自动换夹具程序的设计与调试	列出PLC I/O地址分配表；根据加工工艺，设计梯形图及PLC控制接线图	1. 输入/输出地址遗漏或错误，每处扣5分 2. 梯形图表达不正确或画法不规范，每处扣1分 3. 接线图表达不正确或画法不规范，每处扣2分	40		
		按PLC接线图在配线板上正确安装接线，安装要准确、紧固、美观，导线要走线槽，导线要有端子标号	1. 损坏元件扣5分 2. 布线不走线槽、不美观，每根扣1分 3. 接点松动、露铜过长、反圈、压绝缘层，标记线号不清楚、遗漏或误标，引出端无别径压端子，每处扣1分 4. 损伤导线绝缘或线芯，每根扣1分 5. 不按PLC控制接线图接线，每处扣5分	10		
		熟练正确地将所编程序输入PLC；按照被控设备的动作要求进行模拟调试，达到设计要求	1. 不能熟练操作PLC键盘输入指令扣2分 2. 不会用删除、插入、修改、存盘等命令，每项扣2分 3. 仿真试车不成功扣30分	40		

续表

序号	主要内容	考核要求	评分标准	配分	扣分	得分
2	安全文明生产	劳动保护用品穿戴整齐；遵守操作规程；讲文明礼貌；操作结束后清理现场	1. 操作中，违反安全文明生产考核要求的任何一项扣 5 分，扣完为止 2. 当发现学生有重大事故隐患时，要立即予以制止，并每次扣安全文明生产总分 5 分	10		
合计						

任务 8　机器人轮胎码垛入仓的程序设计与调试

学习目标

知识目标：

1. 了解立体码垛单元轮胎仓库的结构。
2. 掌握立体仓库轮胎入仓的运动轨迹。

能力目标：

能够使用 ABB 六轴工业机器人程序设计的基本语言，完成 ABB 六轴工业机器人轮胎码垛入仓程序的设计与调试，并能解决运行过程中出现的常见问题。

工作任务

有一个立体码垛单元轮胎仓库及一台 ABB 六轴工业机器人，由机器人实施轮胎码垛入仓，现需要编写机器人程序并示教。

相关知识

一、立体码垛单元轮胎仓库

立体码垛单元轮胎仓库的外形如图 1—8—1 所示，各轮胎分布如图 1—8—2 所示。

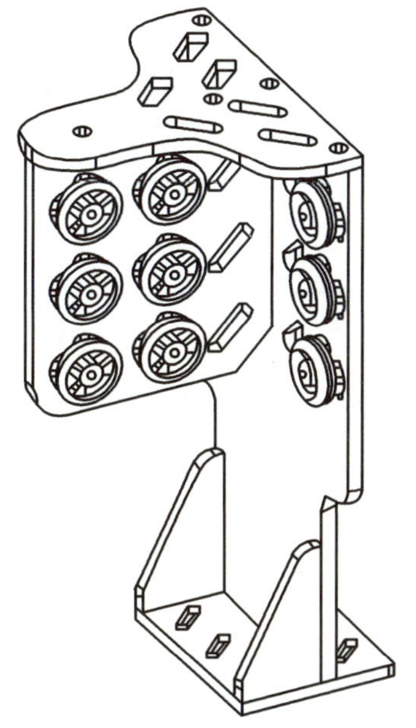

图 1—8—1 立体码垛单元轮胎仓库外形

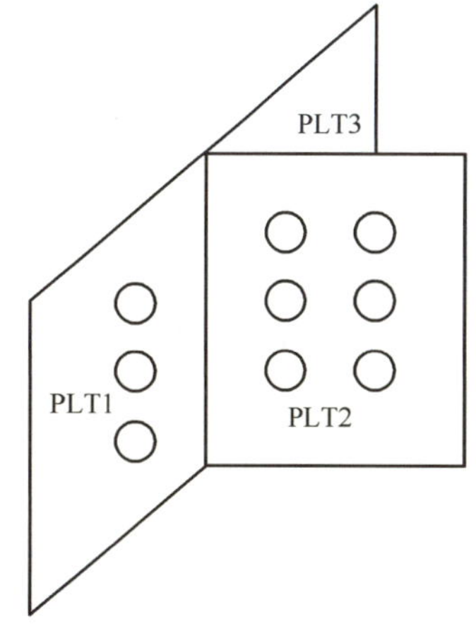

图 1—8—2 仓库中各轮胎的分布

其中左边 1×3 仓库（PLT1）共 3 个仓位，左边 2×3 仓库（PLT2）共 6 个仓位，右边 1×3 仓库（PLT3）共 3 个仓位，右边 2×3 仓库（PLT4 在 PLT2 背面）共 6 个仓位。

二、轮胎入仓运动轨迹

1. 左边 1×3 仓库（PLT1）轮胎入仓

机器人进行左边 1×3 仓库（PLT1）轮胎入仓时的运动轨迹如图 1—8—3 所示。

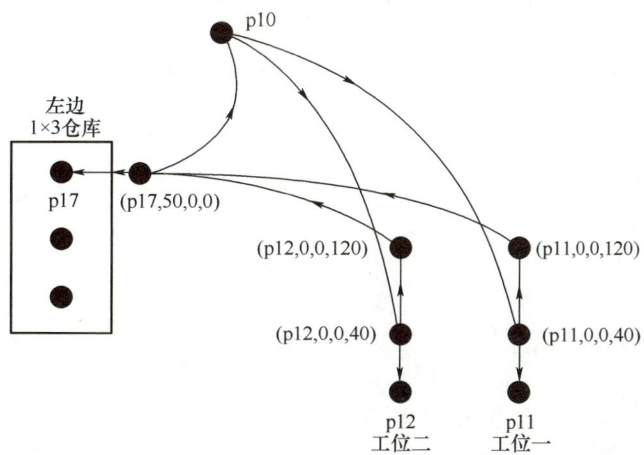

图 1—8—3 左边 1×3 仓库（PLT1）轮胎入仓运动轨迹

2. 左边 2×3 仓库（PLT2）轮胎入仓

机器人进行左边 2×3 仓库（PLT2）轮胎入仓时的运动轨迹如图 1—8—4 所示。

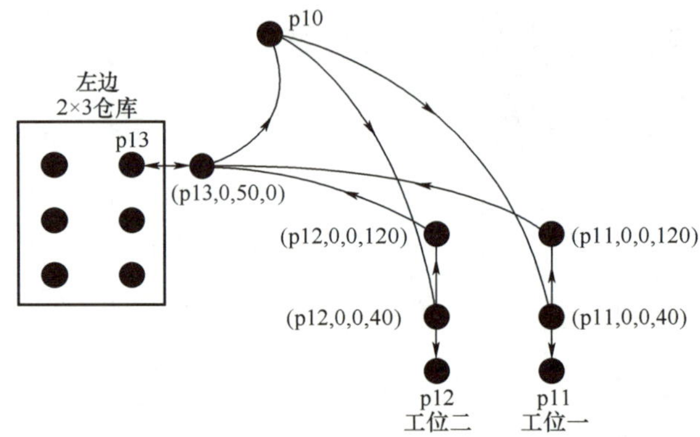

图 1—8—4　左边 2×3 仓库（PLT2）轮胎入仓运动轨迹

3. 右边 1×3 仓库（PLT3）轮胎入仓

机器人进行右边 1×3 仓库（PLT3）轮胎入仓时的运动轨迹如图 1—8—5 所示。

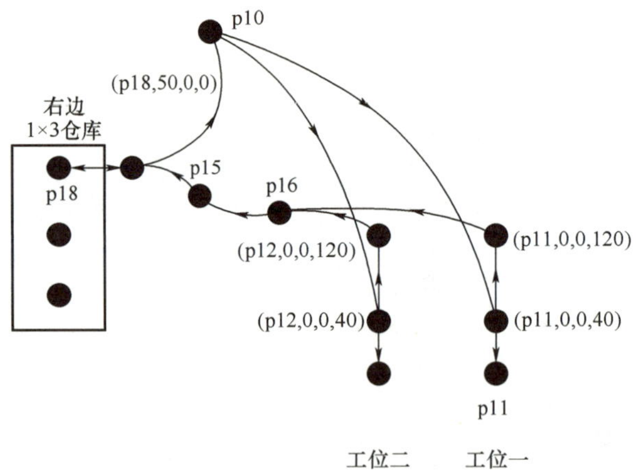

图 1—8—5　右边 1×3 仓库（PLT3）轮胎入仓运动轨迹

4. 右边 2×3 仓库（PLT4）轮胎入仓

机器人进行右边 2×3 仓库（PLT4）轮胎入仓时的运动轨迹如图 1—8—6 所示。

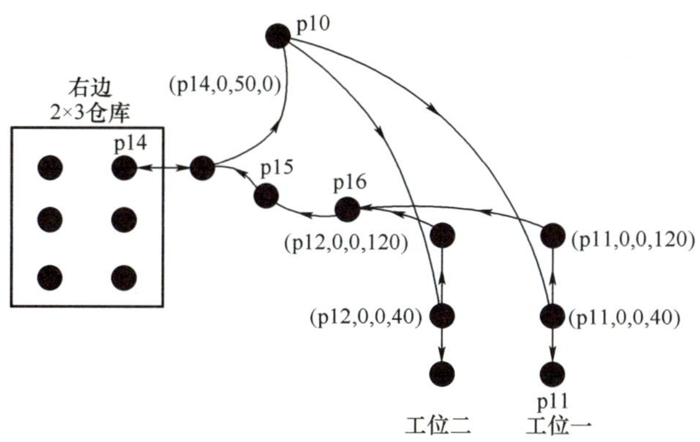

图 1—8—6　右边 2×3 仓库（PLT4）轮胎入仓运动轨迹

任务实施

一、任务准备

实施本任务教学所使用的实训设备及工具材料可参考表 1—1—2。

二、程序设计

按照如图 1—8—3~图 1—8—6 所示的轮胎入仓轨迹，编写轮胎入仓参考程序如下：

```
PROC Tirepallet( )
  WHILE DI10_16=1 DO
        MoveJ Offs(p10, 0, 0, 0), v200, z100, tool0;
    IF DI10_12=1 OR DI10_13=1 THEN
      IF DI10_12=1 THEN
        MoveJ Offs(p11, 0, 0, 40), v100, fine, tool0;
        Set DO10_3;
        Reset DO10_2;
        MoveL Offs(p11, 0, 0, 0), v20, fine, tool0;
        Set DO10_2;
        Reset DO10_3;
        WaitTime 0.5;
        MoveL Offs(p11, 0, 0, 120), v50, z60, tool0;
      ELSE
      IF DI10_13=1 THEN
        MoveJ Offs(p12, 0, 0, 40), v100, fine, tool0;
```

```
            Set DO10_3;
            Reset DO10_2;
            MoveL Offs(p12, 0, 0, 0), v20, fine, tool0;
            Set DO10_2;
            Reset DO10_3;
            WaitTime 0.5;
            MoveL Offs(p12, 0, 0, 120), v50, z60, tool0;
        ENDIF
    ENDIF
      IF ncount5<=5 THEN
            MoveJ Offs(p13, ncount3 * 70, 50, -ncount4 * 70), v100, z60, tool0;
            MoveL Offs(p13, ncount3 * 70, 0, -ncount4 * 70), v20, fine, tool0;
            Set DO10_3;
            Reset DO10_2;
            WaitTime 0.5;
            MoveL Offs(p13, ncount3 * 70, 50, -ncount4 * 70), v50, z60, tool0;
            ncount33 := ncount3+1;
            IF ncount3>1 THEN
               ! ncount3 := 0;
               ncount4 := ncount4+1;
                  IF ncount3>1 AND ncount4>2 THEN
                     ncount3 := 0;
                     ncount4 := 0;
                  ENDIF
                     ncount3 := 0;
            ENDIF
            MoveJ Offs(p10, 0, 0, 0), v100, z100, tool0;
            ! ncount5 := ncount5+1;
    ENDIF
    IF ncount5>5 AND ncount5<=11 THEN
            MoveJ Offs(p16, 0, 0, 0), v200, z100, tool0;
            MoveJ Offs(p15, 0, 0, 0), v200, z100, tool0;
            MoveJ Offs(p14, ncount3 * 70, -50, -ncount4 * 70), v100, z60, tool0;
            MoveL Offs(p14, ncount3 * 70, 0, -ncount4 * 70), v20, fine, tool0;
            Set DO10_3;
            Reset DO10_2;
            WaitTime 0.5;
            MoveL Offs(p14, ncount3 * 70, -100, -ncount4 * 70), v50, z60, tool0;
            ncount3 := ncount3+1;
```

```
            IF ncount3>1 THEN
                ncount3 := 0;
                ncount4 := ncount4+1;
                IF ncount3=1 AND ncount4=2 THEN
                  ncount3 := 0;
                  ncount4 := 0;
                ENDIF
            ENDIF
            ! ncount5 := ncount5+1;
            Reset DO10_3;
            MoveJ Offs(p15, 0, 0, 0), v200, z100, tool0;
            MoveJ Offs(p16, 0, 0, 0), v200, z100, tool0;
            IF ncount5<11 THEN
              MoveJ Offs(p10, 0, 0, 0), v200, z100, tool0;
            ENDIF
        ENDIF
        ncount5 := ncount5+1;
        IF ncount5>11 THEN
            ! ncount5 := 0;
            ! MoveJ Offs(p15, 0, 0, 0), v200, z100, tool0;
            ! MoveJ Offs(p16, 0, 0, 0), v200, z100, tool0;
            MoveJ Offs(ppick, -2.5, -90, 200), v200, z100, tool0;
            MoveL Offs(ppick, -2.5, -90, 20), v100, z100, tool0;
            MoveL Offs(ppick, 0, 0, 0), v40, fine, tool0;
            Set DO10_1;
            WaitTime 1;
            MoveL Offs(ppick, 0, 0, 40), v30, z100, tool0;
            MoveL Offs(ppick, 0, 0, 50), v60, z100, tool0;
            Reset DO10_1;
            Set DO10_14;
            MoveJ Home, v200, z100, tool0;
            Reset DO10_14;
            ENDIF
          ENDWHILE
          ncount3 := 0;
          ncount4 := 0;
          ncount5 := 0;
        ENDPROC
```

三、机器人示教

程序下载完毕后，用示教器示教程序中所涉及的点，示教调试记录见表 1—8—1。

表 1—8—1　　机器人测试示教调试记录表

<table>
<tr><td>设备名称</td><td></td><td>日期</td><td colspan="2"></td></tr>
<tr><td>设备型号</td><td></td><td>示教人员</td><td colspan="2"></td></tr>
<tr><td>示教点</td><td>注释</td><td colspan="2">实际运动点</td><td>偏差值</td></tr>
<tr><td>Home</td><td>机器人初始位置</td><td colspan="3">程序中定义</td></tr>
<tr><td>ppick</td><td>取三爪夹具点</td><td colspan="2">需示教</td><td></td></tr>
<tr><td>ppick1</td><td>取吸盘夹具点</td><td colspan="2">需示教</td><td></td></tr>
<tr><td>p10</td><td>过渡点</td><td colspan="2">需示教</td><td></td></tr>
<tr><td>p11</td><td>工件一检测点</td><td colspan="2">需示教</td><td></td></tr>
<tr><td>p12</td><td>工件二检测点</td><td colspan="2">需示教</td><td></td></tr>
<tr><td>p13</td><td>左边 2×3 仓库码垛点</td><td colspan="2">需示教</td><td></td></tr>
<tr><td>p14</td><td>右边 2×3 仓库码垛点</td><td colspan="2">需示教</td><td></td></tr>
<tr><td>p15、p16</td><td>过渡点</td><td colspan="2">需示教</td><td></td></tr>
<tr><td>p17</td><td>左边 1×3 仓库码垛点</td><td colspan="2">需示教</td><td></td></tr>
<tr><td>p18</td><td>右边 1×3 仓库码垛点</td><td colspan="2">需示教</td><td></td></tr>
<tr><td>结论</td><td colspan="4"></td></tr>
</table>

四、程序调试与运行

将所编写的程序下载后试运行，针对试运行中出现的问题进行调试，将试运行过程中遇到的问题与解决方案记录下来。

检查测评

对任务的完成情况进行检查，并将结果填入表 1—8—2 内。

表 1—8—2　　任务测评表

序号	主要内容	考核要求	评分标准	配分	扣分	得分
1	机器人轮胎码垛入仓程序的设计与调试	列出 PLC I/O 地址分配表；根据加工工艺，设计梯形图及 PLC 控制接线图	1. 输入/输出地址遗漏或错误，每处扣 5 分 2. 梯形图表达不正确或画法不规范，每处扣 1 分 3. 接线图表达不正确或画法不规范，每处扣 2 分	40		

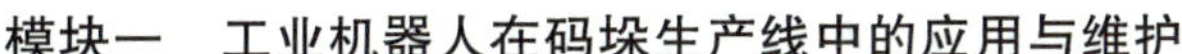

续表

序号	主要内容	考核要求	评分标准	配分	扣分	得分
1	机器人轮胎码垛入仓程序的设计与调试	按PLC接线图在配线板上正确安装接线，安装要准确、紧固、美观，导线要走线槽，导线要有端子标号	1. 损坏元件扣5分 2. 布线不走线槽、不美观，每根扣1分 3. 接点松动、露铜过长、反圈、压绝缘层，标记线号不清楚、遗漏或误标，引出端无别径压端子，每处扣1分 4. 损伤导线绝缘或线芯，每根扣1分 5. 不按PLC控制接线图接线，每处扣5分	10		
		熟练正确地将所编程序输入PLC；按照被控设备的动作要求进行模拟调试，达到设计要求	1. 不能熟练操作PLC键盘输入指令扣2分 2. 不会用删除、插入、修改、存盘等命令，每项扣2分 3. 仿真试车不成功扣30分	40		
2	安全文明生产	劳动保护用品穿戴整齐；遵守操作规程；讲文明礼貌；操作结束后清理现场	1. 操作中，违反安全文明生产考核要求的任何一项扣5分，扣完为止 2. 当发现学生有重大事故隐患时，要立即予以制止，并每次扣安全文明生产总分5分	10		
合计						

任务9　机器人车窗分拣及码垛的程序设计与调试

学习目标

知识目标：

1. 了解车窗码垛位置。
2. 掌握车窗入仓的运动轨迹。

能力目标：

能够使用ABB六轴工业机器人程序设计的基本语言，完成ABB六轴工业机器人车窗分拣及码垛程序的设计与调试，并能解决运行过程中出现的常见问题。

工作任务

有一台 ABB 六轴工业机器人要完成车窗分拣及码垛任务，现需要编写机器人初始化子程序、回原点子程序，以及车窗分拣及码垛程序并示教。

相关知识

一、车窗码垛位置

车窗码垛位置如图 1—9—1 所示。

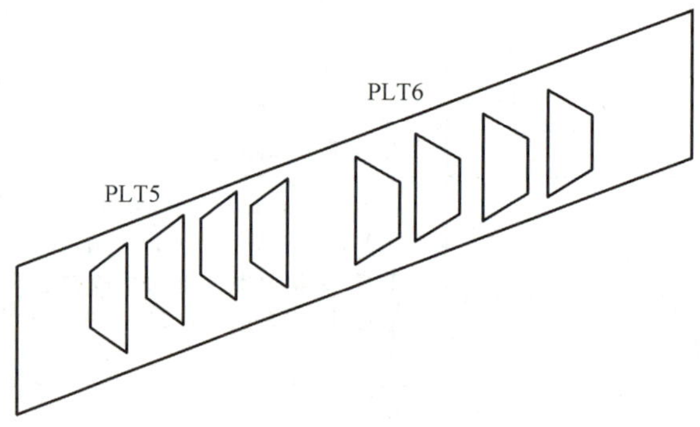

图 1—9—1　车窗码垛位置

二、车窗入仓运动轨迹

1. 左边 1×4 仓库（PLT5）车窗入仓

机器人进行左边 1×4 仓库（PLT5）车窗入仓时的运动轨迹如图 1—9—2 所示。

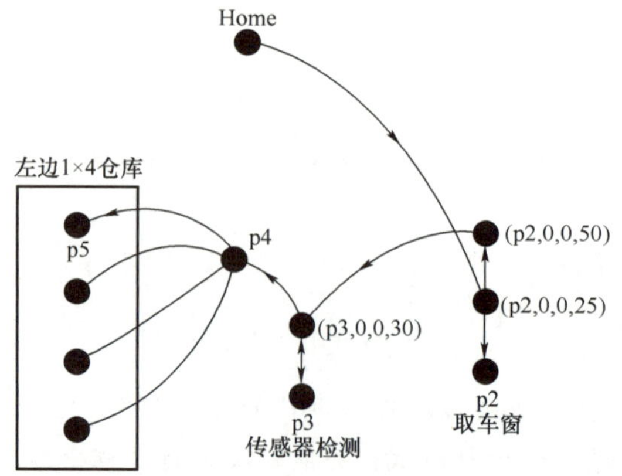

图 1—9—2　左边 1×4 仓库（PLT5）车窗入仓运动轨迹

2. 右边 1×4 仓库（PLT6）车窗入仓

机器人进行右边 1×4 仓库（PLT6）车窗入仓时的运动轨迹如图 1—9—3 所示。

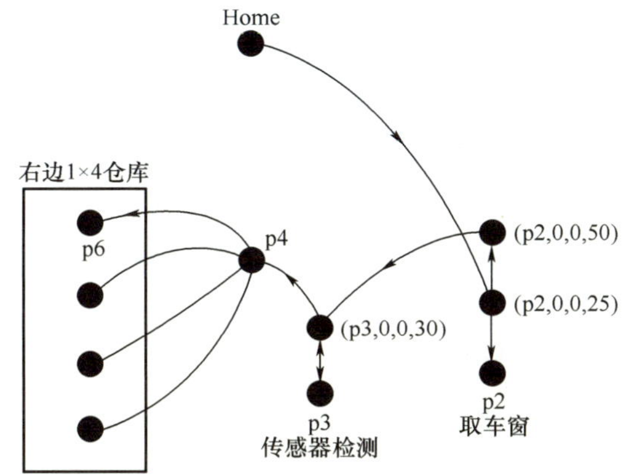

图 1—9—3　右边 1×4 仓库（PLT6）车窗入仓运动轨迹

任务实施

一、任务准备

实施本任务教学所使用的实训设备及工具材料可参考表 1—1—2。

二、程序设计

1. 机器人初始化子程序

机器人初始化参考子程序如下：

```
PROC DateInit()
  ncount := 0;
  ncount1 := 0;
  ncount2 := 0;
  ncount3 := 0;
  ncount4 := 0;
  ncount5 := 0;
  RESET DO10_1;
  RESET DO10_2;
  RESET DO10_3;
  RESET DO10_9;
```

```
    RESET DO10_10;
    RESET DO10_11;
    RESET DO10_12;
    RESET DO10_13;
    RESET DO10_14;
    RESET DO10_15;
    RESET DO10_16;
ENDPROC
```

2. 机器人回原点子程序

机器人回原点参考子程序如下：

```
PROC rHome()
    VAR Jointtarget joints;
    joints := CJointT();
    joints. robax. rax_2 :=-23;
    joints. robax. rax_3 := 32;
    joints. robax. rax_4 := 0;
    joints. robax. rax_5 := 81;
    MoveAbsJ joints \NoEOffs, v40, z100, tool0;
    MoveJ Home, v100, z100, tool0;
    IF DI10_1 =1 AND DI10_3 =1 THEN
        TPWrite "Running:Stop!";
        Stop;
    ENDIF
    IF DI10_1 =1 AND DI10_3 =0 THEN
        placeGripper1;
    ENDIF
    IF DI10_3 =1 AND DI10_1 =0 THEN
        placeGripper3;
    ENDIF
    MoveJ Home, v200, z100, tool0;
    Set DO10_9;
    TPWrite "Running:Reset complete!";
ENDPROC
```

3. 车窗分拣与码垛程序

按照如图 1—9—2、图 1—9—3 所示的车窗入仓轨迹，编写车窗分拣与码垛，参考程序如下：

```
PROC Detection( )
  MoveJ Home, v200, z100, tool0;
  WHILE TRUE DO
    WHILE DI10_14=0 DO
    ENDWHILE
    MoveJ Offs(p2, 0, 0, 25), v200, z100, tool0;
    MoveL Offs(p2, 0, 0, 0), v50, fine, tool0;
    Set DO10_2;
    Set DO10_3;
    WaitTime 0.5;
    MoveL Offs(p2, 0, 0, 50), v60, z60, tool0;
    MoveJ Offs(p3, 0, 0, 30), v200, z100, tool0;
    MoveL Offs(p3, 0, 0, 0), v20, z100, tool0;
    WaitTime 2;
    IF DI10_12=1 THEN
      IF ncount1>3 THEN
        MoveL Offs(p3, 0, 0, 20), v100, z100, tool0;
        MoveJ Offs(p1, 0, 0, 20), v100, z100, tool0;
        MoveL Offs(p1, 0, 0, 0), v50, fine, tool0;
        Reset DO10_2;
        Reset DO10_3;
        WaitTime 1;
        MoveL Offs(p1, 0, 0, 30), v100, z100, tool0;
        MoveJ Offs(p3, 0, 0, 30), v100, z100, tool0;
        MoveL Offs(p3, 0, 0, -5), v20, fine, tool0;
        Set DO10_2;
        Set DO10_3;
        WaitTime 1;
        MoveL Offs(p3, 0, 0, 0), v20, z100, tool0;
        WaitTime 2;
    ENDIF
    MoveL Offs(p3, 0, 0, 30), v60, z100, tool0;
    MoveJ Offs(p4, 0, 0, 0), v200, z100, tool0;
    MoveJ Offs(p5, ncount1*20-10, 0, 20), v60, z100, tool0;
    MoveL Offs(p5, ncount1*20, 0, 0), v20, fine, tool0;
    Reset DO10_2;
    Reset DO10_3;
    WaitTime 0.5;
    MoveL Offs(p5, ncount1*20, 0, 50), v200, z60, tool0;
```

```
        ncount1 := ncount1+1;
        MoveJ Offs(p4, 0, 0, 0), v200, z100, tool0;
    ENDIF
    IF DI10_13=1 THEN
        IF ncount2>3 THEN
            MoveL Offs(p3, 0, 0, 20), v100, z100, tool0;
            MoveJ Offs(p1, 0, 0, 20), v100, z100, tool0;
            MoveL Offs(p1, 0, 0, 0), v20, fine, tool0;
            Reset DO10_2;
            Reset DO10_3;
            WaitTime 1;
            MoveL Offs(p1, 0, 0, 30), v100, z100, tool0;
            MoveJ Offs(p3, 0, 0, 30), v100, z100, tool0;
            MoveL Offs(p3, 0, 0, -5), v20, z100, tool0;
            Set DO10_2;
            Set DO10_3;
            WaitTime 1;
            MoveL Offs(p3, 0, 0, 0), v100, z100, tool0;
            WaitTime 2;
        ENDIF
        MoveL Offs(p3, 0, 0, 30), v100, z100, tool0;
        MoveJ Offs(p4, 0, 0, 0), v200, z100, tool0;
        MoveJ Offs(p6, -ncount2 * 20+10, 0, 20), v50, z100, tool0;
        MoveL Offs(p6, -ncount2 * 20, 0, 0), v20, fine, tool0;
        Reset DO10_2;
        Reset DO10_3;
        WaitTime 0.5;
        MoveL Offs(p6, -ncount2 * 20, 0, 50), v200, z60, tool0;
        ncount2 := ncount2+1;
        MoveJ Offs(p4, 0, 0, 0), v200, z100, tool0;
    ENDIF
    ncount := ncount+1;
    IF ncount>7 THEN
        ncount := 0;
        set DO10_14;
        MoveJ Home, v200, z100, tool0;
        MoveJ Offs(ppick1, -3, -120, 220), v200, z100, tool0;
        MoveL Offs(ppick1, -3, -120, 20), v100, z100, tool0;
        MoveL Offs(ppick1, 0, 0, 0), v60, fine, tool0;
```

```
            Set DO10_1;
            WaitTime 1;
            MoveL Offs(ppick1, 0, 0, 40), v30, z100, tool0;
            MoveL Offs(ppick1, 0, 0, 50), v60, z100, tool0;
            Reset DO10_1;
            MoveJ Home, v200, z100, tool0;
        ENDIF
    ENDWHILE
ENDPROC
```

三、机器人示教

程序下载完毕后，用示教器示教程序中所涉及的点，示教调试记录见表 1—9—1。

表 1—9—1　　机器人测试示教调试记录表

设备名称		日期	
设备型号		示教人员	
示教点	注释	实际运动点	偏差值
Home	机器人初始位置	程序中定义	
ppick	取三爪夹具点	需示教	
ppick1	取吸盘夹具点	需示教	
p2	车窗取料点	需示教	
p3	传感器检测点	需示教	
p4	过渡点	需示教	
p5	右边玻璃放料点	需示教	
p6	左边玻璃放料点	需示教	
p10	过渡点	需示教	
结论			

四、程序调试与运行

将所编写的程序下载后试运行，针对试运行中出现的问题进行调试，将试运行过程中遇到的问题与解决方案记录下来。

检查测评

对任务的完成情况进行检查，并将结果填入表 1—9—2 内。

表 1—9—2　　　　任务测评表

序号	主要内容	考核要求	评分标准	配分	扣分	得分
1	机器人车窗分拣及码垛程序的设计与调试	列出 PLC I/O 地址分配表；根据加工工艺，设计梯形图及 PLC 控制接线图	1. 输入/输出地址遗漏或错误，每处扣 5 分 2. 梯形图表达不正确或画法不规范，每处扣 1 分 3. 接线图表达不正确或画法不规范，每处扣 2 分	40		
		按 PLC 控制接线图在配线板上正确安装接线，安装要准确、紧固、美观，导线要走线槽，导线要有端子标号	1. 损坏元件扣 5 分 2. 布线不走线槽、不美观，每根扣 1 分 3. 接点松动、露铜过长、反圈、压绝缘层，标记线号不清楚、遗漏或误标，引出端无别径压端子，每处扣 1 分 4. 损伤导线绝缘或线芯，每根扣 1 分 5. 不按 PLC 控制接线图接线，每处扣 5 分	10		
		熟练正确地将所编程序输入 PLC；按照被控设备的动作要求进行模拟调试，达到设计要求	1. 不能熟练操作 PLC 键盘输入指令扣 2 分 2. 不会用删除、插入、修改、存盘等命令，每项扣 2 分 3. 仿真试车不成功扣 30 分	40		
2	安全文明生产	劳动保护用品穿戴整齐；遵守操作规程；讲文明礼貌；操作结束后清理现场	1. 操作中，违反安全文明生产考核要求的任何一项扣 5 分，扣完为止 2. 当发现学生有重大事故隐患时，要立即予以制止，并每次扣安全文明生产总分 5 分	10		
合计						

任务 10　机器人工作站的程序设计与调试

学习目标

知识目标：

1. 了解工业以太网网络的特点。
2. 熟悉工业以太网网络的通信设置。

能力目标：

1. 能够正确分配工业机器人码垛工作站系统通信地址。
2. 能够正确编写工业机器人码垛工作站系统联机程序。
3. 能够根据控制要求，完成工业机器人码垛工作站系统联机程序的调试，并能解决运行过程中出现的常见问题。

工作任务

有一台 ABB 六轴工业机器人码垛工作站，如图 1—10—1 所示，各单元已安装调试

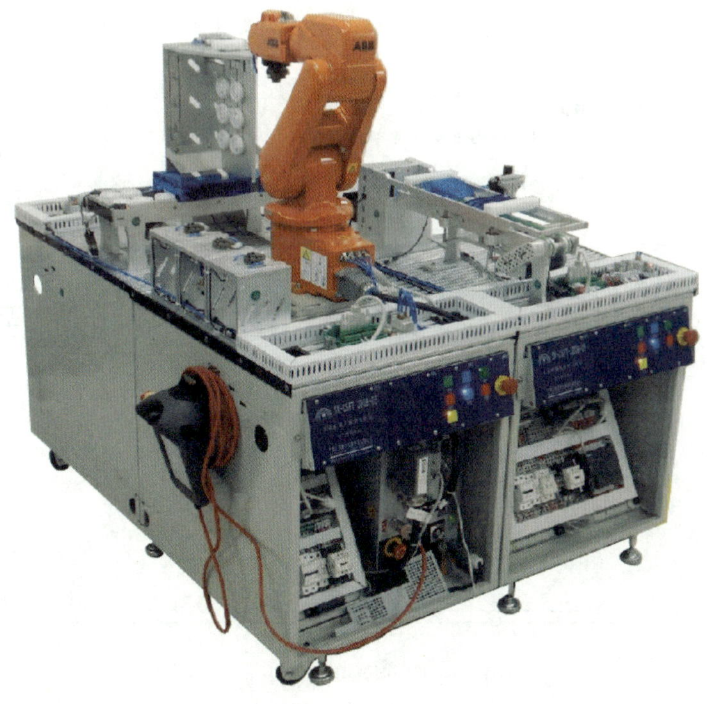

图 1—10—1　ABB 六轴工业机器人码垛工作站

好，要求在规定时限内完成工业机器人码垛工作站系统联机程序的设计与调试，使工作站各单元能联机运行。

相关知识

一、工业以太网概述

工业以太网是应用于工业控制领域的以太网技术，其数据链路层和物理层一般使用目前商用以太网的标准，而应用层被各个厂家重新定义，以便在确保以太网实时传输的基础上，更适合工业现场的使用要求。工业以太网具有应用广泛、通信速率高、资源共享能力强、可持续发展等特点。

西门子的 S7-200 SMART 就可以通过 TCP/IP 协议链接到工业以太网网络。

二、SMART PLC 以太网通信设置

（1）打开 STEP 7-Micro/WIN SMART 软件；选择“项目 1”→“向导”→“GET/PUT”，如图 1—10—2 所示；双击“GET/PUT”弹出“GET/PUT 向导”对话框，如图 1—10—3 所示。

（2）点击“添加”按钮生成一个操作，可以为该操作设置名称与添加注释，如图 1—10—4 所示，也可以添加多个。

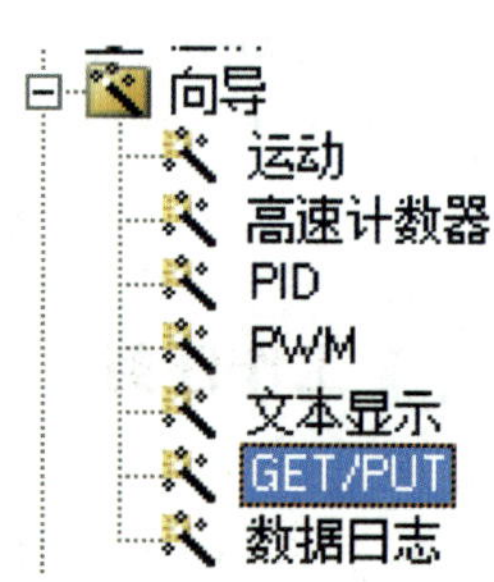

图 1—10—2　向导画面

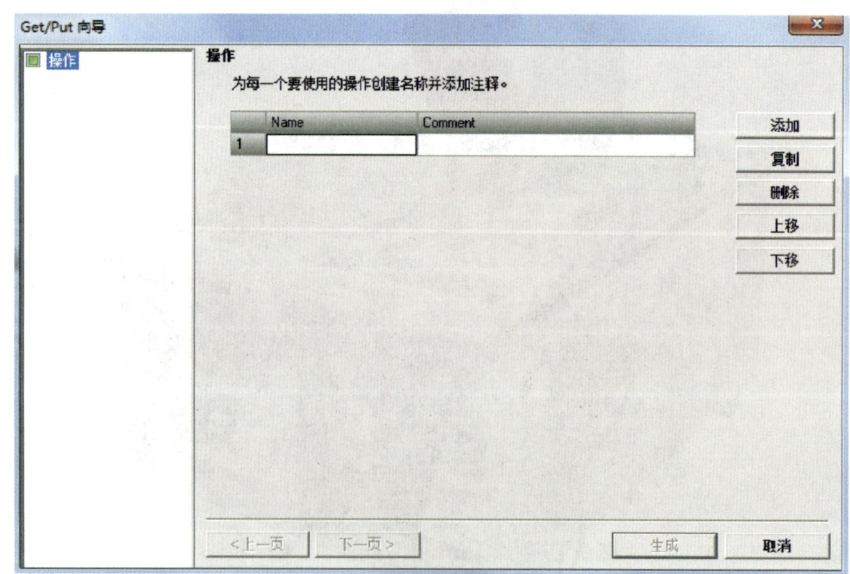

图 1—10—3　“GET/PUT 向导”对话框

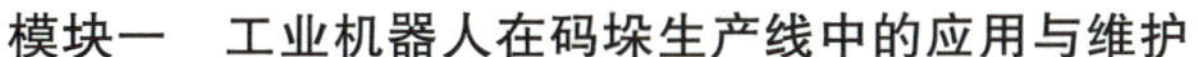

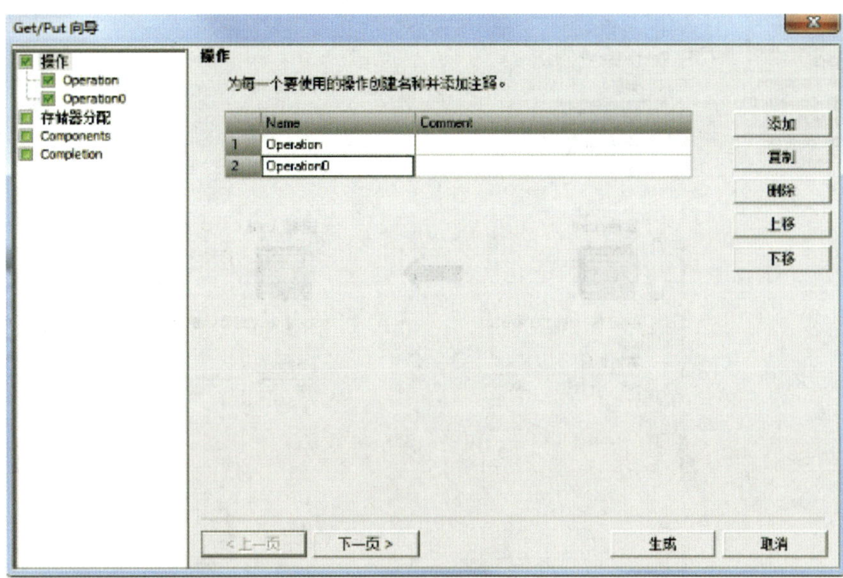

图 1—10—4　添加操作并设置名称与注释

（3）点击“下一页”按钮弹出“Operation”界面，将类型设置为“Get”，设定好传送大小（字节），本地起始地址与远程起始地址，以及远程 CPU 的 IP 地址，如图 1—10—5 所示。

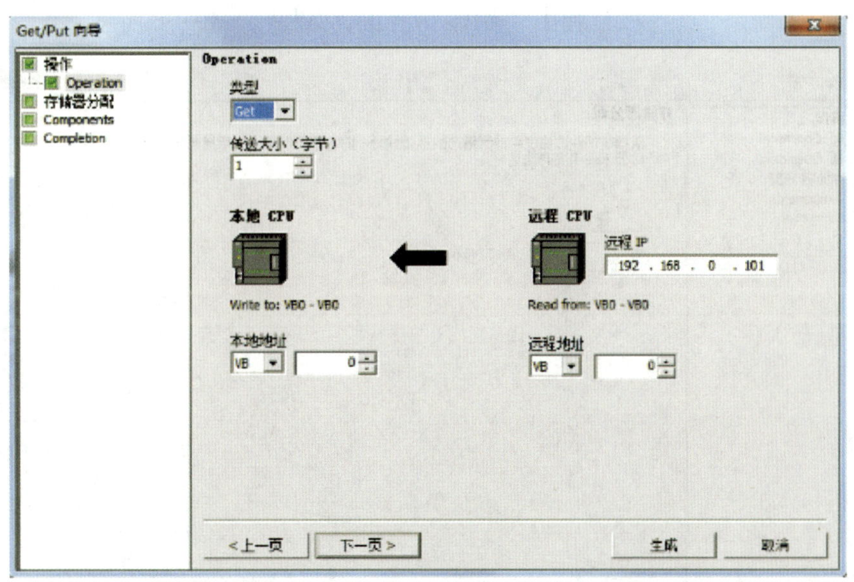

图 1—10—5　设置 Operation

（4）点击“下一页”按钮弹出“Operation0”画面，将类型设置为“Put”，设定好传送大小（字节），本地起始地址与远程起始地址，以及远程 CPU 的 IP 地址，如图 1—10—6 所示。

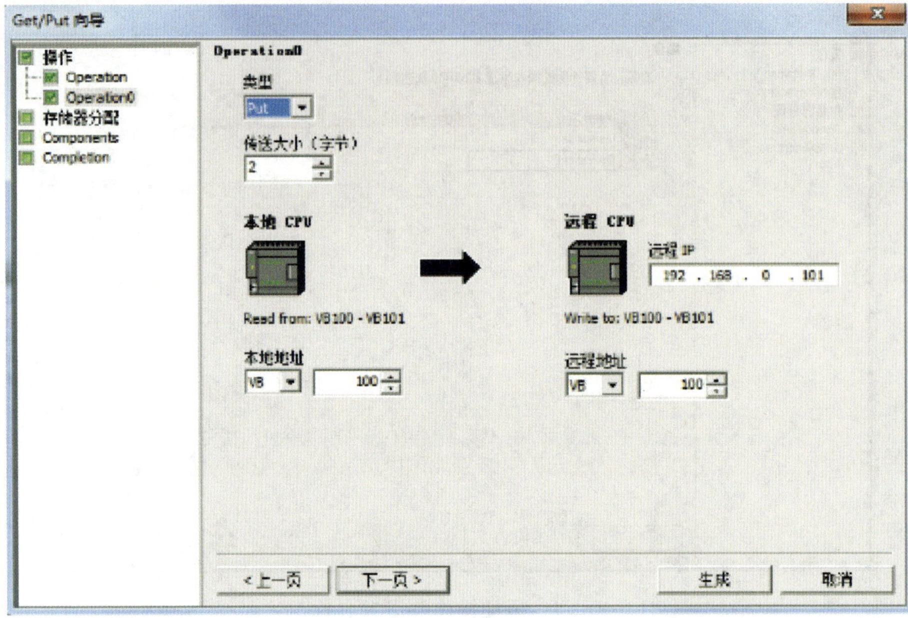

图 1—10—6　设置 Operation0

（5）点击“下一页”按钮弹出“存储器分配”界面，在其中设置好数据存储的起始地址，如图 1—10—7 所示。

（6）点击“下一页”按钮弹出“组件”界面，如图 1—10—8 所示。

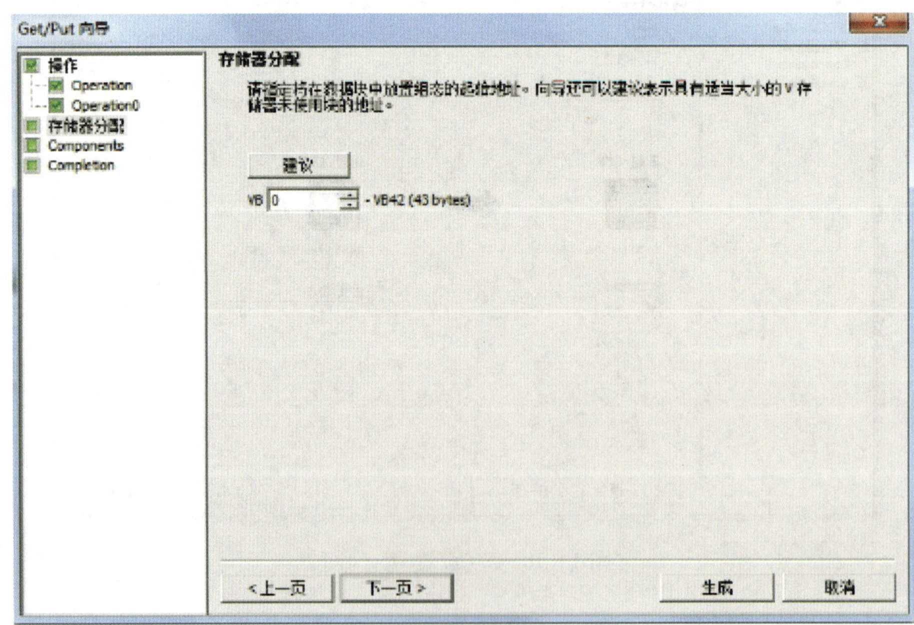

图 1—10—7　设置存储器地址

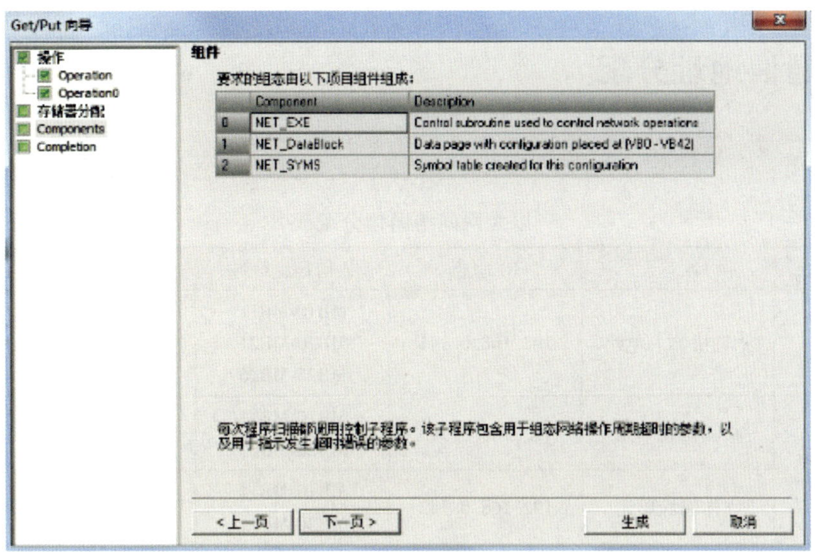

图 1—10—8　显示组件

（7）点击“下一页”按钮弹出“生成”界面，如图 1—10—9 所示；点击“生成”按钮完成通信设置。

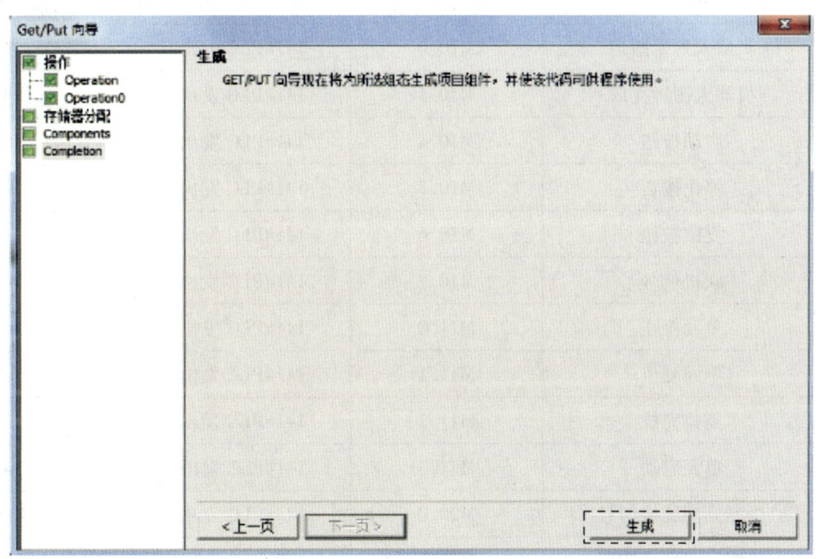

图 1—10—9　设置完成

任务实施

一、任务准备

实施本任务教学所使用的实训设备及工具材料可参考表 1—1—2。

二、通信地址分配

1. 以太网网络通信分配表（见表 1—10—1）

表 1—10—1　以太网网络通信分配表

序号	站名	IP 地址	通信地址区域	备注
1	六轴机器人单元	192. 168. 0. 141	MB10-MB11 MB20-MB21 MB25-MB26	以太网
2	检测排列单元	192. 168. 0. 143	MB10-MB11 MB20-MB21	
3	立体码垛单元	192. 168. 0. 142	MB10-MB11 MB20-MB21	

2. 通信地址分配表（见表 1—10—2）

表 1—10—2　通信地址分配表

序号	功能定义	通信 M 点	发送 PLC 站号	接收 PLC 站号
1	机器人开始搬运	M10. 0	141#PLC 发出	142、143 接收
2	机器人搬运完成	M10. 1	141#PLC 发出	142、143 接收
3	启动按钮	M10. 4	141#PLC 发出	142、143 接收
4	停止按钮	M10. 5	141#PLC 发出	142、143 接收
5	复位按钮	M10. 6	141#PLC 发出	142、143 接收
6	联机信号	M10. 7	141#PLC 发出	142、143 接收
7	单元停止	M11. 0	141#PLC 发出	142、143 接收
8	单元复位	M11. 1	141#PLC 发出	142、143 接收
9	复位完成	M11. 2	141#PLC 发出	142、143 接收
10	单元启动	M11. 3	141#PLC 发出	142、143 接收
11	检测排列就绪信号	M20. 0	143#PLC 发出	141 接收
12	检测排列启动按钮	M20. 1	143#PLC 发出	141 接收
13	检测排列停止按钮	M20. 2	143#PLC 发出	141 接收
14	检测排列复位按钮	M20. 3	143#PLC 发出	141 接收
15	检测排列联机信号	M20. 4	143#PLC 发出	141 接收
16	通信信号	M20. 5	143#PLC 发出	141 接收
17	单元启动	M20. 6	143#PLC 发出	141 接收
18	单元停止	M20. 7	143#PLC 发出	141 接收

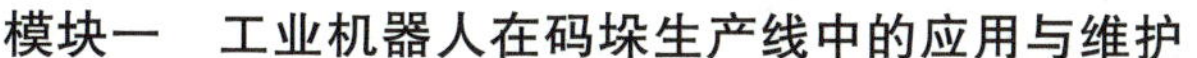

续表

序号	功能定义	通信 M 点	发送 PLC 站号	接收 PLC 站号
19	单元复位	M21.0	143#PLC 发出	141 接收
20	复位完成	M21.1	143#PLC 发出	141 接收
21	车窗有料信号	M21.2	143#PLC 发出	141 接收
22	车窗检测传感器 A	M21.3	143#PLC 发出	141 接收
23	车窗检测传感器 B	M21.4	143#PLC 发出	141 接收
24	轮胎码垛就绪信号	M25.0	142#PLC 发出	141 接收
25	轮胎码垛启动按钮	M25.1	142#PLC 发出	141 接收
26	轮胎码垛停止按钮	M25.2	142#PLC 发出	141 接收
27	轮胎码垛复位按钮	M25.3	142#PLC 发出	141 接收
28	轮胎码垛联机信号	M25.4	142#PLC 发出	141 接收
29	通信信号	M25.5	142#PLC 发出	141 接收

三、联机程序设计

1. 修改六轴机器人单元程序

修改六轴机器人单元原有程序，在如图 1—6—9 所示原程序最后加一段联机程序，使之满足联机运行要求，如图 1—10—10 所示。

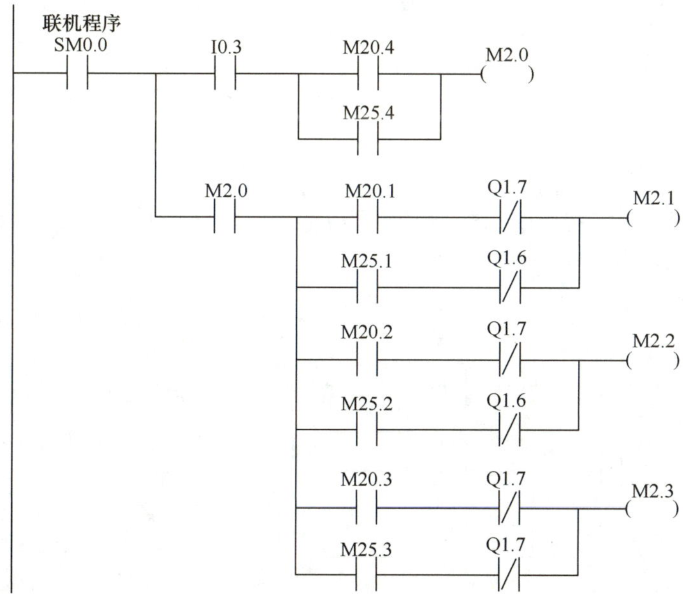

符号	地址	注释
Always_On	SM0.0	始终接通
CPU_输出14	Q1.6	选择信号4
CPU_输出15	Q1.7	选择信号5
CPU_输入3	I0.3	单联机信号
M20	M2.0	全部联机信号
M201	M20.1	2#启动按钮
M202	M20.2	2#停止按钮
M203	M20.3	2#复位按钮
M204	M20.4	联/单机状态
M21	M2.1	联机启动
M22	M2.2	联机停止
M23	M2.3	联机恢复
M251	M25.1	3#启动按钮
M252	M25.2	3#停止按钮
M253	M25.3	3#复位按钮
M254	M25.4	3#联/单机

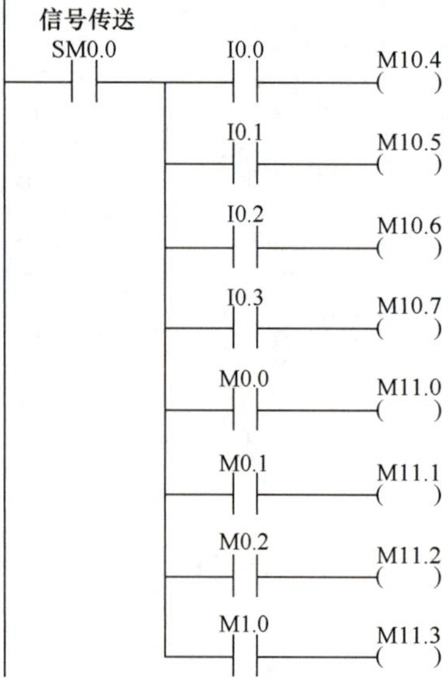

信号传送

SM0.0 I0.0 M10.4

I0.1 M10.5

I0.2 M10.6

I0.3 M10.7

M0.0 M11.0

M0.1 M11.1

M0.2 M11.2

M1.0 M11.3

图 1—10—10　在原有六轴机器人单元程序上添加的联机程序

2. 修改检测排列单元程序

修改检测排列单元原有程序，在如图 1—5—25 所示原程序最后加一段联机程序，使之满足联机运行要求，如图 1—10—11 所示。

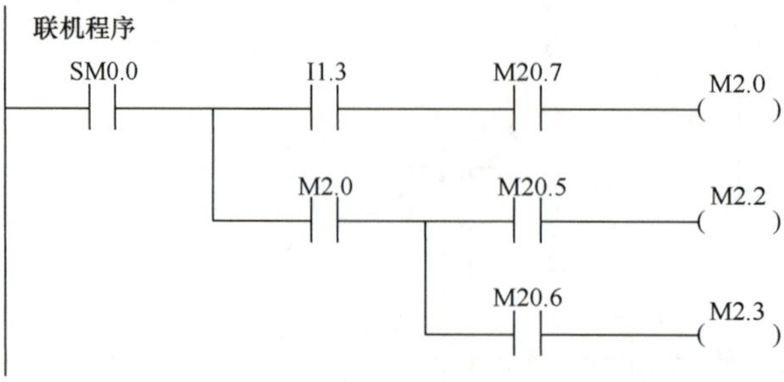

联机程序

SM0.0 I1.3 M20.7 M2.0

M2.0 M20.5 M2.2

M20.6 M2.3

符号	地址	注释
Always_On	SM0.0	始终接通
CPU_输入11	I1.3	单/联机
M205	M20.5	停止按钮
M206	M20.6	复位按钮
M207	M20.7	单/联机

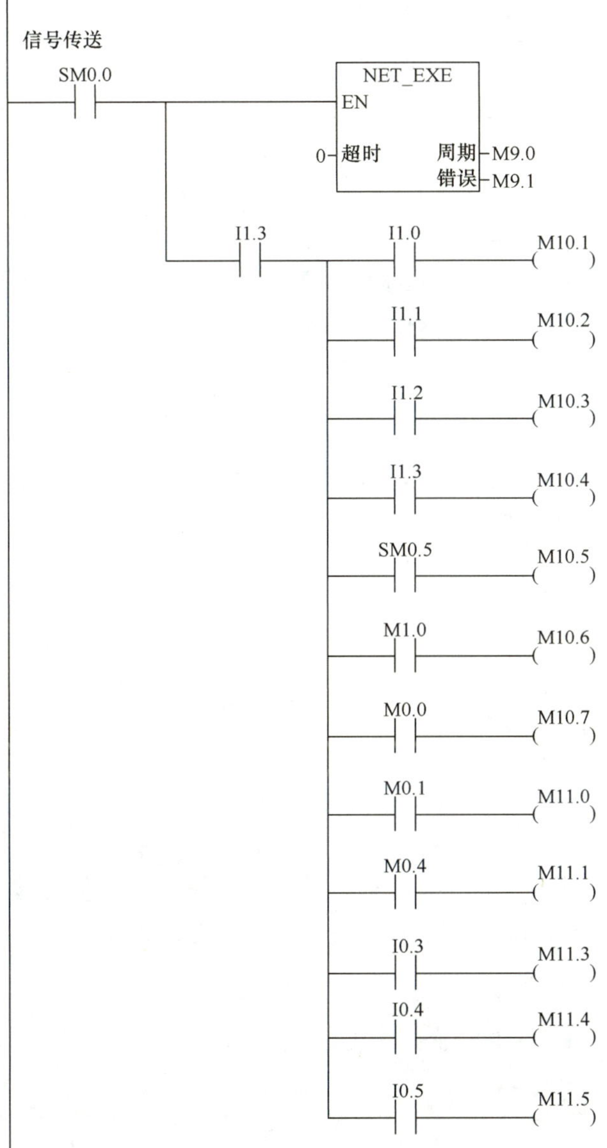

符号	地址	注释
Always_On	SM0.0	始终接通
Clock_1s	SM0.5	针1s的周期时间，时钟脉冲接通0.5 s，关断0.5 s
CPU_输入10	I1.2	复位按钮
CPU_输入11	I1.3	单/联机
CPU_输入3	I0.3	车窗到位检测
CPU_输入4	I0.4	车窗外形A检测
CPU_输入5	I0.5	车窗外形B检测
CPU_输入8	I1.0	启动按钮
CPU_输入9	I1.1	停止按钮
M00	M0.0	单元停止
M01	M0.1	单元复位
M04	M0.4	复位完成
M10	M1.0	单元启动
M101	M10.1	启动按钮
M102	M10.2	停止按钮
M103	M10.3	复位按钮
M104	M10.4	联/单机
M105	M10.5	通信信号
M106	M10.6	单元启动
M107	M10.7	单元停止
M110	M11.0	单元复位
M111	M11.1	复位完成
M113	M11.3	车窗检测传感器A
M114	M11.4	车窗检测传感器B

图 1—10—11　在原有检测排列单元程序上添加的联机程序

3. 修改立体码垛单元程序

修改立体码垛单元原有程序，在如图 1—3—8 所示原程序后加一段联机程序，使之满足联机运行要求，如图 1—10—12 所示。

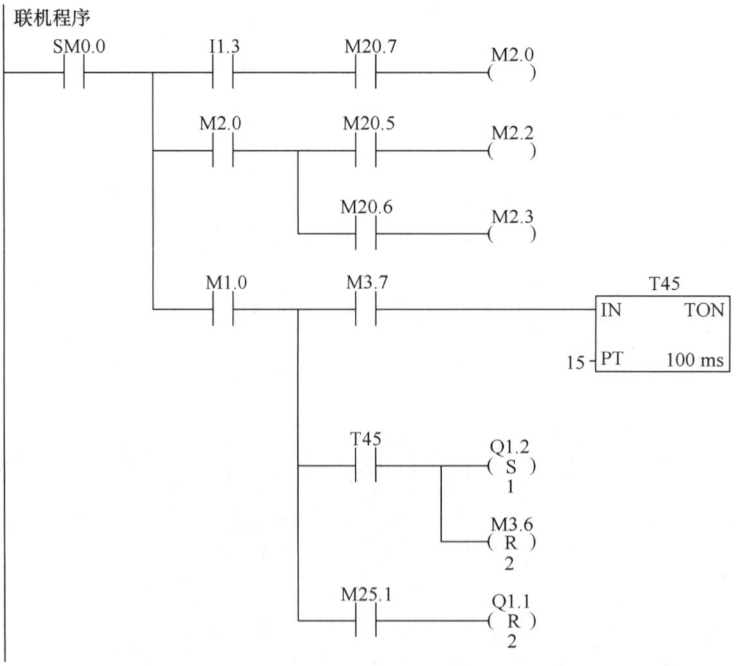

符号	地址	注释
Always_On	SM0.0	始终接通
CPU_输出10	Q1.2	传送带正转
CPU_输出9	Q1.1	传送带反转
CPU_输入11	I1.3	单/联机

图 1—10—12　在原有立体码垛单元程序上添加的联机程序

四、联机调试与运行

各单元程序修改完成后，进行联机试运行，针对试运行中出现的问题进行调试。工作站系统联机调试的具体步骤如下：

（1）工业机器人模拟工作站的操作面板如图 1—10—13 所示，上电后按下“联机”按钮，联机指示灯亮，单机指示灯灭，进入联机状态，确认每站的通信线连接完好，并且都处在联机状态。

（2）按下“停止”按钮，确保机器人在安全位置后再按下“复位”按钮，各单元回到初始状态，可观察到检测排列单元的步进机构会先上升后回到原点，立体码垛单元推料气缸处在缩回状态。

（3）复位完成后，检测各机构的物料是否按要求放好，然后按下“启动”按钮，此时六轴机器人伺服处于 ON 状态，各站处于启动状态，但均不动作。

（4）此时选择检测排列单元或立体码垛单元中任意一单元，按下该单元的“启动”按钮，机器人会与该单元进行工作。

（5）在设备运行过程中随时按下“停止”按钮，停止指示灯亮并且启动指示灯灭，设备停止运行。

（6）当设备运行过程中遇到紧急状况时，迅速按下“急停”按钮，设备断电。

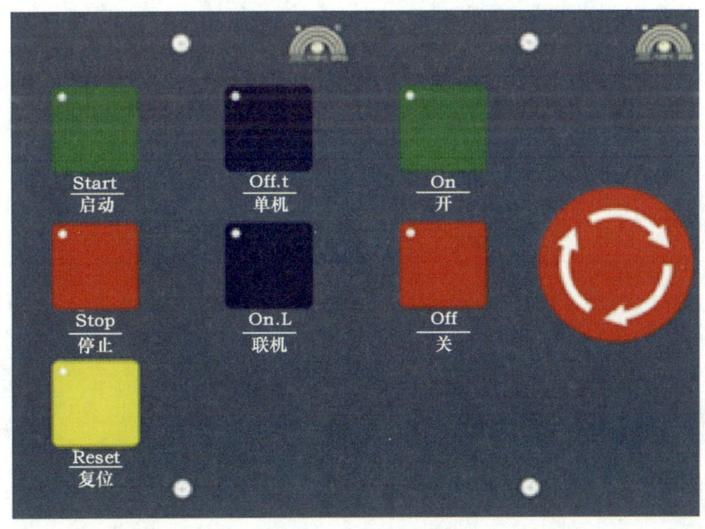

图 1—10—13　操作面板

检查测评

对任务的完成情况进行检查，并将结果填入表 1—10—3 内。

表 1—10—3　　任务测评表

序号	主要内容	考核要求	评分标准	配分	扣分	得分
1	机器人工作站程序的设计与调试	列出 PLC I/O 地址分配表；根据加工工艺，设计梯形图及 PLC 控制接线图	1. 输入/输出地址遗漏或错误，每处扣 5 分 2. 梯形图表达不正确或画法不规范，每处扣 1 分 3. 接线图表达不正确或画法不规范，每处扣 2 分	40		
		按 PLC 控制接线图在配线板上正确安装接线，安装要准确、紧固、美观，导线要走线槽，导线要有端子标号	1. 损坏元件扣 5 分 2. 布线不走线槽、不美观，每根扣 1 分 3. 接点松动、露铜过长、反圈、压绝缘层，标记线号不清楚、遗漏或误标，引出端无别径压端子，每处扣 1 分 4. 损伤导线绝缘或线芯，每根扣 1 分 5. 不按 PLC 控制接线图接线，每处扣 5 分	10		
		熟练正确地将所编程序输入 PLC；按照被控设备的动作要求进行模拟调试，达到设计要求	1. 不能熟练操作 PLC 键盘输入指令扣 2 分 2. 不会用删除、插入、修改、存盘等命令，每项扣 2 分 3. 仿真试车不成功扣 30 分	40		
2	安全文明生产	劳动保护用品穿戴整齐；遵守操作规程；讲文明礼貌；操作结束后清理现场	1. 操作中，违反安全文明生产考核要求的任何一项扣 5 分，扣完为止 2. 当发现学生有重大事故隐患时，要立即予以制止，并每次扣安全文明生产总分 5 分	10		
合计						

模块二　工业机器人在涂胶生产线中的应用与维护

任务1　认识涂胶工业机器人

学习目标

知识目标：

1. 了解涂装机器人的特点及分类。
2. 掌握涂装机器人的系统组成及功能。

能力目标：

能够识别涂胶机器人工作站的基本构成。

工作任务

涂装行业施工技术历经高速发展，已经从涂刷、揩涂发展到气压涂装、浸涂、辊涂、淋涂以及最近兴起的高压空气涂装、电泳涂装、静电粉末涂装等，在此过程中，机器人涂装因其环保、高效而走在了涂装行业发展的前列。涂胶机器人作为涂装机器人的重要一类，有着广阔的应用前景。如图2—1—1所示是工业机器人车窗玻璃涂胶装配模拟工作站。

本任务的内容是初步认知涂胶机器人，通过观看涂装机器人在工厂自动化生产线中的应用录像，以及参观工业机器人相关企业和生产现场，加深对涂胶机器人的了解。最后在教师指导下，分组进行机器人车窗涂胶装配模拟工作站操作练习。

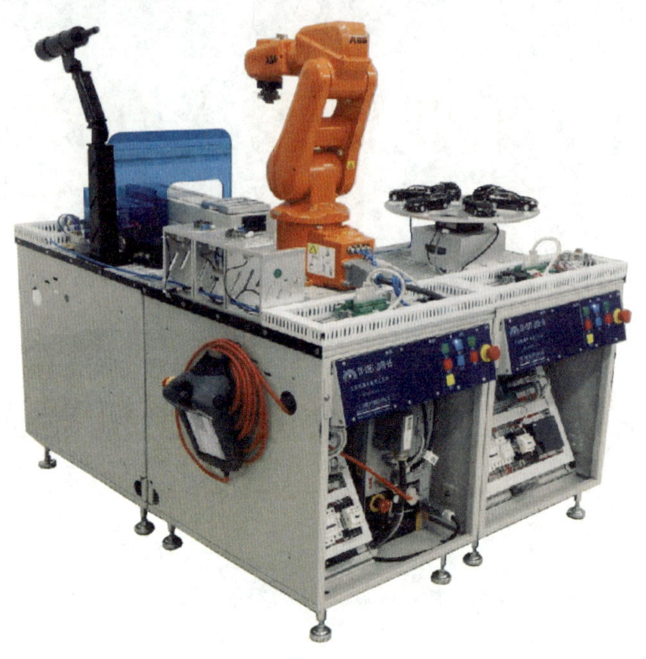

图 2—1—1 工业机器人车窗涂胶装配模拟工作站

相关知识

一、涂装机器人的特点及分类

1. 涂装机器人的特点

涂装机器人作为一种典型的涂装自动化设备，具有工件涂层均匀，重复精度好，通用性强、工作效率高，能够将工人从有毒、易燃、易爆的工作环境中解放出来的优点，已在汽车、工程机械制造、信息家电产品及家具建材等领域得到广泛应用。涂装机器人与传统的机械涂装相比，具有以下优点：

（1）最大限度提高涂料的利用率，降低涂装过程中的 VOC（有害发挥性有机物）排放量。

（2）显著提高喷枪的运动速度，缩短生产节拍，涂装效率显著提高。

（3）柔性强，能够适应多品种、小批量的涂装任务。

（4）能够保证涂装工艺的一致性，涂装质量高。

（5）与经典高速旋杯涂装站相比，可以减少 30%～40% 的喷枪数量，降低系统故障率和维护成本。

2. 涂装机器人的分类

目前，国内外的涂装机器人大多数仍采取与通用工业机器人相似的结构，即

本体为五或六轴串联关节式机器人，在其末端加装自动喷枪。按照手腕结构划分，涂装机器人应用中较为普遍的主要有球型手腕涂装机器人和非球型手腕涂装机器人两种，如图 2—1—2 所示。

图 2—1—2　涂装机器人

a）球型手腕涂装机器人　b）非球型手腕涂装机器人

（1）球型手腕涂装机器人

球型手腕涂装机器人与目前绝大多数商用机器人所采用的 Bendix 手腕结构类似，手腕三个关节轴线相交于一点，如图 2—1—3 所示。该手腕结构能够保证机器人运动学逆解具有解析解，便于离线编程控制，但由于其腕部第二关节不能实现 360°周转，故工作空间相对较小。采用球型手腕的涂装机器人多为紧凑型结构，其工作半径在 0.7~1.2 m，主要用于小型工件的涂装。

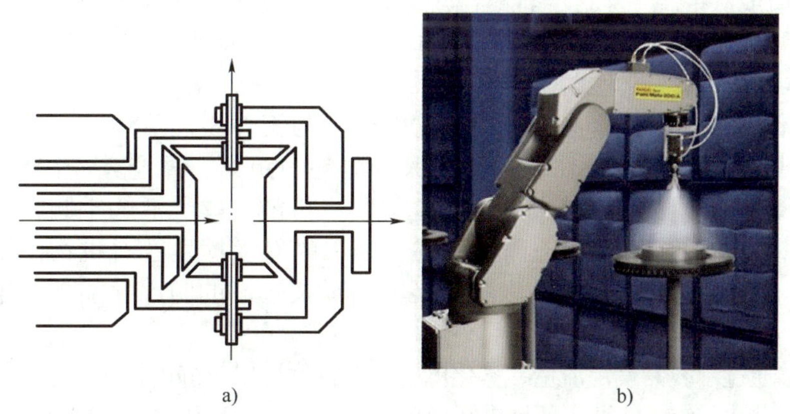

图 2—1—3　Bendix 手腕结构及涂装机器人

a）Bendix 手腕结构　b）采用 Bendix 手腕结构的涂装机器人

（2）非球型手腕涂装机器人

非球型手腕涂装机器人，其手腕的 3 个轴线并非如球型手腕机器人一样相交于一点，而是相交于两点。非球型手腕机器人相对于球型手腕机器人来说更适合涂装作业。该型涂装机器人每个腕关节转动角度都能达到 360°以上，手腕灵活性强，机器人工作空间较大，特别适用复杂曲面及狭小空间内的涂装作业，但由于非球型手腕运动学逆解没有解析解，增大了机器人控制的难度，难以实现离线编程控制。

非球型手腕涂装机器人根据相邻轴线的位置关系又可分为正交非球型手腕涂装机器人和斜交非球型手腕涂装机器人两种，如图 2—1—4 所示。如图 2—1—4a 所示 Comau SMART-3S 型机器人所采用的即为正交非球型手腕，其相邻轴线夹角为 90°；而 FANUC P-250iA 型机器人的手腕相邻两轴线不垂直，而是呈一定的角度，即斜交非球型手腕，如图 2—1—4b 所示。

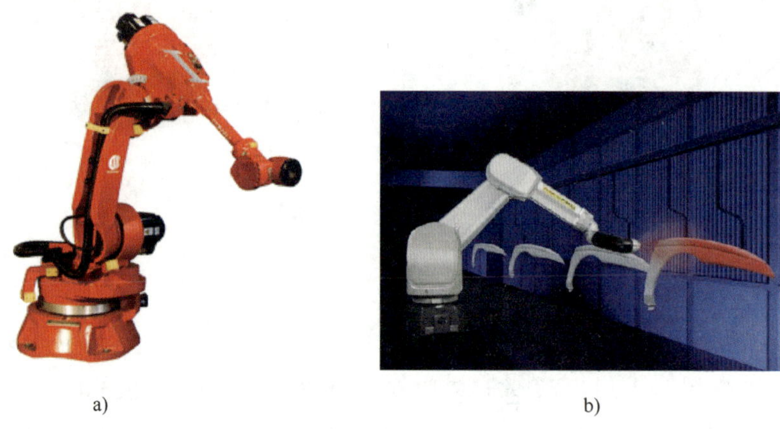
a) b)

图 2—1—4　非球型手腕涂装机器人

a）正交非球型手腕涂装机器人　b）斜交非球型手腕涂装机器人

如今涂装机器人中很少采用正交非球型手腕，主要是其在结构上相邻腕关节彼此垂直，容易造成从手腕中穿过的管路出现较大的弯折、堵塞甚至折断管路。相反，斜交非球型手腕可做成中空，各个管线从中穿过，直接连接到末端高转速旋杯喷枪上，在作业过程中内部管线较为柔顺。

在涂装作业过程中，高速旋杯喷枪的轴线要与工件表面法线在一条直线上，且高速旋杯喷枪的端面要与工件表面始终保持恒定的距离，并能完成往复蛇形轨迹，这就要求涂装机器人要有足够大的工作空间和尽可能紧凑灵活的手腕，即手腕关节要尽可能短。涂装作业环境中充满了易燃、易爆的有害挥发性有机物，除了要求涂装机器人具有出色的重复定位精度和循径能力以及较高的防爆性能外，还要满足以下要求：

1）能够通过示教器设定流量、雾化电压、喷幅气压以及静电量等涂装参数。

2）具有供漆系统，能够方便地进行换色、混色，确保高质量、高精度的工艺调节。

3）具有多种安装方式，如落地、倒置、角度安装和壁挂。

4）能够与转台、滑台、输送链等一系列的工艺辅助设备轻松集成。

5）结构紧凑，以减少密闭涂装室（简称喷房）尺寸，降低通风要求。

二、涂装机器人的系统组成

典型的涂装机器人工作站主要由操作机、机器人控制系统、供漆系统、自动喷枪/旋杯、喷房、防爆吹扫系统等组成，如图 2—1—5 所示。

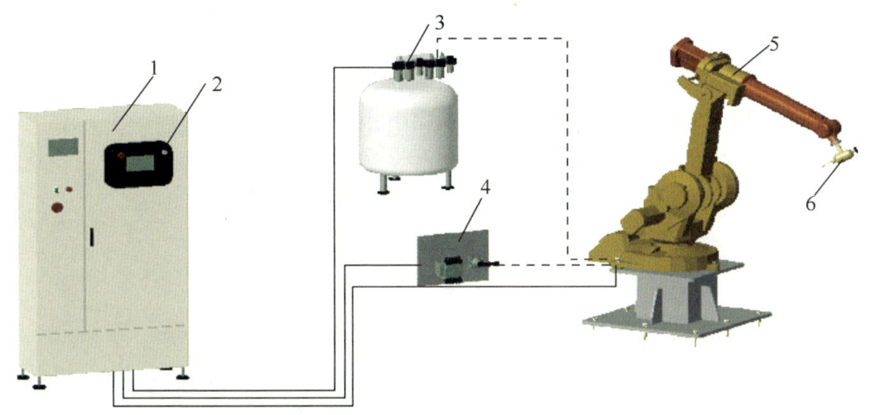

图 2—1—5　涂装机器人系统组成

1—机器人控制系统　2—示教器　3—供漆系统　4—防爆吹扫系统
5—操作机　6—自动喷枪/旋杯

涂装机器人与普通工业机器人相比，操作机在结构方面的差别除了球型手腕与非球型手腕外，主要是油漆及空气管路和喷枪的布置方式存在差异，其特点如下：

（1）一般手臂工作范围宽大，进行涂装作业时可以灵活避障。

（2）手腕一般有 2~3 个自由度，轻巧快速，适合内部及复杂工件的涂装。

（3）较先进的涂装机器人采用中空手臂和柔性中空手腕，软管和线缆可内置其中，从而避免软管与工件间发生干涉，减少管路附着，降低灰尘粘到工件的可能性，如图 2—1—6 所示。

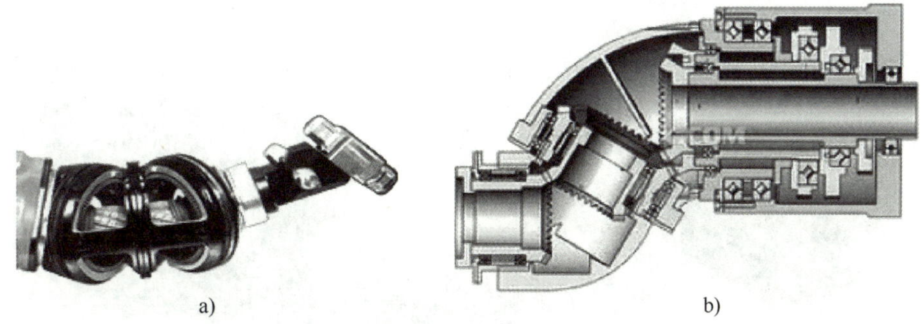

图 2—1—6　柔性中空手腕及其结构

a）柔性中空手腕　b）柔性中空手腕内部结构

（4）在水平手臂上一般搭载涂装工艺系统，从而缩短清洗、换色时间，提高生产效率，节约涂料及清洗液，如图 2—1—7 所示。

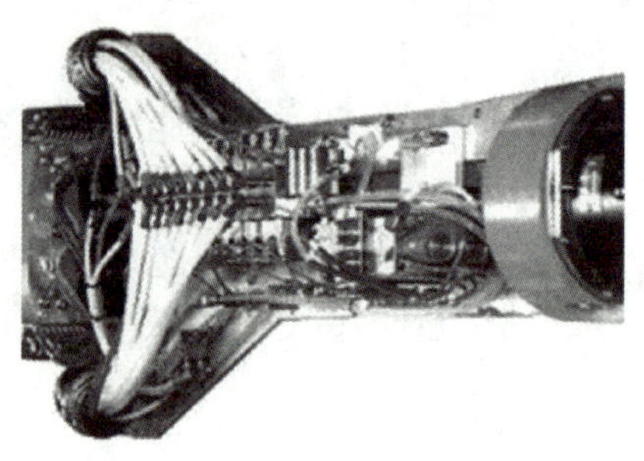
图 2—1—7　集成于手臂的涂装工艺系统

1. 涂装机器人控制系统

涂装机器人控制系统主要完成本体和涂装工艺控制。本体控制在控制原理、功能及组成上与通用工业机器人基本相同；涂装工艺控制主要是控制供漆系统，即对涂料单元控制盘、喷枪/旋杯单元进行控制，发出喷枪/旋杯开关指令，自动控制和调整涂装参数（如流量、雾化电压、喷幅气压以及静电电压），控制换色阀及涂料混合器完成清洗、换色、混色作业等。

2. 供漆系统

供漆系统主要由涂料单元控制盘、气源、流量调节器、齿轮泵、涂料混合器、换色阀、供漆供气管路及监控管线组成。涂料单元控制盘简称气动盘，它接收机器人控制系统发出的涂装工艺控制指令，精准控制流量调节器、齿轮泵、喷枪/旋杯完成流量、空气雾化和空气成型的调整；同时控制涂料混合器、换色阀等实现颜色自动切换和自动清洗等功能。著名涂装机器人生产厂商 ABB、FANUC 等均有其自主生产的供漆系统配套模块，如图 2—1—8 所示为 ABB 生产的采用模块化设计、可实现闭环控制的流量调节器、

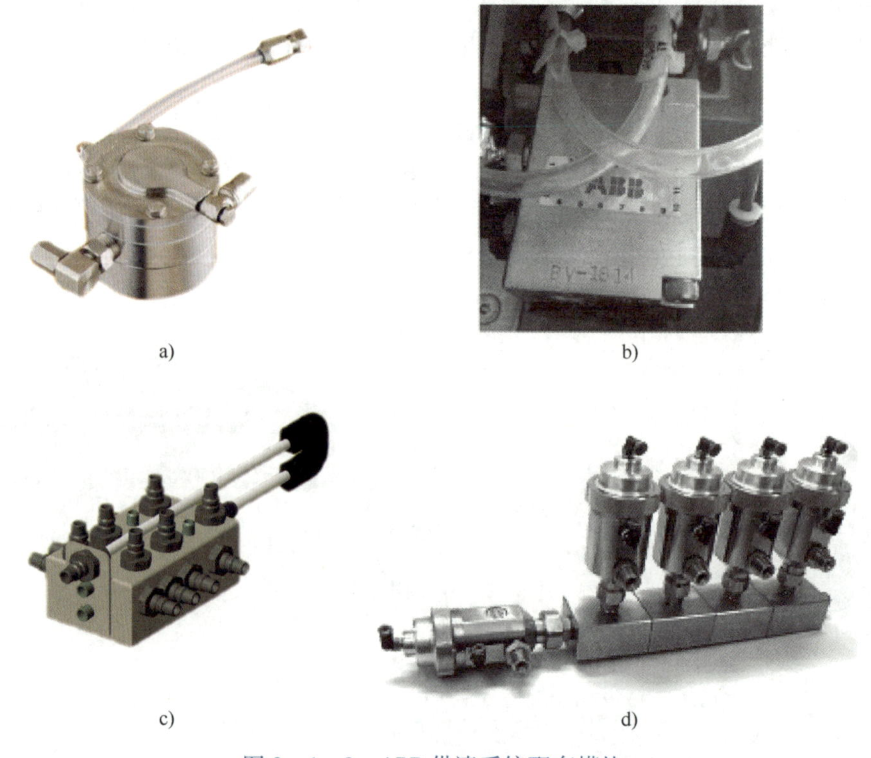

a)　b)　c)　d)

图 2—1—8　ABB 供漆系统配套模块
a）流量调节器　b）齿轮泵　c）涂料混合器　d）换色阀

齿轮泵、涂料混合器和换色阀。

根据所采用的涂装工艺不同，涂装机器人的喷枪及配备的涂装系统也存在差异。传统涂装工艺与高压无气涂装仍在广泛应用，但近年来静电涂装，特别是旋杯式静电涂装工艺凭借其高质量、高效率、节能环保等优点已成为现代汽车车身涂装的主要手段之一，被广泛应用于各个工业领域。

3. 空气涂装

空气涂装是利用压缩空气，流过喷枪喷嘴孔形成的负压，使涂料从吸管吸入，然后经过喷嘴喷出，通过压缩空气对涂料进行吹散，以达到均匀雾化的效果。空气涂装一般用于家具、家电外壳及汽车车身等的涂装，如图 2—1—9 所示为常见的自动空气喷枪。

图 2—1—9　自动空气喷枪

a）日本明治 FA100H-P　b）美国 DEVILBISS T-AGHV　c）德国 PILOT WA500

4. 高压无气涂装

高压无气涂装是一种较为先进的涂装方法，它采用增压泵将涂料压力增至 6~30 MPa，然后通过很细的喷孔喷出，使涂料变成扇形雾状，具有较高的涂料传递效率和生产效率，喷涂质量明显优于空气涂装。

5. 静电涂装

静电涂装一般以接地的被涂物为阳极，接电源负高压的雾化涂料为阴极，以使涂料雾化颗粒带电，通过静电作用，吸附在工件表面。静电涂装通常应用于金属表面或导电性良好且结构复杂的表面，或是球面、圆柱面等的涂装，其中高速旋杯式静电喷枪已成为应用最广的工业涂装设备，如图 2—1—10 所示。它在工作时利用旋杯的高速（一般为 30 000~60 000 r/min）旋转运动产生离心力，将涂料在旋杯内表面伸展成为薄膜，并通过巨大的加速度使其向旋杯边缘运动，在离心力及强电场的双重作用下涂料破碎为极小的带电雾滴，并向被涂工件运动，最终附着于被涂工件表面，形成均匀、平整、光滑、丰满的涂膜，其工作原理如图 2—1—11 所示。

6. 喷房

在进行涂装作业时，为了获得高质量的涂膜，除对机器人动作的柔性和精度，供漆系统及自动喷枪/旋杯的控制准备有所要求外，对涂装环境的也有一定要求，

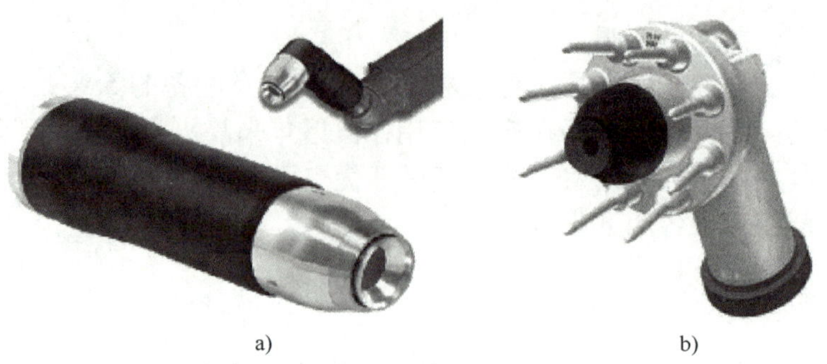

图 2—1—10　高速旋杯式静电喷枪

a）ABB 溶剂性涂料高速旋杯式静电喷枪　b）ABB 水性涂料高速旋杯式静电喷枪

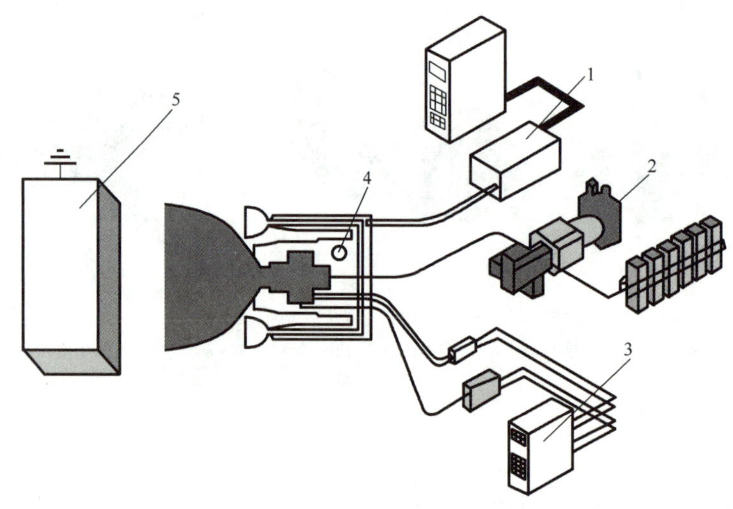

图 2—1—11　高速旋杯式静电喷枪工作原理

1—供气系统　2—供漆系统　3—高压静电发生系统　4—旋杯　5—工件

如无尘、恒温、恒湿，工作环境内恒定的供风及对有害挥发性有机物含量的控制等，为确保涂装环境，喷房由此应运而生。一般来说，喷房由涂料作业的工作室、收集有害挥发性有机物的废气舱、排气扇以及可将废气排放到建筑物外的排气管等组成。

7. 防爆吹扫系统

涂装机器人多在封闭的喷房内涂装工件的内外表面，由于涂装的薄雾一般都是易燃易爆品，如果机器人的某个部件产生火花或温度过高，就会引起大火甚至引起爆炸，所以防爆吹扫系统对于涂装机器人是极其重要的一部分。防爆吹扫系统主要由危险区域之外的吹扫单元、操作机内部的吹扫传感器、控制柜内的吹扫控制单元三部分组成，其工作原理如图 2—1—12 所示，吹扫单元通过柔性软管向包含有电气元件的操作机内部施加压力，阻止爆燃性气体进入操作机内，同时由吹扫控制单元监视操作机内部压力，当异常状况发生时立即切断操作机伺服电源。

综上所述，涂装机器人主要包括机器人和自动涂装设备两部分。机器人由防爆机

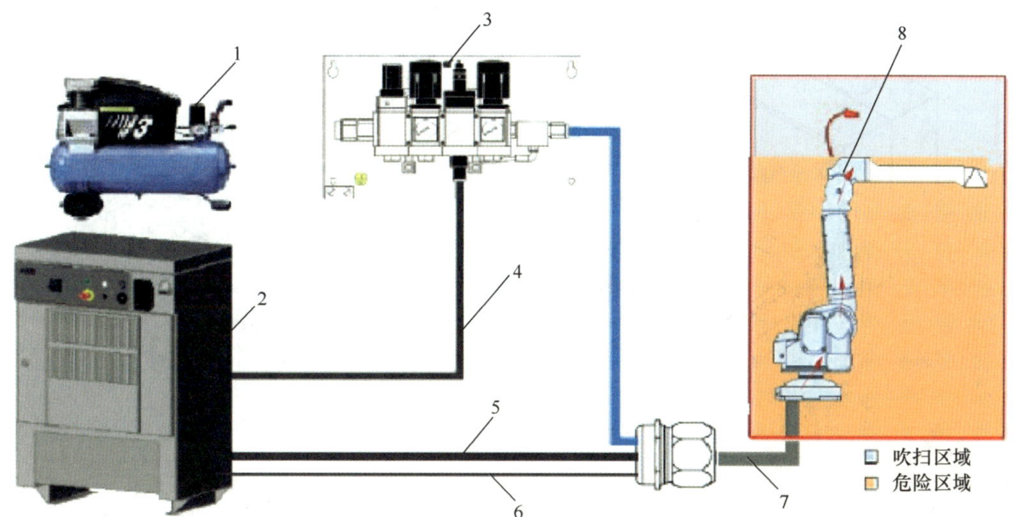

图 2—1—12 防爆吹扫系统工作原理
1—空气接口 2—控制柜 3—吹扫单元 4—吹扫单元控制电缆 5—操作机控制电缆
6—吹扫传感器控制电缆 7—软管 8—吹扫传感器

器人本体及完成涂装工艺控制的控制柜组成。而自动涂装设备主要由供漆系统及自动喷枪/旋杯组成。

三、涂装机器人的周边设备与布局

完整的涂装机器人生产线及柔性涂装单元除了前文所述的机器人和自动涂装设备两部分外，还包括一些周边辅助设备。

1. 周边设备

常见的涂装机器人辅助装置有机器人行走单元、工件传送（旋转）单元、空气过滤系统、输调漆系统、喷枪清洗装置、涂装生产线控制盘等。

（1）机器人行走单元与工件传送（旋转）单元

如同焊接机器人的变位机和滑移平台，涂装机器人也有类似的装置，主要包括完成工件旋转动作的伺服转台、伺服穿梭机及输送系统，以及完成机器人上下左右移动的行走单元，但是涂装机器人所配备的行走单元与工件传送（旋转）单元对防爆性能有着较高的要求。一般配备行走单元和工件传送（旋转）单元的涂装机器人生产线及柔性涂装单元的工作方式有三种：动/静模式、流动模式及跟踪模式。

1）动/静模式。在动/静模式下，工件先由伺服穿梭机或输送系统传送到涂装室中，由伺服转台完成工件旋转，之后由涂装机器人单体或者配备行走单元的机器人对其完成涂装作业。在涂装过程中工件可以静止，也可与机器人做协调运动，如图 2—1—13 所示。

2）流动模式。在流动模式下，工件由输送链承载匀速通过涂装室，由固定不动的涂装机器人对工件完成涂装作业，如图 2—1—14 所示。

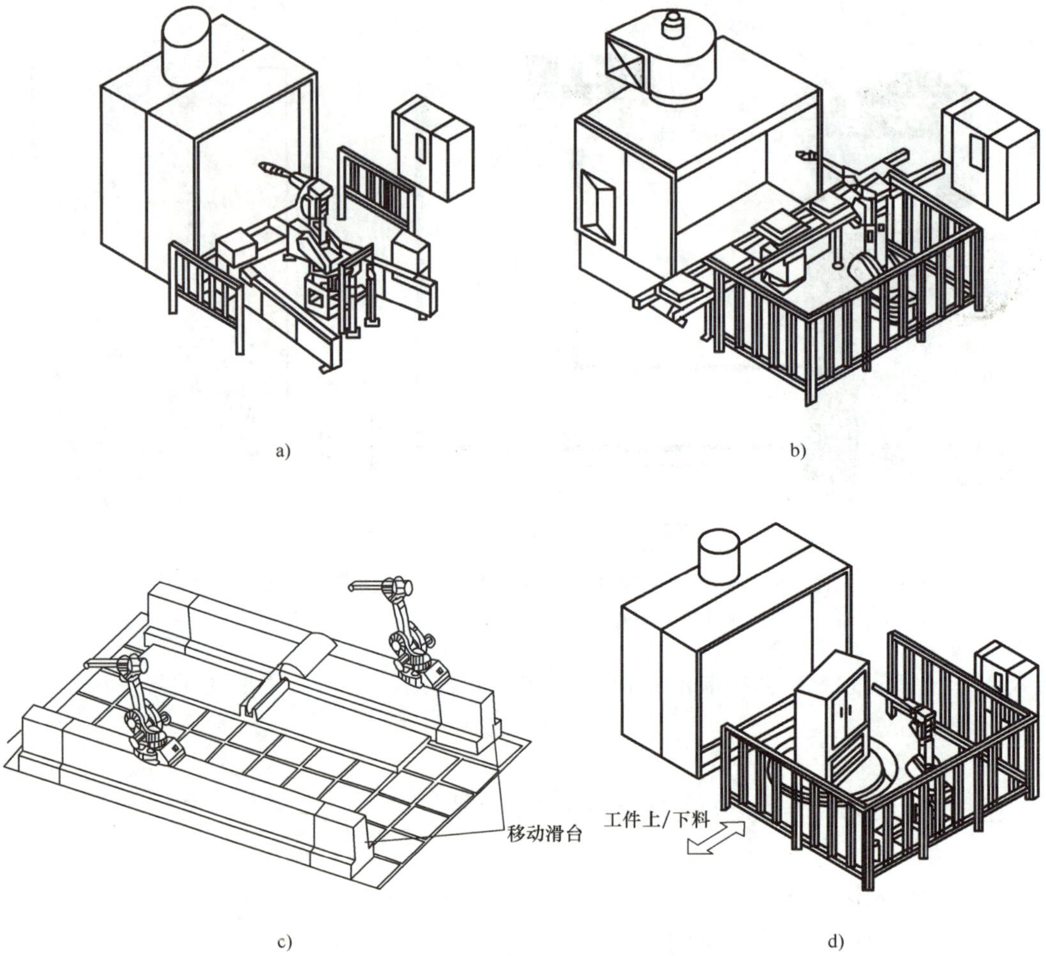

a)

b)

移动滑台

工件上/下料

c)

d)

图 2—1—13　动/静模式下的涂装单元

a）配备伺服穿梭机的涂装单元　b）配备输送系统的涂装单元

c）配备行走单元的涂装单元　d）机器人与伺服转台协调运动的涂装单元

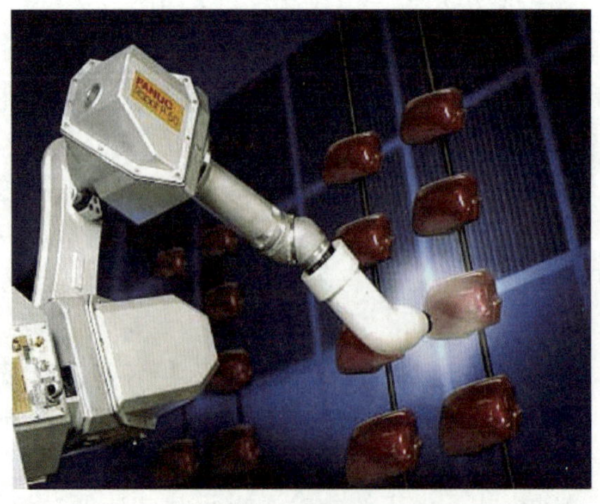

图 2—1—14　流动模式下的涂装单元

3）跟踪模式。在跟踪模式下，工件由输送链承载匀速通过涂装室，机器人不仅要跟踪随输送链运动的工件，而且要根据涂装要求时刻改变喷枪的方向和角度，如图 2—1—15 所示。

图 2—1—15　跟踪模式下的涂装机器人生产线

（2）空气过滤系统

在涂装作业过程中，当大于或者等于 10 μm 的粉尘混入漆层时，用肉眼就可以明显看到由粉尘造成的瑕点。为了保证涂装作业的表面质量，涂装线所处的环境及涂装所使用的压缩空气应尽可能保持清洁。涂装机器人的空气过滤系统通过大量使用空气过滤器来确保空气质量。喷房内的空气纯净度要求最高，一般来说要经过三道过滤。

（3）输调漆系统

涂装机器人生产线一般由多个涂装机器人单元协同作业，这时需要有稳定、可靠的涂料及溶剂供应，而输调漆系统则是保证这一供应的重要装置。一般来说，输调漆系统由以下几部分组成：油漆和溶剂混合的调漆系统、为涂装机器人提供油漆和溶剂的输送系统、液压泵系统、油漆温度控制系统、溶剂回收系统、辅助输调漆设备及输调漆管网等，如图 2—1—16 所示。

图 2—1—16　输调漆系统

（4）喷枪清洗装置

在进行换色作业或发生污物堵塞喷枪气路的情况时，需要对喷枪进行清洗。自动喷枪清洗装置能够快速、干净、安全地完成喷枪的清洗和颜色更换，彻底清除喷枪通道内及喷枪上附着的涂料残渣，同时对喷枪完成干燥，减少喷枪清理所耗费的时间及溶剂，如图 2—1—17 所示。自动喷枪清洗装置在对喷枪清理时一般经过四个步骤：自动空气冲洗、自动清洗、自动溶剂冲洗、自动通风排气。

图 2—1—17　Uni-ram UG4000 自动喷枪清洗机

2. 工位布局

涂装机器人具有涂装质量稳定，涂料利用率高，可以连续大批量生产等优点，涂装机器人工作站或生产线的布局是否合理直接影响到企业的产能及能源和原料的利用率。常见的涂装工作站工位布局形式有并排、A 字型、H 型与转台型双工位工作站等几种。汽车及机械制造等行业的涂装生产线的工位布局一般有线型布局和并行盒子布局两种，如图 2—1—18 所示。

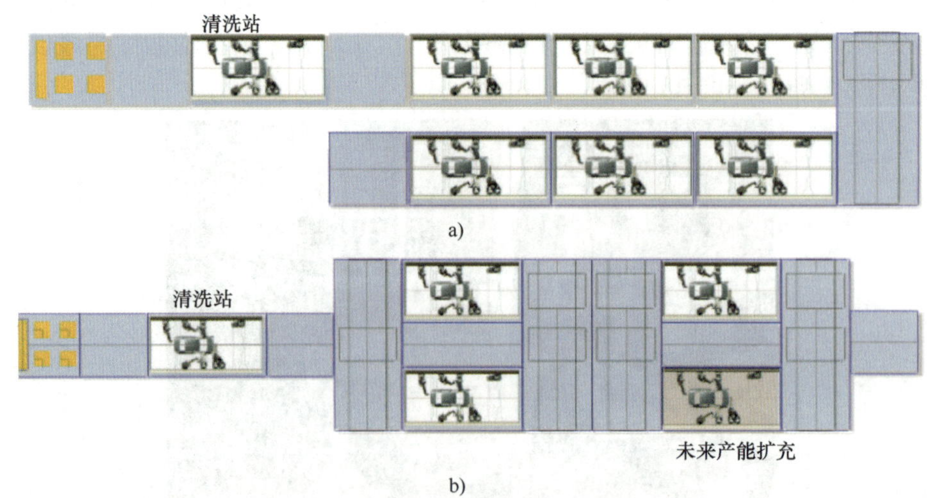

图 2—1—18　涂装机器人生产线布局

a）线型布局　b）并行盒子布局

如图 2—1—18a 所示的线型布局涂装生产线在进行涂装作业时，产品依次通过各工作站完成清洗、中涂、底漆、清漆和烘干等工序，负责不同工序的各工作站间采用停走运行方式。如图 2—1—18b 所示的并行盒子布局涂装生产线在进行涂装作业时，产品首先进入清洗站完成清洗作业，接着在其外表面进行中涂之后，被分送到不同的盒子中完成内部和表面的底漆和清漆涂装，不同盒子间可同时以不同的周期进行涂装，日后如需扩充生产能力，可以很方便地将新的盒子加入现有的生产线中。线型布局和并行盒子布局生产线的特点比较见表 2—1—1。

表 2—1—1　线型布局与并行盒子布局生产线的特点比较

比较项目	线型布局生产线	并行盒子布局生产线
涂装产品范围	单一	可满足多种产品要求
对生产节拍变化适应性	要求尽可能稳定	可适应各种生产节拍
同等生产力的系统长度	长	远远短于线型布局
同等生产力需要机器人的数量	多	较少
设计建造难易程度	简单	相对复杂
生产线运行耗能	高	低
作业期间换色时涂料的损失量	多	较少
未来生产能力扩充难易度	较为困难	灵活简单

综上所述，对于产品单一、生产节拍稳定、生产工艺中有特殊工序的涂装生产线可采取线型布局。对于产品类型、尺寸、工艺流程各异的涂装生产线，灵活的并行盒子布局是比较合适的选择。虽然采取并行盒子布局可以降低后续运行成本，但建造并行盒子布局生产线时需要额外承担产品处理及中转区域设备的投资等。

四、机器人车窗涂胶装配模拟工作站

机器人车窗涂胶装配模拟工作站的工作任务主要是通过机器人完成车窗涂胶并装配到车体上。具体工作过程是工作站启动后，车窗上料机构将汽车车窗送入工作区，汽车模型转盘转动到位，机器人选取胶枪夹具对车窗框进行预涂胶，完毕后机器人更换吸盘夹具拾取车窗，并由涂胶机进行涂胶，而后把涂胶后的车窗安装到汽车模型上，一台汽车完成后，汽车转盘转到下一个工位，继续完成下一台汽车装配。机器人车窗涂胶装配模拟工作站的结构如图 2—1—19 所示，其组成部件见表 2—1—2。

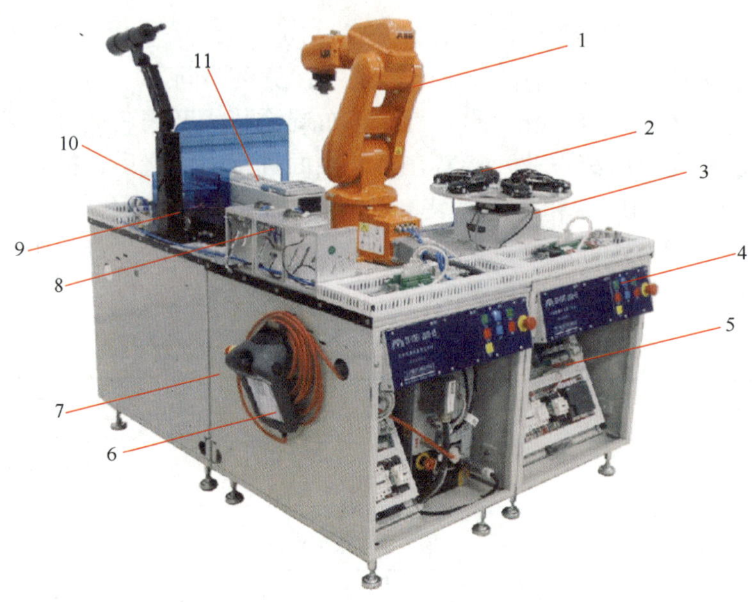

图 2—1—19　机器人车窗涂胶装配模拟工作站

表 2—1—2　机器人车窗涂胶装配模拟工作站组成部件

序号	名称	序号	名称	序号	名称
1	六轴机器人	5	电气控制挂板	9	简易涂胶机
2	汽车模型	6	机器人示教器	10	安全储料台
3	精密分度盘	7	模型桌体	11	安全送料机构
4	操作面板	8	机器人夹具座		

1. 六轴机器人单元

本工作站六轴机器人单元采用实际工业应用的 ABB 公司六轴控制机器人，本体型号为 IRB-120，有效负载 3 kg，臂展 0. 58 m，配套工业控制器，由钣金制成机器人固定架，结实稳定；配置多个机器人夹具摆放工位，带有自动快换功能，灵活多用，桌体配重，能保证机器人高速运动时不出现摇晃，如图 2—1—20 所示。

图 2—1—20　六轴机器人单元

2. 多工位涂装单元

多工位涂装单元的功能是通过步进电动机驱动转动盘以完成多工位上料工作，如图 2—1—21 所示。

3. 上料涂胶单元

上料涂胶单元的功能是上料机构负责装配工件的上料，涂胶系统完成涂胶任务，如图 2—1—22 所示。

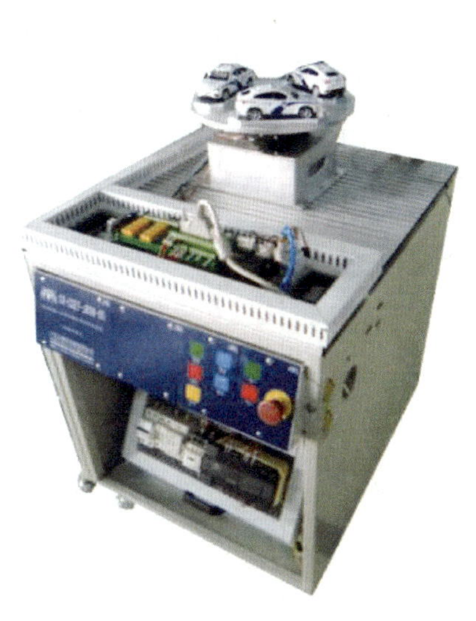
图 2—1—21　多工位涂装单元

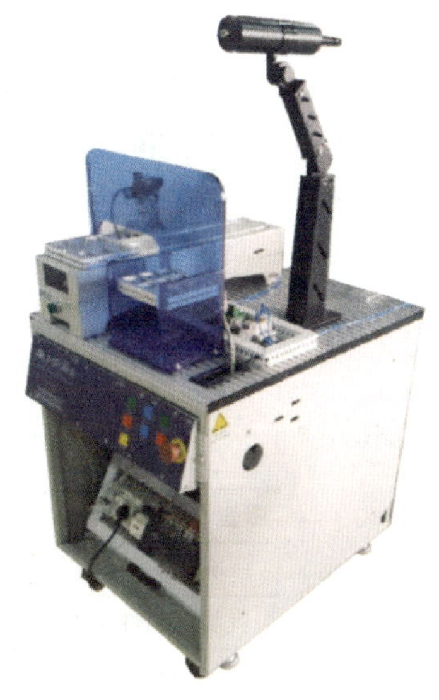
图 2—1—22　上料涂胶单元

4. 机器人末端执行器

本工作站机器人末端执行器主要配有胶枪夹具和双吸盘夹具。其中胶枪夹具用来辅助机器人完成预涂胶任务，如图 2—1—23a 所示；双吸盘夹具用来辅助机器人完成单个物料（车窗）的拾取与搬运，如图 2—1—23b 所示。

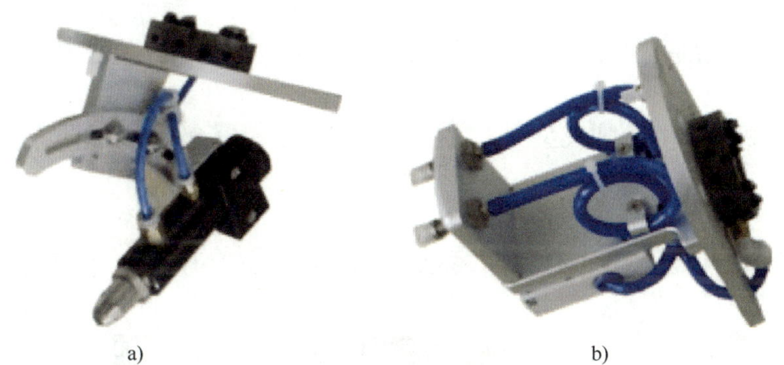
a)　b)

图 2—1—23　机器人末端执行器
a）胶枪夹具　b）双吸盘夹具

任务实施

一、任务准备

实施本任务需使用的实训设备及工具材料可参考表 2—1—3。

表 2—1—3　　实训设备及工具材料

序号	分类	名称	型号规格	数量	单位	备注
1	工具	电工常用工具		1	套	
2		内六角扳手	3.0 mm	1	个	
3		内六角扳手	4.0 mm	1	个	
4	设备器材	ABB 机器人	SX-CSET-JD08-05-34	1	套	
5		多工位涂装单元	SX-CSET-JD08-05-32	1	套	
6		胶枪夹具组件	SX-CSET-JD08-05-12	1	套	
7		上料涂胶单元	SX-CSET-JD08-05-31	1	套	
8		吸盘（夹具）组件	SX-CSET-JD08-05-11	1	套	
9		夹具座组件	SX-CSET-JD08-05-15A	2	套	
10		气源两联件组件	SX-CSET-JD08-05-16	1	套	
11		模型桌体 A	SX-CSET-JD08-05-41	1	套	
12		模型桌体 B	SX-CSET-JD08-05-42	1	套	
13		计算机桌	SX-815Q-21	2	套	
14		计算机	自定	2	套	
15		无油空压机	静音	1	台	
16		资料光盘		1	张	
17		说明书		1	本	

二、观看涂装机器人在工厂自动化生产线中的应用录像

记录工业机器人的品牌及型号，并查阅相关资料，了解涂装机器人在实际生产中的应用。

三、操作机器人车窗涂胶装配模拟工作站的操作（见图 2—1—24）

图 2—1—24　机器人车窗涂胶装配模拟工作站操作示意图

在教师的指导下，操作机器人车窗涂胶装配模拟工作站，并了解其工作过程。

检查测评

对任务的完成情况进行检查，并将结果填入表2—1—4内。

表2—1—4　　　任务测评表

序号	主要内容	考核要求	评分标准	配分	扣分	得分
1	观看录像	正确记录机器人的品牌及型号，能正确描述其主要技术指标及特点	1. 记录机器人的品牌、型号有错误或遗漏，每处扣2分 2. 描述主要技术指标及特点有错误或遗漏，每处扣2分	20		
2	机器人车窗涂胶装配模拟工作站的操作	1. 能正确操作机器人车窗上料 2. 能正确操作机器人车窗涂胶与装配	1. 不能正确操作机器人车窗上料扣30分 2. 不能正确操作机器人车窗涂胶与装配扣30分	70		
3	安全文明生产	劳动保护用品穿戴整齐；遵守操作规程；讲文明礼貌；操作结束后清理现场	1. 操作中，违反安全文明生产考核要求的任何一项扣5分，扣完为止 2. 当发现学生有重大事故隐患时，要立即予以制止，并每次扣安全文明生产总分5分	10		
合计						

任务2　上料涂胶单元的组装、程序设计与调试

学习目标

知识目标：

1. 熟悉上料涂胶单元的整机结构和涂胶机结构及其工作原理。
2. 了解光纤传感器和磁性开关的工作原理。
3. 了解无杆气缸的工作原理和基本结构。
4. 掌握光纤传感器、节流阀、电磁阀等的调试方法。

能力目标：

1. 能够参照装配图进行上料涂胶单元的组装。
2. 能够参照接线图完成单元桌面电气元件的安装与接线。
3. 能够根据控制要求，完成送料程序的设计与调试。

工作任务

有一台上料涂胶机构，上料的托盘上装有 3 台车的车窗，现需要对该上料涂胶单元进行组装、程序设计及调试，并交有关人员验收，安装完成后可按功能要求正常运转。具体要求如下：

（1）完成对上料涂胶机构的组装。

（2）要求通过 PLC 的控制，按下启动按钮，设备启动，按下送料按钮，将车窗托盘送入工作区，同时涂胶机准备就绪（等待机器人拾取车窗、涂胶及装配到汽车上）。

相关知识

一、上料涂胶单元

上料涂胶单元主要由上料机构和涂胶系统两大部分组成，其功能是上料机构负责装配工件的上料，涂胶系统提供模拟涂胶任务。上料涂胶单元的整机结构图，如图 2—2—1 所示。

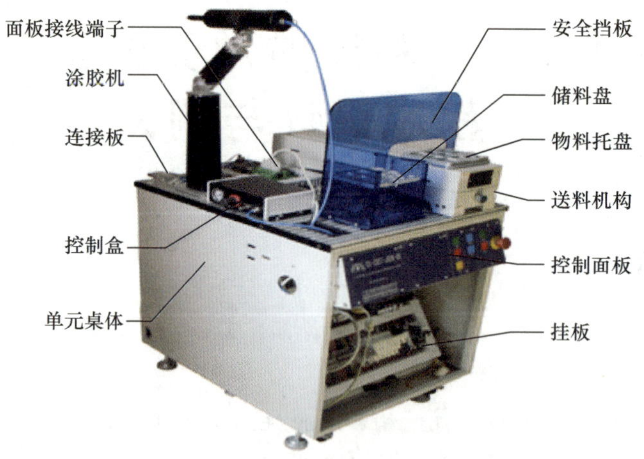

图 2—2—1　上料涂胶单元的整机结构图

1. 涂胶机的结构

涂胶机又称点胶机、滴胶机、打胶机、灌胶机等，是专门对流体进行控制，并将流体点滴、涂覆于产品表面或产品内部的自动化机器，可实现三维、四维路径点胶，具有定位精确，控胶精准，不拉丝，不漏胶，不滴胶的特点。可以用来实现打

点、画线、画圆或画弧。本任务选用 TH-200 KG 型涂胶机，如图 2—2—2 所示，它由涂胶枪和控制盒组成，之间由 $\Phi 6$ mm 气管连接。其中快速接头、筒盖、储存筒可对所有黏度液体进行作业，通过控制涂胶线路，保证点胶的精度，通过调节输出气压和点胶时间来获得最佳点胶效果，配备真空可调回吸装置，以消除胶液滴漏现象。

2. 涂胶机的工作原理

压缩空气进入储存筒，将流体压进与活塞室相连的进给管中，当活塞处于上冲程时，活塞室中填满流体，当活塞向下推进滴胶针头时，流体从针嘴压出，滴出的流体量由活塞下冲的距离决定。

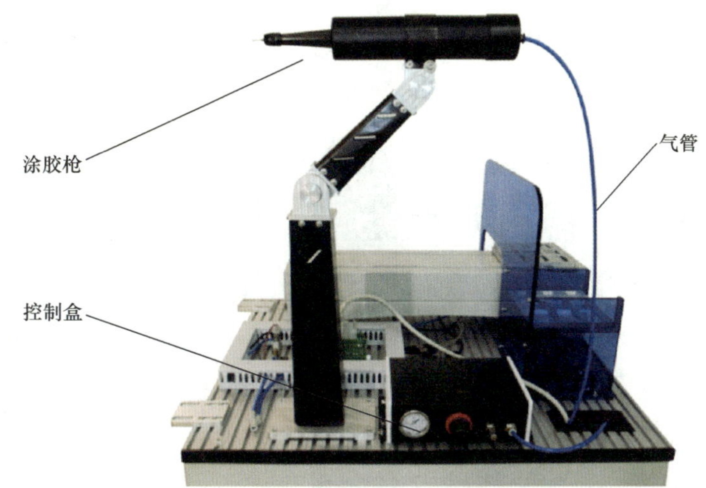

图 2—2—2　TH-200KG 型涂胶机

3. 涂胶枪的调节

为确保流体顺利流出并取得均匀一致的点胶效果，涂胶枪的调节要求如下：先逆时针方向调节调压阀来降低气压，再顺时针方向调节调压阀来增大气压直到取得合适的气压。注意避免用很高的气压匹配非常小的胶点。理想的搭配是气压和针头组合产生“适合工作”的流速，既不能喷溅也不能太慢。调节图 2—2—3 中的两旋钮可调节涂胶枪涂胶点的高低和前后位置。

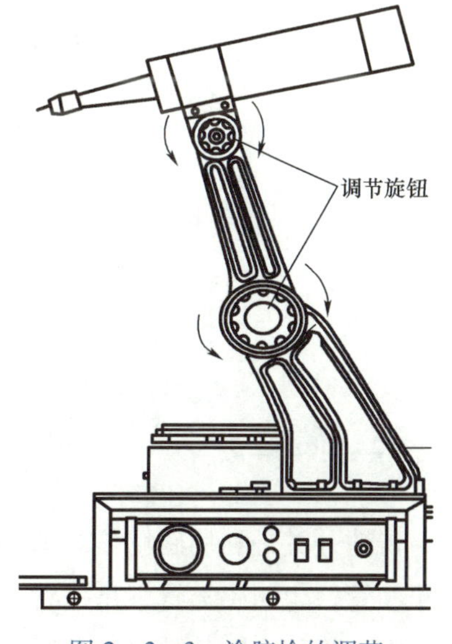

图 2—2—3　涂胶枪的调节

二、光纤传感器

光纤传感器的工作原理是将来自光源的光经

过光纤送入调制器，使待测参数与进入调制区的光相互作用，导致光学性质（如光的强度、波长、频率、相位、偏振态等）发生变化，成为被调制的信号光，再经过光纤送入光探测器，经信号处理系统解调后，获得被测参数，如图 2—2—4 所示。

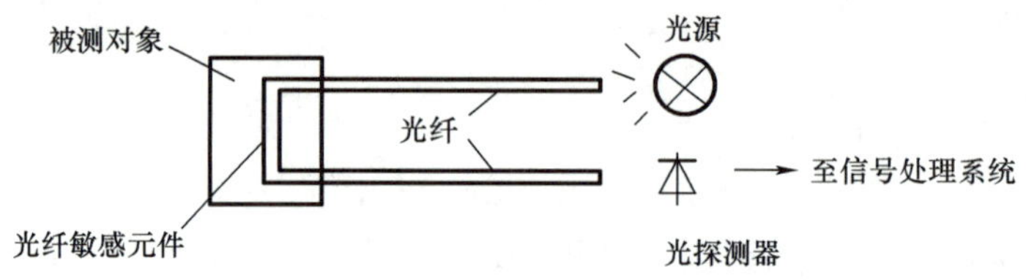

图 2—2—4　光纤传感器工作原理图

本任务选用的是 D10BFP 光纤传感器，它主要用来检测汽车模型进入工位情况，其外形如图 2—2—5 所示。

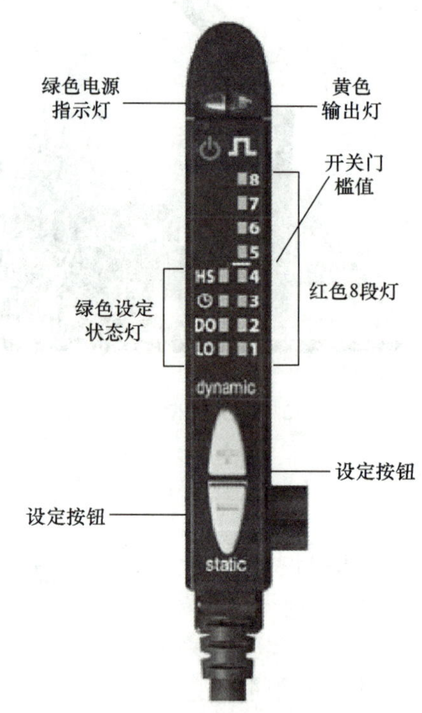

图 2—2—5　D10BFP 光纤传感器

三、磁性开关

磁性开关是利用磁场信号来实现控制的一种开关元件，也叫磁控开关。其内部有一干簧管，也叫磁控管，是一种有触点的无源电子开关元件，具有结构简单，体积小便于控制等优点，其外壳一般是一根密封的玻璃管，管中装有两个铁质的弹性簧片电

板，还灌有的惰性气体。平时，玻璃管中的两个由特殊材料制成的簧片是分开的，当有磁性物质靠近玻璃管时，在磁场磁力线的作用下，管内的两个簧片被磁化而互相吸引接触，使电路连通。外磁力消失后，两个簧片会由于本身的弹性而分开，线路也就断开了。磁性开关可以作为传感器，用于计数、限位等。磁性开关的接线如图 2—2—6 所示。

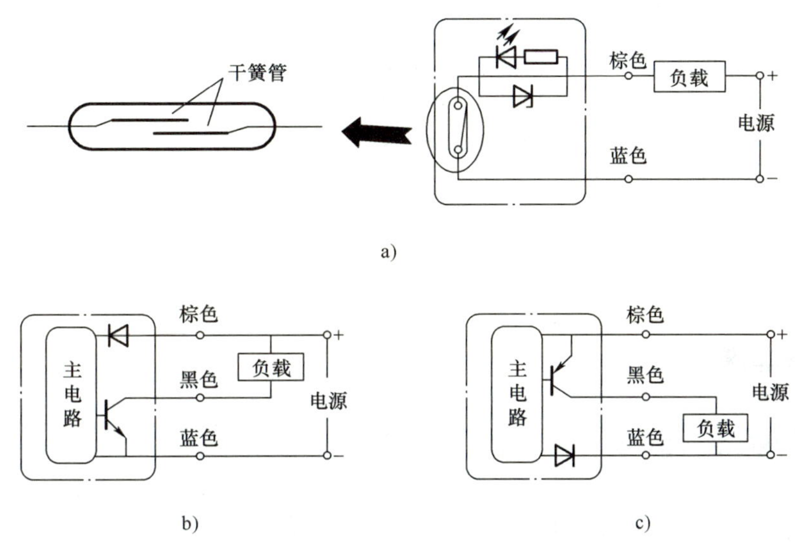

图 2—2—6　磁性开关的接线图

a）二线式接线　b）三线式接线（无接点 NPN 型）

c）三线式接线（无接点 PNP 型）

【提示】

（1）二线式接线的磁性开关交直流电源通用。

（2）三线式接线的磁性开关只能用于直流电源。NPN 型和 PNP 型磁性开关在继电器回路使用时应注意接线的差异，在配合 PLC 使用时应注意选型。

四、无杆气缸

无杆气缸是指利用活塞直接或间接连接外界执行机构，并使其跟随活塞实现往复运动的气缸。这种气缸的最大优点是节省安装空间。磁性无杆气缸的活塞通过磁力带动缸体外部的移动体做同步移动，其结构如图 2—2—7 所示。它的工作原理是：在活塞上安装一组高强磁性的永久磁环，磁力线通过薄壁缸筒与套在外面的另一组磁环作用，由于两组磁环磁性相反，具有很强的吸力，当活塞在缸筒内被气压推动时，在磁力作用下，带动缸筒外的磁环套一起移动。

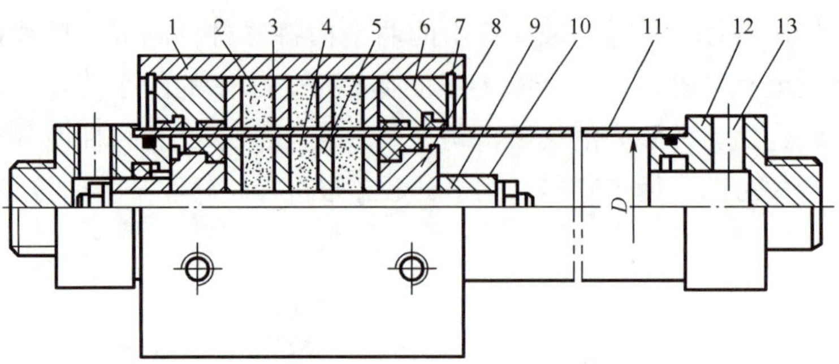

图 2—2—7　磁性无杆气缸

1—套筒　2—外磁环　3—外磁导板　4—内磁环　5—内磁导杆　6—压盖
7—卡环　8—活塞　9—活塞轴　10—缓冲柱塞　11—气缸筒
12—端盖　13—进、排气口

任务实施

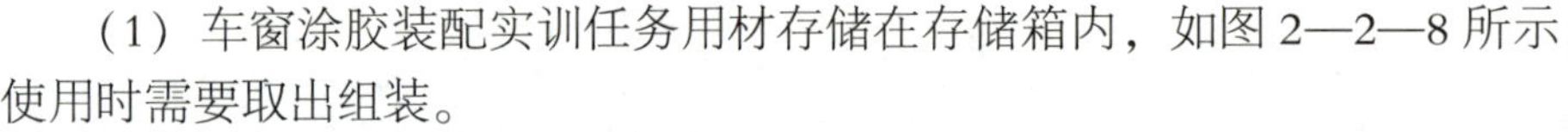

一、任务准备

实施本任务教学所使用的实训设备及工具材料可参考表 2—1—3。

二、上料涂胶单元的组装

1. 安全送料机构的组装

（1）车窗涂胶装配实训任务用材存储在存储箱内，如图 2—2—8 所示，使用时需要取出组装。

（2）存储箱分两层，每层有独立托盘，托盘两侧装有提手，方便拿出托盘，如图 2—2—9 所示。

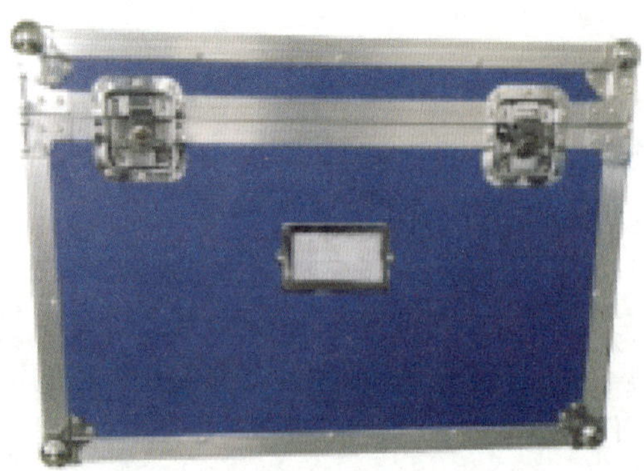

图 2—2—8　任务用材存储箱

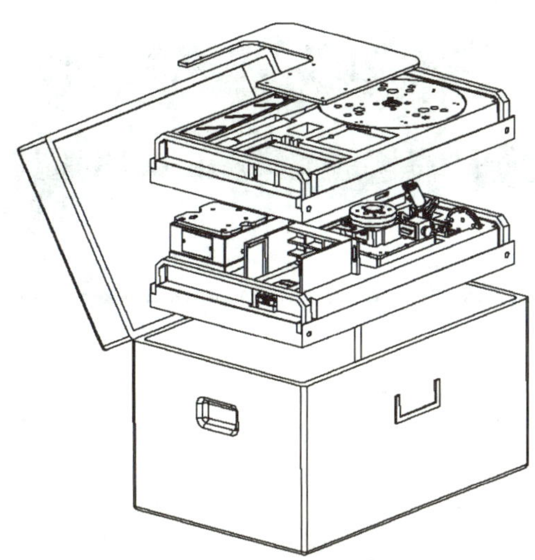

图 2—2—9　任务用材存储方式

（3）从车窗涂胶装配实训任务存储箱中取出车窗储料盒、安全挡板、挡板支脚及螺钉等配件，按如图 2—2—10 所示进行组装。

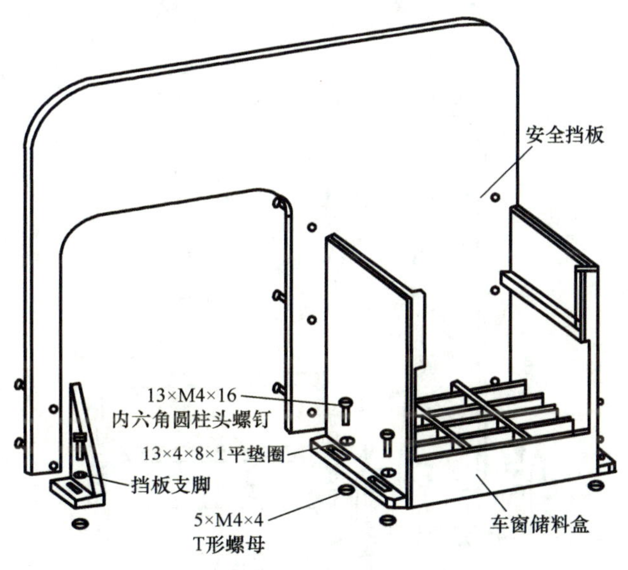

图 2—2—10　安全储料台组装图

2. 涂胶枪的装配

（1）取出涂胶枪的基本配件，如图 2—2—11 所示。

（2）首先将 B 装在 A 的细端，上螺钉但不拧紧，然后将 C 套在 B 里面（注意方向），拧紧 B 上的螺钉，将 C 固定在 A 上，接下来将 A 与 D 的平整面用螺钉固定紧，安装过程如图 2—2—12 所示。

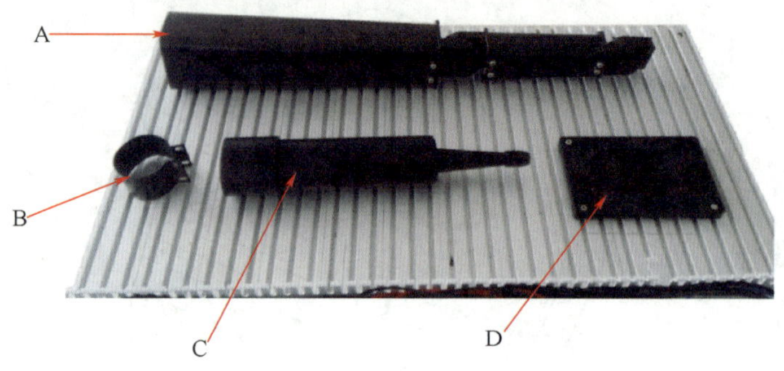

图 2—2—11　涂胶枪配件

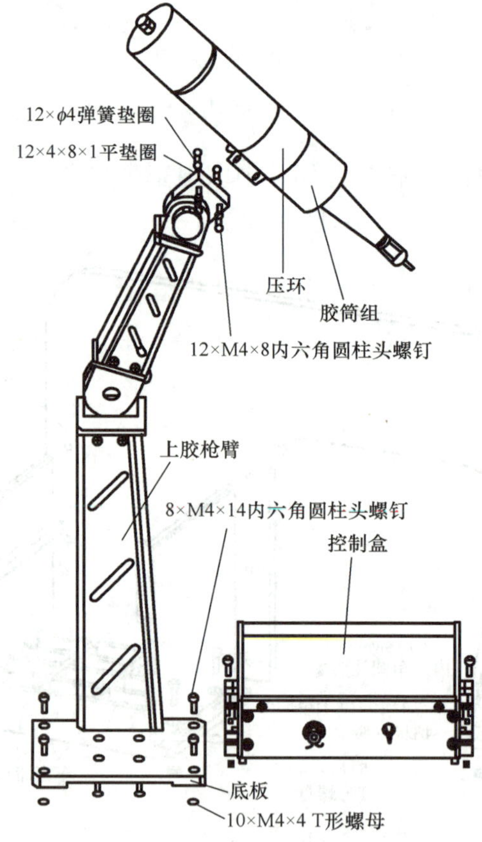

图 2—2—12　胶枪组装图

3. 上料涂胶单元的组装

（1）首先把安全送料机构（见图 2—2—13）安装到桌体，如图 2—2—14 所示。

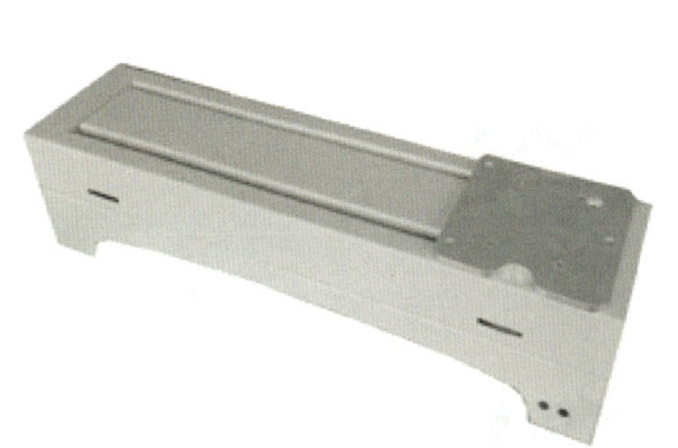

图 2—2—13　安全送料机构

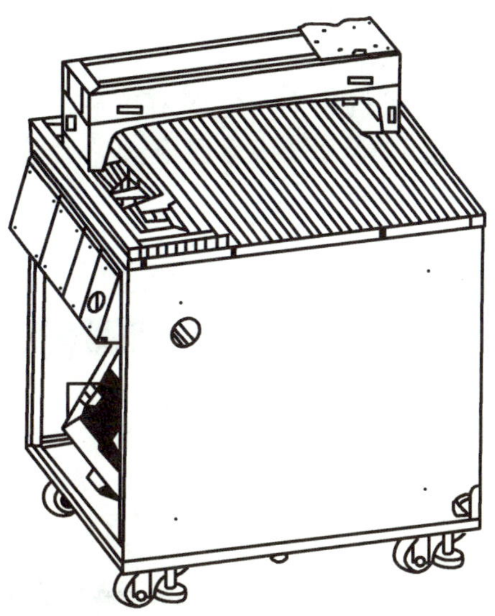

图 2—2—14　安全送料机构的安装

（2）按如图 2—2—15 所示的布局，将组装好的涂胶系统及安全储料台固定在桌面上，并把车窗托盘（见图 2—2—16）放到安全上料机构的指定位置。

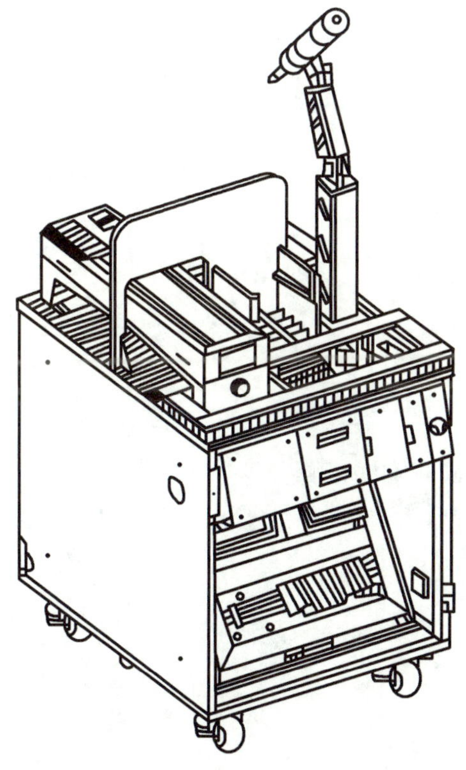

图 2—2—15　安装好的上料涂胶单元

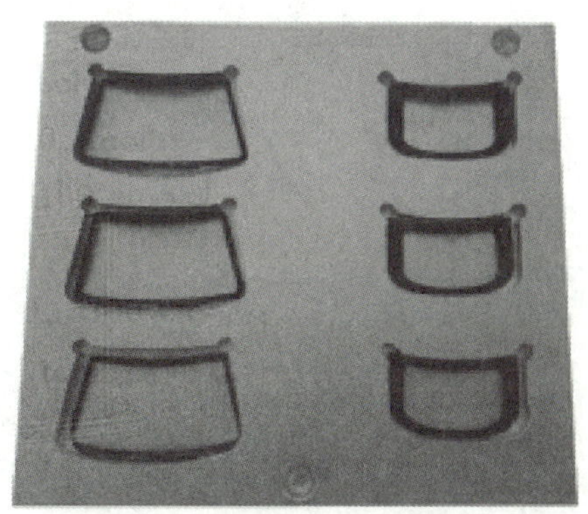

图 2—2—16　车窗托盘

（3）对照 PLC 控制接线图及 I/O 功能分配表把信号线接插头对接好，安装方式如图 2—2—17 所示。光纤头直接插入对应的光纤放大器；使用 Φ4 mm 气管把安全送料机构桌面与之对应电磁阀气路出口接头连接插紧；涂胶机进气口使用 Φ6 mm 气管与桌面气路三通连接，涂胶机出气口使用 Φ6 mm 气管与胶枪筒尾部气路接头连接插紧。

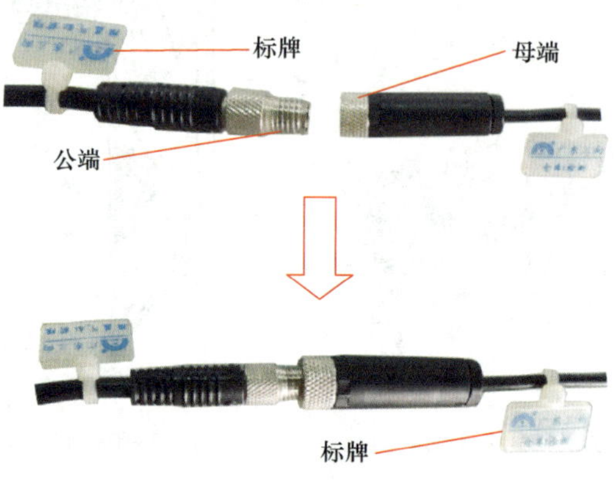

图 2—2—17　接插线连接

三、功能框图

上料涂胶单元功能框图如图 2—2—18 所示。

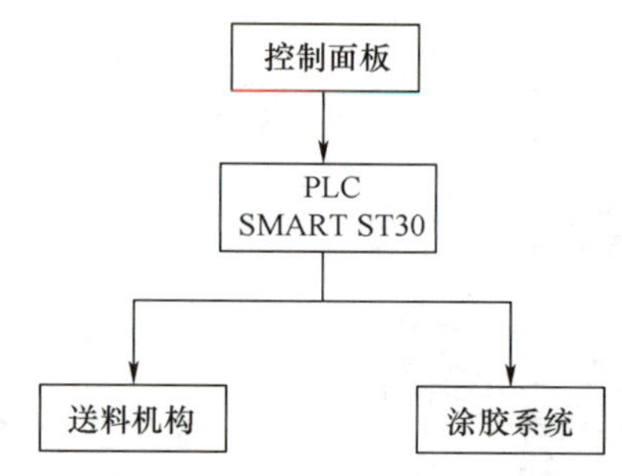

图 2—2—18　上料涂胶单元功能框图

四、I/O 功能分配

1. 上料涂胶单元 PLC 的 I/O 功能分配

上料涂胶单元 PLC 的 I/O 功能分配见表 2—2—1。

表 2—2—1　　上料涂胶单元 PLC 的 I/O 功能分配表

序号	I/O 地址	功能描述	备注
1	I0. 1	托盘底座传感器触发，I0. 1 闭合	
2	I0. 5	托盘气缸前限位触发，I0. 5 闭合	
3	I0. 6	托盘气缸后限位触发，I0. 6 闭合	
4	I0. 7	按下“送料”按钮，I0. 7 闭合	
5	I1. 0	按下“启动”按钮，I1. 0 闭合	
6	I1. 1	按下“停止”按钮，I1. 1 闭合	
7	I1. 2	按下“复位”按钮，I1. 2 闭合	
8	I1. 3	联机信号，I1. 3 闭合	
9	Q0. 3	Q0. 3 闭合，涂胶电磁阀启动	
10	Q0. 5	Q0. 5 闭合，面板运行指示灯（绿）点亮	
11	Q0. 6	Q0. 6 闭合，面板停止指示灯（红）点亮	
12	Q0. 7	Q0. 7 闭合，面板复位指示灯（黄）点亮	
13	Q1. 0	Q1. 0 闭合，托盘气缸电磁阀得电	

2. 上料涂胶单元挂板接口板端子分配

上料涂胶单元挂板接口板端子分配见表 2—2—2。

表 2—2—2　　上料涂胶单元挂板接口板端子分配表

挂板接口板地址	线号	功能描述	备注
2	I0. 1	托盘底座传感器信号线	
6	I0. 5	托盘气缸前限信号线	
7	I0. 6	托盘气缸后限信号线	
8	I0. 7	托盘送料按钮	
23	Q0. 3	涂胶电磁阀	
25	Q1. 0	托盘送料气缸电磁阀	
A	PS3+	继电器常开触点（KA31：6）	
B	PS3-	直流电源 24 V-进线	
C	PS32+	继电器常开触点（KA31：5）	
D	PS33+	继电器触点（KA31：9）	
E	I1. 0	启动按钮	
F	I1. 1	停止按钮	
G	I1. 2	复位按钮	
H	I1. 3	联机信号	
I	Q0. 5	启动指示灯	
J	Q0. 6	停止指示灯	
K	Q0. 7	复位指示灯	
L	PS39+	直流电源 24 V+进线	

3. 上料涂胶单元桌面接口板端子分配

上料涂胶单元桌面接口板端子分配见表 2—2—3。

表 2—2—3　　上料涂胶单元桌面接口板端子分配表

桌面接口板地址	线号	功能描述	备注
2	I0. 1	托盘底座检测传感器信号线	
6	I0. 5	托盘气缸前限信号线	
7	I0. 6	托盘气缸后限信号线	
8	I0. 7	托盘送料按钮信号线	
23	Q0. 3	涂胶电磁阀信号线	
25	Q1. 0	托盘送料气缸电磁阀信号线	
39	托盘底座检测+	托盘底座检测传感器电源线+端	
51	托盘气缸前限-	托盘气缸前限磁性开关-端	
52	托盘气缸后限-	托盘气缸后限磁性开关-端	
53	送料按钮-	送料按钮电源线-	
47	托盘底座检测-	托盘底座检测传感器电源线-	
65	涂胶电磁阀-	涂胶电磁阀-	
67	托盘送料气缸电磁阀-	托盘送料气缸电磁阀-	
63	PS39+	提供 24 V 电源+	
64	PS3-	提供 24 V 电源-	

五、PLC 控制接线图

本任务 PLC 控制接线图如图 2—2—19 所示。

六、线路安装

1. PLC 各端子接线

按照表 2—2—1 PLC 的 I/O 功能分配表和如图 2—2—19 所示的接线图，进行 PLC 各端子的接线。元件安装及布线应符合工艺要求，布线时严禁损伤线芯和导线绝缘，导线与接线端子或接线桩连接时，不得压绝缘层、反圈及露铜过长。

2. 挂板接口板端子接线

按照表 2—2—2 挂板接口板端子分配表和如图 2—2—19 所示的接线图，进行挂板端子的接线。元件安装及布线应符合工艺要求，布线时严禁损伤线芯和导线绝缘，导线与接线端子或接线桩连接时，不得压绝缘层、反圈及露铜过长，如图 2—2—20 所示。

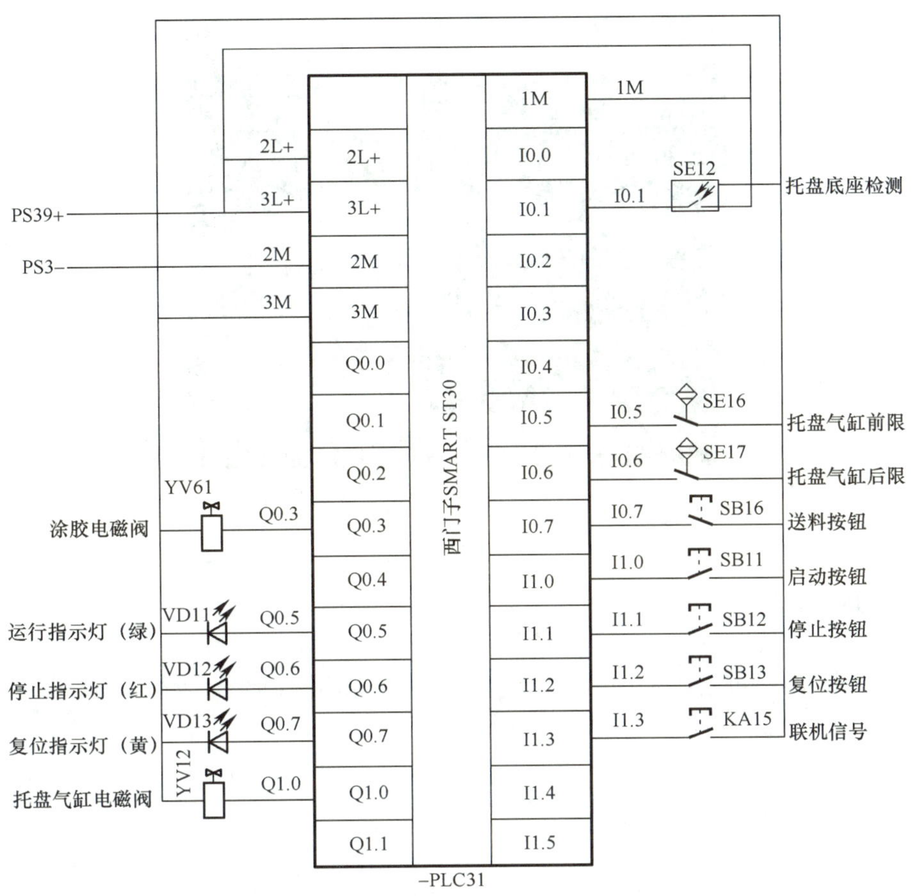

图 2—2—19　PLC 控制接线图

图 2—2—20　挂板接口板端子接线实物图

3. 桌面接口板端子的接线

按照表 2—2—3 桌面接口板端子分配表和图 2—2—19 所示的接线图，进行桌面接口板端子的接线。元件安装及布线应符合工艺要求，布线时严禁损伤线芯和导线绝缘，导线与接线端子或接线桩连接时，不得压绝缘层、反圈及露铜过长，如图 2—2—21 所示。

图 2—2—21　桌面接口板端子接线实物图

七、程序设计

根据控制要求，可设计出上料涂胶单元的参考控制程序梯形图，如图 2—2—22 所示。

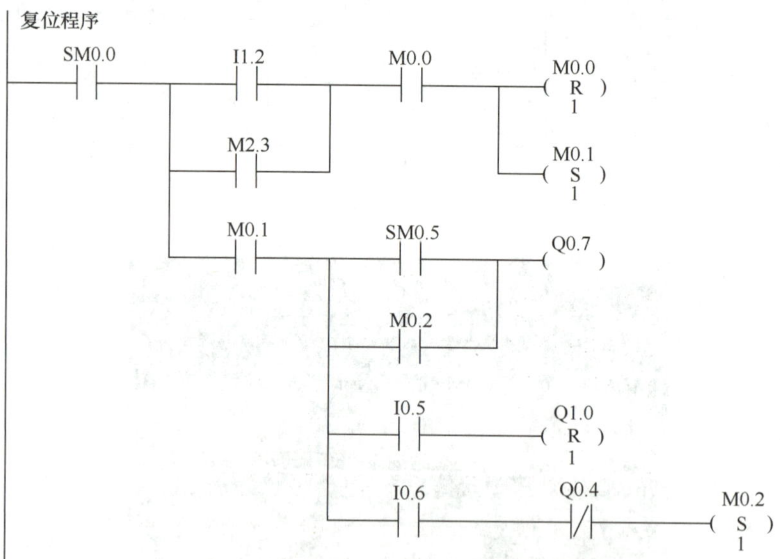

符号	地址	注释
Always_On	SM0.0	始终接通
Clock_1s	SM0.5	针对1 s的周期时间，时钟脉冲接通0.5 s，关断0.5 s
CPU_输出4	Q0.4	点胶启动继电器
CPU_输出7	Q0.7	复位指示灯
CPU_输出8	Q1.0	送料气缸电磁阀
CPU_输入10	I1.2	复位按钮
CPU_输入5	I0.5	送料气缸前限
CPU_输入6	I0.6	送料气缸后限
M00	M0.0	单元停止
M01	M0.1	单元复位
M02	M0.2	复位完成
M23	M2.3	联机复位

停止程序

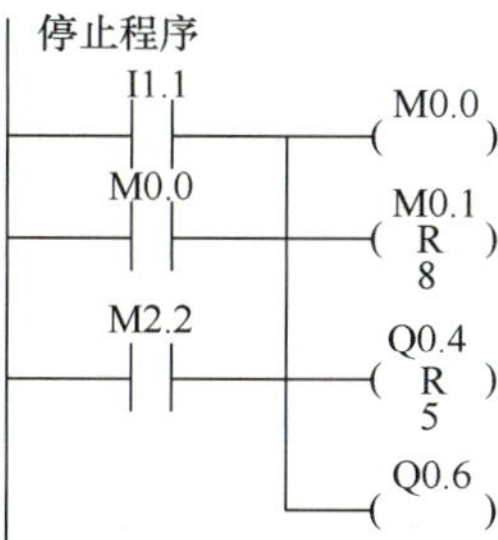

符号	地址	注释
CPU_输出4	Q0.4	点胶启动继电器
CPU_输出6	Q0.6	停止指示灯
CPU_输入9	I1.1	停止按钮
M00	M0.0	单元停止
M01	M2.1	单元复位
M22	M2.2	联机停止

启动程序

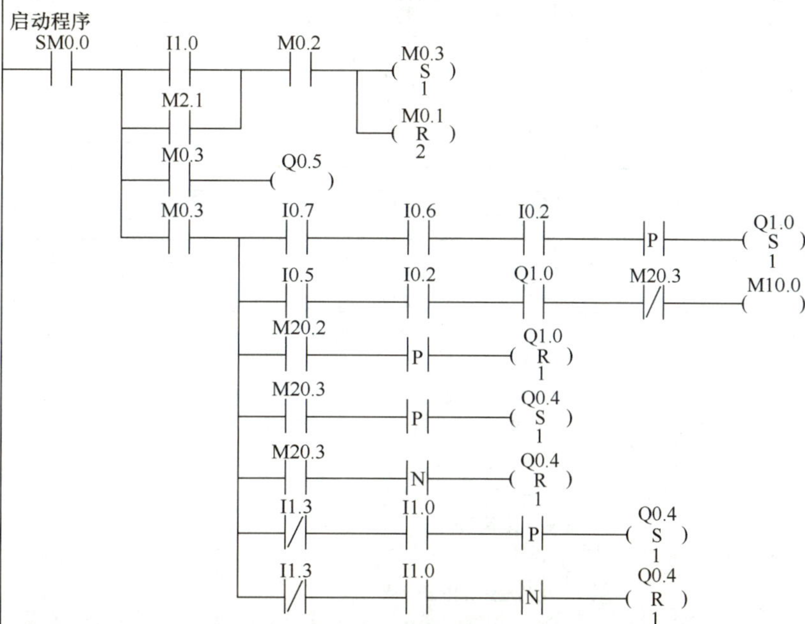

符号	地址	注释
Always_On	SM0.0	始终接通
CPU_输出4	Q0.4	点胶启动继电器
CPU_输出5	Q0.5	运行指示灯
CPU_输出8	Q1.0	送料气缸电磁阀
CPU_输入11	I1.3	单/联机
CPU_输入2	I0.2	托盘检测信号
CPU_输入5	I0.5	送料气缸前限
CPU_输入6	I0.6	送料气缸后限
CPU_输入7	I0.7	送料按钮
CPU_输入8	I1.0	启动按钮
M01	M0.1	单元复位
M02	M0.2	复位完成
M03	M0.3	单元启动
M100	M10.0	上料准备就绪
M202	M20.2	机器人装配完成信号
M203	M20.3	换料信号
M21	M2.1	联机启动

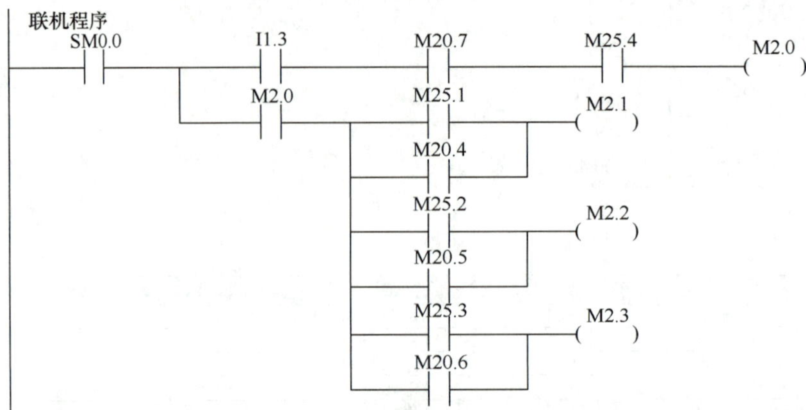

符号	地址	注释
Always_On	SM0.0	始终接通
CPU_输入11	I1.3	单/联机
M20	M2.0	全部联机信号
M204	M20.4	启动按钮
M205	M20.5	停止按钮
M206	M20.6	复位按钮
M207	M20.7	单/联机
M21	M2.1	联机启动
M22	M2.2	联机停止
M23	M2.3	联机复位
M251	M25.1	启动按钮
M252	M25.2	停止按钮
M253	M25.3	复位按钮
M254	M25.4	联/单机

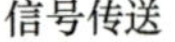

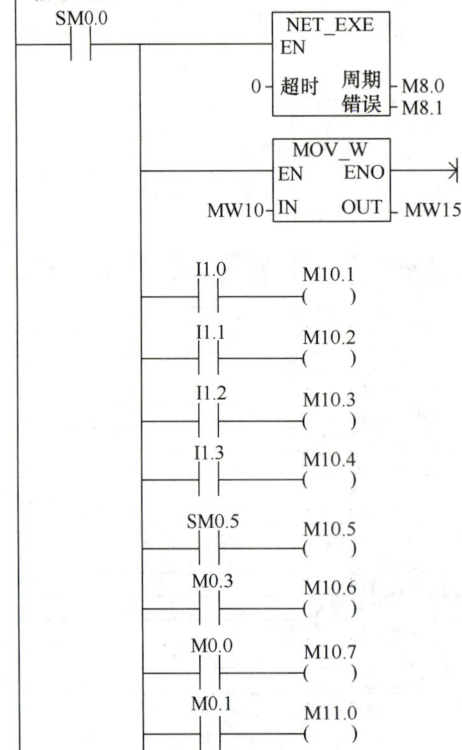

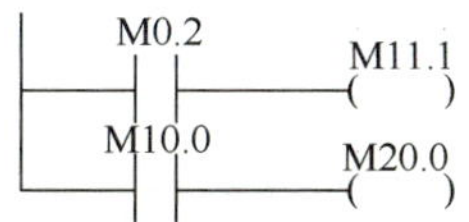

符号	地址	注释
Always_On	SM0.0	始终接通
Clock_1s	SM0.5	针对1 s的周期时间，时钟脉冲接通0.5 s，关断0.5 s
CPU_输入10	I1.2	复位按钮
CPU_输入11	I1.3	单/联机
CPU_输入8	I1.0	启动按钮
CPU_输入9	I1.1	停止按钮
M00	M0.0	单元停止
M01	M0.1	单元复位
M02	M0.2	复位完成
M03	M0.3	单元启动
M100	M10.0	上料准备就绪
M101	M10.1	启动按钮
M102	M10.2	停止按钮
M103	M10.3	复位按钮
M104	M10.4	联/单机状态
M105	M10.5	通信信号
M106	M10.6	单元启动
M107	M10.7	单元停止
M110	M11.0	单元复位
M111	M11.1	复位完成
M200	M20.0	涂胶中信号

图 2—2—22　上料涂胶单元参考程序梯形图

八、系统调试与运行

1. 上电前检查

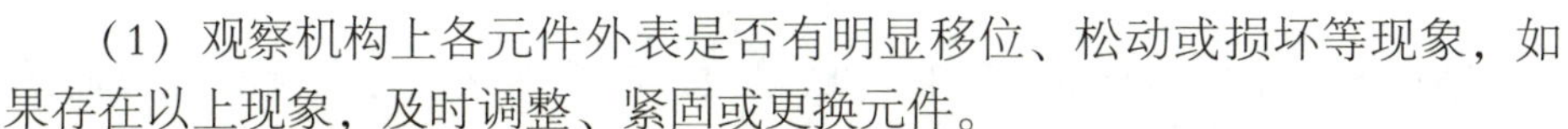

（1）观察机构上各元件外表是否有明显移位、松动或损坏等现象，如果存在以上现象，及时调整、紧固或更换元件。

（2）对照接口板端子分配表或接线图检查桌面和挂板接线是否正确，尤其要检查 24 V 电源，电气元件电源线等线路是否有短路、断路现象。

注意

设备初次组装调试时，必须认真检查线路是否正确，接线错误容易造成设备元件损坏。

（3）接通气路，打开气源，检查气压为 0.3~0.6 MPa，按下电磁阀手动按钮，确认各气缸及传感器的原始状态。上料涂胶单元气路图如图 2—2—23 所示。

（4）设备上不能放置任何不属于本工作站的物品，如有发现应及时清除。

2. 气缸速度调节（节流阀）

调节节流阀使气缸动作顺畅柔和，控制进出气体的流量，如图 2—2—24 所示。

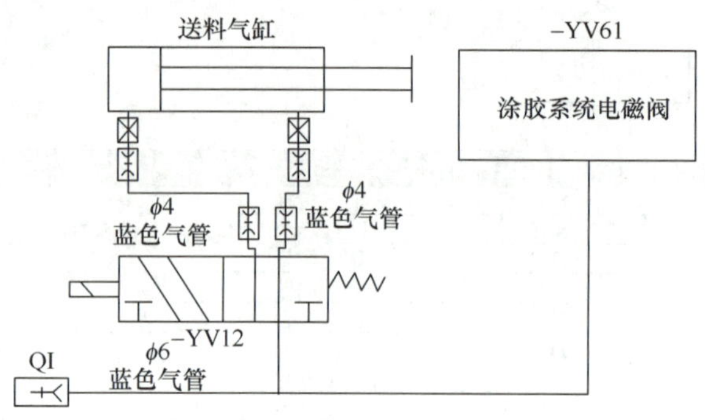

图 2—2—23　上料涂胶单元气路图

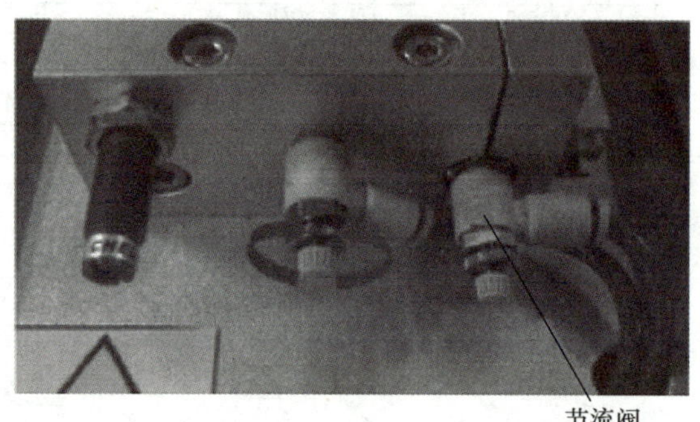

图 2—2—24　气缸速度的调节

3. 气缸前后限位调节（磁性开关）

磁性开关分别安装在无杆气缸的前限位与后限位，应确保前后限位分别在气缸缩回和伸出时能够感应到并输出信号。安装在后限位磁性开关的调节方法如图 2—2—25 所示。

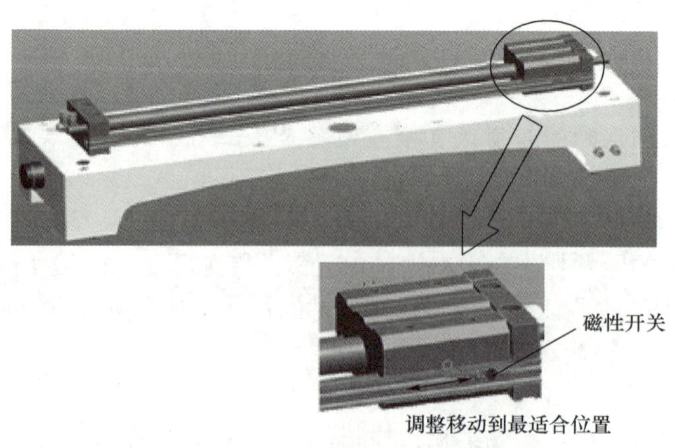

图 2—2—25　后限位磁性开关的调节

4. 托盘检查信号调试（光纤传感器）

托盘检查信号调试主要是调节光纤传感器，D10BFP 型光纤传感器的感应范围为 0~10 mm，要求托盘放置时能够准确感应并输出信号。光纤传感器的调节方法及步骤见表 2—2—4。

表 2—2—4　　光纤传感器的调节方法及步骤

步骤	按键	动作	图示	说明
	0.04 s≤ “按” ≤ 0.8 s			按键单击时长范围
进入静态示教	− +	按下并保持 2 s		电源灯：OFF 输出灯：ON 状态灯：LO&DO 交替闪烁 8 状态灯：OFF
设定输出 ON 条件	− +	单击一下		电源灯：OFF 输出灯：闪烁，然后 OFF 状态灯：LO&DO 交替闪烁 8 状态灯：OFF
设定输出 OFF 条件	− +	单击一下		示教接受 电源灯：ON 8 状态灯：1LED 闪烁显示当前对比度，传感器返回到运行模式
				示教不接受 电源灯：OFF 8 状态灯：1、3、5、7 号交替闪烁，表示失败，传感器返回到运行模式

5. 调试故障查询及解决方法

本任务调试时的故障查询及解决方法见表 2—2—5。

表 2—2—5　　故障查询及解决方法

故障现象	故障原因	解决方法
设备无法复位	无气压	打开气源或疏通气路
	无杆气缸磁性开关信号丢失	调整磁性开关位置
	PLC 输出点烧坏	更换
	接线不良	紧固
	程序出错	修改程序
	开关电源损坏	更换
	PLC 损坏	更换

续表

故障现象	故障原因	解决方法
无杆气缸不动作	磁性开关信号丢失	调整磁性开关位置
	检测传感器没触发	参照传感器无检测信号项解决
	电磁阀接线错误	检查并更改
	无气压	打开气源或疏通气路
	PLC 输出点烧坏	更换
	接线错误	检查线路并更改
	程序出错	修改程序
	开关电源损坏	更换
传感器无检测信号	PLC 输入点烧坏	更换
	接线错误	检查线路并更改
	开关电源损坏	更换
	传感器固定位置不合适	调整位置
	传感器损坏	更换

检查测评

对任务的完成情况进行检查，并将结果填入表 2—2—6 内。

表 2—2—6　任务测评表

序号	主要内容	考核要求	评分标准	配分	扣分	得分
1	上料涂胶单元的组装	1. 正确完成安全送料机构的组装 2. 正确完成涂胶枪的装配 3. 正确完成上料涂胶单元的组装	1. 安全送料机构的组装有错误或遗漏，每处扣 5 分 2. 涂胶枪的装配有错误或遗漏，每处扣 5 分 3. 上料涂胶单元的装配有错误或遗漏，每处扣 5 分	40		
2	上料涂胶单元控制程序的设计与调试	1. 正确完成单元桌面电气元件的安装与接线 2. 正确完成 PLC 程序的设计 3. 正确完成系统的调试与运行	1. 电气元器件安装有错误或遗漏，每处扣 5 分 2. 接线有错误或遗漏，每处扣 5 分 3. 不能按照 PLC 控制接线图接线，本项不得分 4. 程序设计有错误或遗漏，每处扣 5 分 5. 系统不能正常运行，扣 30 分	50		
3	安全文明生产	劳动保护用品穿戴整齐；遵守操作规程；讲文明礼貌；操作结束后清理现场	1. 操作中，违反安全文明生产考核要求的任何一项扣 5 分，扣完为止 2. 当发现学生有重大事故隐患时，要立即予以制止，并每次扣安全文明生产总分 5 分	10		
合计						

任务3　多工位涂装单元的组装、程序设计与调试

学习目标

知识目标：

1. 了解多工位涂装单元整机结构。
2. 了解槽型光电开关的工作原理。
3. 掌握槽型光电开关和光纤传感器的调试方法。

能力目标：

1. 能够参照装配图进行多工位涂装单元的组装。
2. 能够参照接线图完成单元桌面电气元件的安装与接线。
3. 能够根据控制要求，完成多工位涂装单元程序的设计与调试。

工作任务

如图2—3—1所示是一多工位涂装单元，现需要对该单元进行组装、程序设计及调试，并交有关人员验收，要求安装完成后能够通过PLC程序精准控制并定位轮盘上的3个工位，待六轴机器人对汽车模型进行前车窗及后车窗的预涂胶及装配后，自动转到下一辆。具体控制过程如下：

（1）按下“启动”按钮，系统上电。

（2）按下“开”按钮，停留10 s（此时间为机器人预涂胶及安装车窗时间）后转到下一工位，直到3个工位安装完毕。

（3）每一工位都能手动选择。

（4）按下“停止”按钮，停止工作，按下“复位”按钮，自动复位到原点。

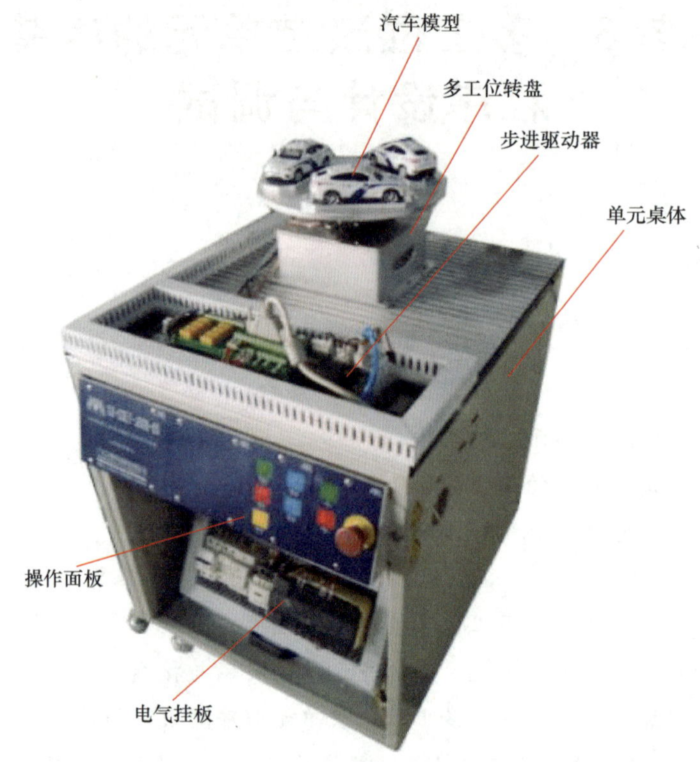

图 2—3—1　多工位涂装单元

相关知识

一、多工位涂装单元

1. 多工位涂装单元整机结构

多工位涂装单元的整机结构如图 2—3—1 所示，其特点是定位精准。

2. 多工位转盘

多工位转盘通过步进电动机驱动的电控分度盘带动，实现角度的调整。多工位转盘采用蜗轮蜗杆传动形式，竖轴系设计，精度高，承载大，可加装零位光电开关或限位开关，可换装伺服电动机。多工位转盘的结构如图 2—3—2 所示，其外形如图 2—3—3 所示。

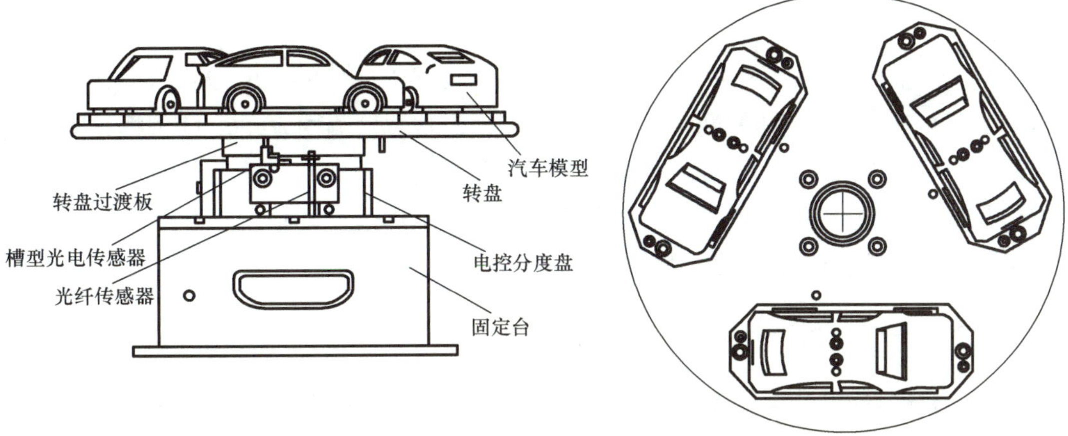

图 2—3—2　多工位转盘的结构

图 2—3—3　多工位转盘的外形

二、槽型光电开关

图 2—3—4　槽型光电开关的外形

槽型光电开关（也叫槽型光电传感器）是对射式光电开关的一种，又称为 U 型光电开关。它是一款红外线感应光电产品，其外形如图 2—3—4 所示。它由发射管和红外线接收管组合而成，用于检测物体的位置。槽型光电开关与接近开关同样是无接触式的，检测制约少，且检测距离长（最长可达几十米），检测精度高，能检测小物体，应用非常广泛。

1. 槽型光电开关的工作原理

槽型光电开关是集红外线发射器和红外线接收器于一体的光电传感器，其发射器和接收器分别位于 U 型槽的两边，并形成一光轴，当被检测物体经过 U 型槽且阻断光轴时，会将红外线发射器发射的足够量的光线反射到红外线接收器，于是就产生了开关信号。槽型光电开关安全可靠，适用于开关状态高速变化的情况，并能分辨出透明与半透明物体，同时可以调节灵敏度。

2. 槽型光电开关和光纤传感器的接线

本任务槽型光电开关和光纤传感器的接线如图 2—3—5 所示。

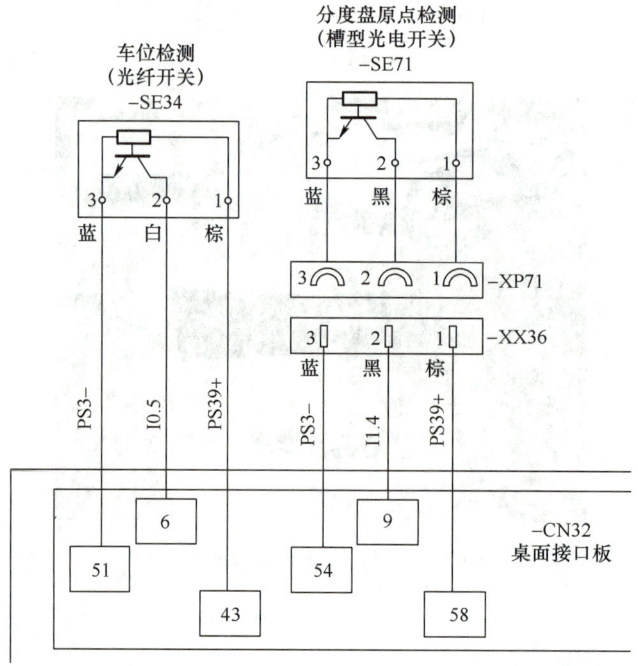

图 2—3—5　槽型光电开关和光纤传感器接线图

任务实施

一、任务准备

实施本任务教学所使用的实训设备及工具材料可参考表 2—1—3。

二、多工位涂装单元的组装

1. 电控分度盘与多功能固定台的组装

（1）从实训任务存储箱中取出电控分度盘、多功能固定台与汽车模型，如图 2—3—6 和图 2—3—7 所示。

图 2—3—6　电控分度盘

图 2—3—7　汽车模型

（2）按如图 2—3—8 所示把电控分度盘、多功能固定台与汽车模型组装起来。

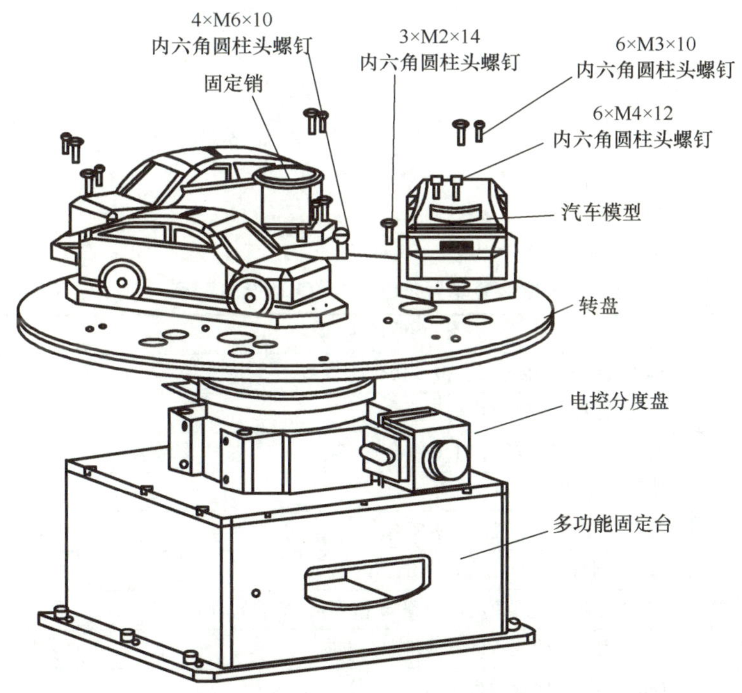

图 2—3—8　多工位涂装模型安装图

2. 多工位涂装单元的组装

（1）将组装好的多工位涂装模型安装到桌面上，如图 2—3—1 所示。

（2）对照 PLC 控制接线图及 I/O 功能分配表把信号线接插头对接好。光纤头直接插入对应的光纤放大器；步进驱动器输出接口与电控分度盘 9 针插口连接。

三、功能框图

多工位涂装单元功能框图，如图 2—3—9 所示。

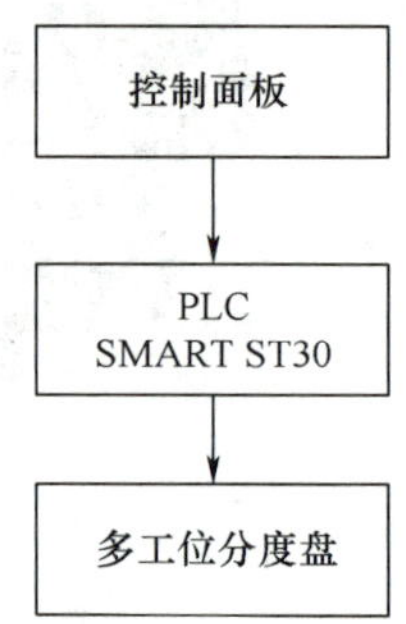

图 2—3—9　多工位涂装单元功能框图

四、I/O 功能分配

1. 多工位涂装单元 PLC 的 I/O 功能分配

多工位涂装单元 PLC 的 I/O 功能分配见表 2—3—1。

表 2—3—1　　多工位涂装单元 PLC 的 I/O 功能分配表

序号	I/O 地址	功能描述	备注
1	I0. 5	车位检测传感器触发，I0. 5 闭合	
2	I1. 4	分度盘原点触发，I1. 4 闭合	
3	I1. 0	按下“启动”按钮，I1. 0 闭合	
4	I1. 1	按下“停止”按钮，I1. 1 闭合	
5	I1. 2	按下“复位”按钮，I1. 2 闭合	
6	I1. 3	按下“联机”按钮，I1. 3 闭合	
7	Q0. 0	Q0. 0 闭合，步进驱动器得到脉冲信号，步进电动机运行	
8	Q0. 2	Q0. 2 闭合，改变步进电动机运行方向	
9	Q0. 5	Q0. 5 闭合，面板运行指示灯（绿）点亮	
10	Q0. 6	Q0. 6 闭合，面板停止指示灯（红）点亮	
11	Q0. 7	Q0. 7 闭合，面板复位指示灯（黄）点亮	

2. 多工位涂装单元挂板接口板端子分配

多工位涂装单元挂板接口板端子分配见表 2—3—2。

表 2—3—2　　多工位涂装单元挂板接口板端子分配表

挂板接口板地址	线号	功能描述	备注
6	I0. 5	车位检测传感器信号线	
9	I1. 4	分度盘原点信号线	
20	Q0. 0	步进电动机运行	
22	Q0. 2	步进电动机运行方向	
A	PS3+	继电器常开触点（KA31：6）	
B	PS3-	直流电源 24 V-进线	
C	PS32+	继电器常开触点（KA31：5）	
D	PS33+	继电器触点（KA31：9）	
E	I1. 0	启动按钮	
F	I1. 1	停止按钮	
G	I1. 2	复位按钮	
H	I1. 3	联机信号	
I	Q0. 5	启动指示灯	
J	Q0. 6	停止指示灯	
K	Q0. 7	复位指示灯	
L	PS39+	直流电源 24 V+进线	

3. 多工位涂装单元桌面接口板端子分配

多工位涂装单元桌面接口板端子分配见表 2—3—3。

表 2—3—3　　多工位涂装单元桌面接口板端子分配表

桌面接口板地址	线号	功能描述	备注
6	I0. 5	车位检测传感器信号线	
9	I1. 4	分度盘原点信号线	
20	Q0. 0	步进电动机运行	
22	Q0. 2	步进电动机运行方向	
58	分度盘原点检测+	分度盘原点传感器电源线+端	
43	车位检测+	车位检测传感器电源线+端	
54	分度盘原点检测-	分度盘原点传感器电源线-端	
51	车位检测-	车位检测传感器电源线-端	
62	步进驱动器电源+	步进驱动器电源+	
65	步进驱动器电源-	步进驱动器电源-	

五、PLC 控制接线图

本任务 PLC 控制接线图如图 2—3—10 所示。

六、线路安装

1. PLC 各端子接线

按照表 2—3—1 和图 2—3—10 进行 PLC 各端子的接线，元件安装及布线应符合工艺要求。

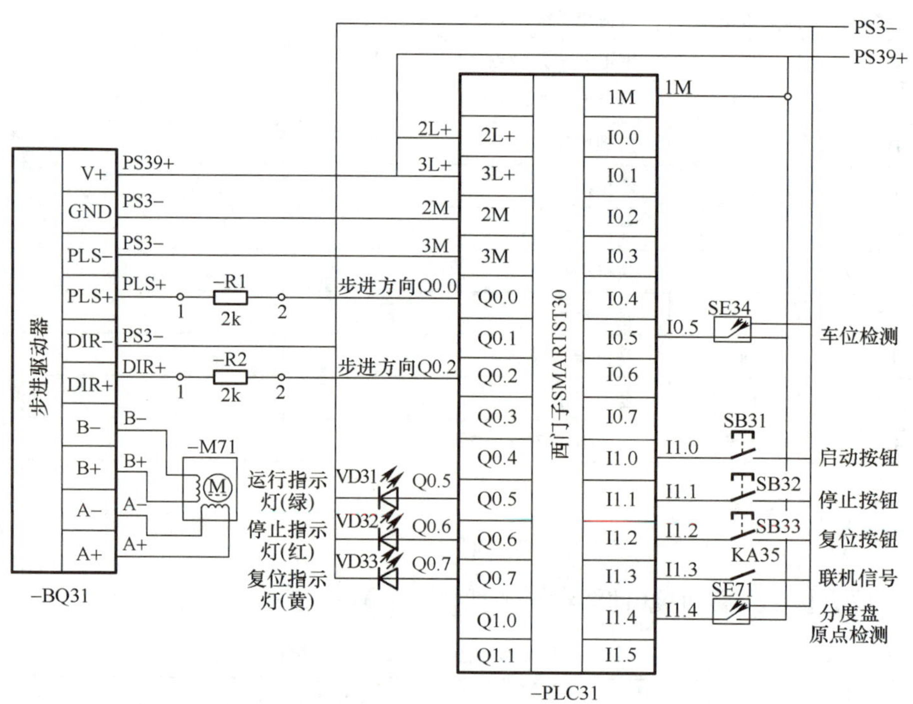

图 2—3—10　PLC 控制接线图

2. 挂板接口板端子接线

按照表 2—3—2 和图 2—3—10 进行挂板接口板端子的接线，元件安装及布线应符合工艺要求。挂板接口端子接线完成后如图 2—3—11 所示。

3. 桌面接口板端子接线

按照表 2—3—3 和图 2—3—10 进行桌面接口板端子的接线，元件安装及布线应符合工艺要求。桌面接口板端子接线完成后如图 2—3—12 所示。

图 2—3—11　挂板接口板端子的接线

4．步进电动机与驱动器端子的接线

按照图 2—3—10 进行步进电动机与驱动器端子的接线。步进驱动器接线完成后如图 2—3—13 所示。

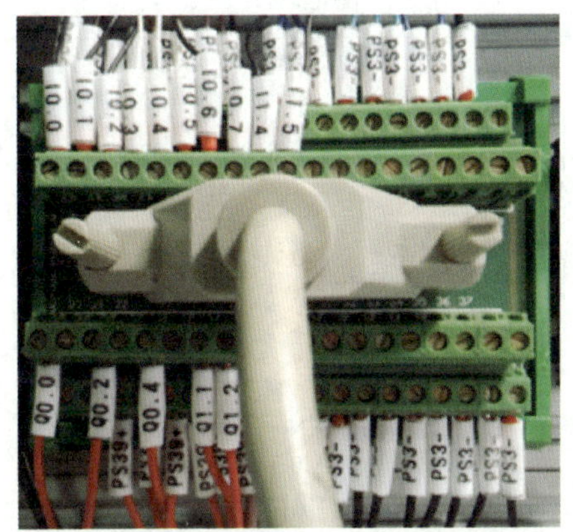

图 2—3—12　桌面接口板端子的接线

图 2—3—13　步进驱动器的接线

七、PLC 程序设计

根据控制要求，可设计出多工位涂装单元的参考控制程序梯形图，如图 2—3—14 所示。

停止程序

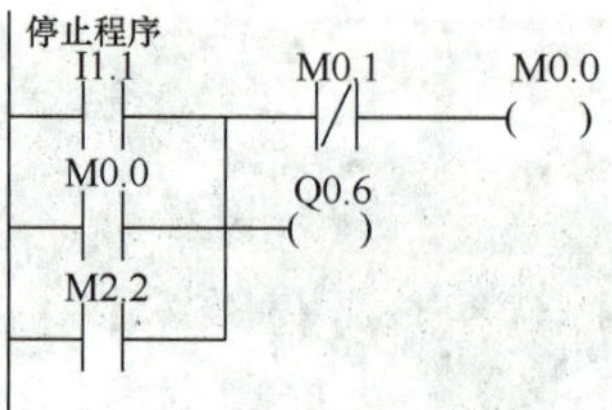

符号	地址	注释
CPU_输出6	Q0.6	停止指示灯
CPU_输入9	I1.1	停止按钮
M00	M0.0	单元停止
M01	M0.1	单元复位

停止程序

I1.1
M2.2
M0.1 (R) 16
Q0.0 (R) 6
M8.0 (R) 6

符号	地址	注释
CPU_输出0	Q0.0	步进脉冲
CPU_输入9	I1.1	停止按钮
M01	M0.1	单元复位

复位程序

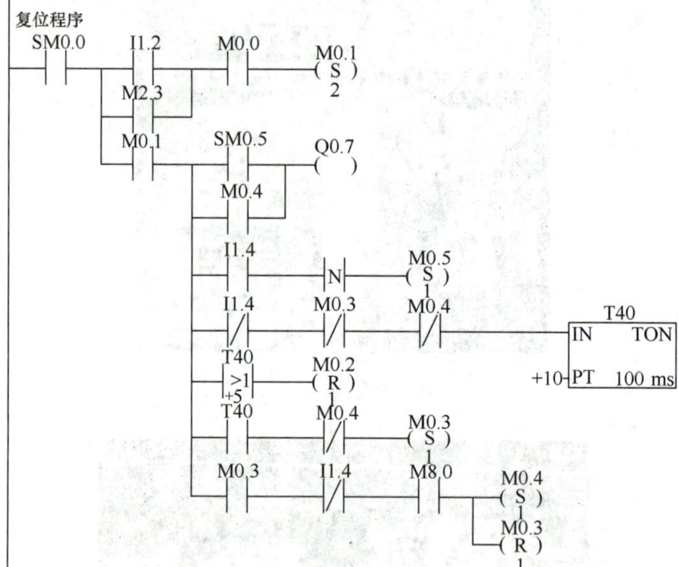

符号	地址	注释
Always_On	SM0.0	始终接通
Clock_1s	SM0.5	针对1 s的周期时间，时钟脉冲接通0.5 s，关断0.5 s
CPU_输出7	Q0.7	复位指示灯
CPU_输入10	I1.2	复位按钮
CPU_输入12	I1.4	车位原点
M00	M0.0	单元停止
M01	M0.1	单元复位
M02	M0.2	回原点1
M03	M0.3	回原点2
M04	M0.4	复位完成
M05	M0.5	

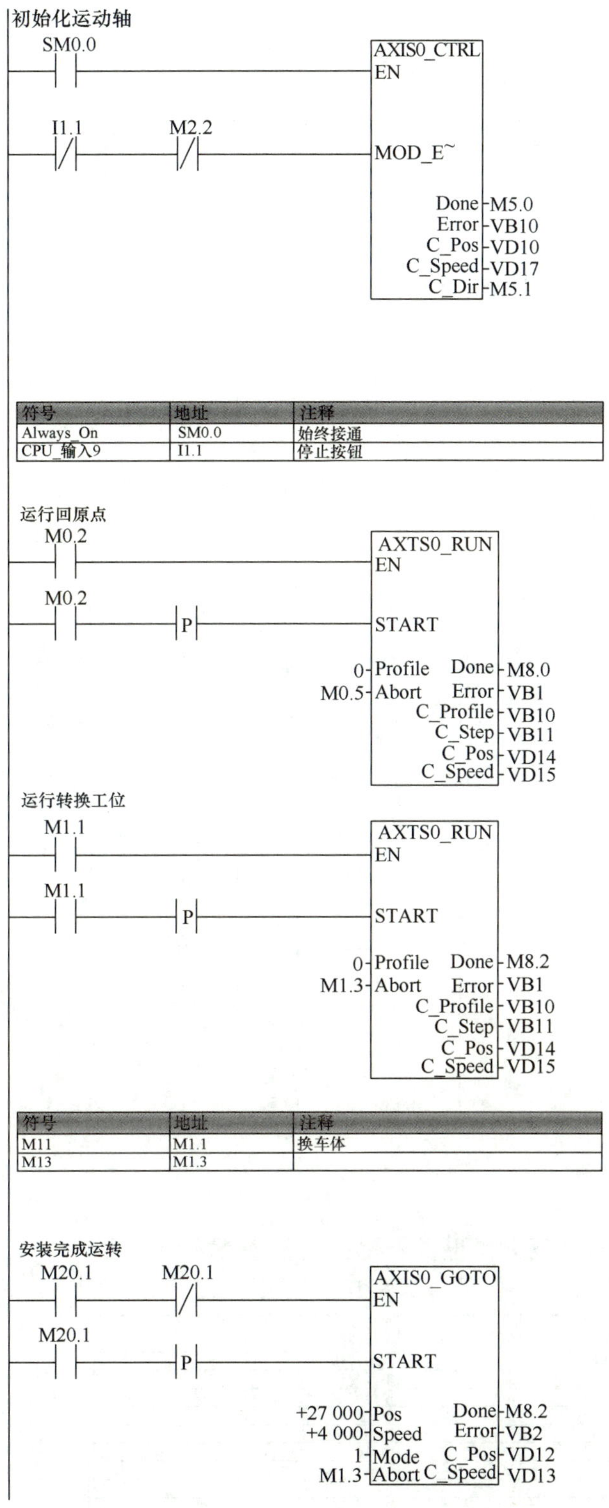

符号	地址	注释
Always_On	SM0.0	始终接通
CPU_输入9	I1.1	停止按钮

符号	地址	注释
M11	M1.1	换车体
M13	M1.3	

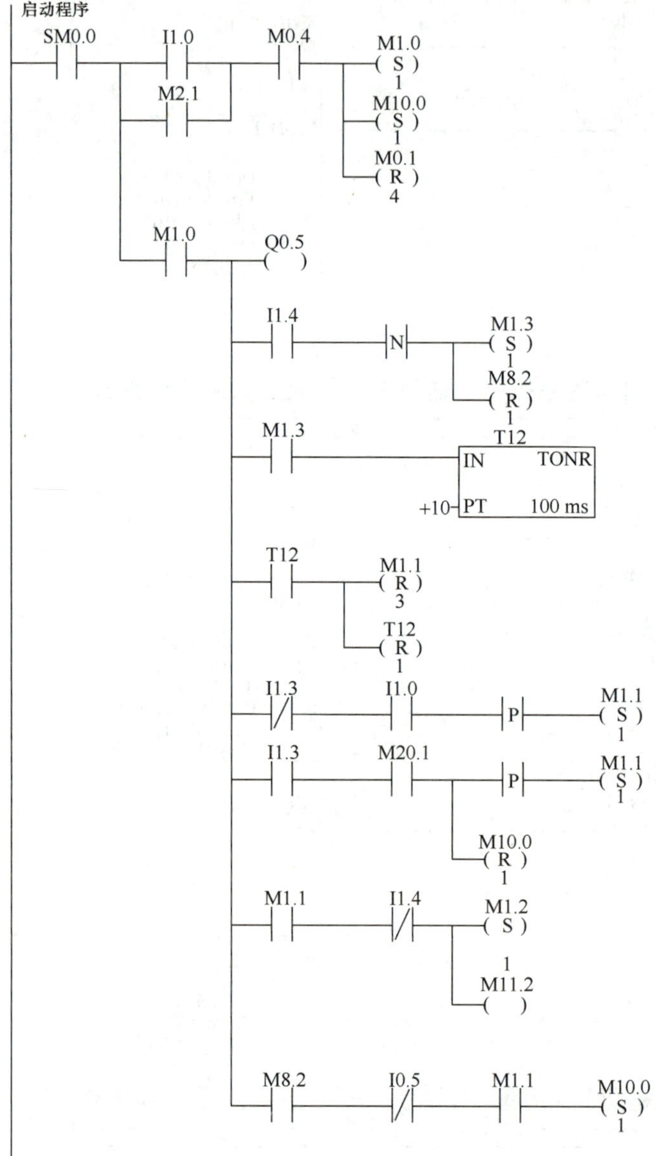

符号	地址	注释
Always_On	SM0.0	始终接通
CPU_输出5	Q0.5	运行指示灯
CPU_输入11	I1.3	单/联机
CPU_输入12	I1.4	车位原点
CPU_输入5	I0.5	车位检测
CPU_输入8	I1.0	启动按钮
M01	M0.1	单元复位
M04	M0.4	复位完成
M10	M1.0	单元启动
M100	M10.0	车体就绪信号
M11	M1.1	换车体
M12	M1.2	过原点
M13	M1.3	
M201	M20.1	车体装完

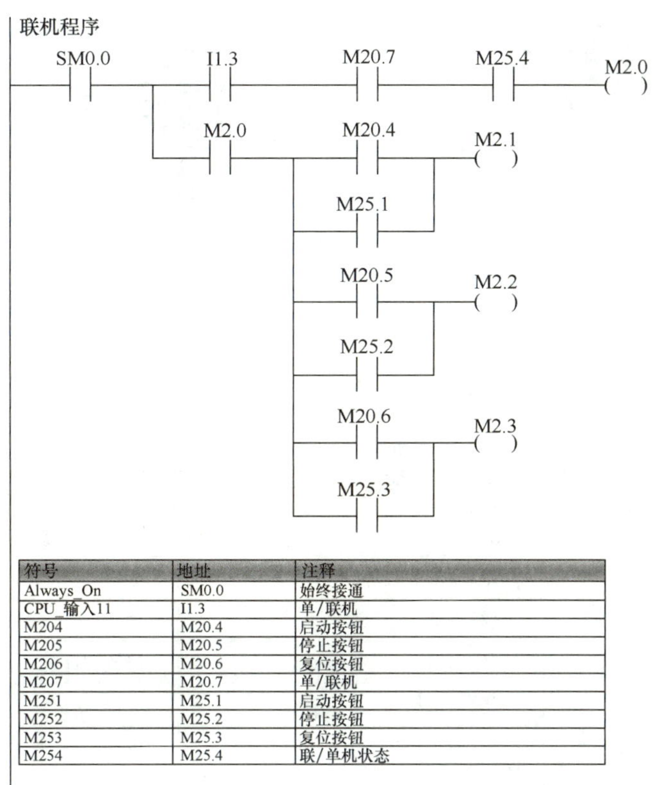

符号	地址	注释
Always_On	SM0.0	始终接通
CPU_输入11	I1.3	单/联机
M204	M20.4	启动按钮
M205	M20.5	停止按钮
M206	M20.6	复位按钮
M207	M20.7	单/联机
M251	M25.1	启动按钮
M252	M25.2	停止按钮
M253	M25.3	复位按钮
M254	M25.4	联/单机状态

图 2—3—14　多工位涂装单元参考程序梯形图

八、系统调试与运行

1. 上电前的检查

（1）观察机构上各元件外表是否有明显移位、松动或损坏等现象，如果存在以上现象，及时调整、紧固或更换元件。

（2）对照接口板端子分配表或接线图检查桌面和挂板接线是否正确，尤其要检查 24 V 电源和电气元件电源线等线路是否有短路、断路现象。

设备初次组装调试时，必须认真检查线路是否正确，接线错误容易造成设备元件损坏。

2. 车位、工位的检测

（1）检查和调试车位（光纤传感器）及工位（槽型光电开关）的位置。

（2）在进行槽型光电开关的调试时，注意观察槽型光电开关与原点感应片是否有干涉现象，感应片是否进入槽型光电开关的感应区域，如图 2—3—15 所示。

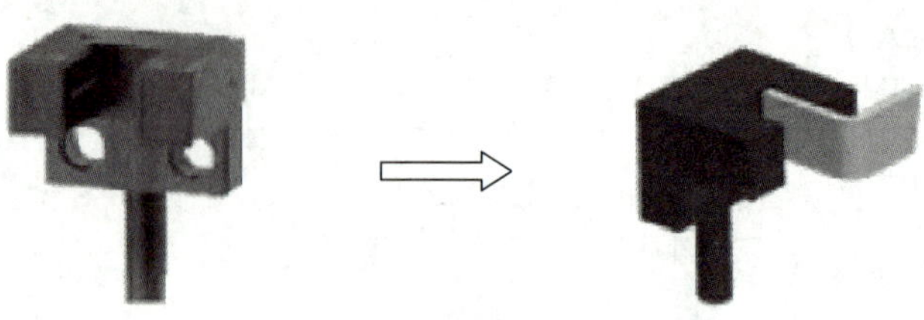

图 2—3—15　槽型光电开关的调试

3. 调试故障查询及解决方法

本任务调试时的故障查询及解决方法见表 2—3—4。

表 2—3—4　　故障查询及解决方法

故障现象	故障原因	解决方法
设备无法复位	无气压	打开气源或疏通气路
	PLC 输出点烧坏	更换
	接线不良	紧固
	程序出错	修改程序
	开关电源损坏	更换
	PLC 损坏	更换
步进电动机不动作	接线不良	紧固
	PLC 输出点烧坏	更换
	步进电动机损坏	更换
传感器无检测信号	PLC 输入点烧坏	更换
	接线错误	检查线路并更改
	开关电源损坏	更换
	传感器固定位置不合适	调整位置
	传感器损坏	更换

检查测评

对任务的完成情况进行检查，并将结果填入表 2—3—5 内。

表 2—3—5　　任务测评表

序号	主要内容	考核要求	评分标准	配分	扣分	得分
1	多工位涂装单元的组装	1. 正确完成电控分度盘与多功能固定台的组装 2. 正确完成多工位涂装单元的组装	1. 电控分度盘与多功能固定台的组装有错误或遗漏，每处扣 5 分 2. 多工位涂装单元的组装有错误或遗漏，每处扣 5 分	40		

续表

序号	主要内容	考核要求	评分标准	配分	扣分	得分
2	多工位涂装单元控制程序的设计与调试	1. 正确完成单元桌面电气元件的安装与接线 2. 正确完成 PLC 程序的设计 3. 正确完成系统的调试与运行	1. 电气元件的安装有错误或遗漏，每处扣 5 分 2. 接线有错误或遗漏，每处扣 5 分 3. 不能按照 PLC 控制接线图接线，本项不得分 4. 程序设计有错误或遗漏，每处扣 5 分 5. 系统不能正常运行，扣 30 分	50		
3	安全文明生产	劳动保护用品穿戴整齐；遵守操作规程；讲文明礼貌；操作结束后清理现场	1. 操作中，违反安全文明生产考核要求的任何一项扣 5 分，扣完为止 2. 当发现学生有重大事故隐患时，要立即予以制止，并每次扣安全文明生产总分 5 分	10		
合计						

任务 4　机器人单元的程序设计与调试

学习目标

知识目标：

1. 掌握 ABB RobotStudio 编程软件的程序加载方法。
2. 掌握六轴工业机器人程序编写的方法。
3. 掌握六轴工业机器人示教器的使用方法。

能力目标：

能够使用 ABB 六轴工业机器人程序设计的基本语言，完成 ABB 六轴工业机器人拾取车窗预涂胶控制程序的设计和调试，并能解决运行过程中出现的常见问题。

工作任务

有一台 ABB IRB-120 六轴机器人如图 2—4—1 所示，其按钮操作面板如图 2—4—2 所示。现要利用该机器人，控制吸盘夹具，对前后车窗进行涂胶。

具体要求如下：

（1）连接好机器人单元。

（2）按下“启动”按钮，系统上电。

图 2—4—1　机器人单元

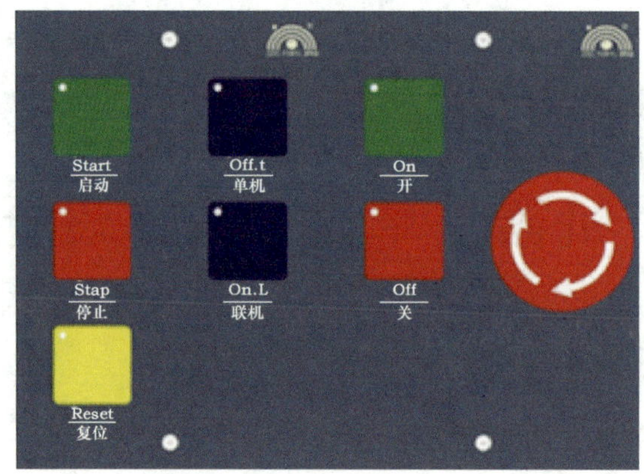

图 2—4—2　机器人单元按钮操作面板

（3）按下“开”按钮，系统自动运行，吸盘夹具拾取汽车前车窗，并送到涂胶枪喷嘴处涂胶，然后回到原点，机器人控制盘动作速度不能过快。

（4）按下“停止”按钮，机器人动作停止。

（5）按下“复位”按钮，自动复位到原点。

相关知识

机器人在线程序的写入

（1）用网线把计算机与机器人控制器连接起来。

（2）打开 RobotStudio 软件，点击“RAPID”栏，选中“T-ROB”项，点击“右键”选择加载模块，如图 2—4—3 所示。

（3）弹出加载路径选项，选择备份程序的文件夹位置，找到“Module1. mod”文件，如图 2—4—4 所示；点击“打开”按钮即可加载程序到机器人控制器。

图 2—4—3　选择加载模块

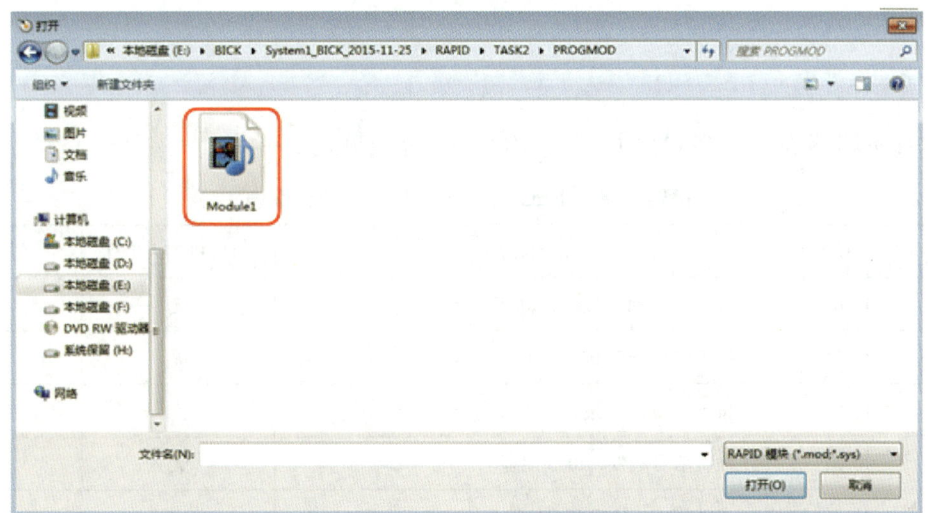

图 2—4—4　选择备份程序

任务实施

一、任务准备

实施本任务教学所使用的实训设备及工具材料可参考表 2—1—3。

二、功能框图

本任务机器人单元功能框图如图 2—4—5 所示。

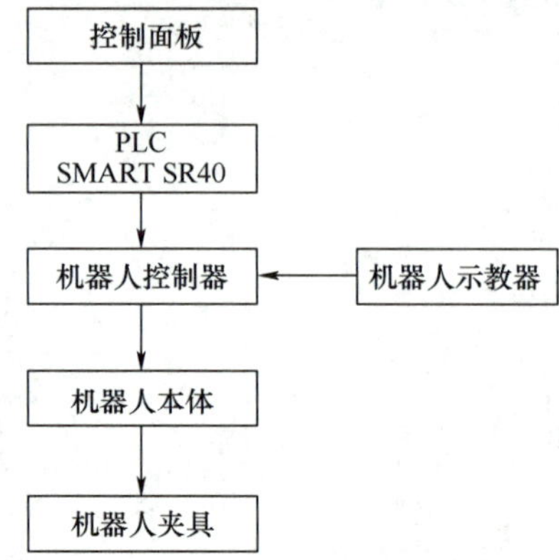

图 2—4—5　机器人单元功能框图

三、I/O 功能分配

1. 机器人单元 PLC 与机器人 I/O 功能分配

本任务机器人单元 PLC 与机器人 I/O 功能分配见表 2—4—1。

表 2—4—1　　机器人单元 PLC 与机器人 I/O 功能分配表

序号	PLC I/O 地址	功能描述	对应机器人 I/O	备注
1	I0. 0	按下“启动”按钮，I0. 0 闭合	无	
2	I0. 1	按下“停止”按钮，I0. 1 闭合	无	
3	I0. 2	按下“复位”按钮，I0. 2 闭合	无	
4	I0. 3	联机信号触发，I0. 3 闭合	无	
5	I1. 2	自动模式，I1. 2 闭合	OUT4	
6	I1. 3	伺服运行中，I1. 3 闭合	OUT5	
7	I1. 4	程序运行，I1. 4 闭合	OUT6	
8	I1. 5	异常报警，I1. 5 闭合	OUT7	
9	I1. 6	机器人急停，I1. 6 闭合	OUT8	
10	I1. 7	机器人回到原点，I1. 7 闭合	OUT9	
11	I2. 0	物料到位，I2. 0 闭合	OUT10	
12	I2. 1	换车信号，I2. 1 闭合	OUT11	

续表

序号	PLC I/O 地址	功能描述	对应机器人 I/O	备注
13	I2. 2	换料信号，I2. 2 闭合	OUT12	
14	I2. 3	汽车全部涂装完成，I2. 3 闭合	OUT13	
15	Q0. 0	Q0. 0 闭合，机器人上电，电动机上电	IN4	
16	Q0. 1	Q0. 1 闭合，伺服启动	IN5	
17	Q0. 2	Q0. 2 闭合，主程序开始运行	IN6	
18	Q0. 3	Q0. 3 闭合，机器人运行中	IN7	
19	Q0. 4	Q0. 4 闭合，机器人停止	IN8	
20	Q0. 5	Q0. 5 闭合，伺服停止	IN9	
21	Q0. 6	Q0. 6 闭合，机器人异常复位	IN10	
22	Q0. 7	Q0. 7 闭合，PLC 复位信号	IN11	
23	Q1. 0	Q1. 0 闭合，面板运行指示灯（绿）点亮	无	
24	Q1. 1	Q1. 1 闭合，面板停止指示灯（红）点亮	无	
25	Q1. 2	Q1. 2 闭合，面板复位指示灯（黄）点亮	无	
26	Q1. 3	Q1. 3 闭合，动作开始	IN12	
27	Q1. 4	Q1. 4 闭合，汽车车窗到位信号	IN13	
28	Q1. 5	Q1. 5 闭合，汽车模型到位信号	IN14	
29	无	OUT1 为 ON，快换夹具电磁阀 YV21 动作	OUT1	
30	无	OUT2 为 ON，工作 A 电磁阀 YV22 动作	OUT2	
31	无	OUT3 为 ON，工作 B 电磁阀 YV23 动作	OUT3	
32	无	夹具 1 到位，槽型光电开关 OFF，IN1 为 OFF	IN1	
33	无	夹具 2 到位，槽型光电开关 OFF，IN2 为 OFF	IN2	

2. 机器人单元挂板接口板端子分配

机器人单元挂板接口板端子分配见表 2—4—2。

表 2—4—2　　挂板接口板端子分配表

挂板接口板地址	线号	功能描述	备注
01	IN1	机器人夹具 1 到位信号	
02	IN2	机器人夹具 2 到位信号	
20	OUT1	快换夹具电磁阀动作	
21	OUT2	工作 A 电磁阀动作	
22	OUT3	工作 B 电磁阀动作	
A	PS2+	继电器常开触点（KA21：10）	
B	PS2-	直流电源 24 V-进线	
C	PS22+	继电器常开触点（KA21：5）	

续表

挂板接口板地址	线号	功能描述	备注
D	PS23+	继电器触点（KA21：9）	
E	I0.0	启动按钮	
F	I0.1	停止按钮	
G	I0.2	复位按钮	
H	I0.3	联机信号	
I	Q1.0	启动指示灯	
J	Q1.1	停止指示灯	
K	Q1.2	复位指示灯	
L	PS29+	直流电源 24 V+进线	

3. 机器人单元桌面接口板端子分配

机器人单元桌面接口板端子分配见表 2—4—3。

表 2—4—3　　桌面接口板端子分配表

桌面接口板地址	线号	功能描述	备注
01	IN1	机器人夹具 1 到位信号	
02	IN2	机器人夹具 2 到位信号	
20	OUT1	快换夹具电磁阀信号	
21	OUT2	工作 A 电磁阀信号	
22	OUT3	工作 B 电磁阀信号	
38	PS29+	机器人夹具 1 传感器电源线+	
39	PS29+	机器人夹具 2 传感器电源线+	
65	PS29+	快换夹具电磁阀电源线+	
66	PS29+	工作 A 电磁阀电源线+	
67	PS29+	工作 B 电磁阀电源线+	
46	PS2-	机器人夹具 1 传感器电源线-	
47	PS2-	机器人夹具 2 传感器电源线-	
63	PS29+	提供 24 V 电源+	
64	PS2-	提供 24 V 电源-	

四、PLC 控制接线图

本任务 PLC 控制接线图如图 2—4—6 所示。

五、PLC 程序设计

根据控制要求设计出的 PLC 参考控制程序梯形图如图 2—4—7 所示。

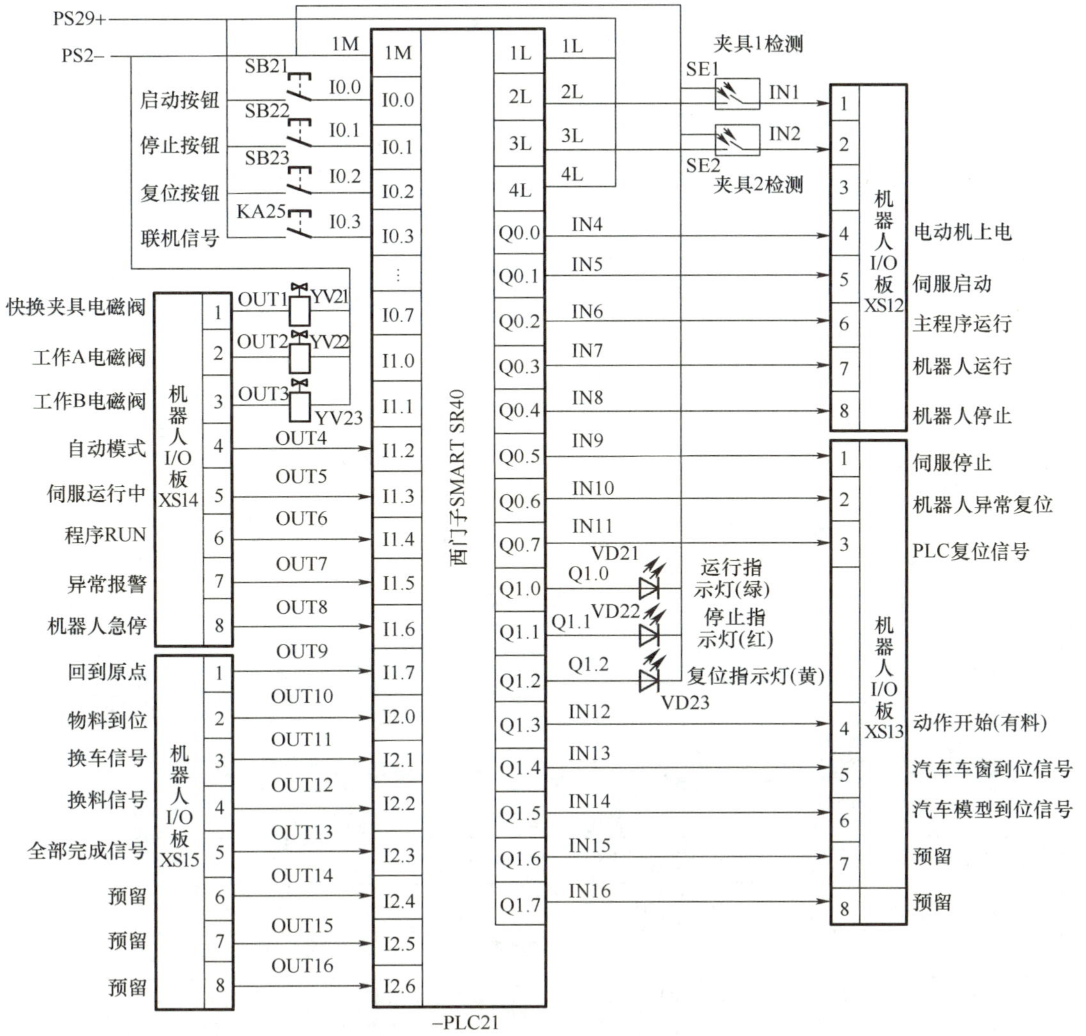

PS29+
PS2−

标注	元件	输入	PLC 输入端
		1M	1M
启动按钮	SB21	I0.0	I0.0
停止按钮	SB22	I0.1	I0.1
复位按钮	SB23	I0.2	I0.2
联机信号	KA25	I0.3	I0.3
			⋮
			I0.7

机器人 I/O 板 XS14	端子	信号	PLC
快换夹具电磁阀	1	OUT1（YV21）	
工作A电磁阀	2	OUT2（YV22）	
工作B电磁阀	3	OUT3（YV23）	
自动模式	4	OUT4	I1.0
伺服运行中	5	OUT5	I1.1
程序RUN	6	OUT6	I1.2
异常报警	7	OUT7	I1.3
机器人急停	8	OUT8	I1.4

机器人 I/O 板 XS15	端子	信号	PLC
回到原点	1	OUT9	I1.5
物料到位	2	OUT10	I1.6
换车信号	3	OUT11	I1.7
换料信号	4	OUT12	I2.0
全部完成信号	5	OUT13	I2.1
预留	6	OUT14	I2.2
预留	7	OUT15	I2.3
预留	8	OUT16	I2.4
			I2.5
			I2.6

西门子SMART SR40
−PLC21

PLC 输出端	信号	机器人 I/O 板	端子	标注
1L	1L			
2L	2L	SE1 夹具1检测 IN1	XS12-1	
3L	3L	SE2 夹具2检测 IN2	XS12-2	
4L	4L		XS12-3	
Q0.0	IN4	XS12	4	电动机上电
Q0.1	IN5	XS12	5	伺服启动
Q0.2	IN6	XS12	6	主程序运行
Q0.3	IN7	XS12	7	机器人运行
Q0.4	IN8	XS12	8	机器人停止
Q0.5	IN9	XS13	1	伺服停止
Q0.6	IN10	XS13	2	机器人异常复位
Q0.7	IN11	XS13	3	PLC复位信号
Q1.0	VD21			运行指示灯(绿)
Q1.1	VD22			停止指示灯(红)
Q1.2	VD23			复位指示灯(黄)
Q1.3	IN12	XS13	4	动作开始(有料)
Q1.4	IN13	XS13	5	汽车车窗到位信号
Q1.5	IN14	XS13	6	汽车模型到位信号
Q1.6	IN15	XS13	7	预留
Q1.7	IN16	XS13	8	预留

图 2—4—6　PLC 控制接线图

程序复位

```
SM0.0   M0.0    I0.2          M0.1 (S) 1
--| |----| |--+--| |--+------ M0.0 (R) 1
              |  M2.3 |       Q0.4 (R) 2
              +--| |--+       Q1.1 (R) 1
                              Q0.7 (S) 1

        M0.1    I1.2          T40
     +--| |--+--| |---------- IN    TON
                          10- PT    100 ms
```

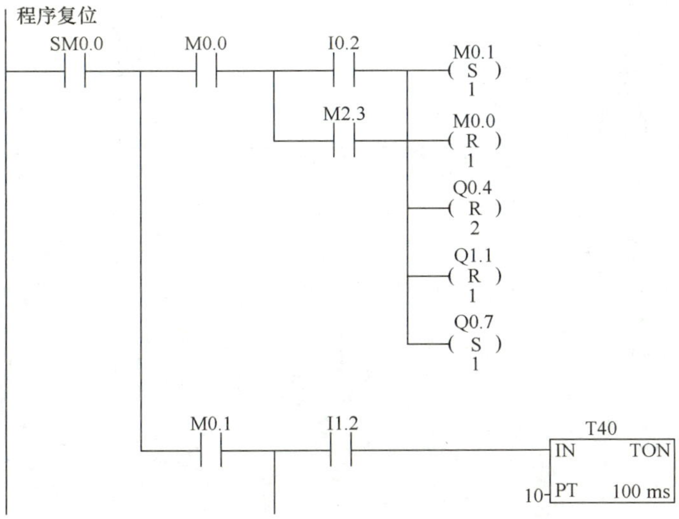

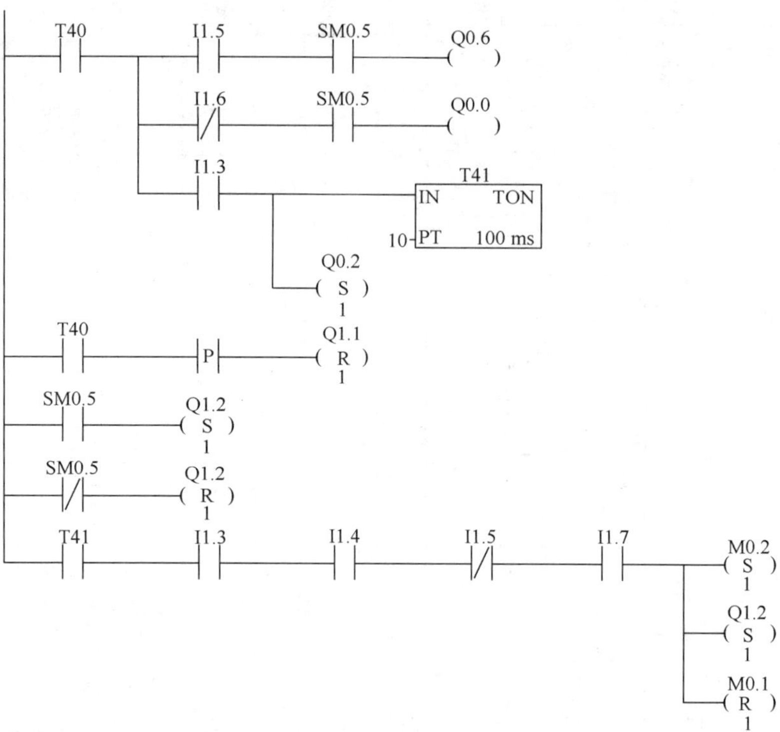

符号	地址	注释
Always_On	SM0.0	始终接通
Clock_1s	SM0.5	针对1 s的周期时间，时钟脉冲接通0.5 s，断开0.5 s
CPU_输出0	Q0.0	Motor On
CPU_输出10	Q1.2	复位指示灯
CPU_输出2	Q0.2	Start at main
CPU_输出4	Q0.4	Stop机器人程序RUN
CPU_输出6	Q0.6	Reset Execution Error Signal机器人异常复位
CPU_输出7	Q0.7	PLC复位信号
CPU_输出9	Q1.1	停止指示灯
CPU_输入10	I1.2	Aulo On机器人自动模式
CPU_输入11	I1.3	机器人伺服运行中
CPU_输入12	I1.4	Cycle On机器人程序RUN中
CPU_输入13	I1.5	Execulion Error机器人异常报错
CPU_输入14	I1.6	机器人急停中
CPU_输入15	I1.7	回到原点
CPU_输入2	I0.2	复位按钮
M00	M0.0	单元停止
M01	M0.1	单元复位
M02	M0.2	复位完成
M23	M2.3	联机复位

停止程序

SM0.0　I0.1　Q0.0 (R) 16

M2.2　Q1.1 (S) 1

Q0.4 (S) 1

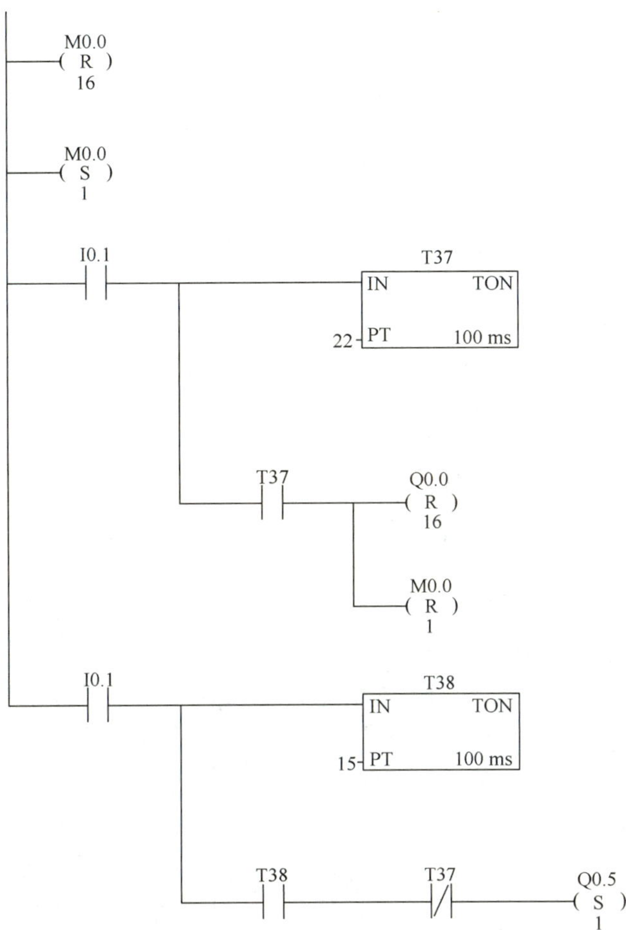

符号	地址	注释
Always_On	SM0.0	始终接通
CPU_输出0	Q0.0	Motor On
CPU_输出4	Q0.4	Stop机器人程序RUN
CPU_输出5	Q0.5	Motor Off
CPU_输出9	Q1.1	停止指示灯
CPU_输入1	I0.1	停止按钮
M00	M0.0	单元停止
M22	M2.2	联机停止

启动

SM0.0　I0.0　M0.2　M0.1 (R) 2

M2.1　M1.0 (S) 1

Q1.2 (R) 1

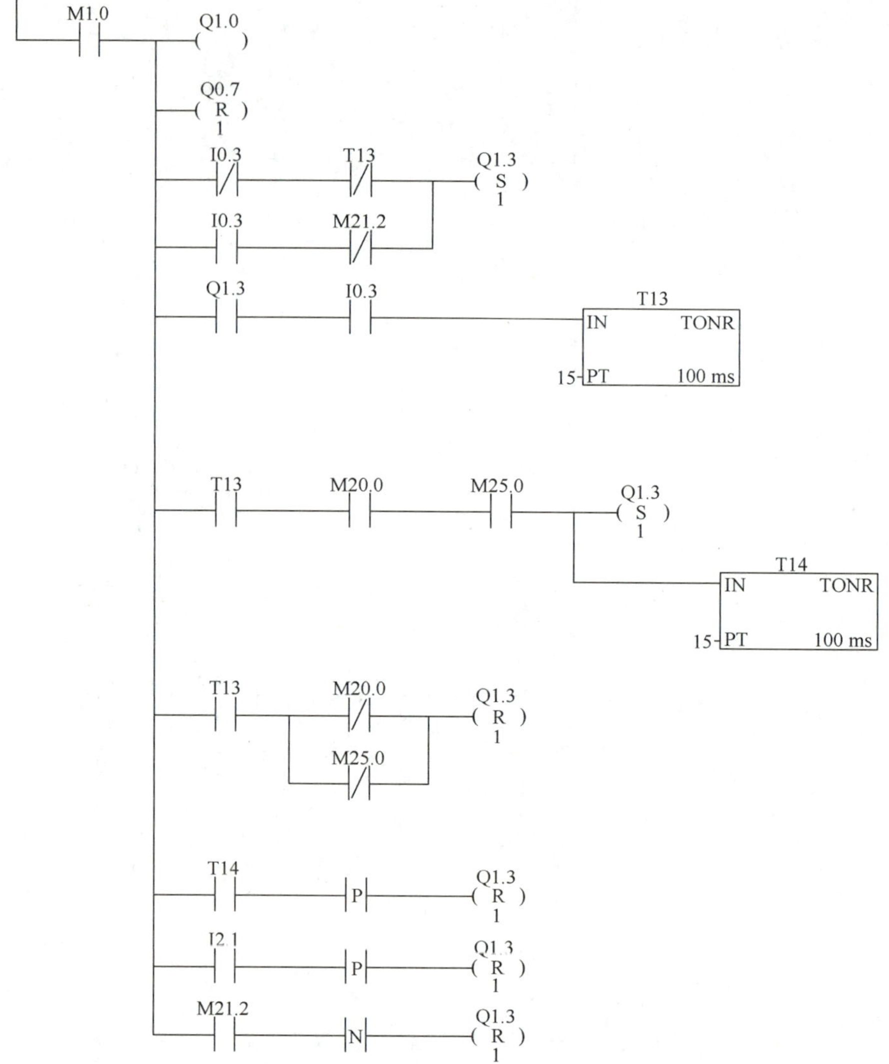

符号	地址	注释
Always_On	SM0.0	始终接通
CPU_输出10	Q1.2	复位指示灯
CPU_输出11	Q1.3	动作开始(有料)
CPU_输出7	Q0.7	PLC复位信号
CPU_输出8	Q1.0	运行指示灯
CPU_输入0	I0.0	启动按钮
CPU_输入17	I2.1	换车信号
CPU_输入3	I0.3	单联机信号
M01	M0.1	单元复位
M02	M0.2	单元完成
M10	M1.0	单元启动
M200	M20.0	车窗就绪信号
M21	M2.1	联机启动
M212	M21.2	
M250	M25.0	车体就绪信号

机器人启动程序

M1.0　I2.0　M10.0

I2.1　M10.1
I2.2　M10.2
I2.3　M10.3
M21.3　Q1.4
M26.2
M21.4　Q1.5

符号	地址	注释
CPU_输出12	Q1.4	车窗到位信号
CPU_输出13	Q1.5	汽车模型信号
CPU_输入16	I2.0	物料到位
CPU_输入17	I2.1	换车信号
CPU_输入18	I2.2	换料信号
CPU_输入19	I2.3	加盖完成信号
M10	M1.0	单元启动
M100	M10.0	机器人开始搬运
M101	M10.1	机器人搬运完成

联机程序

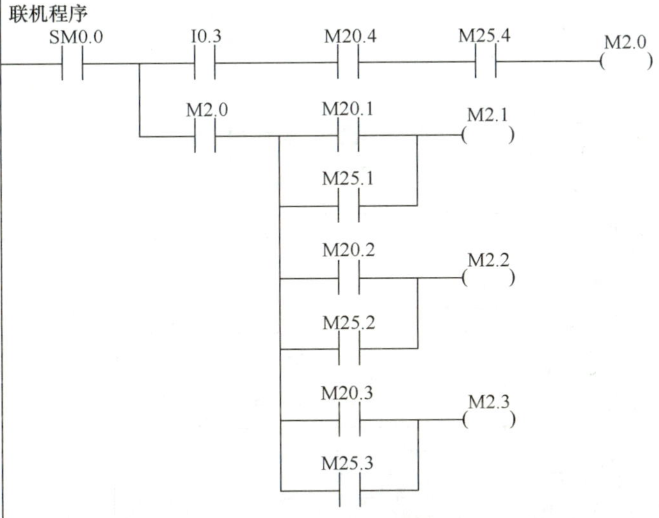

符号	地址	注释
Always_On	SM0.0	始终接通
CPU_输入3	I0.3	单联机信号
M20	M2.0	全部联机信号
M201	M20.1	2#启动按钮
M202	M20.2	2#停止按钮
M203	M20.3	2#复位按钮
M204	M20.4	联/单机状态
M21	M2.1	联机启动
M22	M2.2	联机停止
M23	M2.3	联机复位
M251	M25.1	3#启动按钮
M252	M25.2	3#停止按钮
M253	M25.3	3#复位按钮
M254	M25.4	3#联/单机

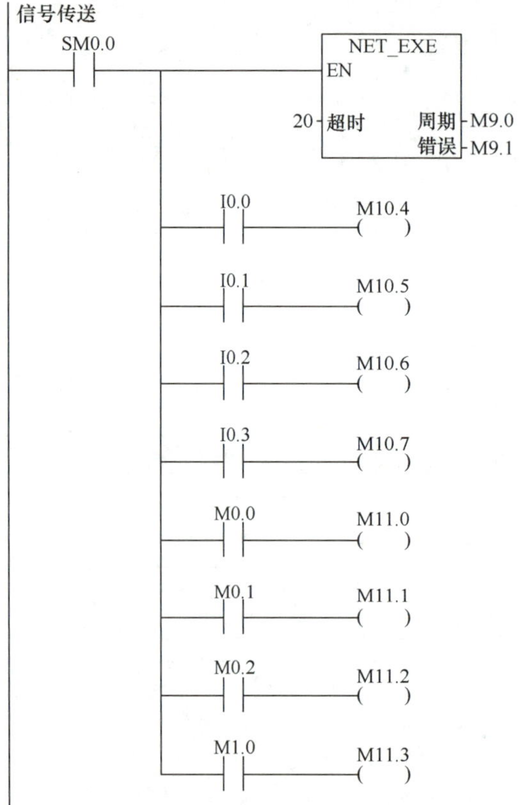

符号	地址	注释
Always_On	SM0.0	始终接通
CPU_输入0	I0.0	启动按钮
CPU_输入1	I0.1	停止按钮
CPU_输入2	I0.2	复位按钮
CPU_输入3	I0.3	单联机信号
M00	M0.0	单元停止
M01	M0.1	单元复位
M02	M0.2	复位完成
M10	M1.0	单元启动
M104	M10.4	启动按钮
M105	M10.5	停止按钮
M106	M10.6	复位按钮
M107	M10.7	单/联机
M110	M11.0	单元停止
M111	M11.1	单元复位
M112	M11.2	复位完成
M113	M11.3	单元启动

图 2—4—7　PLC 参考控制程序梯形图

六、机器人控制程序设计

1. 机器人主程序

本任务机器人的参考主程序如下：

```
PROC main( )
  DateInit;
  rHome;
  WHILE TRUE DO
    TPWrite "Wait Start....." ;
    WHILE DI10_12=0 DO
    ENDWHILE
    TPWrite "Running:Start." ;
    RESET DO10_9;
    Gripper1;
    precoating;
    placeGripper1;
    Gripper3;
    assembly;
    placeGripper3;
    ncount:=ncount+1;
    IF ncount>5 THEN
      ncount:=0;
      ncount1:=0;
      ncount2:=0;
      ncount3:=0;
    ENDIF
  ENDWHILE
ENDPROC
```

2. 机器人子程序

(1) 机器人初始化子程序（仅供参考）

```
PROC DateInit( )
  ncount:=0;
  ncount1:=0;
  ncount2:=0;
  ncount3:=0;
  RESET DO10_1;
  RESET DO10_2;
  RESET DO10_3;
  RESET DO10_9;
  RESET DO10_10;
  RESET DO10_11;
  RESET DO10_12;
```

```
    RESET DO10_13;
    RESET DO10_14;
    RESET DO10_15;
ENDPROC
```

（2）机器人回原点子程序（仅供参考）

```
PROC rHome()
    VAR Jointtarget joints;
    joints := CJointT();
    joints. robax. rax_2 :=-23;
    joints. robax. rax_3 := 32;
    joints. robax. rax_4 := 0;
    joints. robax. rax_5 := 81;
    MoveAbsJ joints \NoEOffs, v40, z100, tool0;
    MoveJ Home, v100, z100, tool0;
    IF DI10_1 =1 AND DI10_3 =1 THEN
        TPWrite "Running:Stop!";
        Stop;
    ENDIF
    IF DI10_1 =1 AND DI10_3 =0 THEN
        placeGripper1;
    ENDIF
    IF DI10_3 =1 AND DI10_1 =0 THEN
        placeGripper3;
    ENDIF
    MoveJ Home, v200, z100, tool0;
    Set DO10_9;
    TPWrite "Running:Reset complete!";
ENDPROC
```

（3）机器人车窗涂胶子程序（仅供参考）

```
PROC assembly()
    MoveJ Offs(p26, ncount1 * 40, 0, 20), v100, z60, tool0;
    MoveL Offs(p26, ncount1 * 40, 0, 0), v100, fine, tool0;
    Set DO10_2;
    Set DO10_3;
    WaitTime 1;
    MoveL Offs(p26, ncount1 * 40, 0, 40), v100, z60, tool0;
    Set DO10_10;
    MoveJ p27, v100, z60, tool0;
    MoveJ Offs(p28, -50, 0, 0), v100, z60, tool0;
```

```
  MoveL Offs(p28, 0, 0, 0), v100, z60, tool0;
  Reset DO10_10;
  MoveJ p29, v100, z60, tool0;
  MoveJ p30, v100, z60, tool0;
  MoveJ p31, v100, z60, tool0;
  MoveJ p32, v100, z60, tool0;
  MoveJ p33, v100, z60, tool0;
  MoveJ p28, v100, z60, tool0;
  MoveL Offs(p28, -80, 0, 0), v100, z60, tool0;
  MoveJ Offs(p42, -50, 0, 0), v100, z60, tool0;
  MoveL Offs(p42, 0, 0, 0), v100, z60, tool0;
  Reset DO10_10;
  MoveJ p43, v100, z60, tool0;
  MoveJ p44, v100, z60, tool0;
  MoveJ p45, v100, z60, tool0;
  MoveJ p46, v100, z60, tool0;
  MoveJ p47, v100, z60, tool0;
  MoveJ p42, v100, z60, tool0;
  MoveL Offs(p42, -80, 0, 0), v100, z60, tool0;
ENDPROC
```

（4）机器人拾取吸盘夹具子程序（仅供参考）

```
PROC Gripper3()
  MoveJ Offs(ppick1, 0, 0, 50), v200, z60, tool0;
  Set DO10_1;
  MoveL Offs(ppick1, 0, 0, 0), v20, fine, tool0;
  Reset DO10_1;
  WaitTime 1;
  MoveL Offs(ppick1, -3, -120, 30), v50, z60, tool0;
  MoveL Offs(ppick1, -3, -120, 260), v100, z60, tool0;
ENDPROC
```

（5）机器人放吸盘夹具子程序（仅供参考）

```
PROC placeGripper3()
  MoveJ Offs(ppick1, -3, -120, 220), v200, z100, tool0;
  MoveL Offs(ppick1, -3, -120, 20), v100, z100, tool0;
  MoveL Offs(ppick1, 0, 0, 0), v60, fine, tool0;
  Set DO10_1;
  WaitTime 1;
  MoveL Offs(ppick1, 0, 0, 40), v30, z100, tool0;
  MoveL Offs(ppick1, 0, 0, 50), v60, z100, tool0;
```

```
    Reset DO10_1;
    Reset DO10_10;
    Reset DO10_11;
    Reset DO10_12;
    IF DI10_12=0 THEN
      MoveJ Home, v200, z100, tool0;
    ENDIF
ENDPRO
```

七、线路安装

1. PLC 各端子接线

图 2—4—6 进行 PLC 各端子的接线，元件安装及布线应符合工艺要求。

2. 挂板接口板端子接线

按照表 2—4—2 和图 2—4—6 进行挂板接口板端子接线，元件安装及布线应符合工艺要求。挂板接口板端子接线完成后如图 2—4—8 所示。

图 2—4—8　挂板接口板端子的接线

3. 桌面接口板端子接线

按照表 2—4—3 和图 2—4—6 进行桌面接口板端子接线，元件安装及布线应符合工艺要求。桌面接口板端子接线完成后如图 2—4—9 所示。

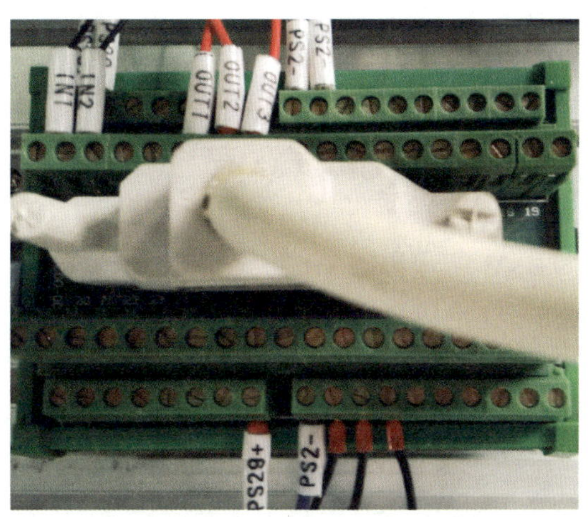

图 2—4—9　桌面接口板端子的接线

八、机器人示教

用示教器完成机器人运动轨迹的示教，主要包括原点示教、吸取车窗点示教、涂胶点示教和安装点示教。

九、系统调试与运行

1. 上电前检查

（1）观察机构上各元件外表是否有明显移位、松动或损坏等现象，如果存在以上现象，及时调整、紧固或更换元件。

（2）对照接口板端子分配表或接线图检查桌面和挂板接线是否正确，尤其要检查 24 V 电源和电气元件电源线等线路是否有短路、断路现象。

（3）按照如图 2—4—10 所示的六轴机器人单元气路图检查气路连接是否完好。

（4）打开气源，用小一字旋具对气动电磁阀的测试旋钮进行操作，如图 2—4—11 所示，调节气缸上的节流阀使气缸动作顺畅柔和。

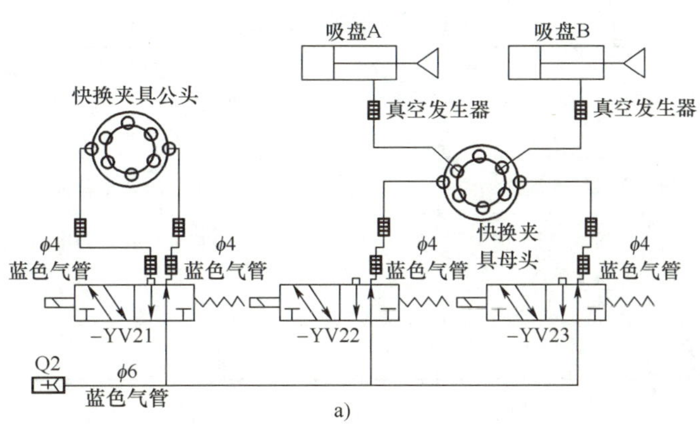

a)

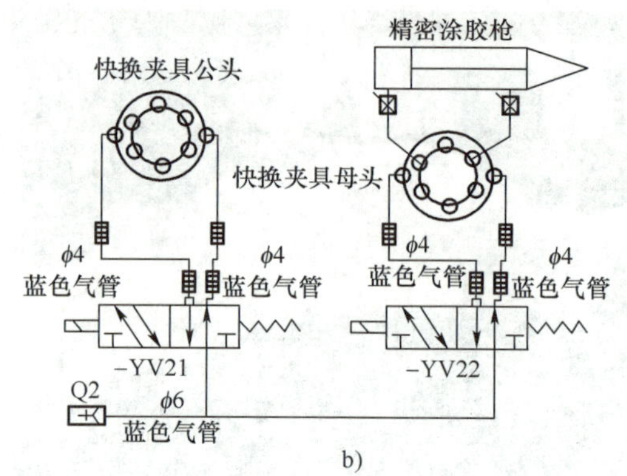

图 2—4—10　六轴机器人单元气路图

a）双吸盘夹具气路示意图　b）胶枪夹具气路示意图

图 2—4—11　气动电磁阀的操作

2. 程序运行

根据上述内容，调试并运行程序，实现本任务要求的控制功能。

3. 调试故障查询及解决方法

本任务调试时的故障查询及解决方法见表 2—4—4。

表 2—4—4　故障查询及解决方法

故障现象	故障原因	解决方法
设备不能正常上电	电气元件损坏	更换电气元件
	接线脱落或错误	检查电路并重新接线
按钮指示灯不亮	接线错误	检查电路并重新接线
	程序错误	修改程序
	指示灯损坏	更换

续表

故障现象	故障原因	解决方法
PLC 灯闪烁报警	程序出错	修改程序重新写入
PLC 提示“参数错误”	端口选择错误	选择正确的端口号和通信参数
	PLC 出错	执行“PLC 存储器清除”命令，直到灯灭为止
PLC 输出点没有动作	PLC 与传感器接线错误	检查电路并重新接线
	传感器损坏	更换传感器
	PLC 输入点损坏	更换输入点
上电，机器人报警	机器人的安全信号没有连接	按照机器人接线图接线
机器人不能启动	未选择机器人运行程序	在控制器的操作面板选择程序名（在第一次运行机器人的情况下）
	机器人专用 I/O 没有设置	设置机器人专用 I/O（在第一次运行机器人的情况下）
	PLC 的输出端没有输出	监控 PLC 程序
	PLC 的输出端子损坏	更换其他端子
	线路错误或接触不良	检查电路并重新接线
机器人启动就报警	原点数据没有设置	输入原点数据（在第一次运行机器人的情况下）
机器人运动过程中报警	机器人从当前点到下一个点不能直接移动过去	重新示教下一个点的位置
	气缸节流阀锁死	松开节流阀
	机械结构卡死	调整结构件

检查测评

对任务的完成情况进行检查，并将结果填入表 2—4—5 内。

表 2—4—5　　任务测评表

序号	主要内容	考核要求	评分标准	配分	扣分	得分
1	机器人单元控制程序的设计与调试	列出 PLC I/O 地址分配表；根据加工工艺，设计梯形图及 PLC 控制接线图	1. 输入/输出地址遗漏或错误，每处扣 5 分 2. 梯形图表达不正确或画法不规范，每处扣 1 分 3. 接线图表达不正确或画法不规范，每处扣 2 分	40		

续表

序号	主要内容	考核要求	评分标准	配分	扣分	得分
1	机器人单元控制程序的设计与调试	按 PLC 接线图在配线板上正确安装接线，安装要准确、紧固、美观，导线要走线槽，导线要有端子标号	1. 损坏元件扣 5 分 2. 布线不走线槽、不美观，每根扣 1 分 3. 接点松动、露铜过长、反圈、压绝缘层，标记线号不清楚、遗漏或误标，引出端无别径压端子，每处扣 1 分 4. 损伤导线绝缘或线芯，每根扣 1 分 5. 不按 PLC 控制接线图接线，每处扣 5 分	10		
		熟练正确地将所编程序输入 PLC；按照被控设备的动作要求进行模拟调试，达到设计要求	1. 不能熟练操作 PLC 键盘输入指令扣 2 分 2. 不会用删除、插入、修改、存盘等命令，每项扣 2 分 3. 仿真试车不成功扣 30 分	40		
2	安全文明生产	劳动保护用品穿戴整齐；遵守操作规程；讲文明礼貌；操作结束后清理现场	1. 操作中，违反安全文明生产考核要求的任何一项扣 5 分，扣完为止 2. 当发现学生有重大事故隐患时，要立即予以制止，并每次扣安全文明生产总分 5 分	10		
合计						

任务 5　机器人自动换夹具的程序设计与调试

学习目标

知识目标：

1. 熟悉机器人工具快换装置的分类及结构。
2. 掌握涂胶机器人快速接头的安装方法。

能力目标：

能够根据控制要求，完成 ABB 六轴工业机器人自动换夹具控制程序的设计和调试，并能解决运行过程中出现的常见问题。

工作任务

有一台配置了吸盘夹具和胶枪夹具的工业机器人，通过 PLC 对汽车模型进行前风窗玻璃和后风窗玻璃的涂胶及装配作业，现需要编写自动更换吸盘夹具和胶枪夹具的机器人控制程序并示教。

具体的控制要求如下：

（1）按下“启动”按钮，系统上电。

（2）按下“开”按钮，系统自动运行，先选择胶枪夹具，对汽车模型前风窗玻璃框进行一次预涂胶，停留 3 s 后放回原位，更换为吸盘夹具，至送料托盘位（等待拾取前风窗玻璃），停留 1 s 至胶枪嘴位置，停留 2 s 后回到夹具位，放回吸盘夹具后机器人回到原点，机器人控制盘动作速度不能过快。

（3）按下“停止”按钮，机器人动作停止。

（4）按下“复位”按钮，自动复位到原点。

相关知识

一、机器人工具快换装置

机器人工具快换装置能使单个机器人在制造和装备过程中交换使用不同的末端执行器以增加其柔性，被广泛应用于自动点焊、弧焊、材料抓举、冲压、检测、卷边、装配、材料去除、毛刺清理、包装等操作过程，具有更换快速、有效降低停工时间等优势。

目前，国外在机器人工具快换技术方面比较先进，专业化程度高，但价格昂贵，比较有名的工具快换装置品牌有美国 DE-STA-CO、ATI、AGI、RAD 等，另外，部分工业机器人生产厂商如 STAUBLI 等也有不同型号的工具快换装置。常见的机器人工具快换装置如图 2—5—1 所示。

1. 机器人工具快换装置的分类

机器人工具快换装置分为机器人侧和工具侧两种，机器人侧安装在机器人前端手臂上，工具侧安装在执行工具上（工具包括焊钳、抓手等），工具快换装置能快捷的实现机器人侧与执行工具之间电、气体和液体的连通。一个机器人侧可以根据用户的实际情况与多个工具侧配合使用。美国 ATI 公司生产的 ATI 重载荷机器人自动工具快换装置，如图 2—5—2 所示，其与材料抓举夹具的实际应用如图 2—5—3 所示。

图 2—5—1　常见的机器人工具快换装置

图 2—5—2　ATI 重载荷机器人自动工具快换装置

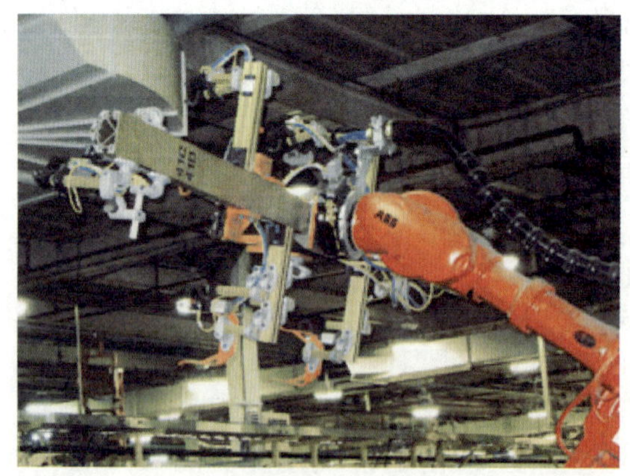

图 2—5—3　ATI 重载荷机器人自动工具快换装置和与材料抓举夹具的应用

2. 机器人工具快换装置的结构

机器人工具快换装置的常规结构及各部分的作用如图 2—5—4 所示。

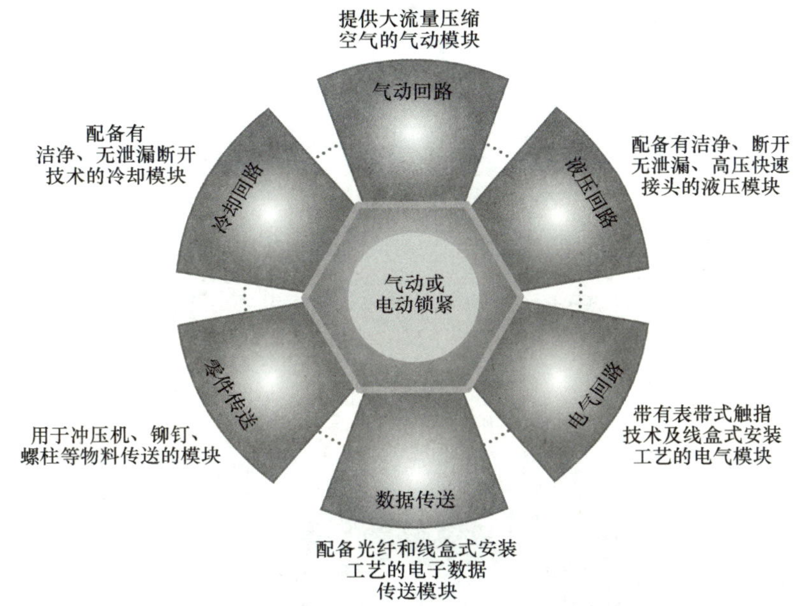

图 2—5—4　工具快换装置的常规结构及各部分的作用

3. 选择工具快换装置的注意事项

在选择工具快换装置时需要考虑以下几个方面：

（1）工具快换装置的抗扭强度

因为工具快换装置的机器人侧与工具侧相互锁紧，当其伴随机器人以一定加速度移动时，会形成很大的力矩，如果抗扭强度差，机器人侧和工具侧之间会形成张角，造成总线信号中断、漏水、漏气，甚至工具脱落。

（2）工具快换装置应具备气体压力丢失保护功能

工具快换装置大多数使用气动锁紧机构，如果调试、应用过程中出现气源中断，工具快换装置应具备气体压力丢失保护功能，确保机器人侧锁紧工具侧。

（3）工具快换装置应具备工具支架互锁功能

机器人需要控制电磁阀给工具快换装置供气，以实现工具快换装置的锁紧或打开。在调试时很容易因为误操作人为地给出错误指令，如果工具快换装置具备工具支架互锁功能将会排除误操作指令的干扰，确保安全。

二、涂胶机器人快换接头

涂胶机器人快换接头主要由母座和公座组成。快换接头母座的结构如图 2—5—5

所示，图中 1 号气脚与 6 号气脚为一组，2 号气脚与 5 号气脚为一组，3 号气脚与 4 号气脚为一组。快换接头公座的结构，如图 2—5—6 所示，其中 1 号气脚与 6 号气脚为一组，2 号气脚与 5 号气脚为一组，3 号气脚与 4 号气脚为一组，公头锁定气缸气口处于 1 号气脚与 2 号气脚、5 号气脚与 6 号气脚中间。

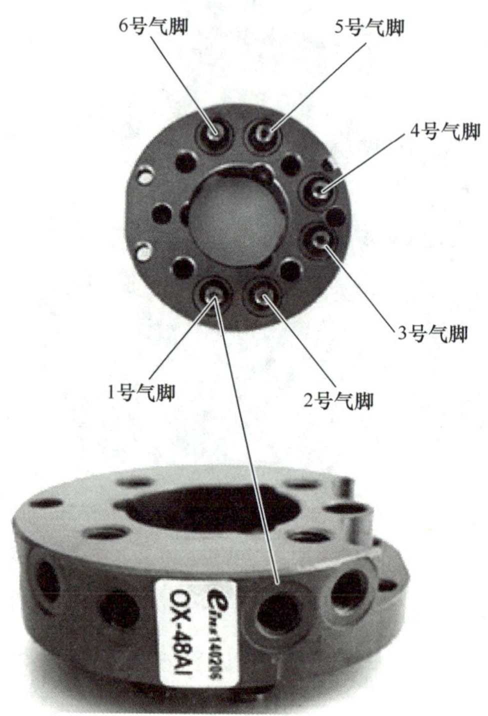

图 2—5—5　涂胶机器人快换接头母座的结构

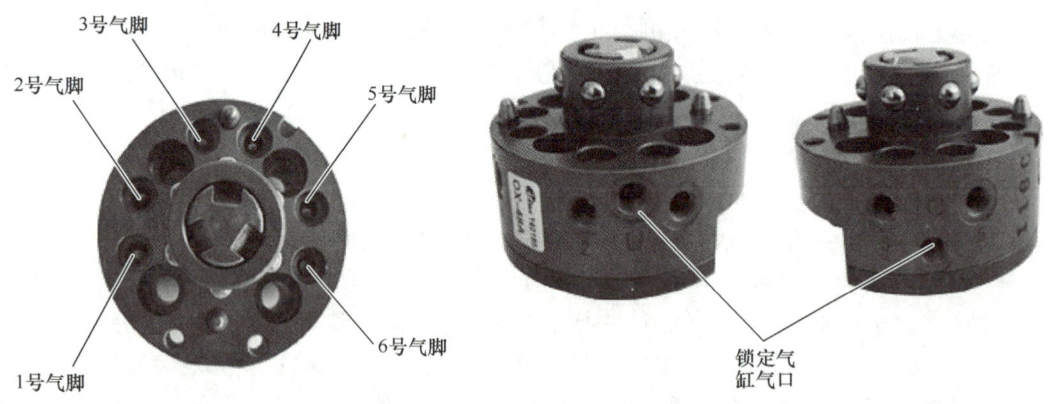

图 2—5—6　涂胶机器人快换接头公座的结构

任务实施

一、任务准备

实施本任务教学所使用的实训设备及工具材料可参考表 2—1—3。

二、功能框图和 I/O 功能分配

1. 功能框图

本任务机器人单元功能框图如图 2—4—5 所示。

2. I/O 功能分配

本任务机器人单元 PLC 与机器人 I/O 功能分配见表 2—4—1。

三、机器人程序设计

1. 机器人主程序

本任务机器人主程序参考模块二任务 4 相应主程序。

2. 机器人子程序

(1) 本任务机器人初始化子程序参考模块二任务 4 相应子程序。

(2) 本任务机器人回原点子程序参考模块二任务 4 相应子程序。

(3) 机器人车窗涂胶装配子程序（仅供参考）

```
PROC assembly()
  MoveJ Offs(p26,ncount1 * 40, 0, 20), v100, z60, tool0;
  MoveL Offs(p26, ncount1 * 40, 0, 0), v100, fine, tool0;
  Set DO10_2;
  Set DO10_3;
  WaitTime 1;
  MoveL Offs(p26, ncount1 * 40, 0, 40), v100, z60, tool0;
  Set DO10_10;
  MoveJ p27, v100, z60, tool0;
  MoveJ Offs(p28, -50, 0, 0), v100, z60, tool0;
  MoveL Offs(p28, 0, 0, 0), v100, z60, tool0;
  Reset DO10_10;
```

```
MoveJ p29, v100, z60, tool0;
MoveJ p30, v100, z60, tool0;
MoveJ p31, v100, z60, tool0;
MoveJ p32, v100, z60, tool0;
MoveJ p33, v100, z60, tool0;
MoveJ p28, v100, z60, tool0;
MoveL Offs(p28, -80, 0, 0), v100, z60, tool0;
MoveJ Home, v200, z100, tool0;
MoveJ Offs(p34, 0, 0, 20), v100, z60, tool0;
MoveL Offs(p34, 0, 0, 0), v100, fine, tool0;
Reset DO10_2;
Reset DO10_3;
WaitTime 1;
MoveL Offs(p34, 0, 0, 60), v100, z60, tool0;
MoveJ Offs(p41, ncount1 * 40, 0, 20), v100, z60, tool0;
MoveL Offs(p41, ncount1 * 40, 0, 0), v100, fine, tool0;
Set DO10_2;
Set DO10_3;
WaitTime 1;
MoveL Offs(p41, ncount1 * 40, 0, 40), v100, z60, tool0;
Set DO10_10;
MoveJ p27, v100, z60, tool0;
MoveJ Offs(p42, -50, 0, 0), v100, z60, tool0;
MoveL Offs(p42, 0, 0, 0), v100, z60, tool0;
Reset DO10_10;
MoveJ p43, v100, z60, tool0;
MoveJ p44, v100, z60, tool0;
MoveJ p45, v100, z60, tool0;
MoveJ p46, v100, z60, tool0;
MoveJ p47, v100, z60, tool0;
MoveJ p42, v100, z60, tool0;
MoveL Offs(p42, -80, 0, 0), v100, z60, tool0;
MoveJ Home, v200, z100, tool0;
MoveJ Offs(p48, 0, 0, 20), v100, z60, tool0;
MoveL Offs(p48, 0, 0, 0), v100, fine, tool0;
Reset DO10_2;
Reset DO10_3;
WaitTime 1;
MoveL Offs(p48, 0, 0, 30), v100, z60, tool0;
```

```
  MoveJ Home, v200, z100, tool0;
  Set DO10_11;
  ncount1 := ncount1+1;
    IF ncount1 > 2 THEN
      ncount1 := 0;
      Set DO10_12;
    ENDIF
ENDPROC
```

（4）本任务机器人拾取吸盘夹具子程序参考模块二任务 4 相应子程序。

（5）本任务机器人放吸盘夹具子程序参考模块二任务 4 相应子程序。

（6）机器人取胶枪夹具子程序（仅供参考）

```
PROC Gripper1()
  MoveJ Offs(ppick, 0, 0, 50), v200, z60, tool0;
  Set DO10_1;
  MoveL Offs(ppick, 0, 0, 0), v40, fine, tool0;
  Reset DO10_1;
  WaitTime 1;
  MoveL Offs(ppick, -3, -120, 20), v50, z100, tool0;
  MoveL Offs(ppick, -3, -120, 150), v100, z60, tool0;
ENDPROC
```

（7）机器人放胶枪夹具子程序（仅供参考）

```
PROC placeGripper1()
  MoveJ Offs(ppick, -2.5, -120, 200), v200, z100, tool0;
  MoveL Offs(ppick, -2.5, -120, 20), v100, z100, tool0;
  MoveL Offs(ppick, 0, 0, 0), v40, fine, tool0;
  Set DO10_1;
  WaitTime 1;
  MoveL Offs(ppick, 0, 0, 40), v30, z100, tool0;
  MoveL Offs(ppick, 0, 0, 50), v60, z100, tool0;
  Reset DO10_1;
ENDPROC
```

四、快换接头的安装

组合后的涂胶机器人快换夹具如图 2—5—7 所示，通过气缸的锁紧与松开，达到换取夹具的目的。安装快换接头时，要求快换接头的公座与母座安放正确，无碰撞。

图 2—5—7　组合后的涂胶机器人快换夹具

五、吸盘夹具的调整

吸盘夹具的调整要求如下：

（1）气管不能出现折痕，否则会导致吸盘不能吸取车窗。

（2）吸盘弹簧应能伸缩自如，如有阻碍需重新连接气管。吸盘弹簧的测试方法如图 2—5—8 所示。

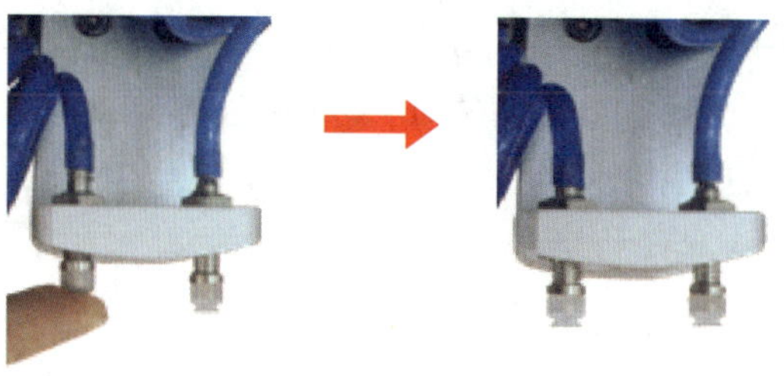

图 2—5—8　吸盘弹簧测试方法

六、机器人示教

按照如图 2—5—9、图 2—5—10、图 2—5—11 所示机器人参考示教点的位置，分别进行托盘、快换夹具和车窗涂胶示教点的示教。

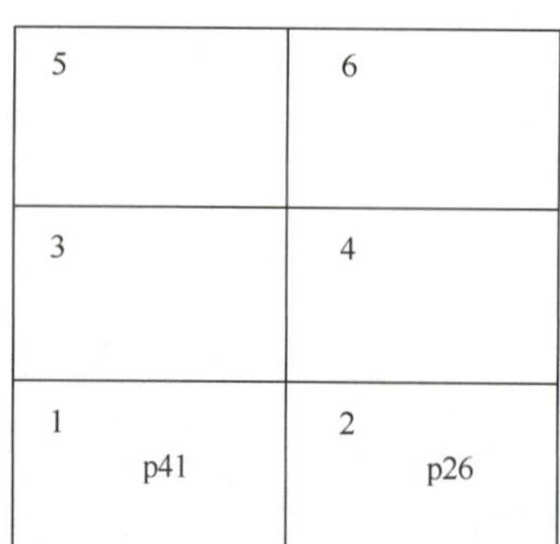

图 2—5—9　托盘示教点

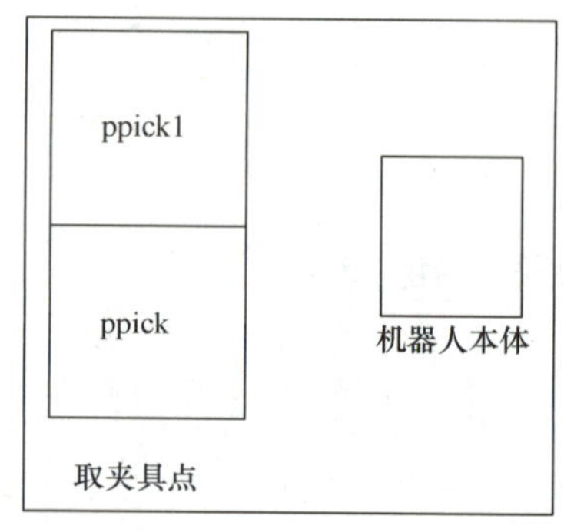

图 2—5—10　快换夹具示教点

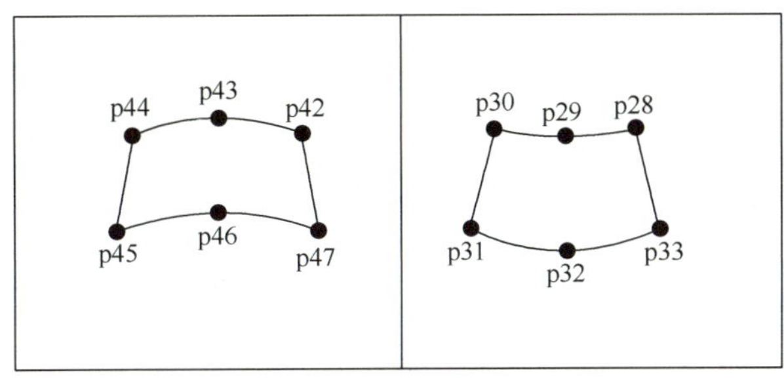

图 2—5—11　车窗涂胶示教点

七、程序调试与运行

根据上述内容，调试程序，实现本任务要求的控制功能。调试前注意对照接口板端子分配表和 PLC 控制接线图检查桌面和挂板接线是否正确，尤其要检查 24 V 电源和电气元件电源线等线路是否有短路、断路现象。

想一想，练一练

（1）如要改变夹具位置应如何修改程序？

（2）如何判断物料就绪、车位准备就绪？这个信号由谁发出？怎样接收？

（3）车窗拾取、预涂胶的点应如何选取？试设计一机器人预涂胶程序，为最后的联机作准备。

检查测评

对任务的完成情况进行检查，并将结果填入表 2—5—1 内。

表 2—5—1　　任务测评表

序号	主要内容	考核要求	评分标准	配分	扣分	得分
1	机器人自动换夹具控制程序的设计与调试	列出 PLC I/O 地址分配表，根据加工工艺，设计梯形图及 PLC 控制接线图	1. 输入/输出地址遗漏或错误，每处扣 5 分 2. 梯形图表达不正确或画法不规范，每处扣 1 分 3. 接线图表达不正确或画法不规范，每处扣 2 分	40		
		按 PLC 接线图在配线板上正确安装接线，安装要准确、紧固、美观，导线要走线槽，导线要有端子标号	1. 损坏元件扣 5 分 2. 布线不走线槽、不美观，每根扣 1 分 3. 接点松动、露铜过长、反圈、压绝缘层，标记线号不清楚、遗漏或误标，引出端无别径压端子，每处扣 1 分 4. 损伤导线绝缘或线芯，每根扣 1 分 5. 不按 PLC 控制接线图接线，每处扣 5 分	10		

续表

序号	主要内容	考核要求	评分标准	配分	扣分	得分
1	机器人自动换夹具控制程序的设计与调试	熟练正确地将所编程序输入 PLC；按照被控设备的动作要求进行模拟调试，达到设计要求	1. 不能熟练操作 PLC 键盘输入指令扣 2 分 2. 不会用删除、插入、修改、存盘等命令，每项扣 2 分 3. 仿真试车不成功扣 30 分	40		
2	安全文明生产	劳动保护用品穿戴整齐；遵守操作规程；讲文明礼貌；操作结束后清理现场	1. 操作中，违反安全文明生产考核要求的任何一项扣 5 分，扣完为止 2. 当发现学生有重大事故隐患时，要立即予以制止，并每次扣安全文明生产总分 5 分	10		
合计						

任务 6　机器人车窗框架预涂胶的程序设计与调试

学习目标

知识目标：

掌握机器人车窗框架预涂胶的程序设计方法。

能力目标：

能够根据控制要求，完成机器人车窗框架预涂胶的程序设计及示教，并能解决运行过程中出现的常见问题。

工作任务

有一台多功能涂胶机构，选用六轴机器人及可编程控制器控制。为使汽车窗玻璃安装更稳固，必须对汽车前后风窗玻璃的框架进行预涂胶，要求涂胶均匀、无渗漏；涂胶完成后自动复位，为下一步的更换吸盘夹具作准备。现需要编写机器人控制程序并示教。

具体的控制要求如下：

（1）按下“启动”按钮，系统上电。

（2）按下“开”按钮，系统自动运行，先拾取胶枪夹具，预涂前风窗玻璃框，然

后预涂后风窗玻璃框后回到原点。机器人控制盘动作速度不能过快。

（3）按下“停止”按钮，机器人动作停止。

（4）按下“复位”按钮，自动复位到原点。

相关知识

一、车窗框架预涂胶运行轨迹

根据控制要求，可得出车窗框架预涂胶运行轨迹如图 2—6—1 所示。

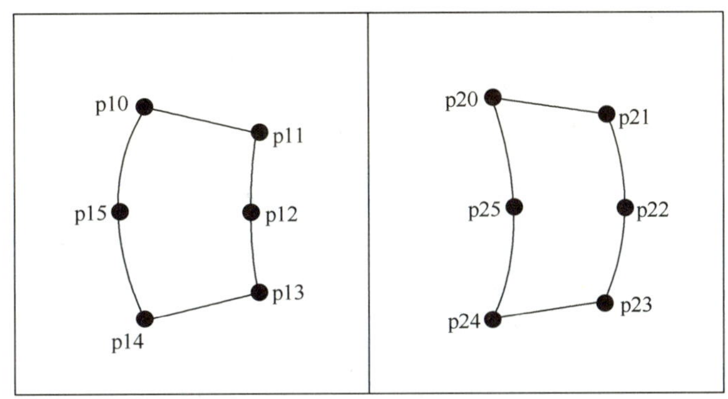

图 2—6—1　车窗框架预涂胶运行轨迹

二、车窗框架预涂胶示教点

根据如图 2—6—1 所示的运行轨迹，可得出车窗框架预涂胶所需示教点见表 2—6—1。

表 2—6—1　车窗框架预涂胶所需示教点

序号	点序号	注释	备注
1	Home	机器人初始位置	程序中定义
2	ppick	取涂胶夹具点	需示教
3	p10-p15	前窗预涂胶点	需示教
4	p20-p25	后窗预涂胶点	需示教

任务实施

一、任务准备

实施本任务教学所使用的实训设备及工具材料可参考表 2—1—3。

二、机器人控制流程图

根据任务要求，画出机器人控制流程图，如图 2—6—2 所示。

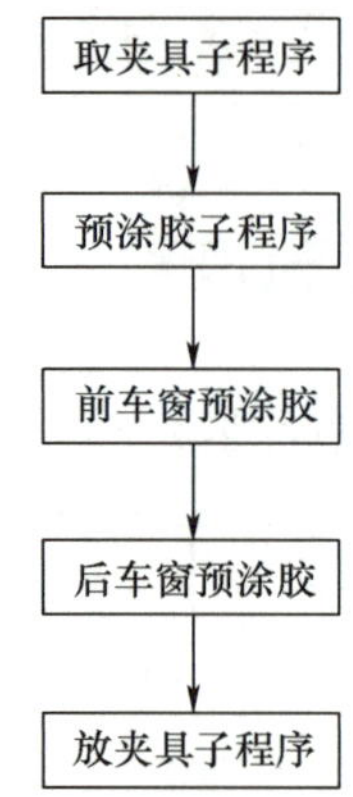

图 2—6—2　机器人控制流程图

三、机器人控制程序设计

根据控制要求，编写出机器人控制程序，并下载到本体。

1. 机器人预涂胶子程序（仅供参考）

```
PROC precoating( )
  MoveJ Home, v200, z100, tool0;
  MoveJ Offs(p10, 0, 0, 20), v100, z60, tool0;
  MoveL Offs(p10, 0, 0, 0), v100, fine, tool0;
  Set DO10_2;
  MoveJ p11, v100, z60, tool0;
  MoveJ p12, v100, z60, tool0;
  MoveJ p13, v100, z60, tool0;
  MoveJ p14, v100, z60, tool0;
  MoveJ p15, v100, z60, tool0;
  MoveJ p10, v100, fine, tool0;
  Reset DO10_2;
  WaitTime 1;
  MoveL Offs(p10, 0, 0, 20), v100, z60, tool0;
  MoveJ Offs(p20, 0, 0, 20), v100, z60, tool0;
  MoveL Offs(p20, 0, 0, 0), v100, fine, tool0;
  Set DO10_2;
```

```
    MoveJ p21, v100, z60, tool0;
    MoveJ p22, v100, z60, tool0;
    MoveJ p23, v100, z60, tool0;
    MoveJ p24, v100, z60, tool0;
    MoveJ p25, v100, z60, tool0;
    MoveJ p20, v100, fine, tool0;
    Reset DO10_2;
    WaitTime 1;
    MoveL Offs(p20, 0, 0, 50), v100, fine, tool0;
    MoveJ Home, v200, z100, tool0;
ENDPROC
```

2. 机器人取胶枪夹具子程序参考模块二任务 5 相应子程序。

3. 机器人放胶枪夹具子程序参考模块二任务 5 相应子程序。

四、机器人示教

按照如图 2—6—1 所示车窗框架预涂胶运行轨迹和表 2—6—1，进行车窗框架预涂胶运行轨迹示教。示教内容主要有原点示教、前风窗玻璃框架路线点示教和后风窗玻璃框架路线点示教。

五、程序调试与运行

1. 程序运行

根据上述内容，调试并运行程序，实现本任务要求的功能。调试前注意对照接口板端子分配表和 PLC 控制接线图检查桌面和挂板接线是否正确，尤其要检查 24 V 电源和电气元件电源线等线路是否有短路、断路现象。

2. 调试故障查询及解决方法

本任务调试时的故障查询及解决方法见表 2—6—2。

表 2—6—2　故障查询及解决方法

故障现象	故障原因	解决方法
设备不能正常上电	电气元件损坏	更换电气元件
	接线脱落或错误	检查电路并重新接线

续表

故障现象	故障原因	解决方法
按钮指示灯不亮	接线错误	检查电路并重新接线
	程序错误	修改程序
	指示灯损坏	更换
PLC 灯闪烁报警	程序出错	修改程序重新写入
PLC 提示“参数错误”	端口选择错误	选择正确的端口号和通信参数
	PLC 出错	执行“PLC 存储器清除”命令，直到灯灭为止
传感器对应的 PLC 输入点没输入	PLC 与传感器接线错误	检查电路并重新接线
	传感器损坏	更换传感器
	PLC 输入点损坏	更换输入点
PLC 输出点没有动作	接线错误	按正确的方法重新接线
	相应器件损坏	更换器件
	PLC 输出点损坏	更换输出点
上电，机器人报警	机器人的安全信号没有连接	按照机器人接线图接线
机器人不能启动	未选择机器人运行程序	在控制器的操作面板选择程序（在第一次运行机器人的情况下）
	机器人专用 I/O 没有设置	设置机器人专用 I/O（在第一次运行机器人的情况下）
	PLC 的输出端没有输出	监控 PLC 程序
	PLC 的输出端子损坏	更换其他端子
	线路错误或接触不良	检查电路并重新接线
机器人启动就报警	原点数据没有设置	输入原点数据（在第一次运行机器人的情况下）
机器人运动过程中报警	机器人从当前点，到下一个点不能直接移动过去	重新示教下一个点
	气缸节流阀锁死	松开节流阀
	机械结构卡死	调整结构件

检查测评

对任务的完成情况进行检查，并将结果填入表 2—6—3 内。

表 2—6—3　任务测评表

序号	主要内容	考核要求	评分标准	配分	扣分	得分
1	机器人车窗框架预涂胶控制程序的设计与调试	列出 PLC I/O 地址分配表，根据加工工艺，设计梯形图及 PLC 控制接线图	1. 输入/输出地址遗漏或错误，每处扣 5 分 2. 梯形图表达不正确或画法不规范，每处扣 1 分 3. 接线图表达不正确或画法不规范，每处扣 2 分	40		
		按 PLC 控制接线图在配线板上正确安装接线，安装要准确、紧固、美观，导线要走线槽，导线要有端子标号	1. 损坏元件扣 5 分 2. 布线不走线槽、不美观，每根扣 1 分 3. 接点松动、露铜过长、反圈、压绝缘层，标记线号不清楚、遗漏或误标，引出端无别径压端子，每处扣 1 分 4. 损伤导线绝缘或线芯，每根扣 1 分 5. 不按 PLC 控制接线图接线，每处扣 5 分	10		
		熟练正确地将所编程序输入 PLC；按照被控设备的动作要求进行模拟调试，达到设计要求	1. 不能熟练操作 PLC 键盘输入指令扣 2 分 2. 不会用删除、插入、修改、存盘等命令，每项扣 2 分 3. 仿真试车不成功扣 30 分	40		
2	安全文明生产	劳动保护用品穿戴整齐；遵守操作规程；讲文明礼貌；操作结束后清理现场	1. 操作中，违反安全文明生产考核要求的任何一项扣 5 分，扣完为止 2. 当发现学生有重大事故隐患时，要立即予以制止，并每次扣安全文明生产总分 5 分	10		
合计						

任务 7　机器人车窗拾取并涂胶的程序设计与调试

学习目标

知识目标：

熟练安全送料机构的检查内容。

熟悉涂胶枪的使用方法，能快速对各点进行示教。

能力目标：

能够根据控制要求，完成机器人车窗拾取并涂胶的程序设计及示教，并能解决运行过程中出现的常见问题。

工作任务

有一台多工位车窗装配机构，机器人将车窗从托盘拾取送到涂胶工作区，同时涂胶机准备就绪，现需要编写 PLC 和机器人控制程序以实现如下控制要求：

（1）按下“启动”按钮，系统上电。

（2）按下“开”按钮，系统自动运行，机器人先拾取前风窗玻璃，送到涂胶位置后，对玻璃周边进行均匀涂胶，完毕后停留 2 s 放回原位；然后机器人拾取后风窗玻璃，到涂胶位置对玻璃周边进行均匀涂胶，完毕后停留 2 s 放回原位。机器人控制盘动作速度不能过快。

（3）按下“停止”按钮，机器人动作停止。

（4）按下“复位”按钮，自动复位到原点。

相关知识

一、安全送料机构的检查

安全送料机构的检查内容如下：

（1）传感器：检查传感器的检测位置是否正确。

（2）节流阀：控制进出气体流量，调节节流阀使气缸动作顺畅柔和。

（3）电磁阀：接通气路，打开气源，按下电磁阀的测试旋钮，顺时针旋转 90°锁住阀门。

（4）托盘：检查托盘的存放区及安全操作区。

（5）车窗：检查车窗摆放位置，车窗要布满整个托盘。

（6）送料机构的故障查询及解决方法参见表 2—2—5。

二、上料涂胶单元接口板端子分配的

1. 上料涂胶单元挂板接口板端子分配

上料涂胶单元挂板接口板端子分配见表 2—2—2。

2. 上料涂胶单元桌面接口板端子分配

上料涂胶单元桌面接口板端子分配见表 2—2—3。

三、机器人单元接口板端子分配

1. 机器人单元挂板接口板端子分配

机器人单元挂板接口板端子分配见表 2—4—2。

2. 机器人单元桌面接口板端子分配

机器人单元桌面接口板端子分配见表 2—4—3。

任务实施

一、任务准备

实施本任务教学所使用的实训设备及工具材料可参考表 2—1—3。

二、机器人控制流程图

根据任务要求，画出机器人控制流程图，如图 2—7—1 所示。

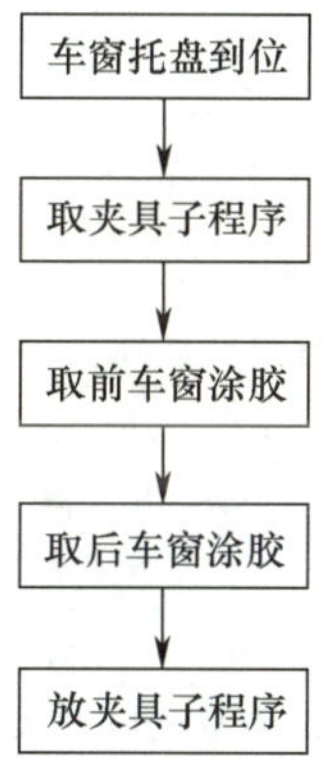

图 2—7—1　机器人控制流程图

三、I/O 功能分配

机器人单元 PLC 与机器人 I/O 功能分配见表 2—7—1。

表 2—7—1　　机器人单元 PLC 与机器人 I/O 功能分配表

序号	PLC I/O 地址	功能描述	对应机器人 I/O	备注
1	I0.0	按下“启动”按钮，I0.0 闭合	无	
2	I0.1	按下“停止”按钮，I0.1 闭合	无	
3	I0.2	按下“复位”按钮，I0.2 闭合	无	
4	I0.3	联机信号触发，I0.3 闭合	无	
5	I1.2	自动模式，I1.2 闭合	OUT4	
6	I1.3	伺服运行中，I1.3 闭合	OUT5	
7	I1.4	程序运行，I1.4 闭合	OUT6	
8	I1.5	异常报警，I1.5 闭合	OUT7	
9	I1.6	机器人急停，I1.6 闭合	OUT8	
10	I1.7	机器人回到原点，I1.7 闭合	OUT9	
11	I2.0	物料到位，I2.0 闭合	OUT10	
12	I2.1	换车信号，I2.1 闭合	OUT11	
13	I2.2	换料信号，I2.2 闭合	OUT12	
14	I2.3	汽车全部涂装完成，I2.3 闭合	OUT13	
15	Q0.0	Q0.0 闭合，机器人上电，电动机上电	IN4	
16	Q0.1	Q0.1 闭合，伺服启动	IN5	
17	Q0.2	Q0.2 闭合，主程序开始运行	IN6	
18	Q0.3	Q0.3 闭合，机器人运行中	IN7	
19	Q0.4	Q0.4 闭合，机器人停止	IN8	
20	Q0.5	Q0.5 闭合，伺服停止	IN9	
21	Q0.6	Q0.6 闭合，机器人异常复位	IN10	
22	Q0.7	Q0.7 闭合，PLC 复位信号	IN11	
23	Q1.0	Q1.0 闭合，面板运行指示灯（绿）点亮	无	
24	Q1.1	Q1.1 闭合，面板停止指示灯（红）点亮	无	
25	Q1.2	Q1.2 闭合，面板复位指示灯（黄）点亮	无	
26	Q1.3	Q1.3 闭合，动作开始	IN12	
27	Q1.4	Q1.4 闭合，汽车车窗到位信号	IN13	
28	Q1.5	Q1.5 闭合，汽车模型到位信号	IN14	
29	无	OUT1 为 ON，快速夹具电磁阀 YV21 动作	OUT1	
30	无	OUT2 为 ON，工作 A 电磁阀 YV22 动作	OUT2	
31	无	OUT3 为 ON，工作 B 电磁阀 YV23 动作	OUT3	
32	无	夹具 1 到位，槽型光电开关 OFF，IN1 为 OFF	IN1	
33	无	夹具 2 到位，槽型光电开关 OFF，IN2 为 OFF	IN2	

四、程序设计

根据控制要求，编写出机器人控制程序，并下载到本体。

1. 机器人拾取吸盘夹具子程序参考模块二任务 4 相应子程序。

2. 机器人车窗涂胶子程序（仅供参考）

```
PROC assembly( )
  MoveJ Offs( p26, ncount1 * 40, 0, 20), v100, z60, tool0;
  MoveL Offs( p26, ncount1 * 40, 0, 0), v100, fine, tool0;
  Set DO10_2;
  Set DO10_3;
  WaitTime 1;
  MoveL Offs( p26, ncount1 * 40, 0, 40), v100, z60, tool0;
  Set DO10_10;
  MoveJ p27, v100, z60, tool0;
  MoveJ Offs( p28, -50, 0, 0), v100, z60, tool0;
  MoveL Offs( p28, 0, 0, 0), v100, z60, tool0;
  Reset DO10_10;
  MoveJ p29, v100, z60, tool0;
  MoveJ p30, v100, z60, tool0;
  MoveJ p31, v100, z60, tool0;
  MoveJ p32, v100, z60, tool0;
  MoveJ p33, v100, z60, tool0;
  MoveJ p28, v100, z60, tool0;
  MoveL Offs( p28,-80, 0, 0), v100, z60, tool0;
  MoveJ Offs( p42, -50, 0, 0), v100, z60, tool0;
  MoveL Offs( p42, 0, 0, 0), v100, z60, tool0;
  Reset DO10_10;
  MoveJ p43, v100, z60, tool0;
  MoveJ p44, v100, z60, tool0;
  MoveJ p45, v100, z60, tool0;
  MoveJ p46, v100, z60, tool0;
  MoveJ p47, v100, z60, tool0;
  MoveJ p42, v100, z60, tool0;
  MoveL Offs( p42, -80, 0, 0), v100, z60, tool0;
  Set DO10_11;
  ncount1 := ncount1 +1;
    IF ncount1 > 2 THEN
      ncount1 := 0;
      Set DO10_12;
    ENDIF
ENDPROC
```

3. 机器人放吸盘夹具子程序参考模块二任务 4 相应子程序。

五、机器人示教

启动机器人，打开 ABB RobotStudio 软件，学生可自行编程或者利用参考程序，程序下载完毕后，用示教器进行示教，示教点的运行轨迹如图 2—7—2、图 2—7—3 所示。示教的主要内容包括原点示教、前风窗玻璃吸取点示教和后风窗玻璃吸取点示教。

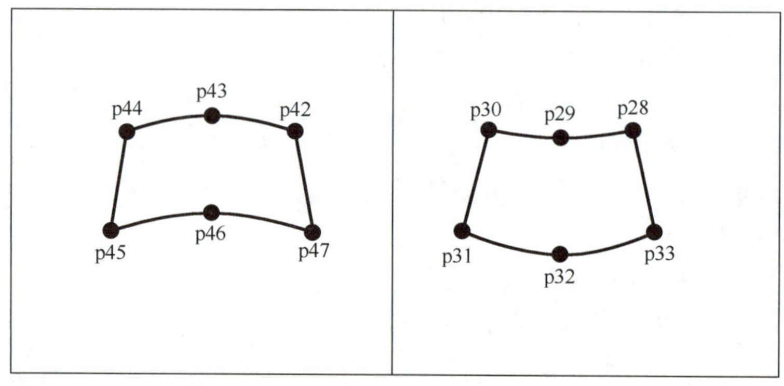

图 2—7—2　涂胶示教点的运行轨迹

5	6
3	4
1 p41	2 p26

图 2—7—3　托盘示教点的运行轨迹

六、系统调试与运行

系统的调试与运行可分为单机自动调试运行和联机自动调试运行。

1. 单机自动调试运行

（1）在确保接线无误后，松开“急停”按钮，按下“开”按钮，设备上电。

（2）将机器人控制器置自动挡，调节机器人伺服速度（试运行时需设置为低速，正常运行可自行设定）。

（3）按下“单机”按钮，单机指示灯点亮（设备默认为单机状态），再按下“复位”按钮，设备复位，复位指示灯点亮。

(4) 复位成功后按下“启动”按钮，启动指示灯亮，复位指示灯灭，设备开始运行。

(5) 在设备运行过程中随时按下“停止”按钮，停止指示灯亮并且启动指示灯灭，设备停止运行。

(6) 当设备运行过程中遇到紧急状况时，应迅速按下“急停”按钮，设备断电。

2. 联机自动调试运行

(1) 确认通信线连接完好，在上电复位状态下，按下“联机”按钮，联机指示灯亮，单机指示灯灭，进入联网状态。

(2) 确认上料涂胶单元物料和多工位涂装单元物料均按标识摆放。

(3) 各站置为联机状态，统一在上料涂胶单元执行“停止”→“复位”→“启动”等操作，设备正常启动后，按下“送料”按钮，整个系统开始联机运行。

(4) 确认整个流程顺畅无误后，可自行提高机器人速度。

3. 调试故障查询及解决方法

本任务调试时的故障查询及解决方法见表 2—6—2。

想一想，练一练

(1) 如何判断车窗装配已经完成？

(2) 机器人程序应如何优化？

检查测评

对任务的完成情况进行检查，并将结果填入表 2—7—2 内。

表 2—7—2　　任务测评表

序号	主要内容	考核要求	评分标准	配分	扣分	得分
1	机器人车窗拾取并涂胶控制程序的设计与调试	列出 PLC I/O 地址分配表；根据加工工艺，设计梯形图及 PLC 控制接线图	1. 输入/输出地址遗漏或错误，每处扣 5 分 2. 梯形图表达不正确或画法不规范，每处扣 1 分 3. 接线图表达不正确或画法不规范，每处扣 2 分	40		

续表

序号	主要内容	考核要求	评分标准	配分	扣分	得分
1	机器人车窗拾取并涂胶控制程序的设计与调试	按 PLC 控制接线图在配线板上正确安装接线，安装要准确、紧固、美观，导线要走线槽，导线要有端子标号	1. 损坏元件扣 5 分 2. 布线不走线槽、不美观，每根扣 1 分 3. 接点松动、露铜过长、反圈、压绝缘层，标记线号不清楚、遗漏或误标，引出端无别径压端子，每处扣 1 分 4. 损伤导线绝缘或线芯，每根扣 1 分 5. 不按 PLC 控制接线图接线，每处扣 5 分	10		
		熟练正确地将所编程序输入 PLC；按照被控设备的动作要求进行模拟调试，达到设计要求	1. 不能熟练操作 PLC 键盘输入指令扣 2 分 2. 不会用删除、插入、修改、存盘等命令，每项扣 2 分 3. 仿真试车不成功扣 30 分	40		
2	安全文明生产	劳动保护用品穿戴整齐；遵守操作规程；讲文明礼貌；操作结束后清理现场	1. 操作中，违反安全文明生产考核要求的任何一项扣 5 分，扣完为止 2. 当发现学生有重大事故隐患时，要立即予以制止，并每次扣安全文明生产总分 5 分	10		
合计						

任务 8　机器人车窗装配的程序设计与调试

学习目标

知识目标：

1. 熟悉多工位转盘的检查内容。
2. 熟悉机器人配车窗装的先后顺序，能快速对各点进行示教。

能力目标：

能够根据控制要求，完成机器人车窗装配的程序设计与调试，并能解决运行过程中出现的常见问题。

工作任务

有一台多工位车窗装配机构，通过 PLC 与六轴机器人对汽车模型进行前风窗玻璃及后风窗玻璃的装配，现需要编写 PLC 和机器人控制程序以实现如下控制要求：

（1）按下“启动”按钮，系统上电。

（2）按下“开”按钮，系统自动运行：

1）先拾取前风窗玻璃，安装在前挡风位置，停留 2 s。

2）然后拾取后风窗玻璃，安装在后挡风位置，停留 2 s。

3）最后回到原点。机器人控制盘动作速度不能过快。

（3）按下“停止”按钮，机器人动作停止。

（4）按下“复位”按钮，自动复位到原点。

相关知识

一、多工位转盘的检查

1. 槽型光电开关的检查

用物体阻挡光电开关的光源，检查指示灯是否有反应。注意观察槽型光电开关与原点感应片是否有干涉现象，感应片是否进入槽型光电开关的感应区域。

2. 光纤传感器的检查

检查光纤传感器的工作状态，车位检测光纤传感器应当在汽车模型进入装配点时，能输出有汽车到位信号。

二、多工位涂装单元接口板端子分配

1. 多工位涂装单元挂板接口板端子分配

多工位涂装单元挂板接口板端子分配见表 2—3—2。

2. 多工位涂装单元桌面接口板端子分配

多工位涂装单元桌面接口板端子分配见表 2—3—3。

任务实施

一、任务准备

实施本任务教学所使用的实训设备及工具材料可参考表 2—1—3。

二、机器人控制流程图

根据任务要求，画出机器人控制流程图，如图 2—8—1 所示。

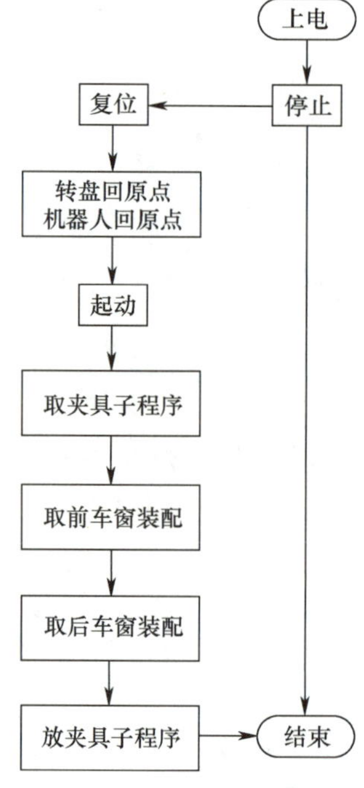

图 2—8—1　机器人控制流程图

三、I/O 功能分配

机器人单元 PLC 与机器人 I/O 功能分配见表 2—8—1。

表 2—8—1　机器人单元 PLC 与机器人 I/O 功能分配表

序号	PLC　I/O 地址	功能描述	对应机器人 I/O	备注
1	I0.0	按下“启动”按钮，I0.0 闭合	无	
2	I0.1	按下“停止”按钮，I0.1 闭合	无	
3	I0.2	按下“复位”按钮，I0.2 闭合	无	

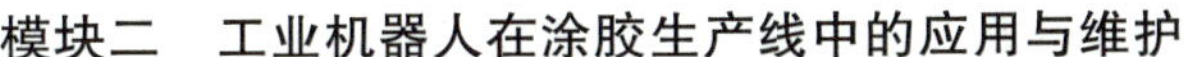

续表

序号	PLC I/O 地址	功能描述	对应机器人 I/O	备注
4	I0.3	联机信号触发，I0.3 闭合	无	
5	I1.2	自动模式，I1.2 闭合	OUT4	
6	I1.3	伺服运行中，I1.3 闭合	OUT5	
7	I1.4	程序运行，I1.4 闭合	OUT6	
8	I1.5	异常报警，I1.5 闭合	OUT7	
9	I1.6	机器人急停，I1.6 闭合	OUT8	
10	I1.7	机器人回到原点，I1.7 闭合	OUT9	
11	I2.0	物料到位，I2.0 闭合	OUT10	
12	I2.1	换车信号，I2.1 闭合	OUT11	
13	I2.2	换料信号，I2.2 闭合	OUT12	
14	I2.3	汽车全部涂装完成，I2.3 闭合	OUT13	
15	Q0.0	Q0.0 闭合，机器人上电，电动机上电	IN4	
16	Q0.1	Q0.1 闭合，伺服启动	IN5	
17	Q0.2	Q0.2 闭合，主程序开始运行	IN6	
18	Q0.3	Q0.3 闭合，机器人运行中	IN7	
19	Q0.4	Q0.4 闭合，机器人停止	IN8	
20	Q0.5	Q0.5 闭合，伺服停止	IN9	
21	Q0.6	Q0.6 闭合，机器人异常复位	IN10	
22	Q0.7	Q0.7 闭合，PLC 复位信号	IN11	
23	Q1.0	Q1.0 闭合，面板运行指示灯（绿）点亮	无	
24	Q1.1	Q1.1 闭合，面板停止指示灯（红）点亮	无	
25	Q1.2	Q1.2 闭合，面板复位指示灯（黄）点亮	无	
26	Q1.3	Q1.3 闭合，动作开始	IN12	
27	Q1.4	Q1.4 闭合，汽车车窗到位信号	IN13	
28	Q1.5	Q1.5 闭合，汽车模型到位信号	IN14	
29	无	OUT1 为 ON，快速夹具电磁阀 YV21 动作	OUT1	
30	无	OUT2 为 ON，工作 A 电磁阀 YV22 动作	OUT2	
31	无	OUT3 为 ON，工作 B 电磁阀 YV23 动作	OUT3	
32	无	夹具 1 到位，槽型光电开关 OFF，IN1 为 OFF	IN1	
33	无	夹具 2 到位，槽型光电开关 OFF，IN2 为 OFF	IN2	

四、程序设计

根据控制要求，编写出机器人控制程序，并下载到本体。

1. 机器人初始化子程序参考模块二任务 4 相应子程序。

2. 机器人回原点子程序参考模块二任务 4 相应子程序。

3. 机器人拾取吸盘夹具子程序参考模块二任务 4 相应子程序。

4. 机器人车窗装配子程序（仅供参考）

```
PROC assembly( )
  MoveJ Offs(p26, ncount1 * 40, 0, 20), v100, z60, tool0;
  MoveL Offs(p26, ncount1 * 40, 0, 0), v100, fine, tool0;
  Set DO10_2;
  Set DO10_3;
  WaitTime 1;
  MoveL Offs(p26, ncount1 * 40, 0, 40), v100, z60, tool0;
  Set DO10_10;
  MoveJ p27, v100, z60, tool0;
  MoveJ Offs(p34, 0, 0, 20), v100, z60, tool0;
  MoveL Offs(p34, 0, 0, 0), v100, fine, tool0;
  Reset DO10_2;
  Reset DO10_3;
  WaitTime 1;
  MoveL Offs(p34, 0, 0, 60), v100, z60, tool0;
  MoveJ Offs(p41, ncount1 * 40, 0, 20), v100, z60, tool0;
  MoveL Offs(p41, ncount1 * 40, 0, 0), v100, fine, tool0;
  Set DO10_2;
  Set DO10_3;
  WaitTime 1;
  MoveL Offs(p41, ncount1 * 40, 0, 40), v100, z60, tool0;
  Set DO10_10;
  MoveJ p27, v100, z60, tool0;
  MoveJ Offs(p48, 0, 0, 20), v100, z60, tool0;
  MoveL Offs(p48, 0, 0, 0), v100, fine, tool0;
  Reset DO10_2;
  Reset DO10_3;
  WaitTime 1;
  MoveL Offs(p48, 0, 0, 30), v100, z60, tool0;
  MoveJ Home, v200, z100, tool0;
  Set DO10_11;
  ncount1 := ncount1 +1;
    IF ncount1 > 2 THEN
      ncount1 := 0;
      Set DO10_12;
```

```
    ENDIF
ENDPROC
```

5. 机器人放吸盘夹具子程序参考模块二任务 4 相应子程序。

五、机器人示教

启动机器人，打开 ABB RobotStudio 软件，学生可自行编程或者利用参考程序，程序下载完毕后，用示教器进行示教。示教的主要内容包括原点示教、前风窗玻璃框路线点示教和后风窗玻璃框路线点示教。

六、系统调试与运行

系统的调试与运行可分为单机自动调试运行和联机自动调试运行。

1. 单机自动调试运行

（1）在确保接线无误后，松开“急停”按钮，按下“开”按钮，设备上电。

（2）将机器人控制器置自动挡，调节机器人伺服速度（试运行时需设置为低速，正常运行可自行设定）。

（3）按下“单机”按钮，单机指示灯点亮（设备默认为单机状态），再按下“复位”按钮，设备复位，复位指示灯点亮。

（4）复位成功后按“启动”按钮，启动指示灯亮，复位指示灯灭，设备开始运行。

（5）在设备运行过程中随时按下“停止”按钮，停止指示灯亮，并且启动指示灯灭，设备停止运行。

（6）当设备运行过程中遇到紧急状况时，应迅速按下“急停”按钮，设备断电。

2. 联机自动调试运行

（1）确认通信线连接完好，在上电复位状态下，按下“联机”按钮，联机指示灯亮，单机指示灯灭，进入联网状态。

（2）确认上料涂胶单元物料和多工位涂装单元物料均按标识摆放。车窗布满托盘时的整体效果，如图 2—8—2 所示。

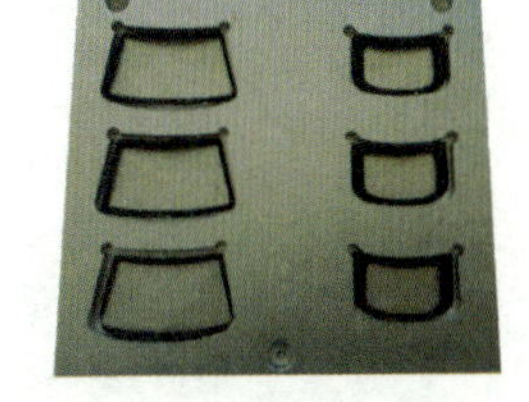

图 2—8—2　车窗布满托盘时的整体效果

（3）各站置为联机状态，统一在上料涂胶单元执行“停止”→“复位”→“启动”等操作，设备正常启动后，按下“送料”按钮，整个系统开始联机运行。

（4）确认整个流程顺畅无误后，可自行提高机器人速度。

3. 调试故障查询及解决方法

本任务调试时的故障查询及解决方法见表 2—6—2。

检查测评

对任务的完成情况进行检查，并将结果填入表 2—8—2 内。

表 2—8—2　任务测评表

序号	主要内容	考核要求	评分标准	配分	扣分	得分
1	机器人车窗装配控制程序的设计与调试	列出 PLC I/O 地址分配表，根据加工工艺，设计梯形图及 PLC 控制接线图	1. 输入/输出地址遗漏或错误，每处扣 5 分 2. 梯形图表达不正确或画法不规范，每处扣 1 分 3. 接线图表达不正确或画法不规范，每处扣 2 分	40		
		按 PLC 控制接线图在配线板上正确安装接线，安装要准确、紧固、美观，导线要走线槽，导线要有端子标号	1. 损坏元件扣 5 分 2. 布线不走线槽、不美观，每根扣 1 分 3. 接点松动、露铜过长、反圈、压绝缘层，标记线号不清楚、遗漏或误标，引出端无别径压端子，每处扣 1 分 4. 损伤导线绝缘或线芯，每根扣 1 分 5. 不按 PLC 控制接线图接线，每处扣 5 分	10		
		熟练正确地将所编程序输入 PLC；按照被控设备的动作要求进行模拟调试，达到设计要求	1. 不能熟练操作 PLC 键盘输入指令扣 2 分 2. 不会用删除、插入、修改、存盘等命令，每项扣 2 分 3. 仿真试车不成功扣 30 分	40		
2	安全文明生产	劳动保护用品穿戴整齐；遵守操作规程；讲文明礼貌；操作结束后清理现场	1. 操作中，违反安全文明生产考核要求的任何一项扣 5 分，扣完为止 2. 当发现学生有重大事故隐患时，要立即予以制止，并每次扣安全文明生产总分 5 分	10		
合计						

任务 9　工作站整机的程序设计与调试

学习目标

知识目标：

1. 熟悉各单元的控制远程。
2. 掌握工作站整机的联机调试方法。

能力目标：

能够根据控制要求，完成工作站整机的程序设计与调试，并能解决运行过程中出现的常见问题。

工作任务

有一台多工位车窗装配机构，能自动完成汽车车窗玻璃的涂胶及安装任务，现需要编写 PLC 和机器人控制程序，以实现如下控制要求：

（1）按下“启动”按钮，系统上电。

（2）按下“联机”按钮，机器人单元、上料涂胶单元、多工位涂装单元均联机上电。

（3）按下“开”按钮后，再按下送料按钮，系统自动运行：

1）送料机构把送料盘送入工作区。

2）机器人收到料盘信号，先拾取胶枪夹具对第一个工位的汽车模型进行前风窗玻璃框和后风窗玻璃框预涂胶，涂完后夹具放回原位。

3）更换吸盘夹具，吸取前风窗玻璃至涂胶位置，周边均匀涂胶后安装到汽车模型上，继续安装后风窗玻璃，安装完成后放回吸盘夹具，回到原点。

4）多工位转盘送第二辆汽车模型进入安装位，发出到位信号，机器人重复上述操作，直到 3 辆汽车模型安装完毕，各站自动复位。

（4）机器人控制盘动作速度不能过快。

（5）按下“停止”按钮，机器人动作停止。

（6）按下“复位”按钮，自动复位到原点。

相关知识

一、上料涂胶单元的控制流程

上料涂胶单元的如图 2—9—1 所示。

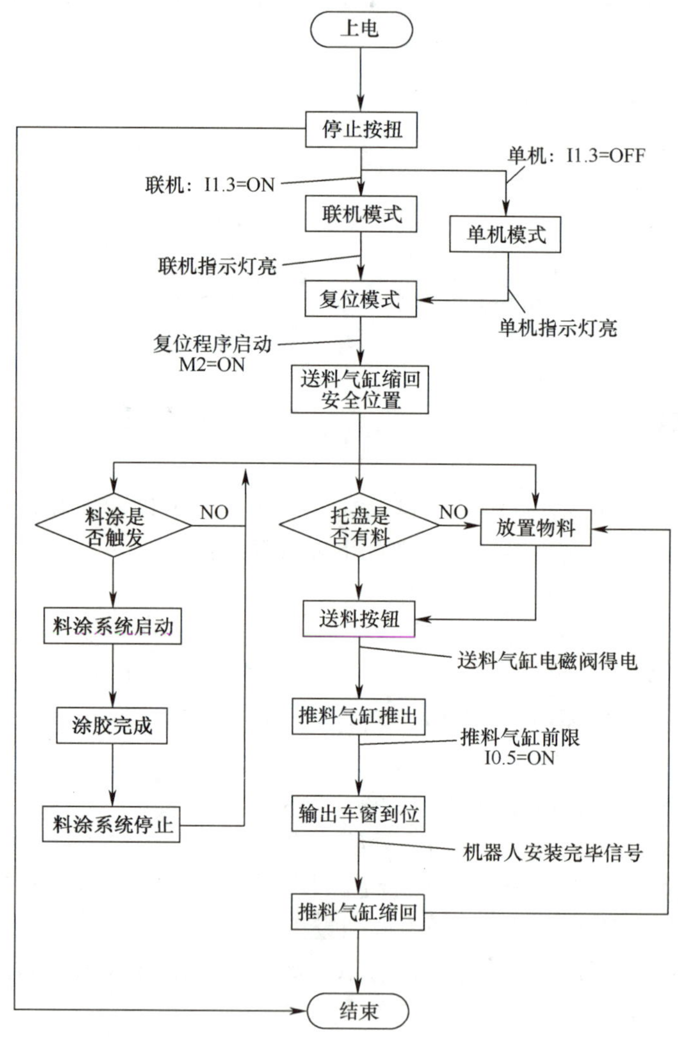

图 2—9—1 上料涂胶单元控制流程图

二、多工位涂装单元的控制流程

多工位涂装单元的控制流程如图 2—9—2 所示。

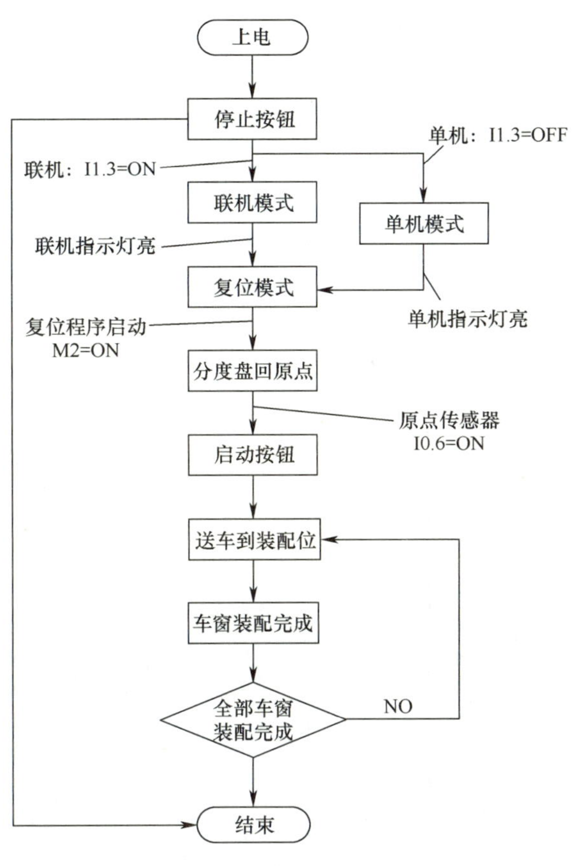

图 2—9—2　多工位单元流程图

任务实施

一、任务准备

实施本任务教学所使用的实训设备及工具材料可参考表 2—1—3。

二、机器人控制流程图

根据任务要求，画出机器人控制流程图，如图 2—9—3 所示。

三、I/O 功能分配

1. 上料涂胶单元 PLC 的 I/O 功能分配

上料涂胶单元 PLC 的 I/O 功能分配见表 2—2—1。

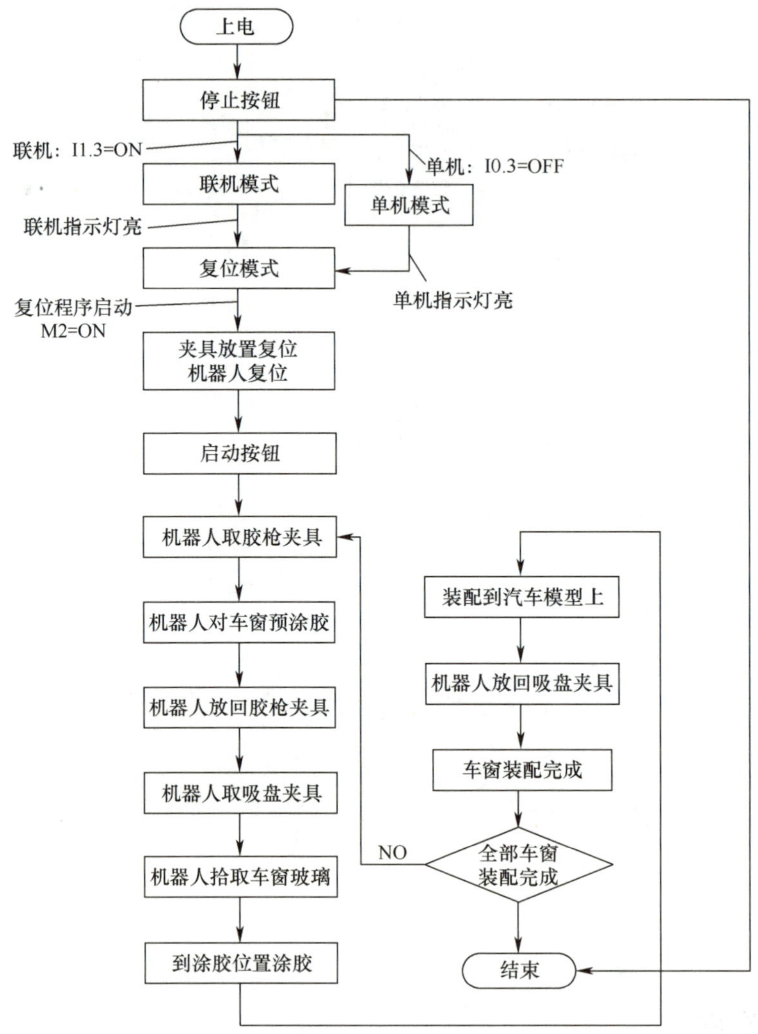

图 2—9—3　机器人控制流程图

2. 多工位涂装单元 PLC 的 I/O 功能分配

机器人单元多工位涂装单元 PLC 的 I/O 功能分配见表 2—3—1。

3. 机器人单元 PLC 与机器人 I/O 功能分配

机器人单元 PLC 与机器人 I/O 功能分配见表 2—4—1。

4. 通信地址分配

（1）以太网网络通信分配表（见表 2—9—1）

表 2—9—1 以太网网络通信分配表

序号	站名	IP 地址	通信地址区域	备注
1	六轴机器人单元	192.168.0.111	MB10-MB11 MB20-MB21 MB25-MB26	以太网
2	上料涂胶单元	192.168.0.112	MB10-MB11 MB20-MB21 MB15-MB16 MB25-MB26	
3	多工位涂装单元	192.168.0.113	MB10-MB11 MB20-MB21 MB15-MB16 MB25-MB26	

（2）通信地址分配表（见表 2—9—2）

表 2—9—2 通信地址分配表

序号	功能定义	通信 M 点	发送 PLC 站号	接收 PLC 站号
1	机器人开始工作	M10.0	111#PLC 发出	112、113 接收
2	装配完成换车	M10.1	111#PLC 发出	112、113 接收
3	换车窗换车体	M10.2	111#PLC 发出	112、113 接收
4	点胶	M10.3	111#PLC 发出	112、113 接收
5	启动按钮	M10.4	111#PLC 发出	112、113 接收
6	停止按钮	M10.5	111#PLC 发出	112、113 接收
7	复位按钮	M10.6	111#PLC 发出	112、113 接收
8	联机信号	M10.7	111#PLC 发出	112、113 接收
9	单元停止	M11.0	111#PLC 发出	112、113 接收
10	单元复位	M11.1	111#PLC 发出	112、113 接收
11	复位完成	M11.2	111#PLC 发出	112、113 接收
12	单元启动	M11.3	111#PLC 发出	112、113 接收
13	车窗玻璃就绪信号	M20.0	112#PLC 发出	111 接收
14	上料联机信号	M20.4	112#PLC 发出	111 接收
15	通信信号	M20.5	112#PLC 发出	111 接收
16	单元启动	M20.6	112#PLC 发出	111 接收

续表

序号	功能定义	通信 M 点	发送 PLC 站号	接收 PLC 站号
17	单元停止	M20.7	112#PLC 发出	111 接收
18	车体就绪信号	M25.0	113#PLC 发出	111 接收
19	多工位启动按钮	M25.1	113#PLC 发出	111 接收
20	多工位停止按钮	M25.2	113#PLC 发出	111 接收
21	多工位复位按钮	M25.3	113#PLC 发出	111 接收
22	多工位联机信号	M25.4	113#PLC 发出	111 接收

四、程序设计

根据控制要求，编写出机器人控制程序，并下载到本体。

1. 机器人主程序（仅供参考）

```
PROC main()
    DateInit;
    rHome;
    WHILE TRUE DO
        TPWrite "Wait Start....." ;
        WHILE DI10_12=0 DO
        ENDWHILE
        TPWrite "Running: Start." ;
        RESET DO10_9;
        Gripper1;
        precoating;
        placeGripper1;
        Gripper3;
        assembly;
        placeGripper3;
        ncount:= ncount+1;
        IF ncount > 5 THEN
            ncount:=0;
            ncount1:=0;
            ncount2:=0;
            ncount3:=0;
```

```
    ENDIF
      ENDWHILE
ENDPROC
```

2. 机器人初始化子程序（仅供参考）

```
PROC DateInit( )
      ncount := 0;
      ncount1 := 0;
      ncount2 := 0;
      ncount3 := 0;
      RESET DO10_1;
      RESET DO10_2;
      RESET DO10_3;
      RESET DO10_9;
      RESET DO10_10;
      RESET DO10_11;
      RESET DO10_12;
      RESET DO10_13;
      RESET DO10_14;
      RESET DO10_15;
ENDPROC
```

3. 机器人回原点子程序（仅供参考）

```
PROC rHome( )
      VAR Jointtarget joints;
      joints := CJointT( );
      joints. robax. rax_2 :=-23;
      joints. robax. rax_3 := 32;
      joints. robax. rax_4 := 0;
      joints. robax. rax_5 := 81;
      MoveAbsJ joints \NoEOffs, v40, z100, tool0;
      MoveJ Home, v100, z100, tool0;
      IF DI10_1 =1 AND DI10_3 =1 THEN
         TPWrite "Running: Stop!";
         Stop;
      ENDIF
      IF DI10_1 =1 AND DI10_3 =0 THEN
         placeGripper1;
      ENDIF
```

```
    IF DI10_3=1 AND DI10_1=0 THEN
      placeGripper3;
    ENDIF
    MoveJ Home,v200,z100,tool0;
    Set DO10_9;
    TPWrite "Running: Reset complete!";
ENDPROC
```

4. 机器人预涂胶子程序（仅供参考）

```
PROC precoating( )
    MoveJ Home, v200, z100, tool0;
    MoveJ Offs(p10, 0, 0, 20), v100, z60, tool0;
    MoveL Offs(p10, 0, 0, 0), v100, fine, tool0;
    Set DO10_2;
    MoveJ p11, v100, z60, tool0;
    MoveJ p12, v100, z60, tool0;
    MoveJ p13, v100, z60, tool0;
    MoveJ p14, v100, z60, tool0;
    MoveJ p15, v100, z60, tool0;
    MoveJ p10, v100, fine, tool0;
    Reset DO10_2;
    WaitTime 1;
    MoveL Offs(p10, 0, 0, 20), v100, z60, tool0;
    MoveJ Offs(p20, 0, 0, 20), v100, z60, tool0;
    MoveL Offs(p20, 0, 0, 0), v100, fine, tool0;
    Set DO10_2;
    MoveJ p21, v100, z60, tool0;
    MoveJ p22, v100, z60, tool0;
    MoveJ p23, v100, z60, tool0;
    MoveJ p24, v100, z60, tool0;
    MoveJ p25, v100, z60, tool0;
    MoveJ p20, v100, fine, tool0;
    Reset DO10_2;
    WaitTime 1;
    MoveL Offs(p20, 0, 0, 50), v100, fine, tool0;
    MoveJ Home, v200, z100, tool0;
ENDPROC
```

5. 机器人车窗涂胶装配子程序（仅供参考）

```
PROC assembly( )
    MoveJ Offs( p26, ncount1 * 40, 0, 20), v100, z60, tool0;
    MoveL Offs( p26, ncount1 * 40, 0, 0), v100, fine, tool0;
    Set DO10_2;
    Set DO10_3;
    WaitTime 1;
    MoveL Offs( p26, ncount1 * 40, 0, 40), v100, z60, tool0;
    Set DO10_10;
    MoveJ p27, v100, z60, tool0;
    MoveJ Offs( p28, -50, 0, 0), v100, z60, tool0;
    MoveL Offs( p28, 0, 0, 0), v100, z60, tool0;
    Reset DO10_10;
    MoveJ p29, v100, z60, tool0;
    MoveJ p30, v100, z60, tool0;
    MoveJ p31, v100, z60, tool0;
    MoveJ p32, v100, z60, tool0;
    MoveJ p33, v100, z60, tool0;
    MoveJ p28, v100, z60, tool0;
    MoveL Offs( p28, -80, 0, 0), v100, z60, tool0;
    MoveJ Home, v200, z100, tool0;
    MoveJ Offs( p34, 0, 0, 20), v100, z60, tool0;
    MoveL Offs( p34, 0, 0, 0), v100, fine, tool0;
    Reset DO10_2;
    Reset DO10_3;
    WaitTime 1;
    MoveL Offs( p34, 0, 0, 60), v100, z60, tool0;
    MoveJ Offs( p41, ncount1 * 40, 0, 20), v100, z60, tool0;
    MoveL Offs( p41, ncount1 * 40, 0, 0), v100, fine, tool0;
    Set DO10_2;
    Set DO10_3;
    WaitTime 1;
    MoveL Offs( p41, ncount1 * 40, 0, 40), v100, z60, tool0;
    Set DO10_10;
    MoveJ p27, v100, z60, tool0;
    MoveJ Offs( p42, -50, 0, 0), v100, z60, tool0;
    MoveL Offs( p42, 0, 0, 0), v100, z60, tool0;
    Reset DO10_10;
```

```
        MoveJ p43, v100, z60, tool0;
        MoveJ p44, v100, z60, tool0;
        MoveJ p45, v100, z60, tool0;
        MoveJ p46, v100, z60, tool0;
        MoveJ p47, v100, z60, tool0;
        MoveJ p42, v100, z60, tool0;
        MoveL Offs(p42, -80, 0, 0), v100, z60, tool0;
        MoveJ Home, v200, z100, tool0;
        MoveJ Offs(p48, 0, 0, 20), v100, z60, tool0;
        MoveL Offs(p48, 0, 0, 0), v100, fine, tool0;
        Reset DO10_2;
        Reset DO10_3;
        WaitTime 1;
        MoveL Offs(p48, 0, 0, 30), v100, z60, tool0;
        MoveJ Home, v200, z100, tool0;
        Set DO10_11;
        ncount1 := ncount1 +1;
          IF ncount1 > 2 THEN
        ncount1 := 0;
              Set DO10_12;
          ENDIF
ENDPROC
```

6. 机器人取胶枪夹具子程序（仅供参考）

```
PROC Gripper1()
        MoveJ Offs(ppick, 0, 0, 50), v200, z60, tool0;
        Set DO10_1;
        MoveL Offs(ppick, 0, 0, 0), v40, fine, tool0;
        Reset DO10_1;
        WaitTime 1;
        MoveL Offs(ppick, -3, -120, 20), v50, z100, tool0;
        MoveL Offs(ppick, -3, -120, 150), v100, z60, tool0;
ENDPROC
```

7. 机器人放胶枪夹具子程序（仅供参考）

```
PROC placeGripper1()
        MoveJ Offs(ppick, -2.5, -120, 200), v200, z100, tool0;
        MoveL Offs(ppick, -2.5, -120, 20), v100, z100, tool0;
        MoveL Offs(ppick, 0, 0, 0), v40, fine, tool0;
```

```
    Set DO10_1;
    WaitTime 1;
    MoveL Offs(ppick, 0, 0, 40), v30, z100, tool0;
    MoveL Offs(ppick, 0, 0, 50), v60, z100, tool0;
    Reset DO10_1;
ENDPROC
```

8. 机器人拾取吸盘夹具子程序（仅供参考）

```
PROC Gripper3()
    MoveJ Offs(ppick1, 0, 0, 50), v200, z60, tool0;
    Set DO10_1;
    MoveL Offs(ppick1, 0, 0, 0), v20, fine, tool0;
    Reset DO10_1;
    WaitTime 1;
    MoveL Offs(ppick1, -3, -120, 30), v50, z60, tool0;
    MoveL Offs(ppick1, -3, -120, 260), v100, z60, tool0;
ENDPROC
```

9. 机器人放吸盘夹具子程序（仅供参考）

```
PROC placeGripper3()
    MoveJ Offs(ppick1, -3, -120, 220), v200, z100, tool0;
    MoveL Offs(ppick1, -3, -120, 20), v100, z100, tool0;
    MoveL Offs(ppick1, 0, 0, 0), v60, fine, tool0;
    Set DO10_1;
    WaitTime 1;
    MoveL Offs(ppick1, 0, 0, 40), v30, z100, tool0;
    MoveL Offs(ppick1, 0, 0, 50), v60, z100, tool0;
    Reset DO10_1;
    Reset DO10_10;
    Reset DO10_11;
    Reset DO10_12;
    IF DI10_12=0 THEN
      MoveJ Home, v200, z100, tool0;
    ENDIF
ENDPRO
```

五、机器人示教

启动机器人，打开 RobotStudio 软件，学生可自行编程或者利用参考程序，程序下载完毕后，用示教器进行示教。示教的主要内容包括原点示教、玻璃吸取点示教、预涂胶点示教和安装点示教等。机器人参考程序点的位置如图 2—9—4～图 2—9—8 所示，所需示教点见表 2—9—3。

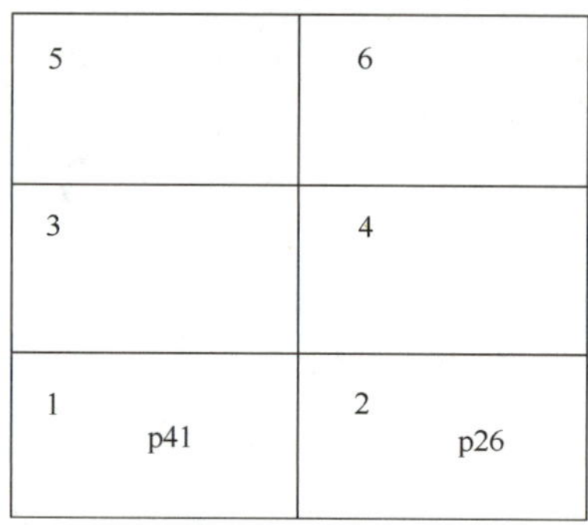

图 2—9—4　车窗仓位示教点

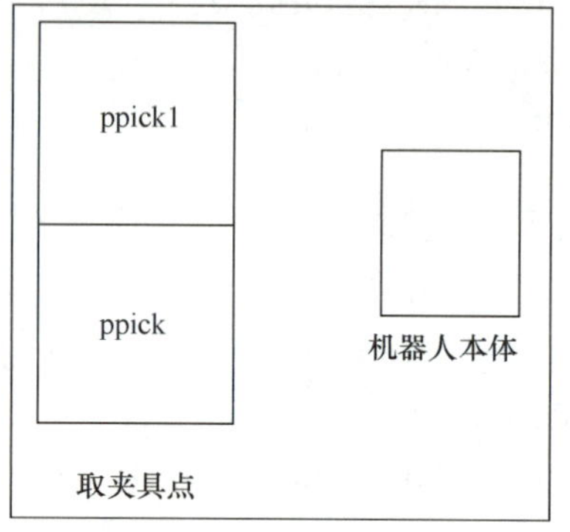

图 2—9—5　夹具示教点

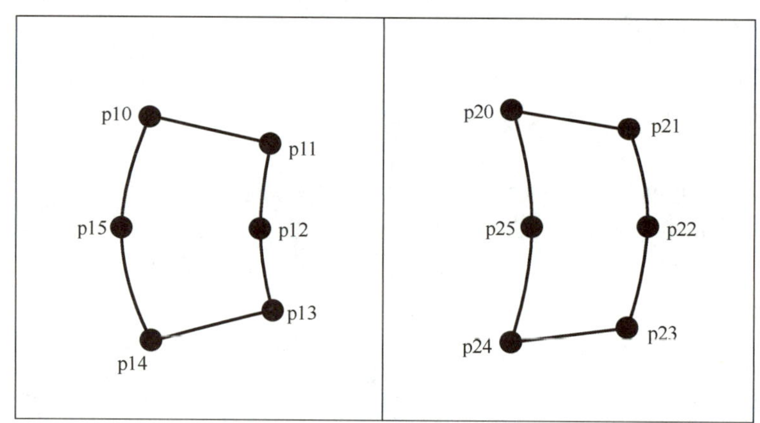

图 2—9—6　车窗预涂胶示教点

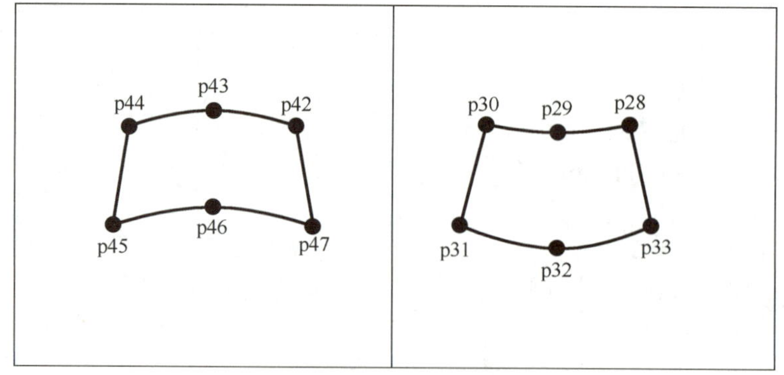

图 2—9—7　车窗涂胶示教点

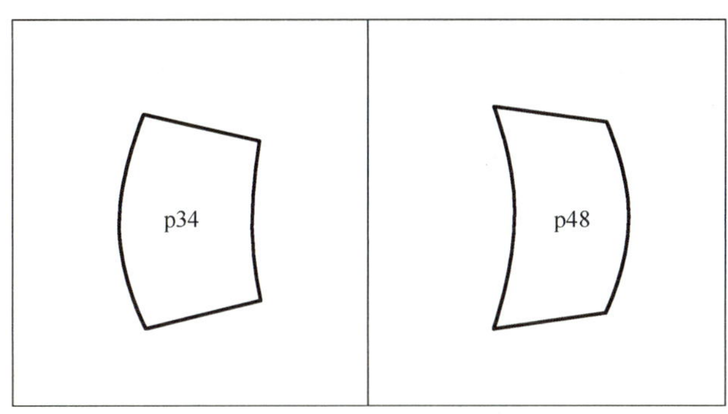

图 2—9—8　车窗装配示教点

表 2—9—3　所需示教点

序号	点序号	注释	备注
1	Home	机器人初始位置	程序中定义
2	ppick	取涂胶夹具点	需示教
3	ppick1	取吸盘夹具点	需示教
4	p10-p15	前窗预涂胶点	需示教
5	p20-p25	后窗预涂胶点	需示教
6	p26	取前窗点	需示教
7	p27	过渡点	需示教
8	p28-p33	前窗涂胶点	需示教
9	p34	前窗放置点	需示教
10	p41	取后窗点	需示教
11	p42-p47	后窗涂胶点	需示教
12	p48	后窗放置点	需示教

六、整机调试与运行

1. 上电前检查

（1）观察机构上各元件外表是否有明显移位、松动或损坏等现象，如果存在以上现象，及时调整、坚固或更换元件。送料托盘上是否放置了物料，如果没有及时放置。

（2）对照接口板端子分配表或接线图检查桌面和挂板接线是否正确，尤其要检查 24 V 电源和电气元件电源线等线路是否有短路、断路现象。

2. 硬件的调试

（1）接通气路，打开气源，手动按下电磁阀，确认各气缸及传感器的初始状态。

（2）吸盘夹具的气管不能出现折痕，否则会导致吸盘不能吸取车窗。

（3）槽型光电开关（EE-SX951）的调节。各夹具安放到位后，槽型光电开关无信号输出；安放有偏差时，槽型光电开关有信号输出，此时应调节槽型光电开关位置使偏差小于 1.0 mm。

（4）节流阀的调节。打开气源，用小一字旋具对气动电磁阀的测试旋钮进行操作，调节气缸上的节流阀使气缸动作顺畅柔和。

（5）上电后按下“联机”按钮，联机指示灯亮，单机指示灯灭，进入联机状态，确认每站的通信线连接完好，并且都处在联机状态。

（6）先按下“停止”按钮，确保机器人在安全位置后，再按下“复位”按钮，各单元回到初始状态。可观察到多工位涂装单元的步进旋转机构会自动回到原点。

（7）复位完成后，检测各机构的物料是否按标签标识的要求放好；然后按下“启动”按钮，此时六轴机器人伺服处于 ON 状态，多工位涂装单元步进分度盘回到原点；最后按下“送料”按钮，系统进入联机自动运行状态。

1）在设备运行过程中随时按下“停止”按钮，停止指示灯亮并且启动指示灯灭，设备停止运行。

2）当设备运行过程中遇到紧急状况时，请迅速按下“急停”按钮，设备断电。

3. 调试故障查询及解决方法

本任务调试时的故障查询及解决方法见表 2—6—2。

想一想，练一练

车窗预涂胶的路线及胶枪的姿态还可以有哪些变化？

检查测评

对任务的完成情况进行检查，并将结果填入表 2—9—4 内。

表 2—9—4　　任务测评表

序号	主要内容	考核要求	评分标准	配分	扣分	得分
1	工作站整机程序的设计与调试	列出 PLC I/O 地址分配表，根据加工工艺，设计梯形图及 PLC 控制接线图	1. 输入/输出地址遗漏或错误，每处扣 5 分 2. 梯形图表达不正确或画法不规范，每处扣 1 分 3. 接线图表达不正确或画法不规范，每处扣 2 分	40		

续表

<table>
<tr><th>序号</th><th>主要内容</th><th>考核要求</th><th>评分标准</th><th>配分</th><th>扣分</th><th>得分</th></tr>
<tr><td rowspan="2">1</td><td rowspan="2">工作站整机程序的设计与调试</td><td>按 PLC 控制接线图在配线板上正确安装接线，安装要准确、紧固、美观，导线要走线槽，导线要有端子标号</td><td>1. 损坏元件扣 5 分
2. 布线不走线槽、不美观，每根扣 1 分
3. 接点松动、露铜过长、反圈、压绝缘层，标记线号不清楚、遗漏或误标，引出端无别径压端子，每处扣 1 分
4. 损伤导线绝缘或线芯，每根扣 1 分
5. 不按 PLC 控制接线图接线，每处扣 5 分</td><td>10</td><td></td><td></td></tr>
<tr><td>熟练正确地将所编程序输入 PLC；按照被控设备的动作要求进行模拟调试，达到设计要求</td><td>1. 不能熟练操作 PLC 键盘输入指令扣 2 分
2. 不会用删除、插入、修改、存盘等命令，每项扣 2 分
3. 仿真试车不成功扣 30 分</td><td>40</td><td></td><td></td></tr>
<tr><td>2</td><td>安全文明生产</td><td>劳动保护用品穿戴整齐；遵守操作规程；讲文明礼貌；操作结束后清理现场</td><td>1. 操作中，违反安全文明生产考核要求的任何一项扣 5 分，扣完为止
2. 当发现学生有重大事故隐患时，要立即予以制止，并每次扣安全文明生产总分 5 分</td><td>10</td><td></td><td></td></tr>
<tr><td colspan="4">合计</td><td></td><td></td><td></td></tr>
</table>

模块三　工业机器人在手机装配生产线中的应用与维护

任务 1　认识装配工业机器人

学习目标

知识目标：

1. 了解装配机器人的分类及特点。
2. 掌握装配机器人的系统组成及功能。

能力目标：

1. 能够识别装配机器人工作站基本构成。
2. 会正确操作工业机器人手机装配模拟工作站。

工作任务

随着社会高新技术的不断发展，影响生产制造的瓶颈日益凸显，为提高生产率、解决“用工荒”问题，各大生产制造企业一直在努力探索，装配机器人的出现，可大幅度提高生产效率，保证装配精度，减轻劳动者工作强度。目前装配机器人在工业机器人应用领域中占有量相对较少，主要原因是装配机器人本体要比搬运、涂装、焊接机器人本体复杂，且机器人装配技术目前仍有一些有待解决的问题，如缺乏感知和自适应控制能力、难以完成变动环境中的复杂装配等。尽管装配机器人存在一定局限，但是对装配作业具有的重要意义不可磨灭，装配机器人也是未来机器人技术发展的重点之一。

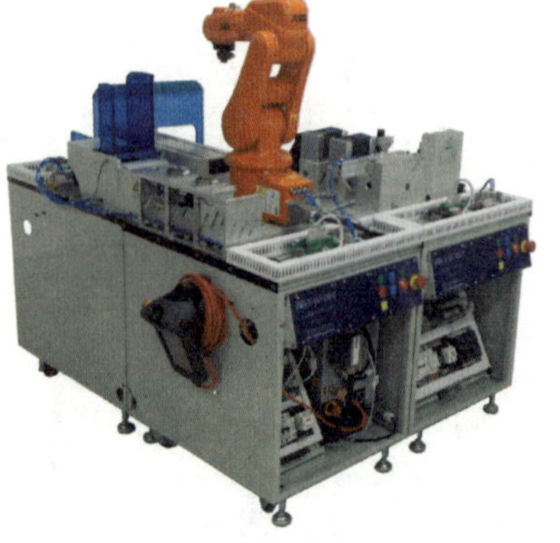

图 3—1—1　工业机器人手机装配模拟工作站

如图 3—1—1 所示是工业机器人手机装配模拟工作站。本任务的内容是初步认知装配机器人，通过观看装配机器人在工厂自动化生产线中的应用录像，以及参观工业机器人相关企业和生产现场，加深对装配机器人的了解。最后在教师指导下，分组进行工业机器人手机装配模拟工作站操作练习。

相关知识

一、装配机器人的特点及分类

1. 装配机器人的特点

装配机器人是工业生产中用于装配生产线上对零件或部件进行装配的一类工业机器人。作为柔性自动化装配的核心设备，装配机器人的主要优点如下：

（1）操作速度快，加速性能好，工作循环时间短。

（2）具有极高的重复定位精度，可保证装配精度。

（3）生产效率高，可靠性、适应性及稳定性好。

（4）可改善工人工作条件，摆脱有毒、有辐射的装配环境。

2. 装配机器人的分类

装配机器人大多由 4~6 轴组成，目前市场上常见的装配机器人，按臂部运动形式不同可分为直角式装配机器人和关节式装配机器人。其中关节式装配机器人又可分为水平串联关节式、垂直串联关节式和并联关节式机器人，如图 3—1—2 所示。

（1）直角式装配机器人

直角式装配机器人又称单轴机械手，是目前工业机器人中最简单的一类，具有操作、编程简单等优点，可用于零部件移送、简单插入、旋拧等作业，机构上多装备球形螺钉和伺服电动机，具有速度快、精度高等特点，如图 3—1—3 所示。

（2）关节式装配机器人

关节式装配机器人是目前装配生产线上应用最广泛的一类机器人，具有结构紧凑、占地空间小、相对工作空间大、自由度大、编程自由、动作灵活、易实现自动化生产等特点。

1）水平串联式装配机器人。水平串联式装配机器人也称为平面关节型装配机器人或 SCARA 机器人，是目前装配生产线上应用数量最多的一类装配机器人，它属于精密型装配机器人，具有速度快、精度高、柔性好等特点，驱动多为交流伺服电动机，可保证较高的重复定位精度，广泛应用于电子、机械和轻工业等产品的装配，适合于工厂柔性化生产需求，如图 3—1—4 所示。

2）垂直串联式装配机器人。垂直串联式装配机器人多为 6 个自由度，可在空间任意位置以任意位姿进行作业。如图 3—1—5 所示是 FAUNC LR Mate200iC 垂直串联式装配机器人装配摩托车零部件。

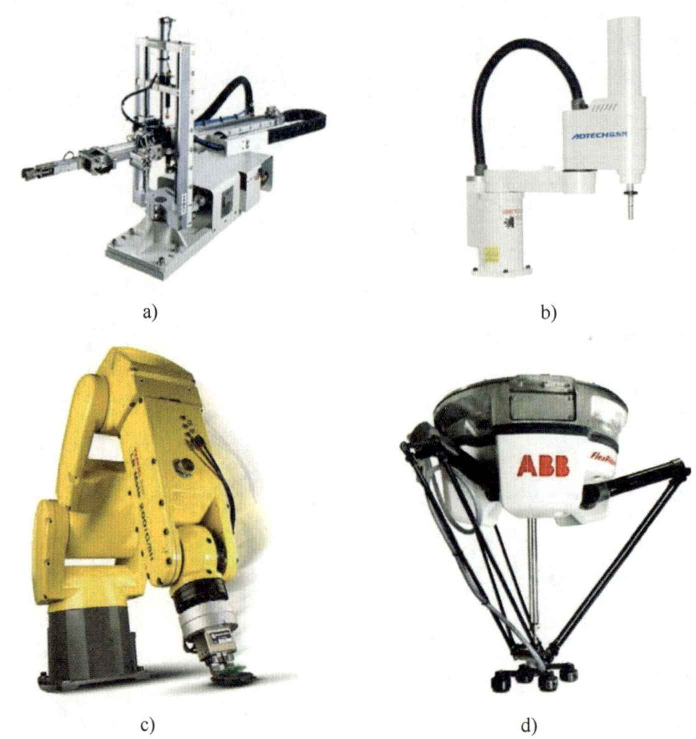

a) b) c) d)

图 3—1—2 装配机器人

a）直角式 b）水平串联关节式 c）垂直串联关节式 d）并联关节式

图 3—1—3 直角式装配机器人装配缸体

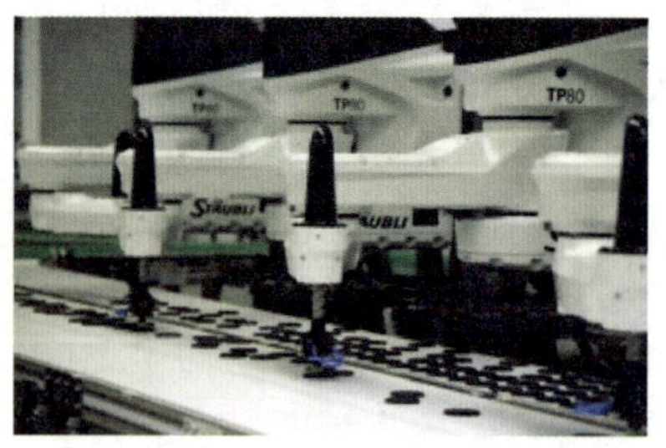

图 3—1—4 水平串联式装配机器人拾放超薄硅片

3）并联式装配机器人。并联式装配机器人也称为拳头机器人、蜘蛛机器人或 Delta 机器人，是一种结构紧凑的转型高速装配机器人，可安装在任意倾斜角度上。独特的并联机构可实现快速、敏捷动作，且减少了非积累定位误差。目前在装配领域，并联式装配机器人有两种形式可供选择，即三轴手腕（合计六轴）和一轴手腕（合计四轴），具有小巧高效、安装方便、反应灵敏等优点，广泛应用于电子装配等领域。如图 3—1—6 所示是采用两套 FAUNC M-1iA 并联式装配机器人进行键盘装配作业的场景。

图 3—1—5　垂直串联式装配机器人装配摩托车零部件

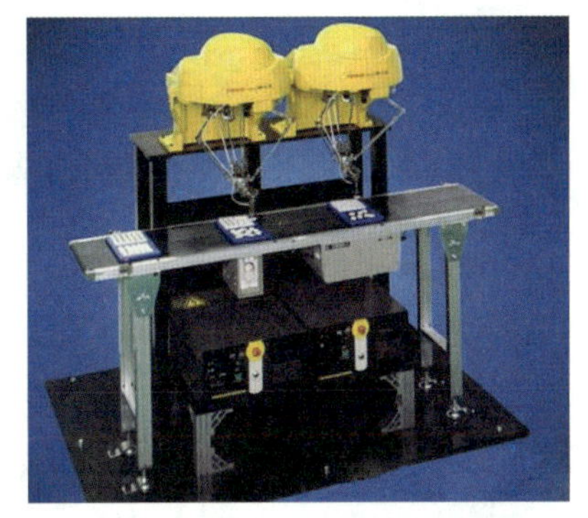

图 3—1—6　并联式装配机器人组装键盘

通常装配机器人本体与搬运、码垛、焊接和涂装机器人本体制造精度上有一定的差别，原因在于机器人在完成焊接、涂装作业时，没有与作业对象接触，只需示教机器人运动轨迹即可，而装配机器人需与作业对象直接接触，并进行相应动作；搬运、码垛机器人在移动物料时运动轨迹多为开放性，而装配作业是一种约束运动类操作，即装配机器人的运动精度要高于搬运、码垛、焊接和涂装机器人。尽管各类装配机器人在本体结构上有所区别，但无论是直角式装配机器人还是关节式装配机器人都有如下特性：

（1）能够实时调节生产节拍和末端执行器动作状态。

（2）可方便快捷地更换不同末端执行器以适应装配任务的变化。

（3）能够与零件供给器、输送装置等辅助设备集成，实现柔性化生产。

（4）配置的传感器较多，如视觉传感器、触觉传感器、力传感器等，以保证装配任务的精确性。

二、装配机器人的系统组成

装配机器人主要由操作机、控制系统、装配系统（手爪、气体发生装置、真空发生装置或电动装置）、传感系统和安全保护装置等组成，如图 3—1—7 所示。操作者可通过示教器和操作面板进行装配机器人运动位置和动作程序的示教，设定运动速度、装配动作及参数等。

目前市场上的装配生产线多以关节式装配机器人中的 SCARA 机器人和并联机器人为主，在小型、精密、垂直装配上，SCARA 机器人具有很大优势。随着社会需求和技术的进步，各个机器人生产厂家也不断推出新机型以适合装配生产线的“自动化”和“柔性化”，如图 3—1—8 所示为 KUKA、FANUC、ABB、YASKAWA 四大开发商所生产的主流装配机器人本体。

1. 装配机器人的末端执行器

装配机器人的末端执行器是夹持工件移动的一种夹具，类似于搬运、码垛机器人

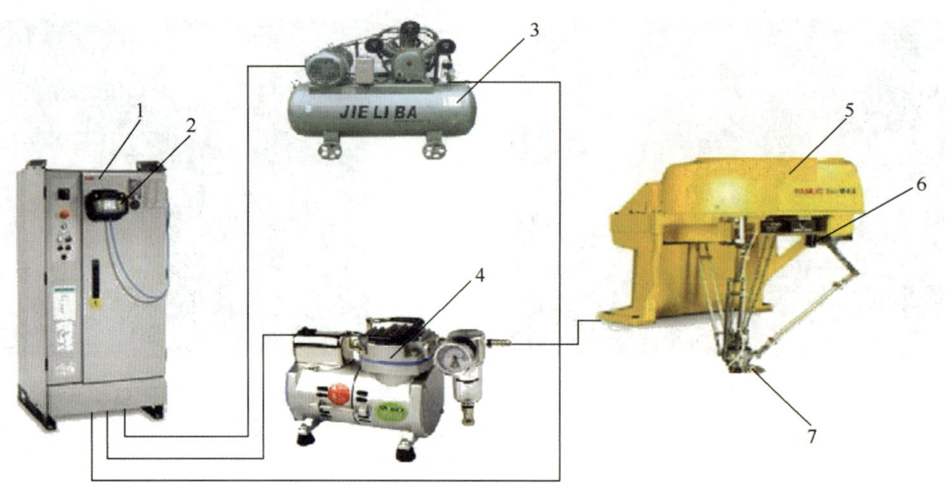

图 3—1—7　装配机器人的系统组成

1—机器人控制柜　2—示教器　3—气体发生装置　4—真空发生装置
5—机器人本体　6—视觉传感器　7—气动手爪

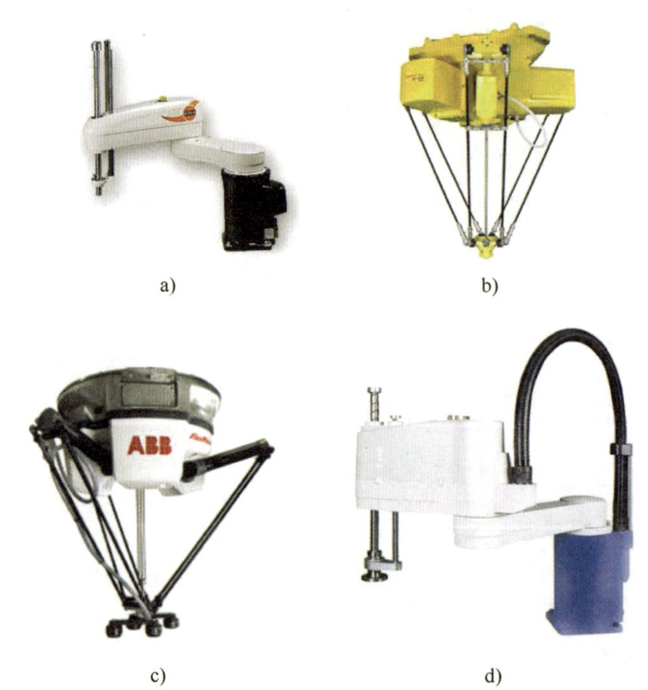

图 3—1—8　四大开发商的装配机器人本体

a）KUKA KR 10 SCARA R600　b）FANUC M-2iA
c）ABB IRB 360　d）YASKAWA MYS850L

的末端执行器，常见的装配执行器有吸附式、夹钳式、专用式和组合式。

（1）吸附式

吸附式末端执行器在装配机器人中仅占一小部分，广泛应用于电视、录音机、鼠

标等轻小工件的装配场合。此部分的工作原理、特点可参考码垛机器人的有关部分内容。

（2）夹钳式

夹钳式手爪是装配过程中最常用的一类末端执行器，多采用气动或伺服电动机驱动，闭环控制配备传感器可准确控制手爪启动、停止、调速，并对外部信号做出快速反应。夹钳式装配手爪具有质量轻、夹力大、速度高、惯性小、灵敏度高、转动平滑、力矩稳定等特点，如图 3—1—9 所示。

（3）专用式

专用式手爪是针对某一类装配场合单独设计的末端执行器，多采用气动或伺服电动机驱动，其中部分带有磁力，常用于螺钉、螺栓的装配，如图 3—1—10 所示。

图 3—1—9　夹钳式手爪

图 3—1—10　专用式手爪

（4）组合式

组合式末端执行器在装配作业中是通过组合获得各单一手爪优势的一类手爪，灵活性较大，多用于机器人需要相互配合装配的场合，可节约时间、提高效率，如图 3—1—11 所示。

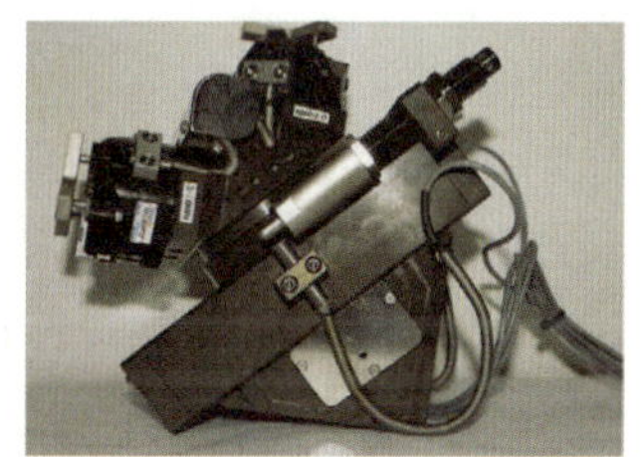

图 3—1—11　组合式手爪

2. 传感系统

带有传感系统的装配机器人可更好地完成销、轴、螺钉、螺栓等的装配作业，在其作业过程中常用的传感系统有视觉传感系统和触觉传感系统。

（1）视觉传感系统

配备视觉传感系统的装配机器人可依据需要选择合适的装配零件，并进行粗定位和位置补偿，完成零件平面测量、现状识别等，其视觉传感系统工作原理如图 3—1—12 所示。

（2）触觉传感系统

装配机器人的触觉传感系统主要用来实时检测机器人与被装配物件之间的配合情况，机器人触觉传感器可分为接触觉、接近觉、压觉、滑觉和力觉五种传感器。在装

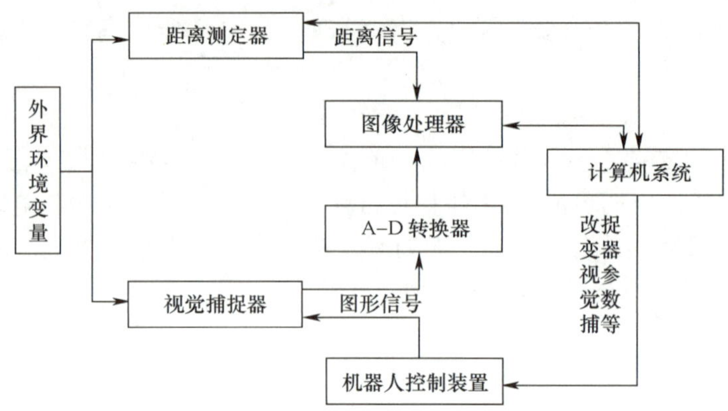

图 3—1—12　视觉传感系统原理

配机器人进行简单工作过程中常用到的有接触觉、接近觉和力觉传感器。

1）接触觉传感器。接触觉传感器一般固定在末端执行器的顶端，只有末端执行器与被装配物件相互接触时才起作用。接触觉传感器由微动开关组成，如图 3—1—13 所示。其用途不同配置也不同，可用于探测物体位置、路径和安全保护，属于分散装置，即需要将传感器单独安装到末端执行器传感部位。

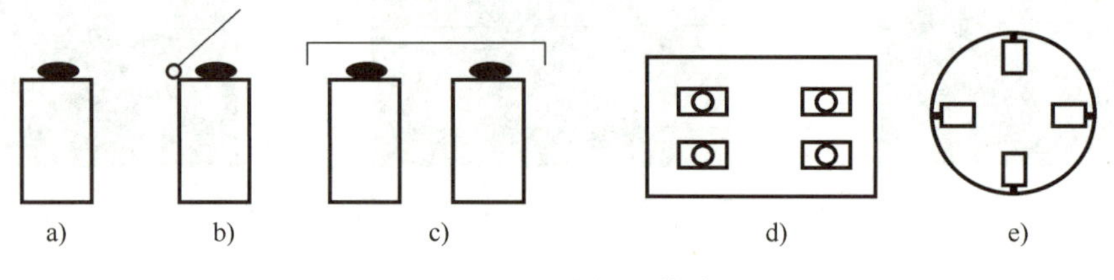

图 3—1—13　接触觉传感器

a）点式　b）棒式　c）缓冲器式　d）平板式　e）环式

2）接近觉传感器。接近觉传感器同样固定在末端执行器的顶端，在末端执行器与被装配物件接触前起作用，能测出执行器与被装配物件之间的距离、相对角度甚至表面性质等，属于非接触式传感器，常见接近觉传感器如图 3—1—14 所示。

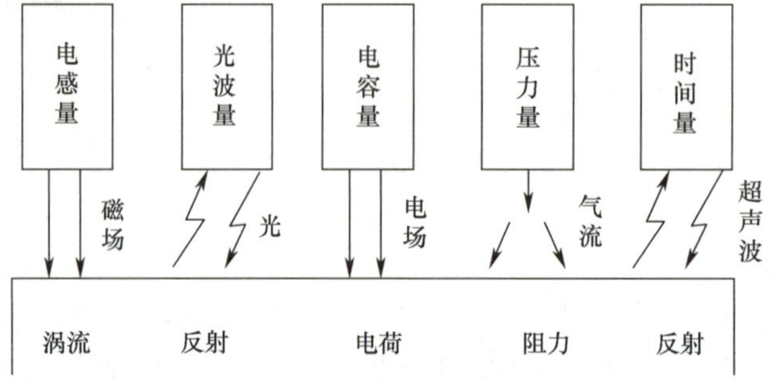

图 3—1—14　接近觉传感器

3）力觉传感器。力觉传感器普遍应用于各类机器人中，在装配机器人中力觉传感器不仅用于末端执行器与环境作用过程中的力测量，而且用于装配机器人自身运动控

制和末端执行器夹持物体的夹持力测量等场合。常见装配机器人力觉传感器分为以下几类：

①关节力传感器，即安装在机器人关节驱动器的力觉传感器，主要测量驱动器本身的输出力和力矩。

②指力传感器，即安装在手爪指关节上的传感器，主要测量夹持物件的受力状况。

③腕力传感器，即安装在末端执行器和机器人最后一个关节间的力觉传感器，主要测量作用在末端执行器各个方向上的力和力矩。

关节力传感器测量关节受力，信息量单一，结构也相对简单；指力传感器的测量范围相对较窄，也受到手爪尺寸和重量的限制；腕力传感器是一种相对复杂的传感器，能获得手爪三个方向的受力，信息量较多，安装部位特别，如图 3—1—15 所示为几种常见的腕力传感器。

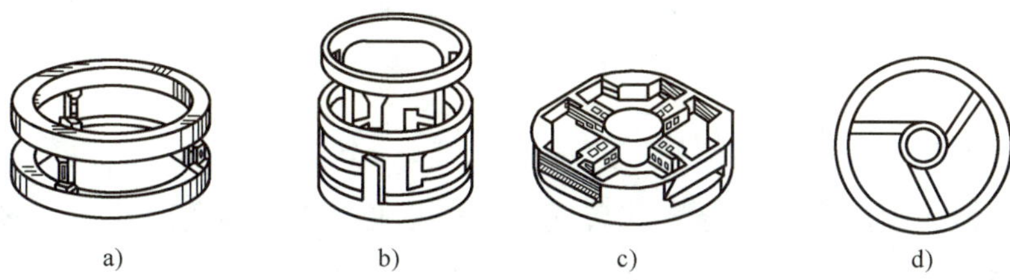

图 3—1—15　腕力传感器

a）Draper Waston 腕力传感器　b）SRI 六维腕力传感器

c）十字梁腕力传感器　d）非径向中心对称三梁腕力传感器

三、装配机器人的周边设备与工位布局

装配机器人工作站是一个融合了计算机技术、微电子技术、网络技术等多种技术的集成化系统，它可与生产系统相连形成一个完整的集成化装配生产线。装配机器人工作站完成一项装配工作，除需要装配机器人以外，还需要一些辅助周边设备，而这些周边设备往往比机器人主体占地面积更大。因此，为了节约生产空间、提高装配效率，合理的装配机器人工位布局也是装配机器设计的重要方面。

1. 周边设备

常见的装配机器人辅助装置有零件供给器和输送装置等。

（1）零件供给器

零件供给器的主要作用是提供机器人装配作业所需零部件，确保装配作业正常进行。目前应用最多的零件供给器主要是给料器和托盘，可通过控制器编程控制。

1）给料器。用振动或回转机构将零件排齐，并逐个送到指定位置，通常给料器以输送小零件为主，如图 3—1—16 所示。

2）托盘（见图 3—1—17）。装配结束后，大零件或易损坏划伤零件应放入托盘中进行运输。托盘能按一定精度要求将零件送到指定位置，由于托盘容量有限，在实际生产装配中往往带有托盘自动更换机构，以满足生产需求。

图 3—1—16　振动式给料器

图 3—1—17　托盘

（2）输送装置

在机器人装配生产线上，输送装置能将工件输送到各作业点，通常以输送带为主。工件随输送带一起运动，借助传感器或限位开关实现传送带和托盘同步运行，方便装配。

2. 工位布局

由装配机器人组成的柔性化装配单元，可实现物料自动装配，其工位布局形式直接影响生产效率。在实际生产中，装配工作站通常采用回转式或线式布局。

（1）回转式布局

回转式布局可将装配机器人聚集在一起进行配合装配，也可进行单工位装配，灵活性较大，可针对一条或两条生产线，输送线成本较低，且占地面积小，广泛应用于大、中型装配作业，如图 3—1—18 所示。

（2）线式布局

线式布局中装配机器人依附于生产线，排布于生产线的一侧或两侧，具有生产效率高、节省装配资源、一人便可监视全线装配等优点，广泛应用于小物件装配场合，如图 3—1—19 所示。

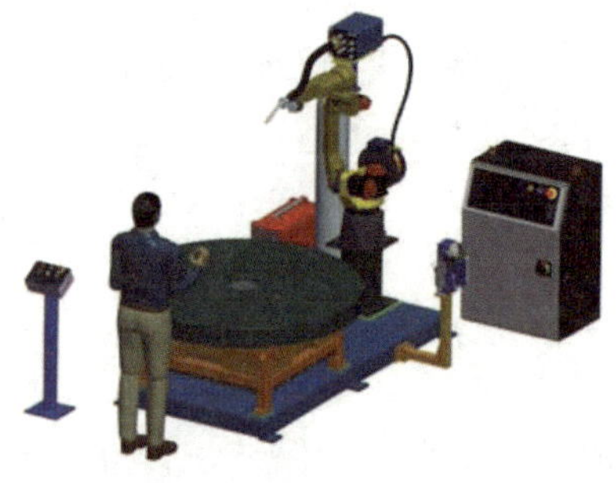
图 3—1—18　回转式布局

图 3—1—19　线式布局

四、工业机器人手机装配模拟工作站

工业机器人手机装配模拟工作站主要是通过机器人完成手机按键装配、加盖装配

并搬运入仓的过程。具体工作过程是：设备启动后安全送料机构将需要装配的手机按键送入装配区，手机底座被推送到装配平台，由机器人完成按键装配，同时手机盖上料机构把手机盖推送到拾取工位，机器人拾取手机盖对手机进行加盖并搬运入仓。工业机器人手机装配模拟工作站如图 3—1—20 所示，其组成部件见表 3—1—1。

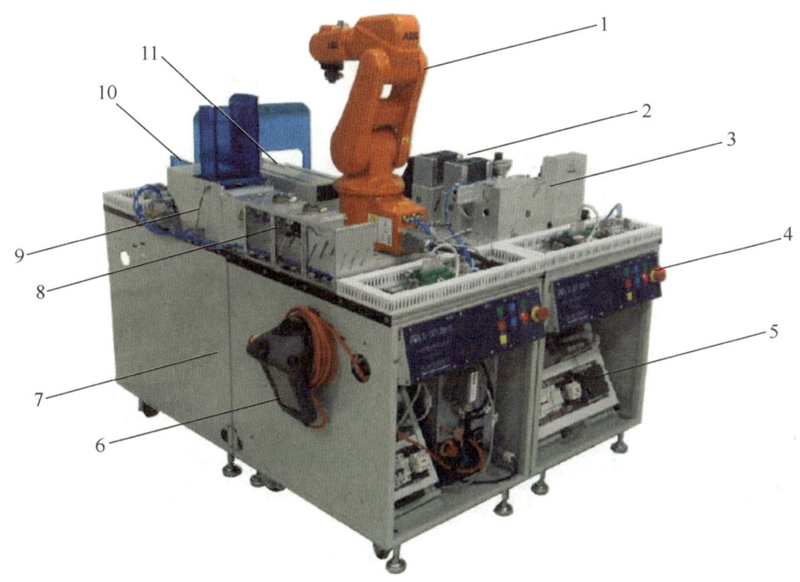

图 3—1—20 工业机器人手机装配模拟工作站结构图

表 3—1—1 工业机器人手机装配模拟工作站组成部件

序号	名称	序号	名称	序号	名称
1	六轴机器人	5	电气控制挂板	9	手机底座上料机构
2	成品存储仓	6	机器人示教器	10	按键储料台
3	手机盖上料机构	7	工作站桌体	11	安全送料机构
4	操作控制面板	8	机器人夹具组		

1. 六轴机器人单元

本工作站六轴机器人单元采用 ABB 公司六轴控制机器人，本体型号为 IRB-120，有效负载 3 kg，臂展 0.58 m，配套工业控制器，由钣金制成机器人固定架，结实稳定；配置多个机器人夹具摆放工位，具有自动快换功能，灵活多用；桌体配重，能保证机器人高速运动时不出现摇晃。

2. 上料整列单元

上料整列单元的功能是将按键托盘及手机底座送入工作区，保证机器人工作的连续性。

3. 手机加盖单元

手机加盖单元的功能是负责手机盖的上料及存储装配完的手机，手机加盖单元通过步进电动机驱动升降台供料。

4. 机器人末端执行器

本任务六轴机器人的末端执行器主要配有平行夹具和双吸盘夹具。其中平行夹具用来辅助机器人完成物料的夹取与搬运，如图 3—1—21a 所示；双吸盘夹具用来辅助机器人完成单个物料或两个物料的拾取与搬运，如图 3—1—21b 所示。

图 3—1—21　机器人末端执行器

a）平行夹具　b）双吸盘夹具

任务实施

一、任务准备

实施本任务教学所使用的实训设备及工具材料可参考表 3—1—2。

表 3—1—2　　实训设备及工具材料

序号	分类	名称	型号规格	数量	单位	备注
1	工具	电工常用工具		1	套	
2		内六角扳手	3.0 mm	1	个	
3		内六角扳手	4.0 mm	1	个	
4	设备器材	ABB 机器人	SX-CSET-JD08-05-34	1	套	
5		上料整列单元	SX-CSET-JD08-05-26	1	套	
6		加盖单元	SX-CSET-JD08-05-28	1	套	
7		平行夹具组件	SX-CSET-JD08-05-13	1	套	
8		吸盘夹具组件	SX-CSET-JD08-05-11	1	套	
9		夹具座组件	SX-CSET-JD08-05-15A	2	套	

续表

序号	分类	名称	型号规格	数量	单位	备注
10	设备器材	气源两联件组件	SX-CSET-JD08-05-16	1	套	
11		模型桌体 A	SX-CSET-JD08-05-41	1	套	
12		模型桌体 B	SX-CSET-JD08-05-42	1	套	
13		计算机桌	SX-815Q-21	2	套	
14		计算机	自定	2	套	
15		无油空压机	静音	1	台	
16		资料光盘		1	张	
17		说明书		1	本	

二、观看装配机器人在工厂自动化生产线中的应用录像

记录工业机器人的品牌及型号，并查阅相关资料，了解装配机器人在实际生产中的应用。

三、机器人手机装配模拟工作站的操作（见图 3—1—22）

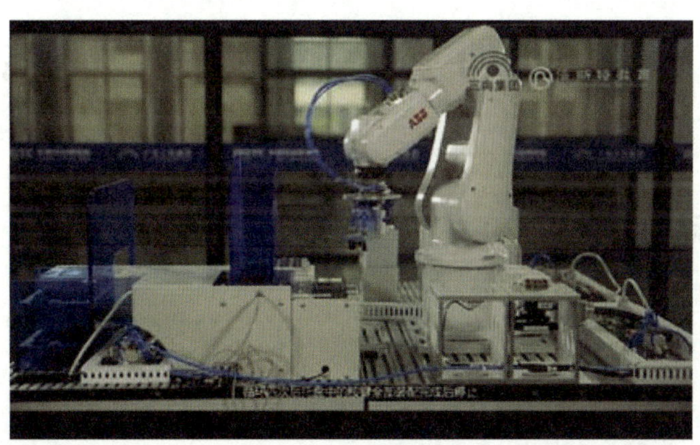

图 3—1—22　机器人手机装配模拟工作站的操作示意图

在教师的指导下，通过操作工业机器人手机装配模拟工作站，了解其工作过程。

检查测评

对任务的完成情况进行检查，并将结果填入表 3—1—3 内。

表 3—1—3　　任务测评表

序号	主要内容	考核要求	评分标准	配分	扣分	得分
1	观看录像	正确记录机器人的品牌及型号，能正确描述其主要技术指标及特点	1. 记录机器人的品牌、型号有错误或遗漏，每处扣 2 分 2. 描述主要技术指标及特点有错误或遗漏，每处扣 2 分	20		
2	工业机器人手机装配模拟工作站的操作	能正确描述、操作工业机器人手机装配模拟工作站	1. 不能正确描述工业机器人手机装配模拟工作站的工作过程，扣 35 分 2. 不能正确操作工业机器人手机装配模拟工作站，扣 35 分	70		
3	安全文明生产	劳动保护用品穿戴整齐；遵守操作规程；讲文明礼貌；操作结束后清理现场	1. 操作中，违反安全文明生产考核要求的任何一项扣 5 分，扣完为止 2. 当发现学生有重大事故隐患时，要立即予以制止，并每次扣安全文明生产总分 5 分	10		
合计						

任务 2　上料整列单元的组装、接线与调试

学习目标

知识目标：

1. 掌握上料整列单元机构的组成。
2. 掌握上料整列单元机构的安装方法。

能力目标：

1. 能够根据装配要求，独立完成上料整列单元机构的组装。
2. 能够参照接线图完成单元桌面电气元件的安装与接线。
3. 能够完成气缸与电动机的接线。
4. 能够利用给定测试程序进行通电测试。

工作任务

有一台工业机器人手机装配模拟工作站由上料整列单元、六轴机器人单元、手机加盖单元三个单元组成。各单元间预留了扩展与升级的接口，以方便用户根据市场需求进行不断开发升级或设计新的功能单元。现需要对该工作站的上料整列单元机构进行组装、接线及调试，并交有关人员验收，安装完成后可按功能要求正常运转。

相关知识

上料整列单元是工业机器人手机装配模拟工作站的重要组成部分，它主要由安全储料台、手机底座上料机构、安全送料机构、单元桌面电气元件、上料整列单元控制面板、上料整列单元电气挂板和单元桌体组成，其外形如图 3—2—1 所示。

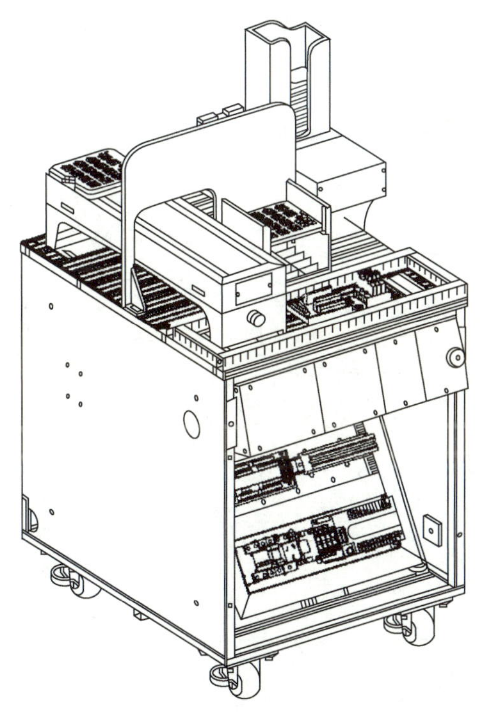

图 3—2—1　上料整列单元的外形

1. 安全储料台

安全储料台主要由手机键储料盒、安全挡板、挡板支脚及螺钉等配件组成，如图 3—2—2 所示。

2. 手机底座上料机构

手机底座上料机构主要由手机底座出料台、上料盒、放置台等部件组成，如图 3—2—3 所示。

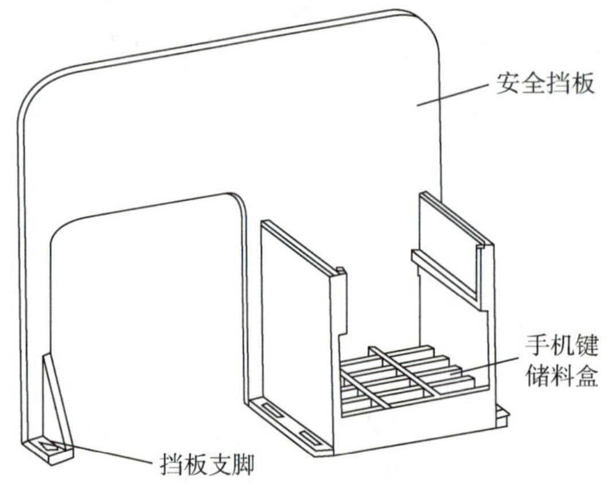

图 3—2—2 安全储料台外形图

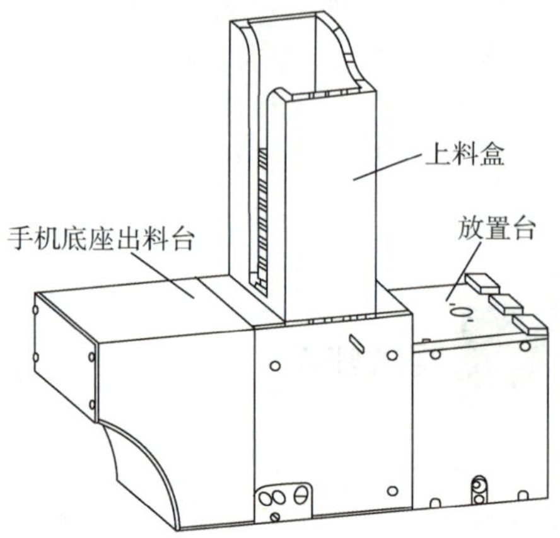

图 3—2—3 手机底座上料机构

3. 安全送料机构

安全送料机构的外形如图 3—2—4 所示。

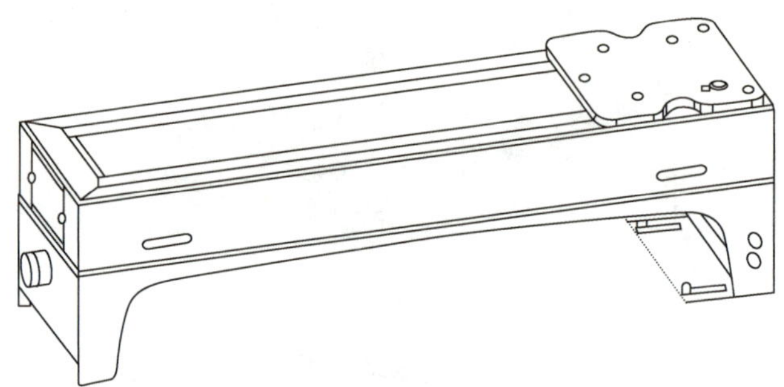
图 3—2—4 安全送料机构

一、任务准备

实施本任务教学所使用的实训设备及工具材料可参考表 3—1—2。

二、在单元桌体上完成上料整列单元的组装

1. 安全储料台的组装

（1）手机装配实训任务用材存储在存储箱内，使用时需要取出组装。

（2）存储箱分两层，每层有独立托盘，托盘两侧装有提手，方便拿出托盘，如图 3—2—5 所示。

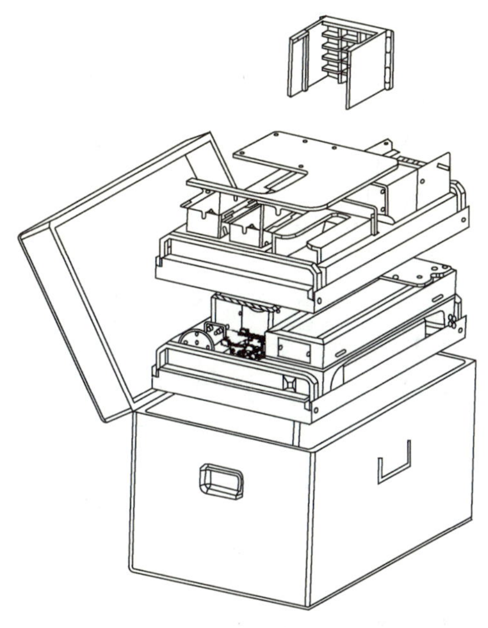

图 3—2—5　任务用材存储方式

（3）从手机装配实训任务用材存储箱中取出手机键储料盒、安全挡板、挡板支脚及螺钉等配件，按如图 3—2—6 所示方法进行组装。

2. 手机底座上料机构的组装

（1）准备好底座出料台、上料盒和放置台，如图 3—2—7 所示。

（2）按照如图 3—2—8 所示方法进行手机底座上料机构的组装。注意：上料盒有开口一侧应面向推料边。

3. 上料整列单元的安装

（1）首先把安全送料机构安装到桌体，如图 3—2—9 所示。

（2）按如图 3—2—1 所示的布局，将前面组装好的手机底座上料机构及安全储料台固定在桌面上。

（3）对照电气原理图及 I/O 分配表把信号线接插头对接好，光纤头直接插入对应

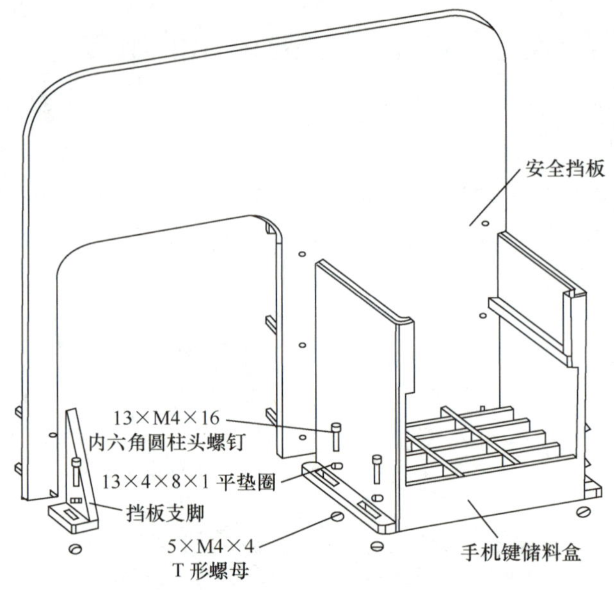

图 3—2—6　安全储料台的组装

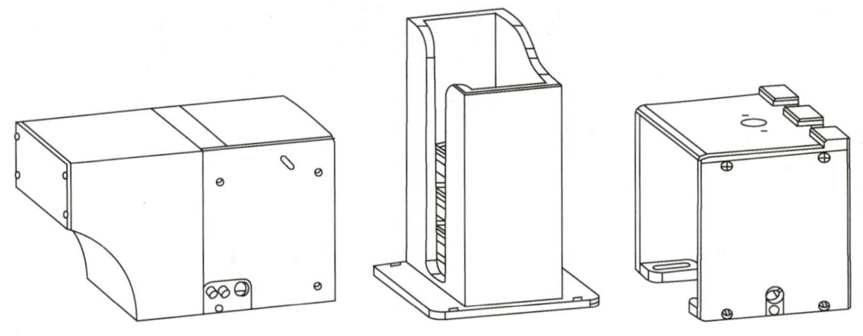

图 3—2—7　手机底座上料机构组装件

的光纤放大器，使用 Φ4 mm 气管把安全送料机构与桌面对应电磁阀出口接头连接插紧。

三、功能框图

上料整列单元功能框图，如图 3—2—10 所示。

四、I/O 功能分配

1. 上料整列单元 PLC 的 I/O 功能分配

上料整列单元 PLC 的 I/O 功能分配见表 3—2—1。

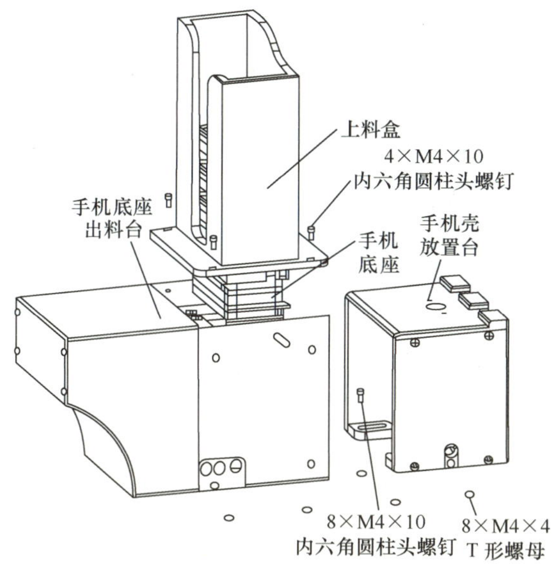

图 3—2—8　手机底座上料机构的组装

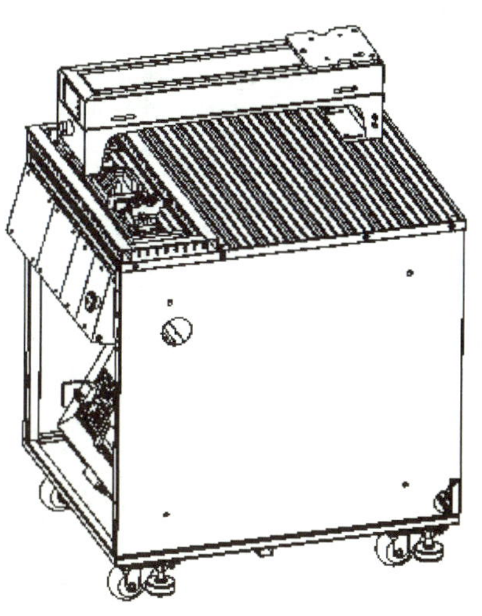

图 3—2—9　安全送料机构的安装

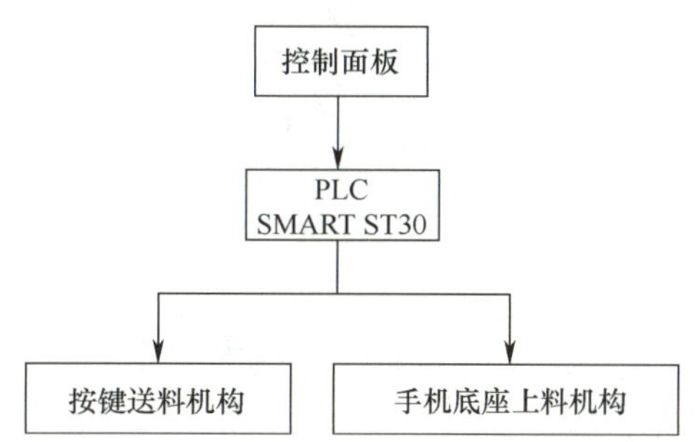

图 3—2—10　上料整列单元功能框图

表 3—2—1　　上料整列单元 PLC 的 I/O 功能分配表

序号	I/O 地址	功能描述	备注
1	I0. 0	基座到位检测传感器触发，I0. 0 闭合	
2	I0. 1	托盘底座检测传感器触发，I0. 1 闭合	
3	I0. 2	基座仓检测传感器触发，I0. 2 闭合	
4	I0. 3	机座气缸前限位触发，I0. 3 闭合	
5	I0. 4	机座气缸后限位触发，I0. 4 闭合	
6	I0. 5	托盘气缸前限位触发，I0. 5 闭合	
7	I0. 6	托盘气缸后限位触发，I0. 6 闭合	
8	I0. 7	按下托盘送料按钮，I0. 7 闭合	
9	I1. 0	按下“启动”按钮，I1. 0 闭合	
10	I1. 1	按下“停止”按钮，I1. 1 闭合	
11	I1. 2	按下“复位”按钮，I1. 2 闭合	

续表

序号	I/O 地址	功能描述	备注
12	I1.3	联机信号触发，I1.3 闭合	
13	Q0.4	Q0.4 闭合，机座气缸电磁阀得电	
14	Q0.5	Q0.5 闭合，启动指示灯亮	
15	Q0.6	Q0.6 闭合，停止指示灯亮	
16	Q0.7	Q0.7 闭合，复位指示灯亮	
17	Q1.0	Q1.0 闭合，托盘气缸电磁阀得电	

2. 上料整列单元挂板接口板端子分配

上料整列单元挂板接口板端子分配见表 3—2—2。

表 3—2—2　上料整列单元挂板接口板端子分配表

挂板接口板地址	线号	功能描述	备注
1	I0.0	基座到位检测	
2	I0.1	托盘底座检测	
3	I0.2	基座仓检测	
4	I0.3	机座气缸前限位	
5	I0.4	机座气缸后限位	
6	I0.5	托盘气缸前限位	
7	I0.6	托盘气缸后限位	
8	I0.7	托盘送料按钮	
24	Q0.4	机座气缸电磁阀	
25	Q1.0	托盘气缸电磁阀	
A	PS3+	继电器常开触点（KA31：6）	
B	PS3-	直流电源 24 V-进线	
C	PS32+	继电器常开触点（KA31：5）	
D	PS33+	继电器触点（KA31：9）	
E	I1.0	启动按钮	
F	I1.1	停止按钮	
G	I1.2	复位按钮	
H	I1.3	联机信号	
I	Q0.5	启动指示灯	
J	Q0.6	停止指示灯	
K	Q0.7	复位指示灯	
L	PS39+	直流电源 24 V+进线	

3. 上料整列单元桌面接口板端子分配

上料整列单元桌面接口板端子分配见表 3—2—3。

表 3—2—3　　上料整列单元桌面接口板端子分配表

桌面接口板地址	线号	功能描述	备注
1	I0.0	基座到位检测传感器信号线	
2	I0.1	托盘底座检测传感器信号线	
3	I0.2	基座仓检测传感器信号线	
4	I0.3	机座气缸前限位磁性开关信号线	
5	I0.4	机座气缸后限位磁性开关信号线	
6	I0.5	托盘气缸前限位磁性开关信号线	
7	I0.6	托盘气缸后限位磁性开关信号线	
8	I0.7	托盘送料按钮信号线	
24	Q0.4	机座气缸电磁阀信号线	
25	Q1.0	托盘气缸电磁阀信号线	
38	基座到位检测+	基座到位检测传感器电源线+	
39	托盘底座检测+	托盘底座检测传感器电源线+	
40	基座仓检测+	基座仓检测传感器电源线+	
46	基座到位检测-	基座到位检测传感器电源线-	
47	托盘底座检测-	托盘底座检测传感器电源线-	
48	基座仓检测-	基座仓检测传感器电源线-	
49	机座气缸前限位-	机座气缸前限位磁性开关电源线-	
50	机座气缸后限位-	机座气缸后限位磁性开关电源线-	
51	托盘气缸前限位-	托盘气缸前限位磁性开关电源线-	
52	托盘气缸后限位-	托盘气缸后限位磁性开关电源线-	
53	托盘送料按钮-	托盘送料按钮电源线-	
66	机座气缸电磁阀-	机座气缸电磁阀电源线-	
67	托盘气缸电磁阀-	托盘气缸电磁阀电源线-	
63	PS39+	提供 24 V 电源+	
64	PS3-	提供 24 V 电源-	

五、PLC 控制接线图

本任务 PLC 控制接线图如图 3—2—11 所示。

六、线路安装

1. PLC 各端子接线

按照表 3—2—1 PLC 的 I/O 功能分配表和如图 3—2—11 所示的接线图，进行主电路和 PLC 各端子的接线。元件安装及布线应符合工艺要求，布线时严禁损伤线芯和导线绝缘，导线与接线端子或接线桩连接时，不得压绝缘层、反圈及露铜过长。

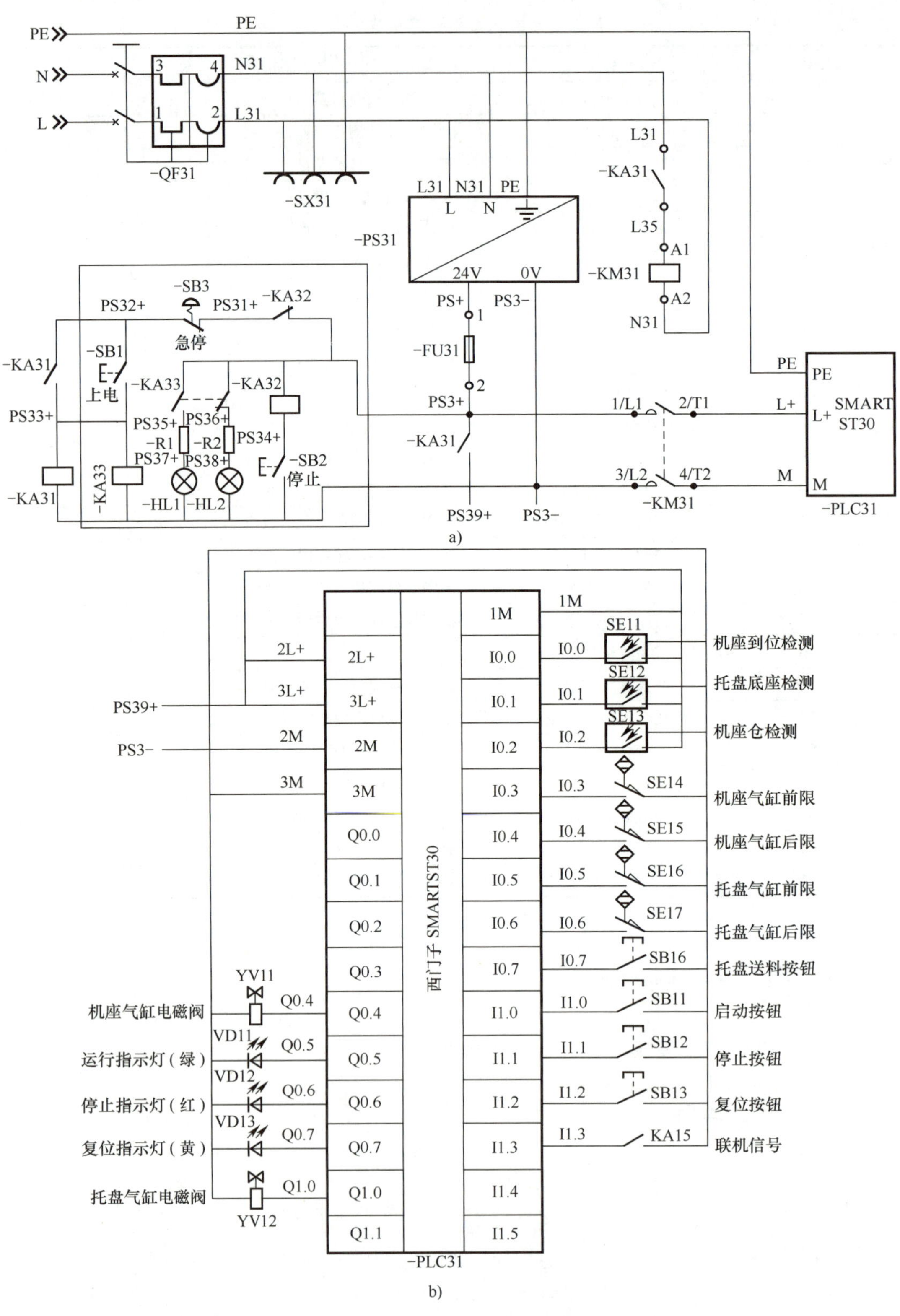

图 3—2—11　接线图

a）主电路　b）PLC 接线图

2. 挂板接口板端子接线

按照表 3—2—2 挂板接口板端子分配表和如图 3—2—11 所示的接线图，进行挂板接口板端子的接线。元件安装及布线应符合工艺要求，布线时严禁损伤线芯和导线绝缘，导线与接线端子或接线桩连接时，不得压绝缘层、反圈及露铜过长。挂板接口板端子接线完成后如图 3—2—12 所示。

3. 桌面接口板端子接线

按照表 3—2—3 桌面接口板端子分配表和如图 3—2—11 所示的接线图，进行桌面接口板端子的接线。元件安装及布线应符合工艺要求，布线时严禁损伤线芯和导线绝缘，导线与接线端子或接线桩连接时，不得压绝缘层、反圈及露铜过长。桌面接口板端子接线完成后如图 3—2—13 所示。

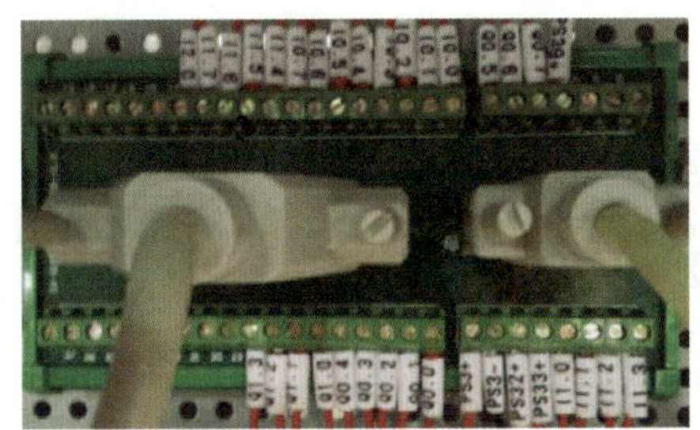

图 3—2—12　挂板接口板端子的接线

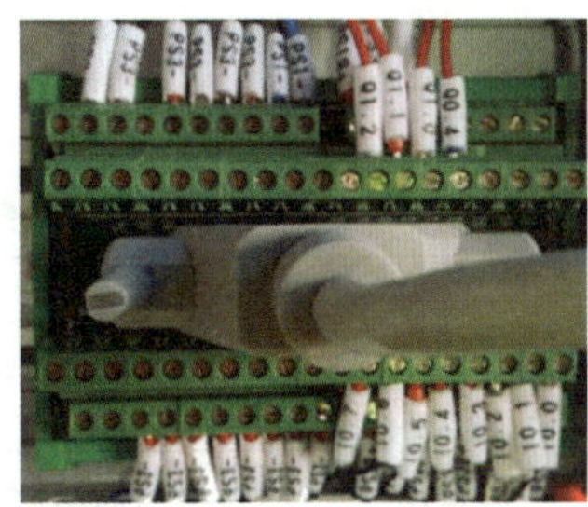

图 3—2—13　桌面接口板端子的接线

七、PLC 程序设计

根据控制要求，可设计出上料整列单元参考控制程序梯形图，如图 3—2—14 所示。

八、系统调试与运行

1. 上电前检查

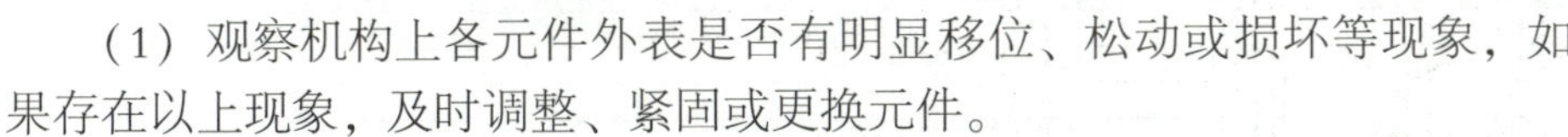

（1）观察机构上各元件外表是否有明显移位、松动或损坏等现象，如果存在以上现象，及时调整、紧固或更换元件。

（2）对照接口板端子分配表或接线图检查桌面和挂板接线是否正确，尤其要检查 24 V 电源，电气元件电源线等线路是否有短路、断路现象。

注意

设备初次组装调试时，必须认真检查线路是否正确，避免接线错误造成设备元件损坏。

停止

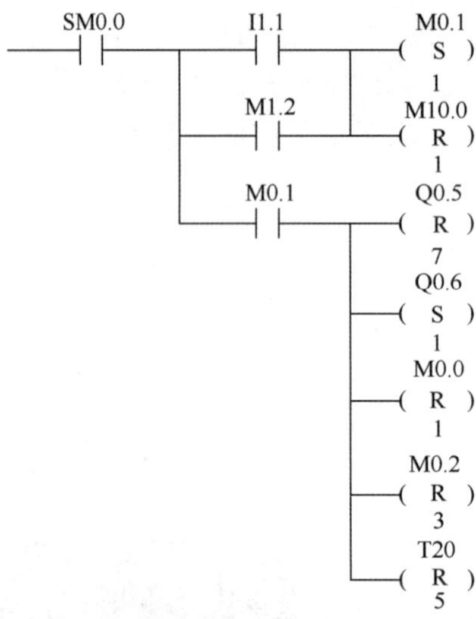

符号	地址	注释
Always_On	SM0.0	始终接通
CPU_输出 5	Q0.5	运行指示灯
CPU_输出 6	Q0.6	停止指示灯
CPU_输出 9	I1.1	停止按钮
M00	M0.0	启动程序
M01	M0.1	停止程序
M02	M0.2	复位程序
M100	M10.0	按键到位手机模型到位
M12	M1.2	联机停止

复位

M0.2
I0.4
Q0.4
(R)
1
I0.6
Q1.0
(R)
1
SM0.5
M0.4
Q0.7
(S)
1
M0.4
Q0.7
(S)
1
I0.4
I0.6
I0.0
M0.4
(S)
1

符号	地址	注释
Clock_1s	SM0.5	针对 1s 的周期时间，时钟脉冲接通 0.5 s，断开 0.5 s
CPU_输出 4	Q0.4	机座气缸电磁阀
CPU_输出 7	Q0.7	复位指示灯
CPU_输出 8	Q1.0	按键气缸电磁阀
CPU_输出 0	I0.0	推料到位检测
CPU_输入 4	I0.4	机座气缸缩回限位
CPU_输入 6	I0.6	按键气缸缩回限位
M02	M0.2	复位程序
M04	M0.4	复位完成信号

启动

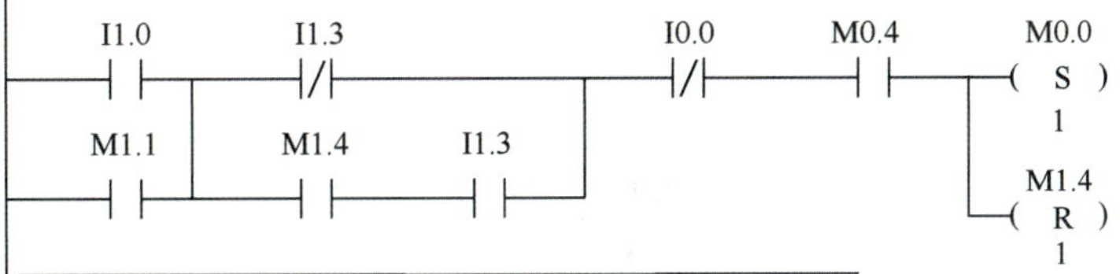

I1.0　I1.3　I0.0　M0.4　M0.0 (S) 1

M1.1　M1.4　I1.3　M1.4 (R) 1

符号	地址	注释
CPU_ 输入 0	I0.0	推料到位检测
CPU_ 输入 11	I1.3	联机信号
CPU_ 输入 8	I1.0	启动按钮
M00	M0.0	启动程序
M011	M1.1	联机启动
M04	M0.4	复位完成信号

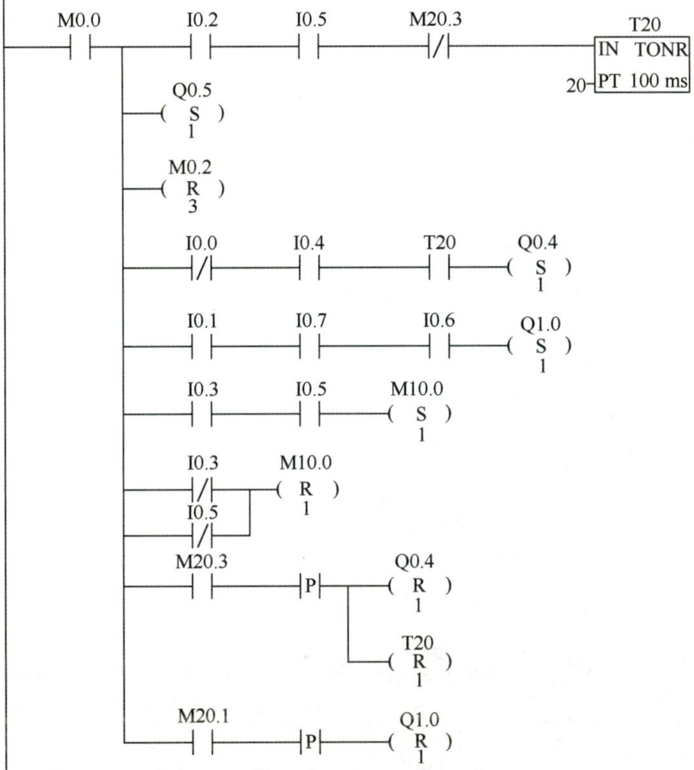

M0.0　I0.2　I0.5　M20.3　T20 IN TONR　20-PT 100 ms

Q0.5 (S) 1

M0.2 (R) 3

I0.0　I0.4　T20　Q0.4 (S) 1

I0.1　I0.7　I0.6　Q1.0 (S) 1

I0.3　I0.5　M10.0 (S) 1

I0.3　I0.5　M10.0 (R) 1

M20.3　P　Q0.4 (R) 1　T20 (R) 1

M20.1　P　Q1.0 (R) 1

符号	地址	注释
CPU_ 输出 4	Q0.4	机座气缸电磁阀
CPU_ 输出 5	Q0.5	运行指示灯
CPU_ 输出 8	Q1.0	按键气缸电磁阀
CPU_ 输入 0	I0.0	推料到位检测
CPU_ 输入 1	I0.1	按键底座检测
CPU_ 输入 2	I0.2	料仓检测
CPU_ 输入 3	I0.3	机座气缸伸出限位
CPU_ 输入 4	I0.4	机座气缸缩回限位
CPU_ 输入 5	I0.5	按键气缸伸出限位
CPU_ 输入 6	I0.6	按键气缸缩回限位
CPU_ 输入 7	I0.7	送料按键
M00	M0.0	启动程序
M02	M0.2	复位程序
M100	M10.0	按键到位手机模型到位
M201	M20.1	换料信号

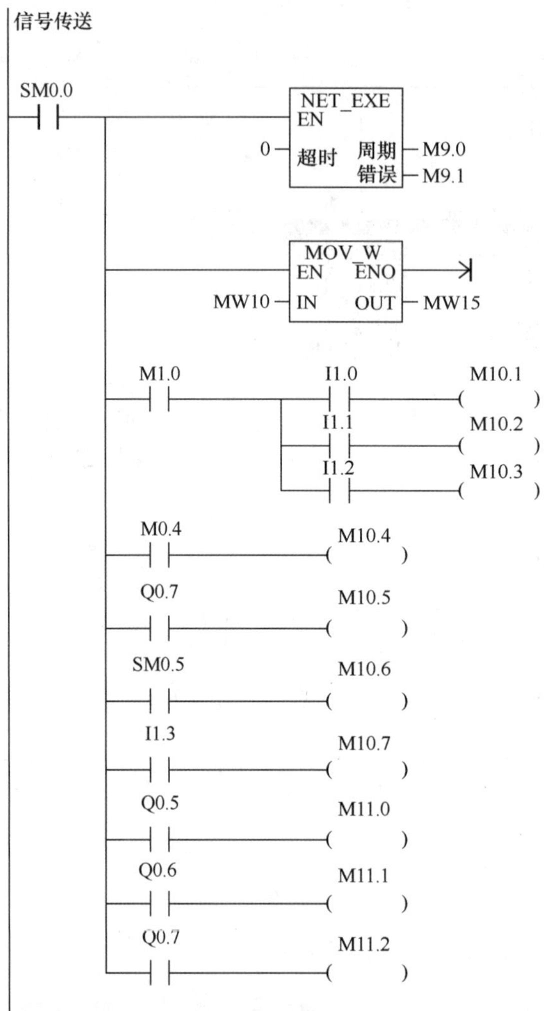

符号	地址	注释
Always_On	SM0.0	始终接通
Clock_1s	SM0.5	针对 1s 的周期时间，时钟脉冲接通 0.5 s，断开 0.5 s
CPU_输出 5	Q0.5	运行指示灯
CPU_输出 6	Q0.6	停止指示灯
CPU_输出 7	Q0.7	复位指示灯
CPU_输入 10	I1.2	复位按钮
CPU_输入 11	I1.3	联机信号
CPU_输入 8	I1.0	启动按钮
CPU_输入 9	I1.1	停止按钮
M04	M0.4	复位完成信号
M10	M1.0	全部联机
M101	M10.1	联机启动
M102	M10.2	联机停止
M103	M10.3	联机复位
M104	M10.4	复位完成信号
M105	M10.5	复位指示灯
M106	M10.6	通信信号
M107	M10.7	联机信号
M110	M11.0	运行指示灯
M111	M11.1	停止指示灯
M112	M11.2	复位指示灯

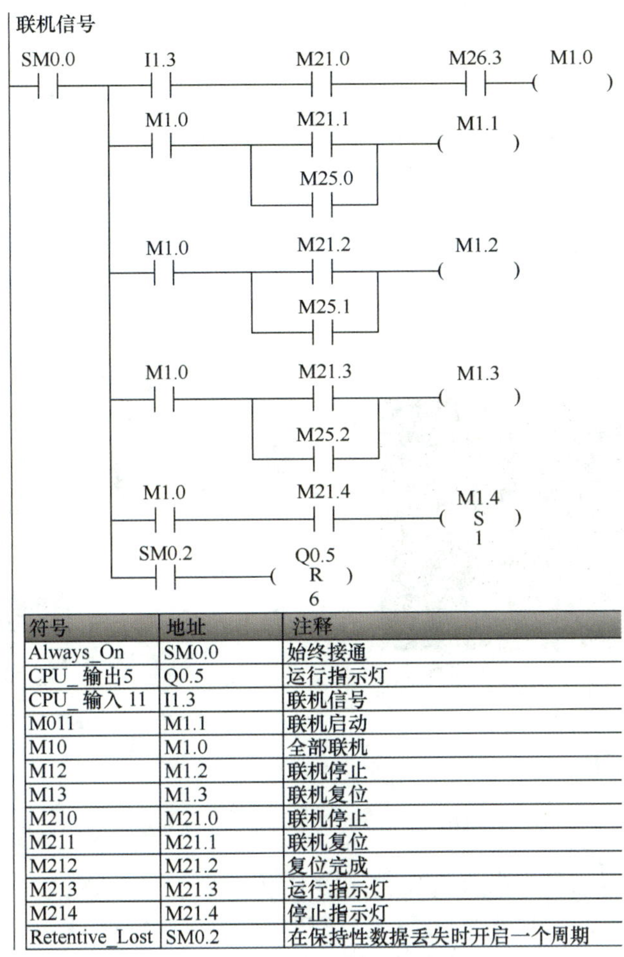

符号	地址	注释
Always_On	SM0.0	始终接通
CPU_输出5	Q0.5	运行指示灯
CPU_输入11	I1.3	联机信号
M011	M1.1	联机启动
M10	M1.0	全部联机
M12	M1.2	联机停止
M13	M1.3	联机复位
M210	M21.0	联机停止
M211	M21.1	联机复位
M212	M21.2	复位完成
M213	M21.3	运行指示灯
M214	M21.4	停止指示灯
Retentive_Lost	SM0.2	在保持性数据丢失时开启一个周期

图 3—2—14　上料整列单元参考控制程序梯形图

（3）接通气路，打开气源，检查气压为 0.3~0.6 MPa，按下电磁阀手动按钮，确认各气缸及传感器的初始状态。上料整列单元气路图如图 3—2—15 所示。

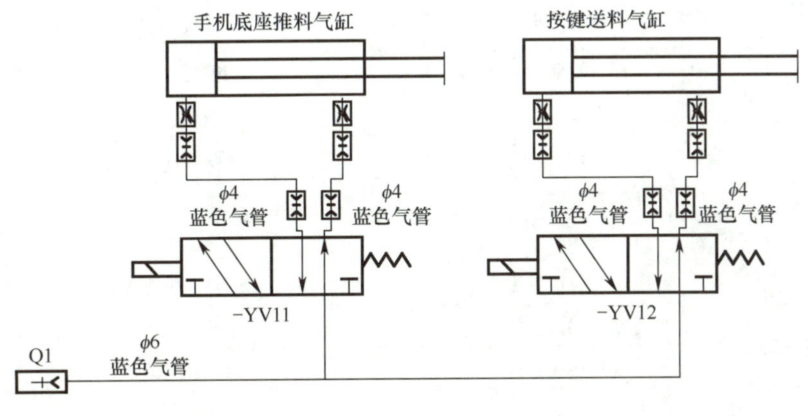

图 3—2—15　上料整列单元气路图

（4）设备上不能放置任何不属于本工作站的物品，如有发现应及时清除。

2. 气缸速度调节（节流阀）

调节节流阀使气缸动作顺畅柔和，控制进出气体的流量，如图 3—2—16 所示。

3. 气缸前后限位调节（磁性开关）

磁性开关分别安装在气缸的前限位与后限位，应确保前后限位分别在气缸缩回和伸出时能够感应到并输出信号。安装在后限位磁性开关的调节方法如图 3—2—17 所示。

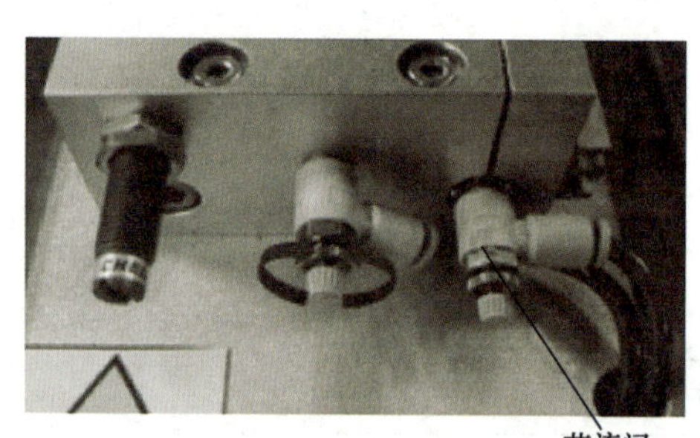

图 3—2—16　气缸速度的调节

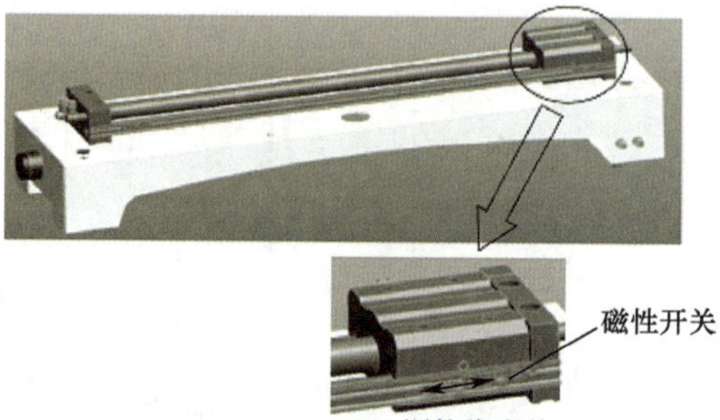

磁性开关

调整移动到
最合适位置

图 3—2—17　后限位磁性开关的调节

4. 上料检测传感器信号调试

上料检测传感器信号由光纤传感器与光电传感器发生。调试主要是调节传感器的感应范围（0~20 mm），要求准确感应到检测物件，并输出信号。

5. 调试故障查询及解决方法

本任务调试时的故障查询及解决方法见表 3—2—4。

表 3—2—4　故障查询及解决方法

故障现象	故障原因	解决方法
设备无法复位	无气压	打开气源或疏通气路
	无杆气缸磁性开关信号丢失	调整磁性开关位置
	接线不良	紧固
	程序出错	修改程序
	开关电源损坏	更换
	PLC 损坏	更换
无杆气缸不动作	磁性开关信号丢失	调整磁性开关位置
	检测传感器无触发	参照传感器无检测信号项解决
	电磁阀接线错误	检查并更改
	无气压	打开气源或疏通气路

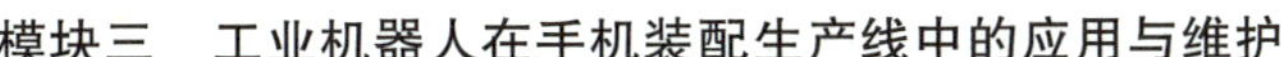

续表

故障现象	故障原因	解决方法
无杆气缸不动作	PLC 输出点烧坏	更换
	接线错误	检查线路并更改
	程序出错	修改程序
	开关电源损坏	更换
传感器无检测信号	PLC 输入点烧坏	更换
	接线错误	检查线路并更改
	开关电源损坏	更换
	传感器固定位置不合适	调整位置
	传感器损坏	更换

检查测评

对任务的完成情况进行检查，并将结果填入表 3—2—5 内。

表 3—2—5　　任务测评表

<table>
<tr><th>序号</th><th>主要内容</th><th>考核要求</th><th>评分标准</th><th>配分</th><th>扣分</th><th>得分</th></tr>
<tr><td>1</td><td>上料整列单元的组装</td><td>正确描述上料整列单元组成及各部件的名称，并完成组装</td><td>1. 描述上料整列单元的组成有错误或遗漏，每处扣 5 分
2. 上料整列单元组装有错误或遗漏，每处扣 5 分</td><td>20</td><td></td><td></td></tr>
<tr><td rowspan="2">2</td><td rowspan="2">上料整列单元 PLC 程序设计与调试</td><td>列出 PLC I/O 地址分配表；根据加工工艺，设计梯形图及 PLC 控制接线图</td><td>1. 输入/输出地址遗漏或错误，每处扣 5 分
2. 梯形图表达不正确或画法不规范，每处扣 1 分
3. 接线图表达不正确或画法不规范，每处扣 2 分</td><td>30</td><td></td><td></td></tr>
<tr><td>按 PLC 控制接线图在配线板上正确安装接线，安装要准确、紧固、美观，导线要走线槽，导线要有端子标号</td><td>1. 损坏元件扣 5 分
2. 布线不走线槽、不美观，每根扣 1 分
3. 接点松动、露铜过长、反圈、压绝缘层，标记线号不清楚、遗漏或误标，引出端无别径压端子，每处扣 1 分
4. 损伤导线绝缘或线芯，每根扣 1 分
5. 不按 PLC 控制接线图接线，每处扣 5 分</td><td>10</td><td></td><td></td></tr>
</table>

续表

序号	主要内容	考核要求	评分标准	配分	扣分	得分
2	上料整列单元PLC程序设计与调试	熟练正确地将所编程序输入 PLC；按照被控设备的动作要求进行模拟调试，达到设计要求	1. 不能熟练操作 PLC 键盘输入指令扣 2 分 2. 不会用删除、插入、修改、存盘等命令，每项扣 2 分 3. 仿真试车不成功扣 30 分	30		
3	安全文明生产	劳动保护用品穿戴整齐；遵守操作规程；讲文明礼貌；操作结束后清理现场	1. 操作中，违反安全文明生产考核要求的任何一项扣 5 分，扣完为止 2. 当发现学生有重大事故隐患时，要立即予以制止，并每次扣安全文明生产总分 5 分	10		
合计						

任务 3　手机加盖单元的组装、程序设计与调试

学习目标

知识目标：

1. 掌握手机加盖单元的组成。
2. 掌握手机加盖单元的安装方法。

能力目标：

1. 能够参照装配图进行手机加盖单元的组装。
2. 能够参照接线图完成单元桌面电气元件的安装与接线。
3. 能够利用给定测试程序进行通电测试。

工作任务

有一台工业机器人手机装配模拟工作站由上料整列单元、六轴机器人单元、手机加盖单元三个单元组合而成。各单元间预留了扩展与升级的接口，以方便用户根据市场需求进行不断开发升级或设计新的功能单元。现需要对该工作站的手机

加盖单元进行组装、接线及调试，并交有关人员验收，安装完成后可按功能要求正常运转。

相关知识

手机加盖单元是工业机器人手机装配模拟工作站的重要组成部分，它的主要作用是负责手机盖的上料及存储装配完的手机。手机加盖单元通过步进电动机驱动升降台供料。它主要由料盒仓、手机盖上料机构、单元桌面电气元件、手机加盖单元控制面板、手机加盖单元电气挂板和单元桌体组成，其外形如图 3—3—1 所示。

1. 料盒仓

料盒仓主要由料盒侧板、料盒底板、料盒传感器支架、光电传感器及螺钉等配件组成。手机加盖单元料盒仓共有两套，其外形如图 3—3—2 所示。

2. 手机盖上料机构

手机盖上料机构主要由丝杆升降机构、托盘机构、步进电动机、围板、出料平台、推料气缸、检测传感器、手机盖、底板等组成，其外形如图 3—3—3 所示。

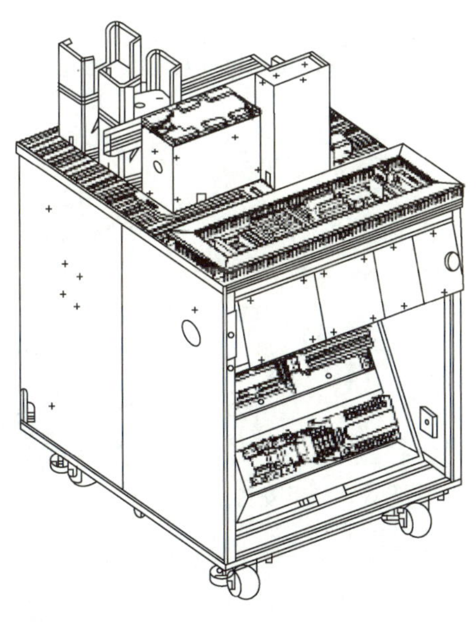

图 3—3—1　手机加盖单元的外形

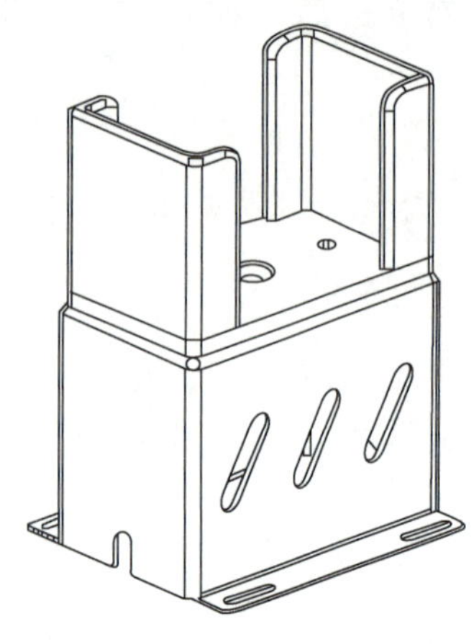
图 3—3—2　料盒仓

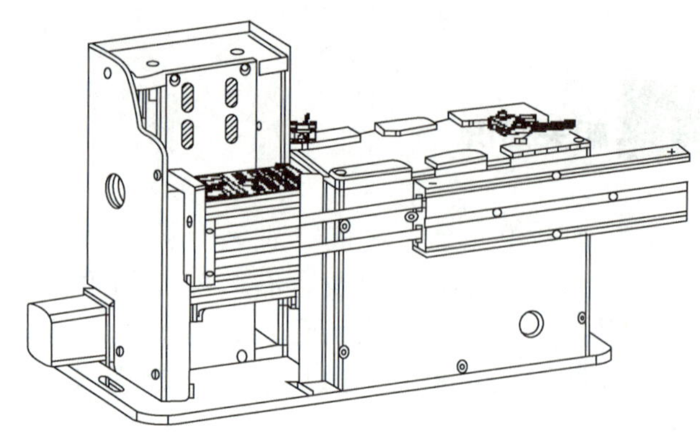
图 3—3—3　手机盖上料机构

任务实施

一、任务准备

实施本任务教学所使用的实训设备及工具材料可参考表 3—1—2。

二、在单元桌体上完成手机加盖单元的组装

1. 料盒仓的组装

从手机装配实训任务用材存储箱中取出料盒仓组件及螺钉等配件，按如图 3—3—4 所示方法进行组装。

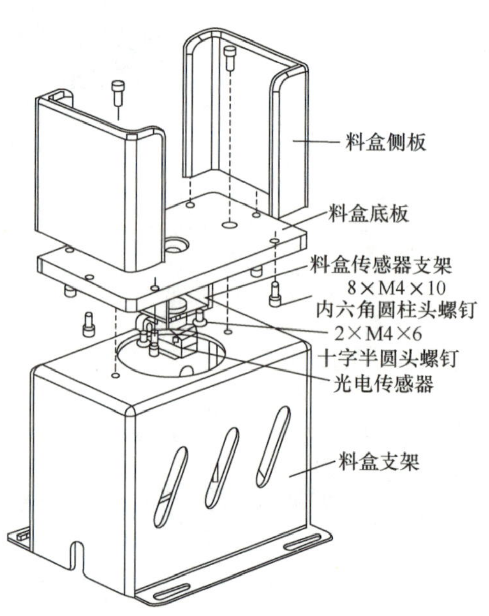

图 3—3—4　料盒仓的组装

2. 手机盖上料机构的组装

从手机装配实训任务用材存储箱中取出手机盖上料机构与附件及螺钉等配件，按如图 3—3—5 所示的组装方法进行组装。

3. 手机加盖单元的安装

（1）把两套组装好的料盒仓和手机盖上料机构，按如图 3—3—1 所示布局安装到桌面，并连接好接插头对接线，把步进驱动器输出连接线接头插紧，推料气缸的气管连接

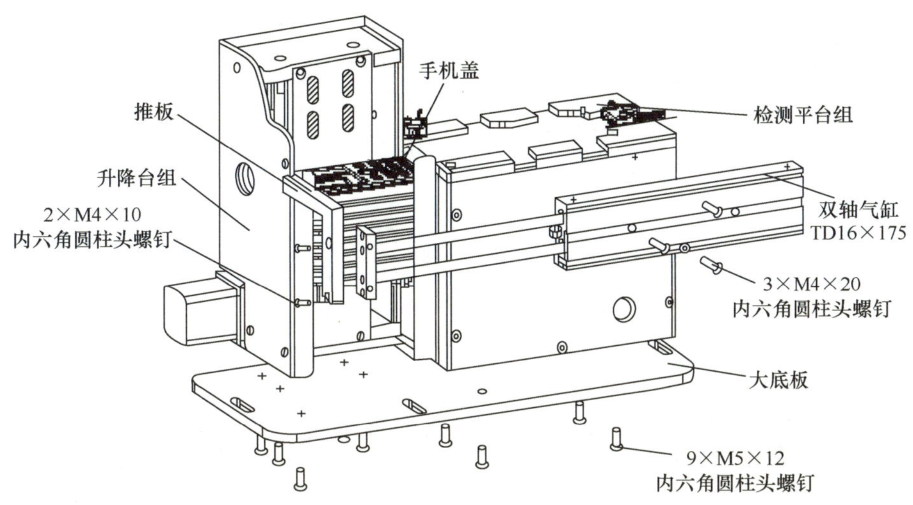

图 3—3—5　手机盖上料机构的组装

插紧。

（2）对照电气原理图及 I/O 分配表把信号线接插头对接好，光纤头直接插入对应的光纤放大器，使用 Φ4 mm 气管把手机盖上料机构推料气缸与桌面对应电磁阀出口接头连接插紧。

三、功能框图

加盖单元功能框图如图 3—3—6 所示。

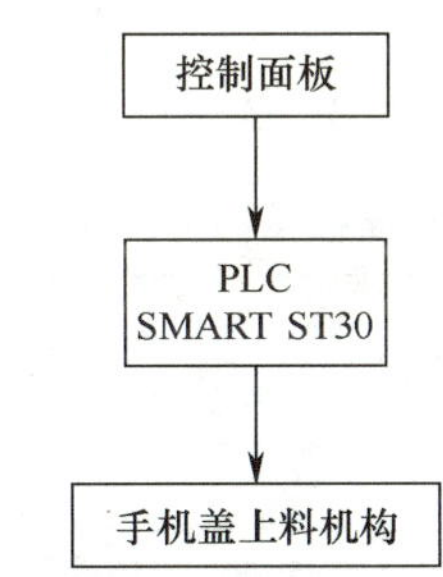

图 3—3—6　加盖单元功能框图

四、I/O 功能分配

1. 加盖单元 PLC 的 I/O 功能分配

加盖单元 PLC 的 I/O 功能分配见表 3—3—1。

表 3—3—1 加盖单元 PLC 的 I/O 功能分配表

序号	I/O 地址	功能描述	备注
1	I0.0	步进下限位（常闭）	
2	I0.1	步进上限位（常闭）	
3	I0.2	步进原点触发，I0.2 闭合	
4	I0.4	盖到位检测传感器触发，I0.4 闭合	
5	I0.5	有盖检测传感器触发，I0.5 闭合	
6	I0.6	推盖气缸缩回限位触发，I0.6 闭合	
7	I0.7	推盖气缸伸出限位触发，I0.7 闭合	
8	I1.0	按下“启动”按钮，I1.0 闭合	
9	I1.1	按下“停止”按钮，I1.1 闭合	
10	I1.2	按下“复位”按钮，I1.2 闭合	
11	I1.3	联机信号触发，I1.3 闭合	
12	I1.4	仓库 1 检测传感器触发，I1.4 闭合	
13	I1.5	仓库 2 检测传感器触发，I1.5 闭合	
14	Q0.0	Q0.0 闭合，步进电动机驱动器得到脉冲信号，步进电动机运行	
15	Q0.2	Q0.2 闭合，改变步进电动机运行方向	
16	Q0.4	Q0.4 闭合，推盖气缸电磁阀得电	
17	Q0.5	Q0.5 闭合，面板运行指示灯（绿）点亮	
18	Q0.6	Q0.6 闭合，面板停止指示灯（红）点亮	
19	Q0.7	Q0.7 闭合，面板复位指示灯（黄）点亮	

2. 加盖单元挂板接口板端子分配

加盖单元挂板接口板端子分配见表 3—3—2。

表 3—3—2 加盖单元挂板接口板端子分配表

挂板接口板地址	线号	功能描述	备注
1	I0.0	步进下限位	
2	I0.1	步进上限位	
3	I0.2	步进原点传感器	
5	I0.4	盖到位检测	
6	I0.5	有盖检测	
7	I0.6	推盖气缸缩回限位	
8	I0.7	推盖气缸伸出限位	
9	I1.4	仓库 1 检测	
10	I1.5	仓库 2 检测	
20	Q0.0	步进脉冲	
22	Q0.2	步进方向	

续表

挂板接口板地址	线号	功能描述	备注
24	Q0. 4	推盖气缸电磁阀	
A	PS3+	继电器常开触点（KA31：6）	
B	PS3-	直流电源 24 V-进线	
C	PS32+	继电器常开触点（KA31：5）	
D	PS33+	继电器触点（KA31：9）	
E	I1. 0	启动按钮	
F	I1. 1	停止按钮	
G	I1. 2	复位按钮	
H	I1. 3	联机信号	
I	Q0. 5	启动指示灯	
J	Q0. 6	停止指示灯	
K	Q0. 7	复位指示灯	
L	PS39+	直流电源 24 V+进线	

3. 加盖单元桌面接口板端子分配

加盖单元桌面接口板端子分配见表 3—3—3。

表 3—3—3　　加盖单元桌面接口板端子分配表

桌面接口板地址	线号	功能描述	备注
1	I0. 0	步进下限微动开关信号线	
2	I0. 1	步进上限微动开关信号线	
3	I0. 2	步进原点传感器信号线	
5	I0. 4	盖到位检测传感器信号线	
6	I0. 5	有盖检测传感器信号线	
7	I0. 6	推盖气缸缩回限位磁性开关信号线	
8	I0. 7	推盖气缸伸出限位磁性开关信号线	
9	I1. 4	仓库 1 检测传感器信号线	
10	I1. 5	仓库 2 检测传感器信号线	
20	Q0. 0	步进脉冲信号线	
22	Q0. 2	步进方向信号线	
24	Q0. 4	推盖气缸电磁阀信号线	
40	步进原点传感器+	步进原点传感器电源线+	
42	盖到位检测传感器+	盖到位检测传感器电源线+	
43	有盖检测传感器+	有盖检测传感器电源线+	

续表

桌面接口板地址	线号	功能描述	备注
58	仓库 1 检测传感器+	仓库 1 检测传感器电源线+	
59	仓库 2 检测传感器+	仓库 2 检测传感器电源线+	
46	步进下限-	步进下限微动开关电源线-	
47	步进上限-	步进上限微动开关电源线-	
48	步进原点传感器-	步进原点传感器电源线-	
50	盖到位检测传感器-	盖到位检测传感器电源线-	
51	有盖检测传感器-	有盖检测传感器电源线-	
68	推盖气缸电磁阀-	推盖气缸电磁阀电源线-	
54	仓库 1 检测传感器-	仓库 1 检测传感器电源线-	
55	仓库 2 检测传感器-	仓库 2 检测传感器电源线-	
52	推盖气缸缩回限位-	推盖气缸缩回限位磁性开关电源线-	
53	推盖气缸伸出限位-	推盖气缸伸出限位磁性开关电源线-	
62	步进驱动器电源+	步进驱动器电源电源线+	
65	步进驱动器电源-	步进驱动器电源电源线-	
63	PS39+	提供 24 V 电源+	
64	PS3-	提供 24 V 电源-	

五、PLC 控制接线图

本任务 PLC 控制接线图如图 3—3—7 所示。

六、线路安装

1. PLC 各端子接线

按照表 3—3—1 PLC 的 I/O 功能分配表和如图 3—3—7 所示的接线图，进行 PLC 各端子的接线。元件安装及布线应符合工艺要求，布线时严禁损伤线芯和导线绝缘，导线与接线端子或接线桩连接时，不得压绝缘层、反圈及露铜过长。

2. 挂板接口板端子接线

按照表 3—3—2 挂板接口板端子分配表和如图 3—3—7 所示的接线图，进行挂板接口板端子的接线。元件安装及布线应符合工艺要求，布线时严禁损伤线芯和导线绝缘，导线与接线端子或接线桩连接时，不得压绝缘层、反圈及露铜过长。挂板接口板端子接线完成后如图 3—3—8 所示。

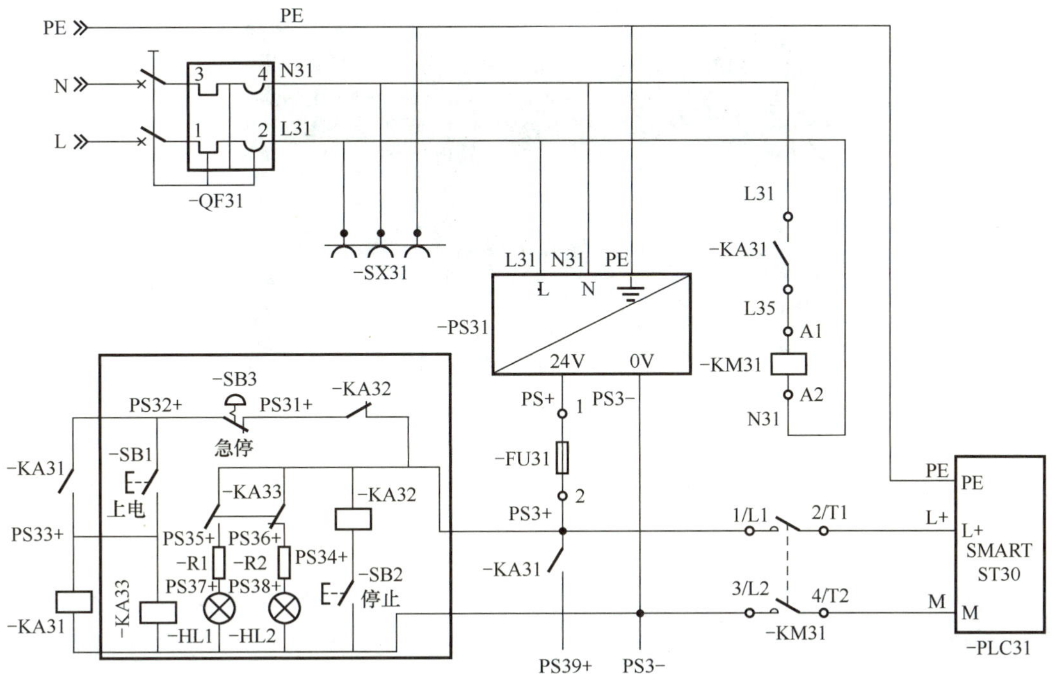

a）

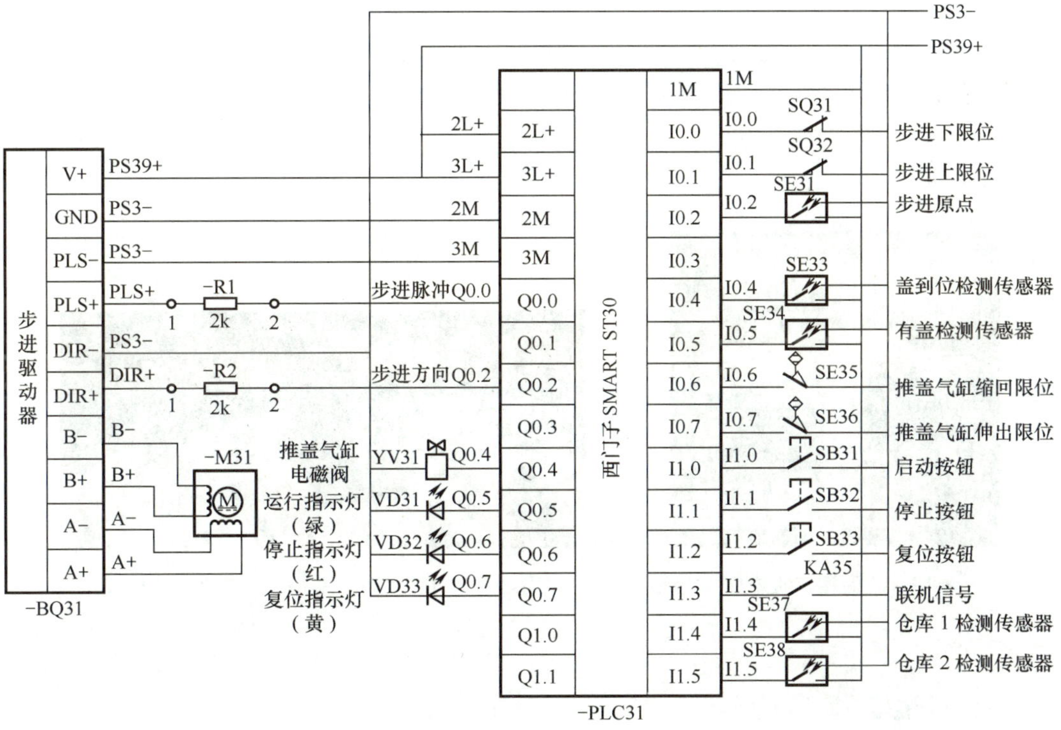

b）

图 3—3—7　接线图

a）主电路　b）PLC 接线图

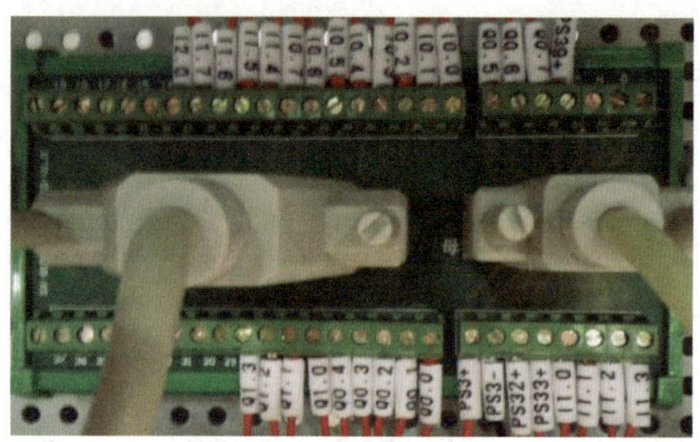

图 3—3—8　挂板接口板端子的接线

3. 桌面接口板端子的接线

按照表 3—3—3 桌面接口板端子分配表和图 3—3—7 所示的接线图，进行桌面接口板端子的接线。元件安装及布线应符合工艺要求，布线时严禁损伤线芯和导线绝缘，导线与接线端子或接线桩连接时，不得压绝缘层、反圈及露铜过长。桌面接口板端子接线完成后如图 3—3—9 所示。

4. 步进电动机与驱动器的接线

按照如图 3—3—7 所示的接线图，进行步进电动机与驱动器的接线。元件安装及布线应符合工艺要求，布线时严禁损伤线芯和导线绝缘，导线与接线端子或接线桩连接时，不得压绝缘层、反圈及露铜过长。步进电动机与驱动器接线完成后如图 3—3—10 所示。

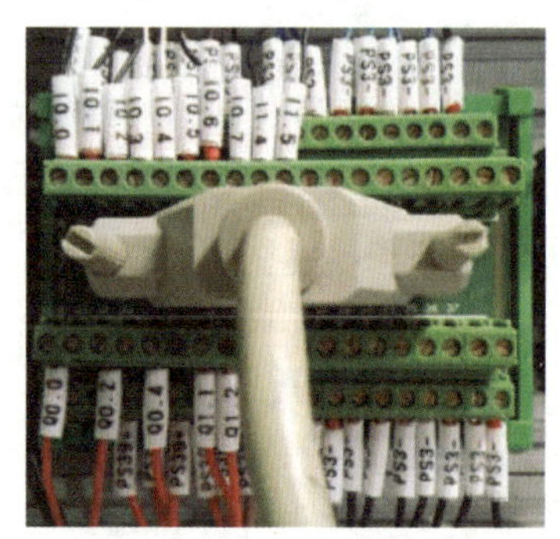

图 3—3—9　桌面接口板端子的接线

图 3—3—10　步进电动机与驱动器的接线

七、PLC 程序设计

根据控制要求，可设计出加盖单元参考控制程序梯形图，如图 3—3—11 所示。

停止

SM0.0　I1.1　M0.0 S 1

M3.2

I1.1　P　Q0.0 R 12

M0.1 R 79

T9 R 6

M3.2　P　Q0.0 R 12

M0.1 R 79

T9 R 6

M0.0　Q0.6

符号	地址	注释
Always_On	SM0.0	始终接通
CPU_ 输出 0	Q0.0	步进脉冲
CPU_ 输出 6	Q0.6	停止指示灯
CPU_ 输入 9	I1.1	停止按钮
M00	M0.0	单元停止
M01	M0.1	单元复位

启用和初始化运行轴

SM0.0　AXIS0_CTRL EN

SM0.0　M0.0　MOD_E~

Done - M9.0
Error - VB0
C_Pos - VD10
C_Speed - VD13
C_Dir - M9.1

步进复位回原点

M0.2　AXIS0_RSEEK EN

M0.2　P　START

Done - M8.1
Error - VB13

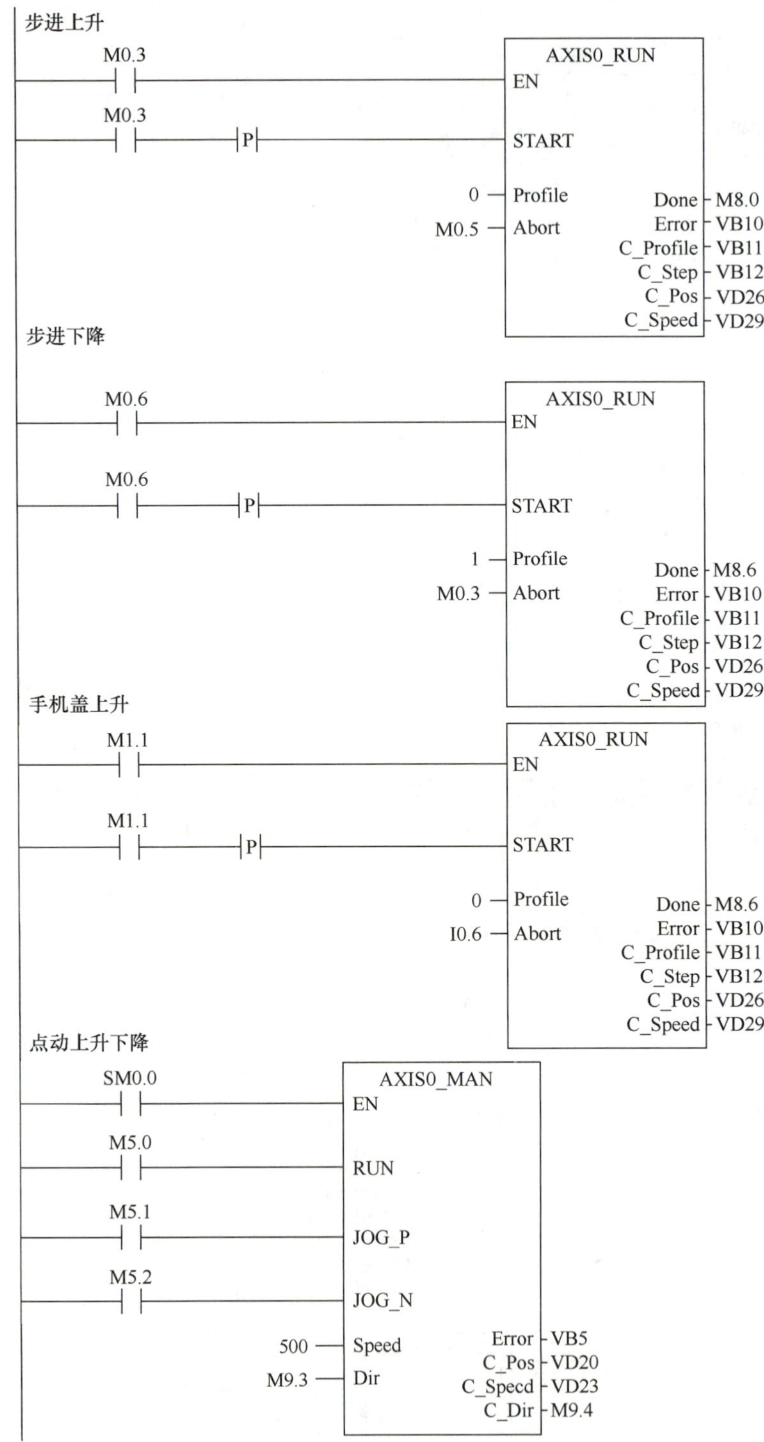

步进上升
M0.3
M0.3
P
AXIS0_RUN
EN
START
0
Profile
M0.5
Abort
Done
M8.0
Error
VB10
C_Profile
VB11
C_Step
VB12
C_Pos
VD26
C_Speed
VD29
步进下降
M0.6
M0.6
P
AXIS0_RUN
EN
START
1
Profile
M0.3
Abort
Done
M8.6
Error
VB10
C_Profile
VB11
C_Step
VB12
C_Pos
VD26
C_Speed
VD29
手机盖上升
M1.1
M1.1
P
AXIS0_RUN
EN
START
0
Profile
I0.6
Abort
Done
M8.6
Error
VB10
C_Profile
VB11
C_Step
VB12
C_Pos
VD26
C_Speed
VD29
点动上升下降
SM0.0
M5.0
M5.1
M5.2
AXIS0_MAN
EN
RUN
JOG_P
JOG_N
500
Speed
M9.3
Dir
Error
VB5
C_Pos
VD20
C_Specd
VD23
C_Dir
M9.4

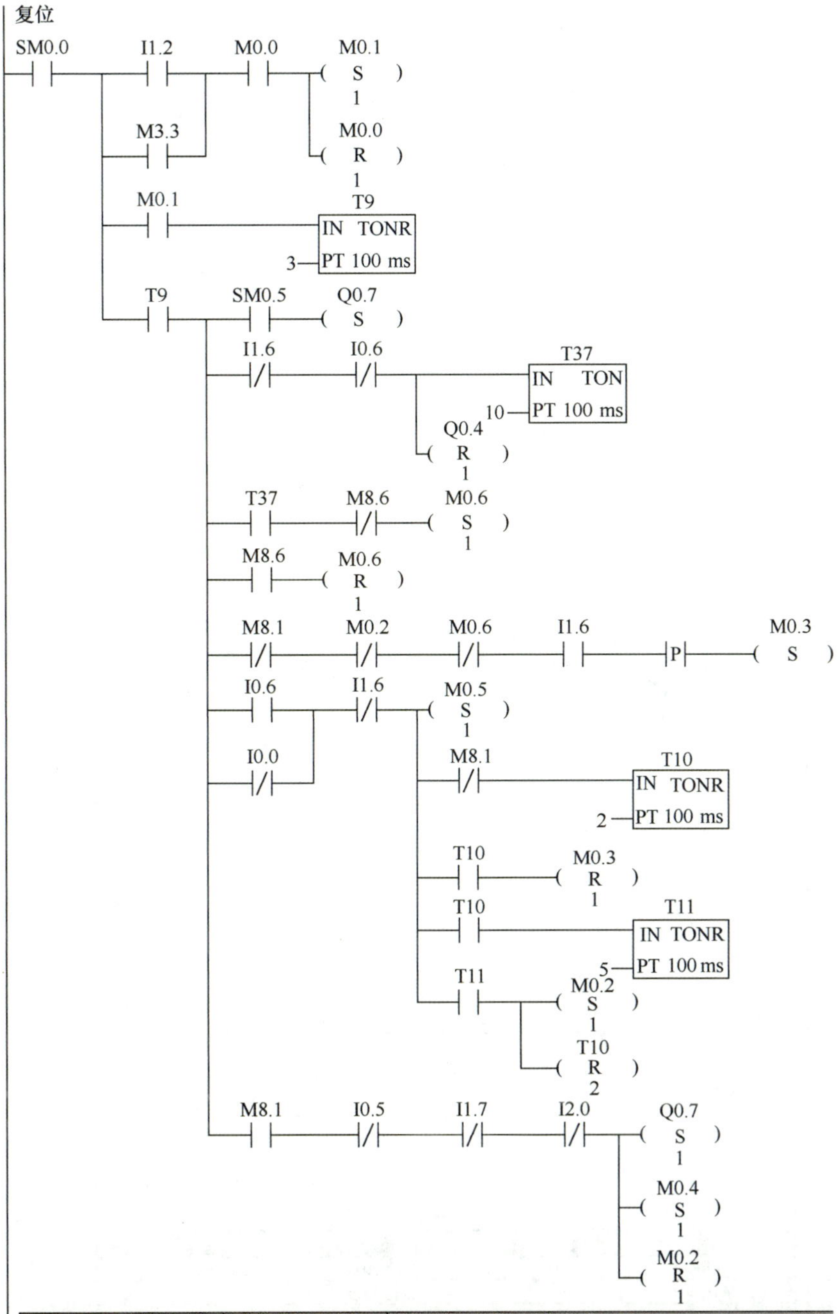

复位

SM0.0　I1.2　M0.0　M0.1 (S) 1

M3.3　M0.0 (R) 1

M0.1　T9 IN TONR　3—PT 100 ms

T9　SM0.5　Q0.7 (S)

I1.6　I0.6　T37 IN TON　10—PT 100 ms

Q0.4 (R) 1

T37　M8.6　M0.6 (S) 1

M8.6　M0.6 (R) 1

M8.1　M0.2　M0.6　I1.6　P　M0.3 (S)

I0.6　I1.6　M0.5 (S) 1

I0.0

M8.1　T10 IN TONR　2—PT 100 ms

T10　M0.3 (R) 1

T10　T11 IN TONR　5—PT 100 ms

T11　M0.2 (S) 1

T10 (R) 2

M8.1　I0.5　I1.7　I2.0　Q0.7 (S) 1

M0.4 (S) 1

M0.2 (R) 1

符号	地址	注释
Always_On	SM0.0	始终接通
Clock_1s	SM0.5	针对 1s 的周期时间，时钟脉冲接通 0.5 s，断开 0.5 s
CPU_输出 4	Q0.4	推盖气缸电磁阀
CPU_输出 7	Q0.7	复位指示灯
CPU_输入 0	I0.0	步进上限位
CPU_输入 10	I1.2	复位按钮
CPU_输入 14	I1.6	推盖气缸伸出限位
CPU_输入 15	I1.7	仓库 1 检测
CPU_输入 16	I2.0	仓库 2 检测
CPU_输入 5	I0.5	盖到位传感器
CPU_输入 6	I0.6	有盖检测传感器

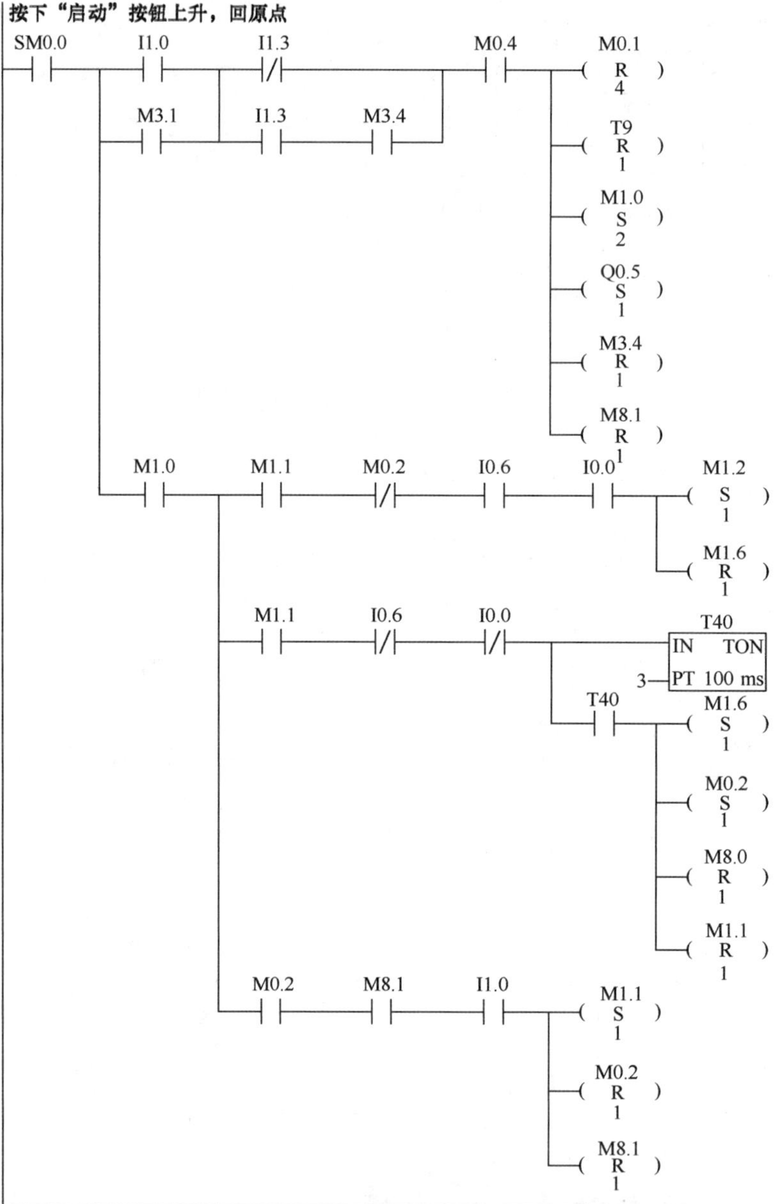

符号	地址	注释
Always_On	SM0.0	始终接通
CPU_输出 5	Q0.5	运行指示灯
CPU_输入 0	I0.0	步进上限位
CPU_输入 11	I1.3	单 / 联机
CPU_输入 6	I0.6	有盖检测传感器
CPU_输入 8	I1.0	启动按钮
M01	M0.1	单元复位
M02	M0.2	步进复位
M04	M0.4	复位完成
M10	M1.0	单元启动
M11	M1.1	手机盖上升
M12	M1.2	推盖
M16	M1.6	仓内无手机盖

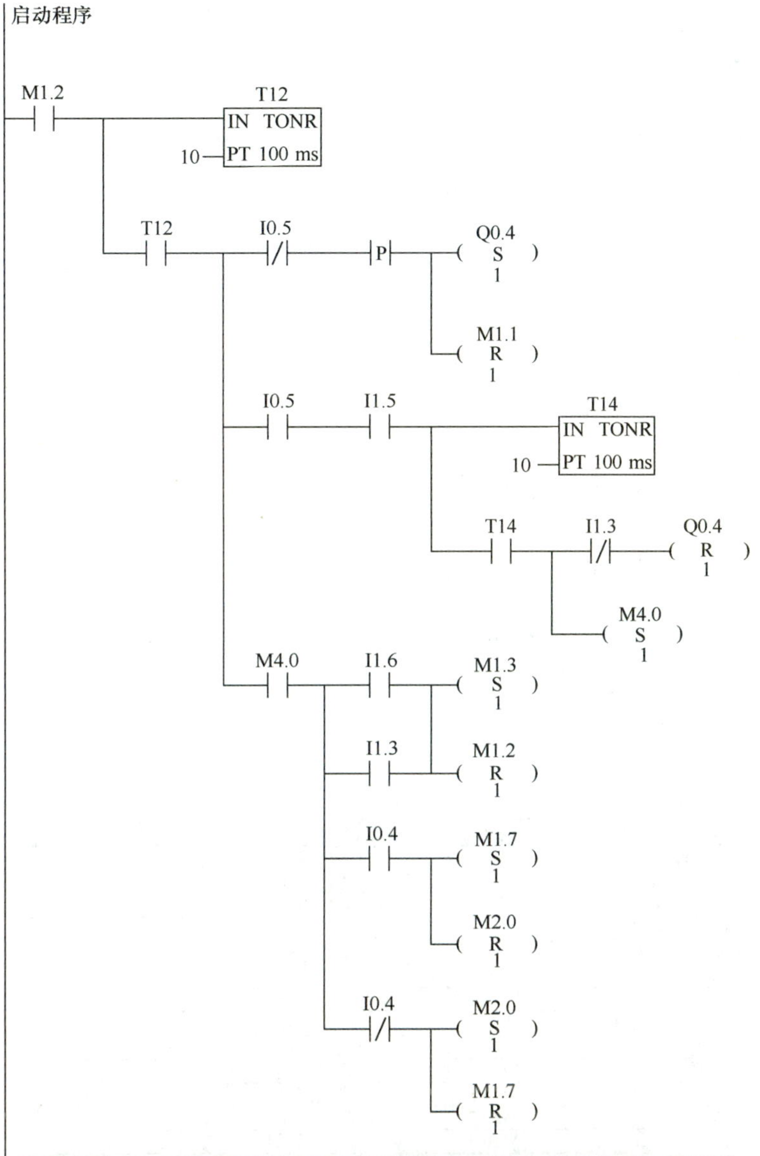

符号	地址	注释
CPU_输出 4	Q0.4	推盖气缸电磁阀
CPU_输入 11	I1.3	单 / 联机
CPU_输入 13	I1.5	推盖气缸缩回限位
CPU_输入 14	I1.6	推盖气缸伸出限位
CPU_输入 4	I0.4	颜色检测传感器
CPU_输入 5	I0.5	盖到位传感器
M11	M1.1	手机盖上升
M12	M1.2	推盖
M13	M1.3	手机盖推出完成
M17	M1.7	白色手机盖
M20	M2.0	灰色手机盖

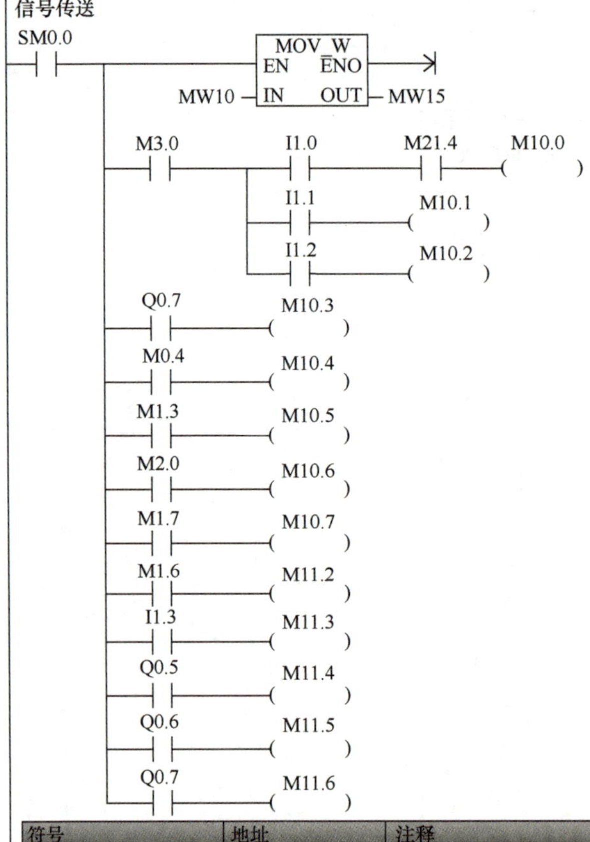

符号	地址	注释
Alwags_On	SM0.0	始终接通
CPU_输出 5	Q0.5	运行指示灯
CPU_输出 6	Q0.6	停止指示灯
CPU_输出 7	Q0.7	复位指示灯
CPU_输入 10	I1.2	复位按钮
CPU_输入 11	I1.3	单 / 联机
CPU_输入 8	I1.0	启动按钮
CPU_输入 9	I1.1	停止按钮
M04	M0.4	复位完成
M100	M10.0	联机启动
M101	M10.1	联机停止
M102	M10.2	联机复位
M103	M10.3	复位指示灯
M104	M10.4	复位完成
M105	M10.5	手机盖推出完成
M106	M10.6	灰色手机盖
M107	M10.7	白色手机盖
M110	M11.2	仓内无手机盖
M111	M11.3	单 / 联机
M112	M11.4	运行指示灯
M113	M11.5	停止指示灯
M114	M11.6	复位指示灯
M13	M1.3	手机盖推出完成
M16	M1.6	仓内无手机盖
M17	M1.7	白色手机盖
M20	M2.0	灰色手机盖
M214	M21.4	复位完成

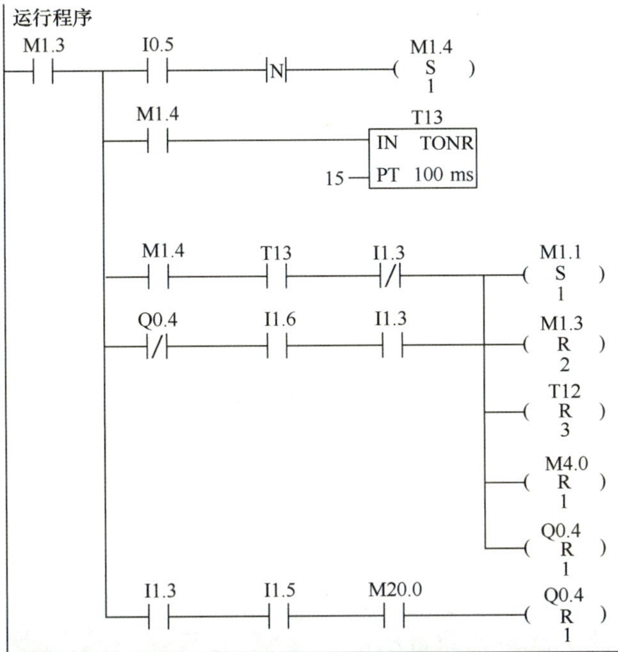

符号	地址	注释
CPU_ 输出 4	Q0.4	推盖气缸电磁阀
CPU_ 输入 11	I1.3	单 / 联机
CPU_ 输入 13	I1.5	推盖气缸缩回限位
CPU_ 输入 14	I1.6	推盖气缸伸出限位
CPU_ 输入 5	I0.5	盖到位传感器
M11	M1.1	手机盖上升
M13	M1.3	手机盖推出完成
M14	M1.4	单机推盖复位
M200	M20.0	取盖到位信号

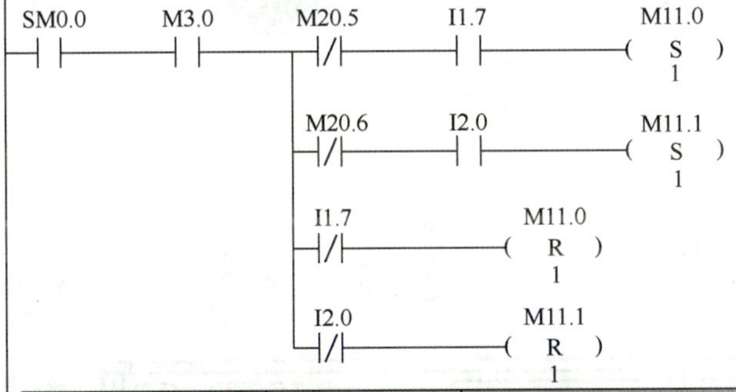

符号	地址	注释
Always_On	SM0.0	始终接通
CPU_ 输入 15	I1.7	仓库 1 检测
CPU_ 输入 16	I2.0	仓库 2 检测
M108	M11.0	仓库 1 放满
M109	M11.1	仓库 2 放满
M205	M20.5	仓库 1 满
M206	M20.6	仓库 2 满

图 3—3—11　加盖单元参考控制程序梯形图

八、系统调试与运行

1. 上电前检查

（1）观察机构上各元件外表是否有明显移位、松动或损坏等现象，如果存在以上现象，及时调整、紧固或更换元件。

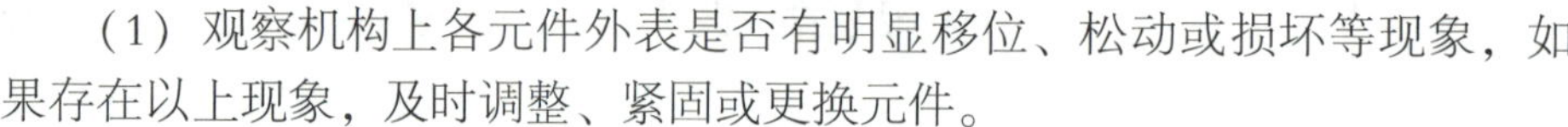

（2）对照接口板端子分配表或接线图检查桌面和挂板接线是否正确，尤其要检查 24 V 电源和电气元件电源线等线路是否有短路、断路现象。

注意

设备初次组装调试时，必须认真检查线路是否正确，避免接线错误造成设备元件损坏。

2. 手机盖上料机构的检测

（1）检查调试出料口（光纤传感器）、出料台（光纤传感器）及升降机构原点检测（光电开关传感器）的位置。

（2）在进行 EE-SX951 槽型光电开关的调试时，注意观察槽型光电开关与原点感应片是否有干涉现象，感应片是否进入槽型光电开关的感应区域。

（3）在进行光纤传感器的调试时，根据检测对象设定调整传感器极性和阈值，光纤传感器的外观及设定方法如图 3—3—12、图 3—3—13 所示。

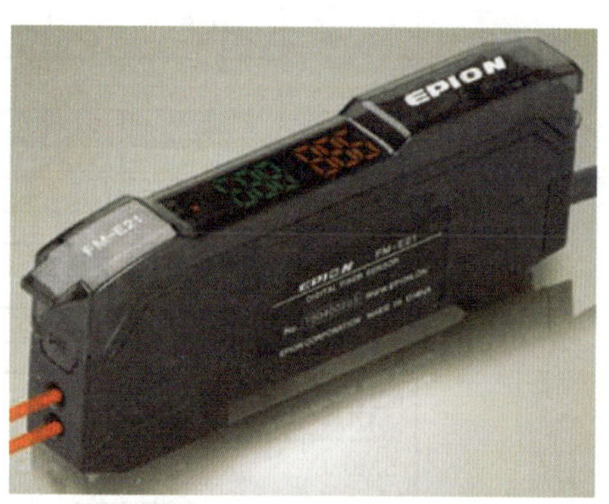

图 3—3—12　光纤传感器的外观

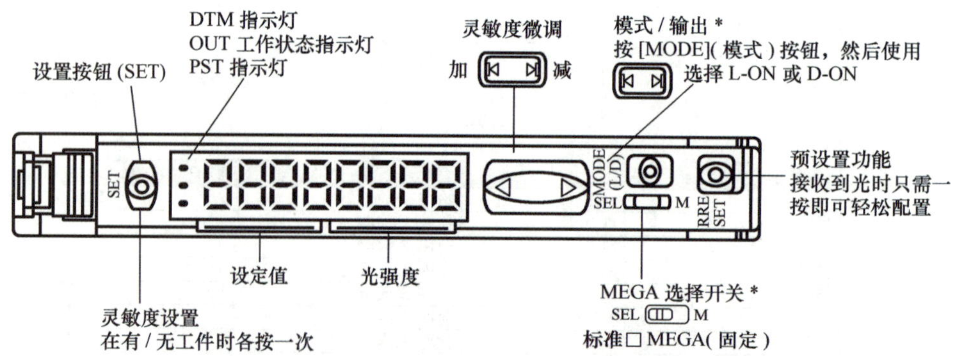

图 3—3—13　光纤传感器的设定

（4）气缸与磁性开关的调节。打开气源，待气缸在初始位置时，移动磁性开关的位置，调整气缸的缩回限位，待磁性开关点亮即可，如图 3—3—14 所示。再利用小一

字旋具对气动电磁阀的测试旋钮进行操作，按下测试旋钮，顺时针旋转 90°即锁住阀门，如图 3—3—15 所示，此时气缸处于伸出位置，调整气缸的伸出限位即可。调节气缸节流阀，可对气缸运动速度进行控制，以到达最佳运行状态。

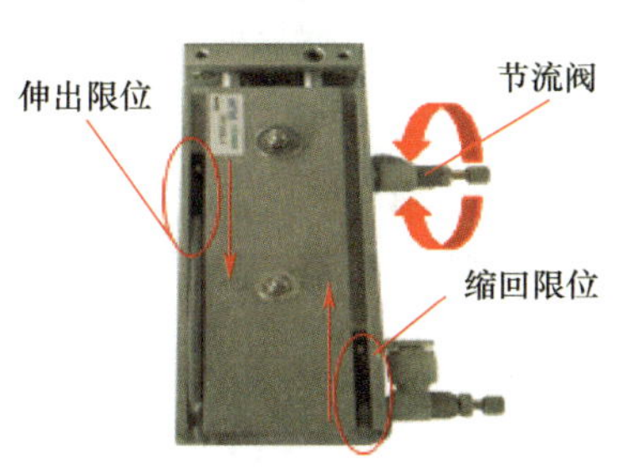

图 3—3—14　调节气缸限位

图 3—3—15　锁住阀门

（5）光电传感器安装在两个存储仓，传感器灵敏度可以通过旋钮进行调整，顺时针增加，逆时针减小，如图 3—3—16 所示。

图 3—3—16　光电传感器的设定

3. 调试故障查询及解决方法

本任务调试时的故障查询及解决方法见表3—2—4。

检查测评

对任务的完成情况进行检查，并将结果填入表 3—3—4 内。

表 3—3—4　　任务测评表

序号	主要内容	考核要求	评分标准	配分	扣分	得分
1	手机加盖单元的组装	正确描述手机加盖单元组成及各部件的名称，并完成组装	1. 描述手机加盖单元的组成有错误或遗漏，每处扣 5 分 2. 手机加盖单元组装有错误或遗漏，每处扣 5 分	20		
2	手机加盖单元 PLC 程序设计与调试	列出 PLC I/O 地址分配表；根据加工工艺，设计梯形图及 PLC 控制接线图	1. 输入/输出地址遗漏或错误，每处扣 5 分 2. 梯形图表达不正确或画法不规范，每处扣 1 分 3. 接线图表达不正确或画法不规范，每处扣 2 分	30		

续表

序号	主要内容	考核要求	评分标准	配分	扣分	得分
2	手机加盖单元PLC程序设计与调试	按PLC控制接线图在配线板上正确安装接线，安装要准确、紧固、美观，导线要走线槽，导线要有端子标号	1. 损坏元件扣5分 2. 布线不走线槽、不美观，每根扣1分 3. 接点松动、露铜过长、反圈、压绝缘层，标记线号不清楚、遗漏或误标，引出端无别径压端子，每处扣1分 4. 损伤导线绝缘或线芯，每根扣1分 5. 不按PLC控制接线图接线，每处扣5分	10		
		熟练正确地将所编程序输入PLC；按照被控设备的动作要求进行模拟调试，达到设计要求	1. 不能熟练操作PLC键盘输入指令扣2分 2. 不会用删除、插入、修改、存盘等命令，每项扣2分 3. 仿真试车不成功扣30分	30		
3	安全文明生产	劳动保护用品穿戴整齐；遵守操作规程；讲文明礼貌；操作结束后清理现场	1. 操作中，违反安全文明生产考核要求的任何一项扣5分，扣完为止 2. 当发现学生有重大事故隐患时，要立即予以制止，并每次扣安全文明生产总分5分	10		
合计						

任务4　机器人装配手机按键的程序设计与调试

学习目标

知识目标：

1. 了解手机按键托盘的结构。
2. 了解手机底座的结构。

能力目标：

能够根据控制要求，完成机器人装配手机按键的程序设计与调试。

工作任务

在工业机器人手机装配模拟工作站上将手机按键托盘按照规定的位置和方向放好，同时将手机底座放在规定的位置后，在六轴机器人单元的操作面板上按下“启动”按钮，工业机器人依次将手机按键从托盘中取出放到手机底座上。装配好一个手机后暂停，待换好手机底座后，再按下“启动”按钮，系统继续运行，循环四次托盘中的按键全部装配完成后停止。要求设计出能实现此操作的工业机器人程序和PLC控制程序。

相关知识

一、手机按键托盘

手机按键托盘的排列如图3—4—1所示。其结构有如下特点：

（1）按键按照规律分成15个按键区域。

（2）每个按键区域有四个按键按矩阵排列。

（3）区域之间横向间距和纵向间距均为30 mm。

（4）同名按键之间的横向间距和纵向间距均为12 mm。

（5）方向键区域单独排列，横向间距和纵向间距均为18 mm。

二、手机底座

手机底座的结构如图3—4—2所示。手机底座的15个按键对应有15个凹坑，每个凹坑的边都有一定的倾斜角，对少量的偏差有自动校正作用。

图3—4—1　手机按键托盘的排列

图3—4—2　手机底座的结构

任务实施

一、任务准备

实施本任务教学所使用的实训设备及工具材料可参考表 3—1—2。

二、手机按键装配位置

[1] [2] [3] [*] [4] [5] [6] [0] [7] [8] [9]等按键的排列规律与按键托盘中的按键排列规律一致，手机按键装配位置如图 3—4—3 所示。

图 3—4—3　装配好按键的手机

三、I/O 功能分配

本任务机器人单元 PLC 与机器人 I/O 功能分配（参数写入时需重启控制器），见表 3—4—1。

表 3—4—1　机器人单元 PLC 与机器人 I/O 功能分配表

序号	PLC I/O 地址	功能描述	对应机器人 I/O	备注
1	I0. 0	按下“启动”按钮，I0. 0 闭合	无	
2	I0. 1	按下“停止”按钮，I0. 1 闭合	无	
3	I0. 2	按下“复位”按钮，I0. 2 闭合	无	
4	I0. 3	联机信号触发，I0. 3 闭合	无	
5	I1. 2	自动模式，I1. 2 闭合	OUT4	
6	I1. 3	伺服运行中，I1. 3 闭合	OUT5	
7	I1. 4	程序 RUN，I1. 4 闭合	OUT6	

续表

序号	PLC I/O 地址	功能描述	对应机器人 I/O	备注
8	I1.5	异常报警，I1.5 闭合	OUT7	
9	I1.6	机器人急停，I1.6 闭合	OUT8	
10	I1.7	回到原点，I1.7 闭合	OUT9	
11	I2.0	取盖到位信号，I2.0 闭合	OUT10	
12	I2.1	换料信号，I2.1 闭合	OUT11	
13	I2.2	装配完成信号，I2.2 闭合	OUT12	
14	I2.3	加盖完成信号，I2.3 闭合	OUT13	
15	I2.4	入库完成信号，I2.4 闭合	OUT14	
16	I2.5	仓库 1 满，I2.5 闭合	OUT15	
17	I2.6	仓库 2 满，I2.6 闭合	OUT16	
18	Q0.0	Q0.0 闭合，机器人上电，电动机上电	IN4	
19	Q0.1	Q0.1 闭合，伺服启动	IN5	
20	Q0.2	Q0.2 闭合，主程序开始运行	IN6	
21	Q0.3	Q0.3 闭合，机器人运行中	IN7	
22	Q0.4	Q0.4 闭合，机器人停止	IN8	
23	Q0.5	Q0.5 闭合，伺服停止	IN9	
24	Q0.6	Q0.6 闭合，机器人异常复位	IN10	
25	Q0.7	Q0.7 闭合，PLC 复位信号	IN11	
26	Q1.0	Q1.0 闭合，面板运行指示灯（绿）点亮	无	
27	Q1.1	Q1.1 闭合，面板停止指示灯（红）点亮	无	
28	Q1.2	Q1.2 闭合，面板复位指示灯（黄）点亮	无	
29	Q1.3	Q1.3 闭合，动作开始	IN12	
30	Q1.4	Q1.4 闭合，有盖信号	IN13	
31	Q1.5	Q1.5 闭合，盖颜色信号	IN14	
32	Q1.6	Q1.6 闭合，仓库 1 清空信号	IN15	
33	Q1.7	Q1.7 闭合，仓库 2 清空信号	IN16	

续表

序号	PLC I/O 地址	功能描述	对应机器人 I/O	备注
34	无	OUT1 为 ON，快换夹具电磁阀 YV21 动作	OUT1	
35	无	OUT2 为 ON，工作 A 电磁阀 YV22 动作	OUT2	
36	无	OUT3 为 ON，工作 B 电磁阀 YV23 动作	OUT3	

四、PLC 控制接线图

本任务 PLC 控制接线图如图 3—4—4 所示。

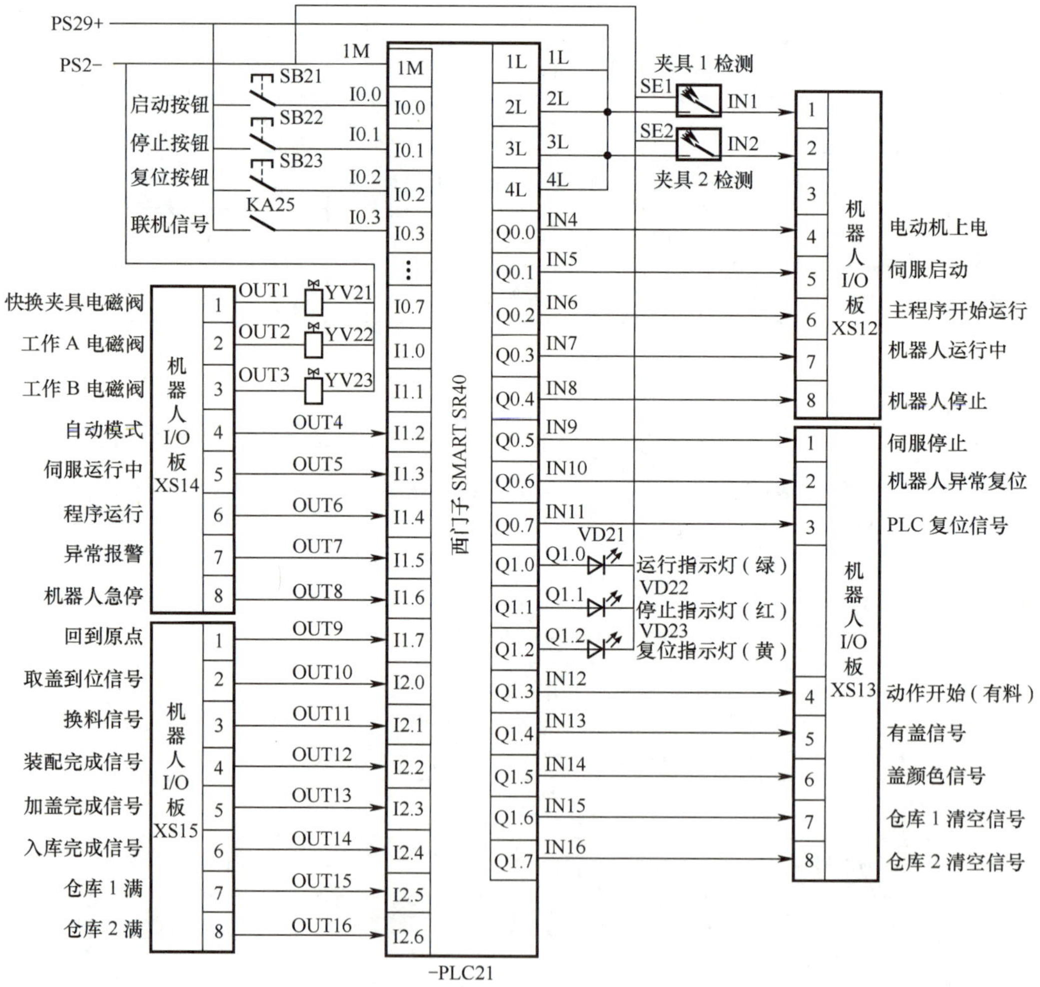

图 3—4—4　PLC 控制接线图

五、机器人动作流程

根据控制要求，可分析出机器人动作流程如下：

（1）按下启动按钮。

（2）机器人运行到初始位置。

（3）运动到接近取键点上方 50 mm 位置。

（4）下降到取键点。

（5）吸取按键。

（6）上升 50 mm 取出按键。

（7）运动到放按键的位置上方 50 mm 位置。

（8）下降到放键位置。

（9）松开按键，确保放好按键。

（10）上升 50 mm。

（11）返回第三步，直到所有按键装配完成，返回安全点，等待更换手机底座。

六、机器人控制程序设计

根据机器人动作流程可设计出机器人控制程序如下：

```
------------------主程序-------------------------
    PROC main()
        DateInit;
        rHome;
        WHILE TRUE DO
            TPWrite "Wait Start....." ;
            WHILE DI10_12=0 DO
            ENDWHILE
            TPWrite "Running: Start." ;
            RESET DO10_9;
            Gripper1;
            assemble;
            placeGripper1;
            j:=j+1;
            IF j>=2 THEN
                j:=0;
                i:=i+1;
            ENDIF
            Gripper3;
```

```
            SealedByhandling;
            placeGripper3;
            ncount := ncount+1;
            IF ncount>=4 THEN
                ncount := 0;
                i := 0;
                j := 0;
            ENDIF
        ENDWHILE
    ENDPROC
-----------------取放夹具子程序-------------------------
    PROC Gripper1()
        MoveJ Offs(ppick, 0, 0, 50), v200, z60, tool0;
        Set DO10_1;
        MoveL Offs(ppick, 0, 0, 0), v40, fine, tool0;
        Reset DO10_1;
        WaitTime 1;
        MoveL Offs(ppick, -3, -120, 20), v50, z100, tool0;
        MoveL Offs(ppick, -3, -120, 150), v100, z60, tool0;
    ENDPROC
    PROC placeGripper1()
        MoveJ Offs(ppick, -2.5, -120, 200), v200, z100, tool0;
        MoveL Offs(ppick, -2.5, -120, 20), v100, z100, tool0;
        MoveL Offs(ppick, 0, 0, 0), v40, fine, tool0;
        Set DO10_1;
        WaitTime 1;
        MoveL Offs(ppick, 0, 0, 40), v30, z100, tool0;
        MoveL Offs(ppick, 0, 0, 50), v60, z100, tool0;
        Reset DO10_1;
        IF DI10_12=0 THEN
            MoveJ Home, v200, z100, tool0;
        ENDIF
    ENDPROC
-----------------手机按键装配子程序-------------------------
    PROC assemble()
        P12 := p11;
        P12 := Offs(p12, 12 * i, 12 * j, 0);
        MoveJ Offs(p12, -100, 100, 100), v150, z100, tool0;
        MoveJ Offs(p12, 0, 0, 20), v200, z100, tool0;
```

```
!12
MoveL Offs(p12, 0, 0, 0), v40, fine, tool0;
Set DO10_2;
Set DO10_3;
WaitTime 0.2;
MoveL Offs(p12, 0, 0, 20), v40, z100, tool0;
MoveJ p1, v200, z100, tool0;
!Z
MoveJ Offs(p2, 0, 0, 20), v200, z100, tool0;
!2
MoveL Offs(p2, 0, 0, 0), v40, fine, tool0;
RESet DO10_3;
WaitTime 0.1;
MoveL Offs(p2, 0, 0, 20), v100, z100, tool0;
MoveJ Offs(p2, -18, 0, 20), v100, z100, tool0;
!1
MoveL Offs(p2, -18, 0, 0), v40, fine, tool0;
RESet DO10_2;
WaitTime 0.1;
MoveL Offs(p2, -18, 0, 20), v100, z100, tool0;
MoveJ p1, v200, z100, tool0;
!Z
MoveJ Offs(p12, 0, 60, 20), v200, z100, tool0;
!3 *
MoveL Offs(p12, 0, 60, 0), v40, fine, tool0;
Set DO10_2;
Set DO10_3;
WaitTime 0.2;
MoveL Offs(p12, 0, 60, 20), v40, z100, tool0;
MoveJ p1, v200, z100, tool0;
!Z
MoveJ Offs(p2, -42, 0, 20), v200, z100, tool0;
!3
MoveL Offs(p2, -42, 0, 0), v40, fine, tool0;
RESet DO10_2;
WaitTime 0.1;
MoveL Offs(p2, -42, 0, 20), v100, z100, tool0;
MoveJ Offs(p2, -24, 0, 20), v100, z100, tool0;
! *
```

```
MoveL Offs(p2, -24, 0, 0), v40, fine, tool0;
RESet DO10_3;
WaitTime 0.1;
MoveL Offs(p2, -24, 0, 20), v100, z100, tool0;
MoveJ p1, v200, z100, tool0;
!Z
MoveJ Offs(p12, 30, 0, 20), v200, z100, tool0;
!45
MoveL Offs(p12, 30, 0, 0), v40, fine, tool0;
Set DO10_2;
Set DO10_3;
WaitTime 0.2;
MoveL Offs(p12, 30, 0, 20), v40, z100, tool0;
MoveJ p1, v200, z100, tool0;
!Z
MoveJ Offs(p2, 0, 12, 20), v200, z100, tool0;
!5
MoveL Offs(p2, 0, 12, 0), v40, fine, tool0;
RESet DO10_3;
WaitTime 0.1;
MoveL Offs(p2, 0, 12, 20), v100, z100, tool0;
MoveJ Offs(p2, -18, 12, 20), v100, z100, tool0;
!4
MoveL Offs(p2, -18, 12, 0), v40, fine, tool0;
RESet DO10_2;
WaitTime 0.1;
MoveL Offs(p2, -18, 12, 20), v100, z100, tool0;
MoveJ p1, v200, z100, tool0;
!Z
MoveJ Offs(p12, 30, 60, 20), v200, z100, tool0;
!60
MoveL Offs(p12, 30, 60, 0), v40, fine, tool0;
Set DO10_2;
Set DO10_3;
WaitTime 0.2;
MoveL Offs(p12, 30, 60, 20), v40, z100, tool0;
MoveJ p1, v200, z100, tool0;
!Z
MoveJ Offs(p2, -42, 12, 20), v200, z100, tool0;
```

```
!6
MoveL Offs(p2, -42, 12, 0), v40, fine, tool0;
RESet DO10_2;
WaitTime 0.1;
MoveL Offs(p2, -42, 12, 20), v100, z100, tool0;
MoveJ Offs(p2, -24, 12, 20), v100, z100, tool0;
!0
MoveL Offs(p2, -24, 12, 0), v40, fine, tool0;
RESet DO10_3;
WaitTime 0.1;
MoveL Offs(p2, -24, 12, 20), v100, fine, tool0;
MoveJ p1, v200, z100, tool0;
!Z
MoveJ Offs(p12, 60, 0, 20), v200, z100, tool0;
!78
MoveL Offs(p12, 60, 0, 0), v40, fine, tool0;
Set DO10_2;
Set DO10_3;
WaitTime 0.2;
MoveL Offs(p12, 60, 0, 20), v200, z100, tool0;
MoveJ p1, v200, z100, tool0;
!Z
MoveJ Offs(p2, 0, 24, 20), v200, z100, tool0;
!8
MoveL Offs(p2, 0, 24, 0), v40, fine, tool0;
RESet DO10_3;
WaitTime 0.1;
MoveL Offs(p2, 0, 24, 20), v100, z100, tool0;
MoveJ Offs(p2, -18, 24, 20), v100, z100, tool0;
!7
MoveL Offs(p2, -18, 24, 0), v40, fine, tool0;
RESet DO10_2;
WaitTime 0.1;
MoveL Offs(p2, -18, 24, 20), v100, z100, tool0;
MoveJ p1, v200, z100, tool0;
!Z
MoveJ Offs(p12, 60, 60, 20), v200, z100, tool0;
!9
MoveL Offs(p12, 60, 60, 0), v40, fine, tool0;
```

```
Set DO10_2;
WaitTime 0.2;
MoveL Offs(p12, 60, 60, 20), v40, z100, tool0;
MoveJ p1, v200, z100, tool0;
!Z
MoveJ Offs(p2, -42, 24, 20), v200, z100, tool0;
!9
MoveL Offs(p2, -42, 24, 0), v40, fine, tool0;
RESet DO10_2;
WaitTime 0.1;
MoveL Offs(p2, -42, 24, 20), v100, z100, tool0;
MoveJ p1, v200, z100, tool0;
!Z
MoveJ Offs(p12, 90, 0, 20), v200, z100, tool0;
!#(
MoveL Offs(p12, 90, 0, 0), v40, fine, tool0;
Set DO10_2;
Set DO10_3;
WaitTime 0.2;
MoveL Offs(p12, 90, 0, 20), v40, z100, tool0;
MoveJ p1, v200, z100, tool0;
!Z
MoveJ Offs(p2, -54, 24, 20), v200, z100, tool0;
!#
MoveL Offs(p2, -54, 24, 0), v40, fine, tool0;
RESet DO10_2;
WaitTime 0.1;
MoveL Offs(p2, -54, 24, 20), v100, z100, tool0;
MoveJ Offs(p2, 12, -15, 20), v100, z100, tool0;
!(
MoveL Offs(p2, 12, -15, 0), v40, fine, tool0;
RESet DO10_3;
WaitTime 0.1;
MoveL Offs(p2, 12, -15, 20), v100, z100, tool0;
MoveJ p1, v200, z100, tool0;
!Z
MoveJ Offs(p12, 90, 60, 20), v200, z100, tool0;
!)
MoveL Offs(p12, 90, 60, 0), v40, fine, tool0;
```

```
    Set DO10_2;
    WaitTime 0.2;
    MoveL Offs(p12, 90, 60, 20), v200, z100, tool0;
    MoveJ p1, v200, z100, tool0;
    !Z
    MoveJ Offs(p2, -53, -14, 20), v200, z100, tool0;
    !)
    MoveL Offs(p2, -53, -14, 0), v40, fine, tool0;
    RESet DO10_2;
    WaitTime 0.1;
    MoveL Offs(p2, -53, -14, 20), v100, z100, tool0;
    MoveJ p1, v200, z100, tool0;
    !Z
    MoveJ Offs(p12, 77+6*i, 90+6*j, 20), v200, z100, tool0;
    !DA
    MoveL Offs(p12, 77+6*i, 90+6*j, 0), v40, fine, tool0;
    Set DO10_2;
    WaitTime 0.2;
    MoveL Offs(p12, 77+6*i, 90+6*j, 20), v40, z100, tool0;
    MoveJ p1, v200, z60, tool0;
    !Z
    MoveJ Offs(p2, -34, -11.5, 20), v200, z100, tool0;
    !DA
    MoveL Offs(p2, -34, -11.5, 0), v40, fine, tool0;
    RESet DO10_2;
    WaitTime 0.1;
    MoveL Offs(p2, -34, -11.5, 20), v100, z100, tool0;
    SET DO10_12;
    IF DI10_12=0 THEN
        MoveJ Home, v200, fine, tool0;
    ENDIF
    IF ncount=3 THEN
        SET DO10_11;
    ENDIF
    MoveJ Offs(ppick, -3, -100, 220), v150, z100, tool0;
    RESET DO10_12;
    RESET DO10_11;
ENDPROC
```

七、PLC 控制程序设计

根据控制要求，可设计出 PLC 控制参考程序梯形图，如图 3—4—5 所示。

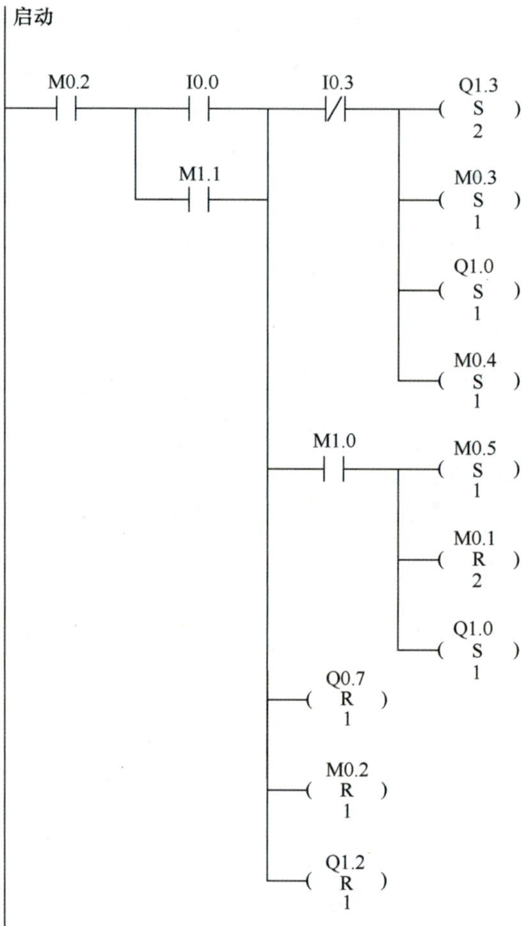

符号	地址	注释
CPU_ 输出 10	Q1.2	复位指示灯
CPU_ 输出 11	Q1.3	动作开始（有料）
CPU_ 输出 7	Q0.7	PLC 复位信号
CPU_ 输出 8	Q1.0	运行指示灯
CPU_ 输入 0	I0.0	启动按钮
CPU_ 输入 3	I0.3	单联机信号
M1	M0.1	系统复位
M10	N1.0	全部联机信号
M11	M1.1	联机启动
M2	M0.2	复位完成
M3	M0.3	单机启动
M4	M0.4	单机运行
M5	M0.5	联机启动

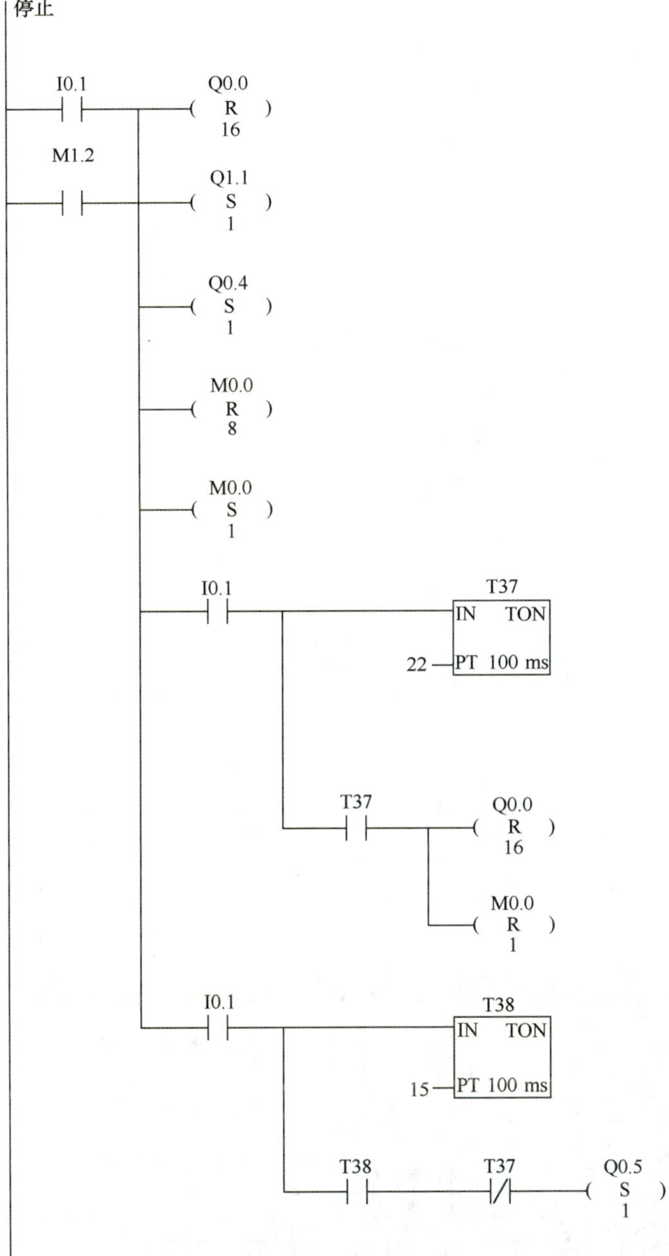

符号	地址	注释
CPU_输出 0	Q0.0	Motor On 机器人伺服 ON
CPU_输出 4	Q0.4	Stop 机器人程序 STOP
CPU_输出 5	Q0.5	Motor Off 机器人伺服 OFF
CPU_输出 9	Q1.1	停止指示灯
CPU_输入 1	I0.1	停止按钮
M00	M0.0	系统停止
M12	M1.2	联机停止

复位

SM0.0 M0.0 I0.2 M0.1 S 1
M1.3 M0.0 R 1
Q0.4 R 2
Q1.1 R 1
Q0.7 S 1

M0.1 I1.2 T40 IN TON
10 PT 100 ms

T40 I1.5 SM0.5 Q0.6
I1.6 SM0.5 Q0.0
I1.3 T41 IN TON
10 PT 100 ms
Q0.2 S 1

T40 P Q1.1 R 1
SM0.5 Q1.2 S 1
SM0.5 Q1.2 R 1

T41 I1.3 I1.4 I1.5 I1.7 I0.3 M0.2 S 1
M1.4 Q1.2 S 1
M0.1 R 1

符号	地址	注释
Always_On	SM0.0	始终接通
Clock_1s	SM0.5	针对 1s 的周期时间，时钟脉冲接通 0.5 s，断开 0.5 s
CPU_输出 0	Q0.0	Motor On 机器人伺服 ON
CPU_输出 10	Q1.2	复位指示灯
CPU_输出 2	Q0.2	Start At Mian 机器人从主程序 RUN
CPU_输出 4	Q0.4	Stop 机器人程序 STOP
CPU_输出 5	Q0.6	Reset Execution Error Signal 机器人异常复位
CPU_输出 7	Q0.7	PLC 复位信号
CPU_输出 9	Q1.1	停止指示灯
CPU_输入 10	I1.2	Auto On 机器人自动模式
CPU_输入 11	I1.3	Motor On 机器人伺服 ON 中
CPU_输入 12	I1.4	Cycle On 机器人程序 RUN 中
CPU_输入 13	I1.5	Execution Error 机器人异常报销
CPU_输入 14	I1.6	Emergency Stop 机器人急停中
CPU_输入 15	I1.7	回到原点
CPU_输入 2	I0.2	复位按钮
CPU_输入 3	I0.3	单联机信号
M00	M0.0	系统停止
M1	M0.1	系统复位
M13	M1.3	联机复位
M14	M1.4	全部复位完成
M2	M0.2	复位完成

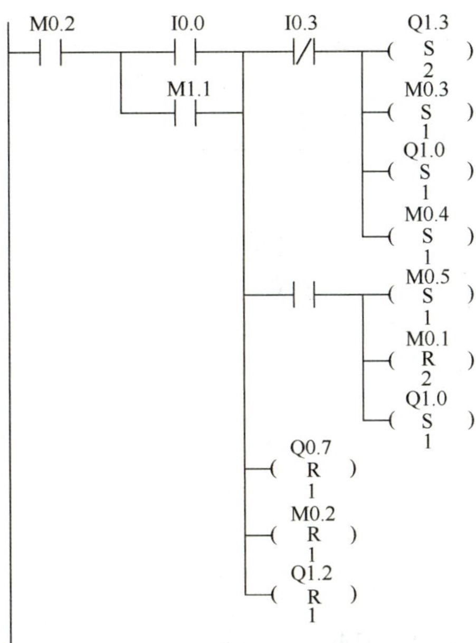

符号	地址	注释
CPU_ 输出 10	Q1.2	复位指示灯
CPU_ 输出 11	Q1.3	动作开始（有料）
CPU_ 输出 7	Q0.7	PLC 复位信号
CPU_ 输出 8	Q1.0	运行指示灯
CPU_ 输入 0	I0.0	启动按钮
CPU_ 输入 3	I0.3	单联机信号
M1	M0.1	系统复位
M10	M1.0	全部联机信号
M11	M1.2	联机启动
M2	M0.2	复位完成
M3	M0.3	单机启动
M4	M0.4	单机运行
M5	M0.5	联机启动

M0.4　I0.3　I2.1　Q1.3 R 1
Q1.3　I2.4　Q1.4 R 1　M0.6 S 1
SM0.0　I2.0　Q1.4 R 1
SM0.0　I2.3　Q1.3 R 1
M0.6　I0.0　I2.1　Q1.3 S 2　M0.6 R 1
I0.0　I2.1　Q0.7 S 1

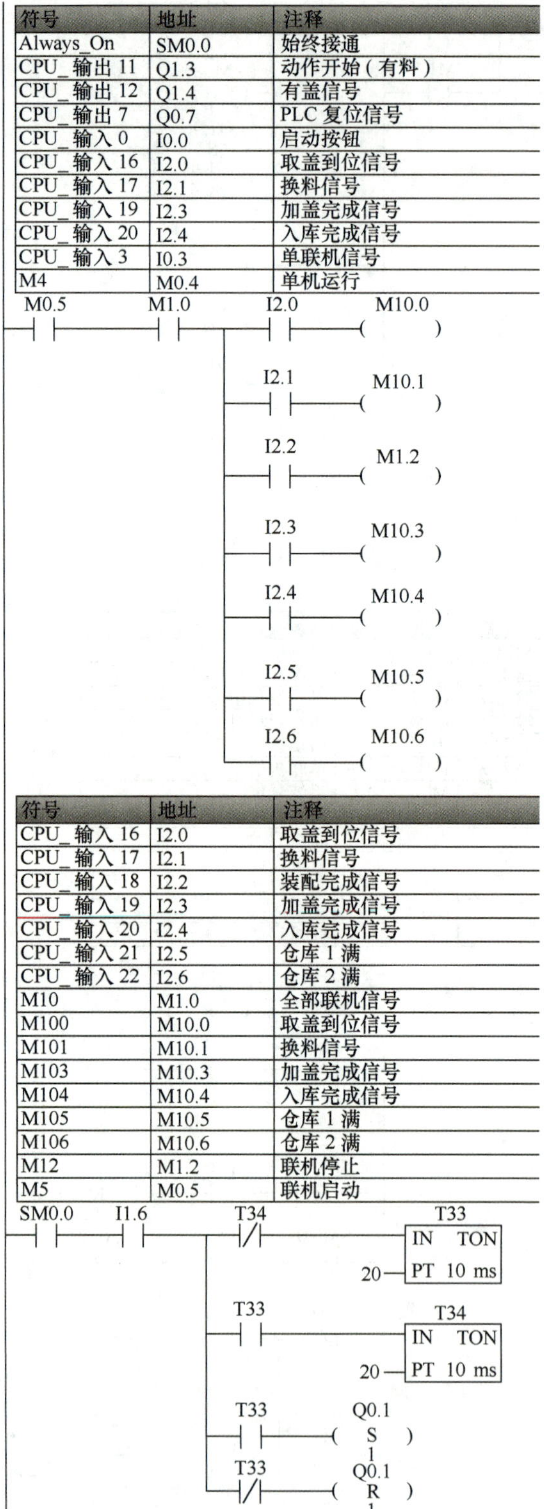

符号	地址	注释
Always_On	SM0.0	始终接通
CPU_输出 11	Q1.3	动作开始（有料）
CPU_输出 12	Q1.4	有盖信号
CPU_输出 7	Q0.7	PLC 复位信号
CPU_输入 0	I0.0	启动按钮
CPU_输入 16	I2.0	取盖到位信号
CPU_输入 17	I2.1	换料信号
CPU_输入 19	I2.3	加盖完成信号
CPU_输入 20	I2.4	入库完成信号
CPU_输入 3	I0.3	单联机信号
M4	M0.4	单机运行

符号	地址	注释
CPU_输入 16	I2.0	取盖到位信号
CPU_输入 17	I2.1	换料信号
CPU_输入 18	I2.2	装配完成信号
CPU_输入 19	I2.3	加盖完成信号
CPU_输入 20	I2.4	入库完成信号
CPU_输入 21	I2.5	仓库 1 满
CPU_输入 22	I2.6	仓库 2 满
M10	M1.0	全部联机信号
M100	M10.0	取盖到位信号
M101	M10.1	换料信号
M103	M10.3	加盖完成信号
M104	M10.4	入库完成信号
M105	M10.5	仓库 1 满
M106	M10.6	仓库 2 满
M12	M1.2	联机停止
M5	M0.5	联机启动

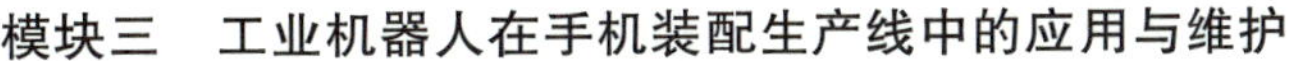

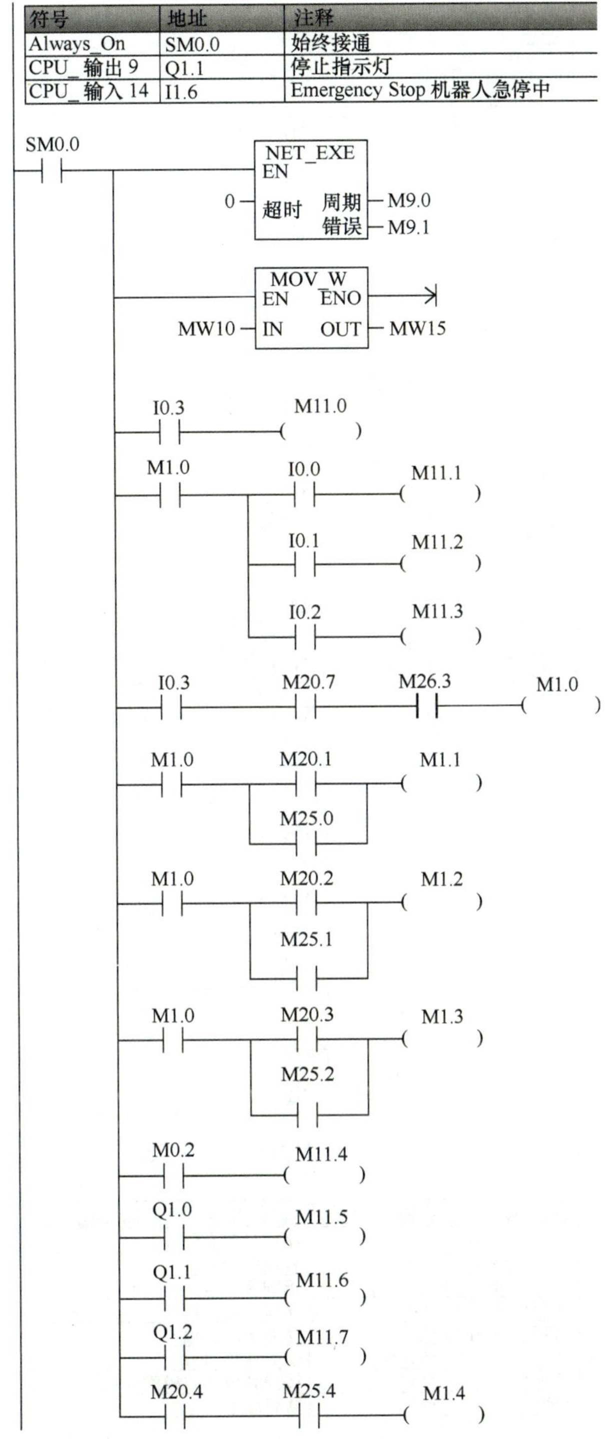

符号	地址	注释
Always_On	SM0.0	始终接通
CPU_输出 9	Q1.1	停止指示灯
CPU_输入 14	I1.6	Emergency Stop 机器人急停中

SM0.0
NET_EXE
EN
0
超时
周期
错误
M9.0
M9.1
MOV_W
EN
ENO
MW10
IN
OUT
MW15
I0.3
M11.0
M1.0
I0.0
M11.1
I0.1
M11.2
I0.2
M11.3
I0.3
M20.7
M26.3
M1.0
M1.0
M20.1
M1.1
M25.0
M1.0
M20.2
M1.2
M25.1
M1.0
M20.3
M1.3
M25.2
M0.2
M11.4
Q1.0
M11.5
Q1.1
M11.6
Q1.2
M11.7
M20.4
M25.4
M1.4

符号	地址	注释
Always_On	SM0.0	始终接通
CPU_输出 10	Q1.2	复位指示灯
CPU_输出 8	Q1.0	运行指示灯
CPU_输出 9	Q1.1	停止指示灯
CPU_输入 0	I0.0	启动按钮
CPU_输入 1	I0.1	停止按钮
CPU_输入 2	I0.2	复位按钮
CPU_输入 3	I0.3	单联机信号
M10	M1.0	全部联机信号
M11	M1.1	联机启动
M110	M11.0	单 / 联机
M111	M11.1	联机启动
M112	M11.2	联机停止
M113	M11.3	联机复位
M114	M11.4	复位完成
M115	M11.5	运行指示灯
M116	M11.6	停止指示灯
M117	M11.7	复位指示灯
M12	M1.2	联机体质
M13	M1.3	联机到位
M14	M1.4	全部复位完成
M2	M0.2	复位完成
M201	M20.1	启动程序
M202	M20.2	停止程序
M203	M20.3	复位程序
M204	M20.4	复位完成信号
M207	M20.7	联机信号
M263	M26.3	单 / 联机

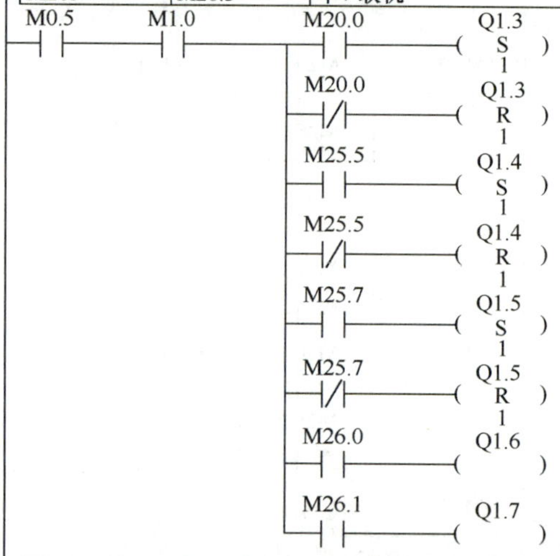

符号	地址	注释
CPU_输出 11	Q1.3	动作开始（有料）
CPU_输出 12	Q1.4	有盖信号
CPU_输出 13	Q1.5	盖颜色信号
CPU_输出 14	Q1.6	仓库 1 清空信号
CPU_输出 15	Q1.7	仓库 2 清空信号
M10	M1.0	全部联机信号
M200	M20.0	按键到位手机模型到位
M5	M0.5	联机启动

图 3—4—5　PLC 控制参考程序梯形图

八、功能调试

（1）利用给定测试程序进行通电测试。

（2）按下启动按钮后，工业机器人开始运行，逐个将托盘中的手机按键搬运到手机底座上，动作要求连贯，过程中要保证机器人离开固定机械结构 100 mm 以上。

检查测评

对任务的完成情况进行检查，并将结果填入表 3—4—2 内。

表 3—4—2　　任务测评表

序号	主要内容	考核要求	评分标准	配分	扣分	得分
1	机器人装配手机按键程序设计与调试	列出 PLC I/O 地址分配表；根据加工工艺，设计梯形图及 PLC 控制接线图	1. 输入/输出地址遗漏或错误，每处扣 5 分 2. 梯形图表达不正确或画法不规范，每处扣 1 分 3. 接线图表达不正确或画法不规范，每处扣 2 分	40		
		按 PLC 控制接线图在配线板上正确安装接线，安装要准确、紧固、美观，导线要走线槽，导线要有端子标号	1. 损坏元件扣 5 分 2. 布线不走线槽、不美观，每根扣 1 分 3. 接点松动、露铜过长、反圈、压绝缘层，标记线号不清楚、遗漏或误标，引出端无别径压端子，每处扣 1 分 4. 损伤导线绝缘或线芯，每根扣 1 分 5. 不按 PLC 控制接线图接线，每处扣 5 分	10		
		熟练正确地将所编程序输入 PLC；按照被控设备的动作要求进行模拟调试，达到设计要求	1. 不能熟练操作 PLC 键盘输入指令扣 2 分 2. 不会用删除、插入、修改、存盘等命令，每项扣 2 分 3. 仿真试车不成功扣 30 分	40		

续表

序号	主要内容	考核要求	评分标准	配分	扣分	得分
2	安全文明生产	劳动保护用品穿戴整齐；遵守操作规程；讲文明礼貌；操作结束后清理现场	1. 操作中，违反安全文明生产考核要求的任何一项扣 5 分，扣完为止 2. 当发现学生有重大事故隐患时，要立即予以制止，并每次扣安全文明生产总分 5 分	10		
合计						

任务 5　机器人装配手机盖的程序设计与调试

学习目标

知识目标：

掌握手机盖装配机器人的程序设计方法。

能力目标：

能够根据控制要求，完成机器人装配手机盖的程序设计及示教，并能解决运行过程中出现的常见问题。

工作任务

现有一台工业机器人手机装配模拟工作站。有一批手机按键已经装配完成，需要进行手机盖装配任务。手机盖预装在步进系统控制的升降机构内，能够实时供给，现需要编写机器人控制程序并示教。

具体的控制要求如下：

（1）按下“启动”按钮，系统上电。

（2）按下“开”按钮，系统自动运行，机器人拾取平行夹具，手机盖供料机构推出第一个手机盖到出料台，机器人抓取手机盖装配到手机上并搬运到成品仓，然后回到原点。机器人控制动作速度不能过快。

（3）按下“停止”按钮，机器人动作停止。

（4）按下“复位”按钮，自动复位到原点。

相关知识

一、手机盖装配及入库运行轨迹

根据控制要求，可得出手机盖装配及入库运行轨迹，如图 3—5—1 所示。

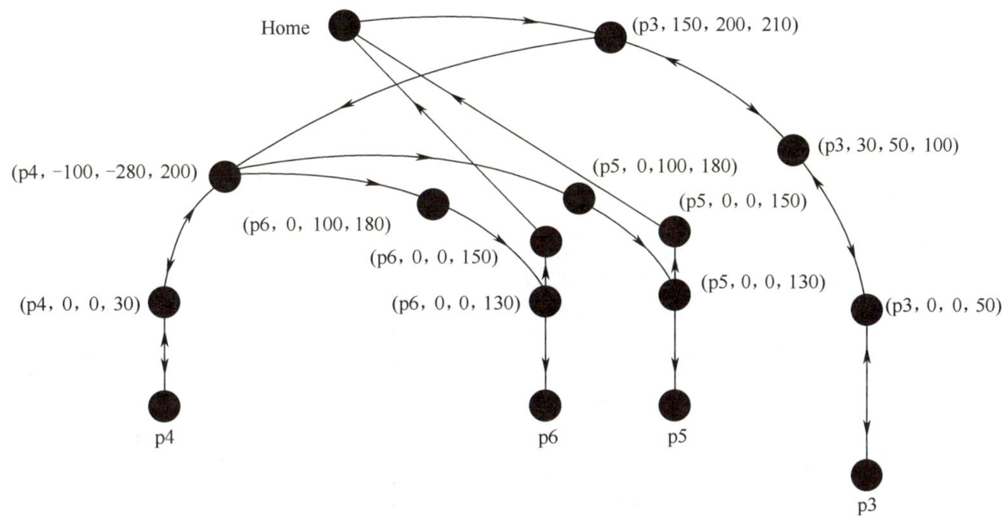

图 3—5—1　手机盖装配及入库运行轨迹

二、手机盖装配及入库示教点

根据如图 3—5—1 所示的运行轨迹，可得出手机盖装配及入库所需的示教点，见表 3—5—1。

表 3—5—1　　手机盖装配及入库所需示教点

序号	点序号	注释	备注
1	Home	机器人初始位置	程序中定义
2	ppick1	取平行夹具点	需示教
3	p3	手机取盖点	需示教
4	p4	手机加盖点	需示教
5	p5	手机仓库放置点一	需示教
6	p6	手机仓库放置点二	需示教

任务实施

一、任务准备

实施本任务教学所使用的实训设备及工具材料可参考表 3—1—2。

二、机器人控制流程图

根据任务要求，画出机器人控制流程图，如图 3—5—2 所示。

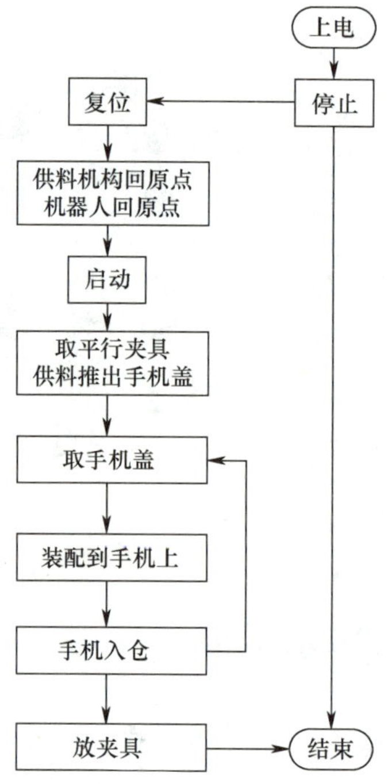

图 3—5—2　机器人控制流程图

三、机器人控制程序设计

根据控制要求，编写出机器人控制程序，并下载到本体。机器人的参考程序如下：

```
---------------------------加盖入库子程序-----------------------------
    PROC SealedByhandling( )
        MoveJ Home, v200, z100, tool0;
        MoveJ Offs(p3, 150, 200, 210), v200, z100, tool0;
```

```
MoveJ Offs(p3, 30, 50, 100), v150, z100, tool0;
MoveJ Offs(p3, 0, 0, 50), v100, z100, tool0;
RESET DO10_3;
Set DO10_2;
WHILE DI10_13=0 DO
ENDWHILE
MoveL Offs(p3, 0, 0, 0), v50, fine, tool0;
Set DO10_3;
RESET DO10_2;
WaitTime 0.7;
Set DO10_10;
WaitTime 0.8;
MoveL Offs(p3, 0, 0, 50), v50, z100, tool0;
MoveJ Offs(p3, 30, 50, 100), v100, z100, tool0;
MoveJ Offs(p3, 150, 200, 210), v150, z100, tool0;
RESET DO10_10;
MoveJ Offs(p4, -100, -280, 200), v200, z100, tool0;
MoveL Offs(p4, 0, 0, 30), v150, z100, tool0;
MoveL Offs(p4, 0, 0, 0), v50, fine, tool0;
WaitTime 0.7;
Set DO10_13;
WaitTime 0.8;
MoveL Offs(p4, 0, 0, 30), v50, z100, tool0;
MoveL Offs(p4, -100, -280, 200), v150, z100, tool0;
RESET DO10_13;
IF (mcount<2 or mcount>=4) and mcount<6 THEN
    WHILE DI10_15=1 DO
    ENDWHILE
    MoveJ Offs(p5, 0, 100, 180), v200, z100, tool0;
    MoveJ Offs(p5, 0, 0, 130), v200, z100, tool0;
    MoveL Offs(p5, 0, 0, acount * 20), v50, fine, tool0;
    RESET DO10_3;
    Set DO10_2;
    WaitTime 0.3;
    Set DO10_14;
    MoveL Offs(p5, 0, 0, 150), v100, z100, tool0;
    acount := acount+1;
    IF acount=4 THEN
        Set DO10_15;
```

```
            ENDIF
            MoveJ Home, v200, fine, tool0;
        ELSE
            WHILE DI10_16=1 DO
            ENDWHILE
            MoveJ Offs(p6, 0, 100, 180), v200, z100, tool0;
            MoveJ Offs(p6, 0, 0, 130), v200, z100, tool0;
            MoveL Offs(p6, 0, 0, bcount * 20), v50, fine, tool0;
            RESET DO10_3;
            Set DO10_2;
            WaitTime 0.3;
            Set DO10_14;
            MoveL Offs(p6, 0, 0, 150), v100, z100, tool0;
            bcount:= bcount+1;
            IF bcount=4 THEN
                Set DO10_16;
            ENDIF
            MoveJ Home, v200, z100, tool0;
    ENDIF
    mcount:= mcount+1;
    IF mcount>=8 THEN
            mcount:= 0;
            acount:= 0;
            bcount:= 0;
        ENDIF
        RESET DO10_14;
        RESET DO10_2;
    ENDPROC
```

------------------------取放平行夹具子程序------------------------

```
    PROC Gripper3()
        MoveJ Offs(ppick1, 0, 0, 50), v200, z60, tool0;
        Set DO10_1;
        MoveL Offs(ppick1, 0, 0, 0), v40, fine, tool0;
        Reset DO10_1;
        WaitTime 1;
        MoveL Offs(ppick1, -3, -120, 30), v50, z100, tool0;
        MoveL Offs(ppick1, -3, -120, 150), v100, z60, tool0;
    ENDPROC
    PROC Gripper3()
```

```
    MoveJ Offs(ppick1, -3, -120, 220), v200, z100, tool0;
    MoveL Offs(ppick1, -3, -120, 20), v100, z100, tool0;
    MoveL Offs(ppick1, 0, 0, 0), v60, fine, tool0;
    Set DO10_1;
    WaitTime 1;
    MoveL Offs(ppick1, 0, 0, 40), v30, z100, tool0;
    MoveL Offs(ppick1, 0, 0, 50), v60, z100, tool0;
    Reset DO10_1;
ENDPROC
```

四、机器人示教

按照如图 3—5—1 所示手机盖装配及入库运行轨迹和表 3—5—1，进行手机盖装配及入库运行轨迹示教。示教内容主要有原点示教、加盖路线点示教和入库路线点示教。

五、程序调试与运行

1. 程序运行

根据上述内容，调试并运行程序，实现本任务要求的功能。调试前注意对照接口板端子分配表和 PLC 控制接线图检查桌面和挂板接线是否正确，尤其要检查 24 V 电源和电气元件电源线等线路是否有短路、断路现象。

2. 调试故障查询及解决方法

本任务调试时的故障查询及解决方法见表 3—5—2。

表 3—5—2　　故障查询及解决方法

故障现象	故障原因	解决方法
设备不能正常上电	电气元件损坏	更换电气元件
	接线脱落或错误	检查电路并重新接线
按钮指示灯不亮	接线错误	检查电路并重新接线
	程序错误	修改程序
	指示灯损坏	更换

续表

故障现象	故障原因	解决方法
PLC 灯闪烁报警	程序出错	修改程序重新写入
PLC 提示“参数错误”	端口选择错误	选择正确的端口号和通信参数
	PLC 出错	执行“PLC 存储器清除”命令，直到灯灭为止
传感器对应的 PLC 输入点没输入	PLC 与传感器接线错误	检查电路并重新接线
	传感器损坏	更换传感器
	PLC 输入点损坏	更换输入点
PLC 输出点没有动作	接线错误	按正确的方法重新接线
	相应器件损坏	更换器件
	PLC 输出点损坏	更换输出点
上电，机器人报警	机器人的安全信号没有连接	按照机器人接线图接线
机器人不能启动	未选择机器人运行程序	在控制器的操作面板选择程序（在第一次运行机器人的情况下）
	没有设置机器人专用 I/O	设置机器人专用 I/O（在第一次运行机器人的情况下）
	PLC 的输出端没有输出	监控 PLC 程序
	PLC 的输出端子损坏	更换其他端子
	线路错误或接触不良	检查电路并重新接线
机器人启动就报警	没有设置原点数据	输入原点数据（在第一次运行机器人的情况下）
机器人运动过程中报警	机器人从当前点，到下一个点不能直接移动	重新示教下一个点
	气缸节流阀锁死	松开节流阀
	机械结构卡死	调整结构件

检查测评

对任务的完成情况进行检查，并将结果填入表 3—5—3 内。

表 3—5—3　　任务测评表

序号	主要内容	考核要求	评分标准	配分	扣分	得分
1	机器人装配手机盖程序设计与调试	列出 PLC I/O 地址分配表；根据加工工艺，设计梯形图及 PLC 控制接线图	1. 输入/输出地址遗漏或错误，每处扣 5 分 2. 梯形图表达不正确或画法不规范，每处扣 1 分 3. 接线图表达不正确或画法不规范，每处扣 2 分	40		
		按 PLC 控制接线图在配线板上正确安装接线，安装要准确、紧固、美观，导线要走线槽，导线要有端子标号	1. 损坏元件扣 5 分 2. 布线不走线槽，不美观，每根扣 1 分 3. 接点松动、露铜过长、反圈、压绝缘层，标记线号不清楚、遗漏或误标，引出端无别径压端子，每处扣 1 分 4. 损伤导线绝缘或线芯，每根扣 1 分 5. 不按 PLC 控制接线图接线，每处扣 5 分	10		
		熟练正确地将所编程序输入 PLC；按照被控设备的动作要求进行模拟调试，达到设计要求	1. 不能熟练操作 PLC 键盘输入指令扣 2 分 2. 不会用删除、插入、修改、存盘等命令，每项扣 2 分 3. 仿真试车不成功扣 30 分	40		
2	安全文明生产	劳动保护用品穿戴整齐；遵守操作规程；讲文明礼貌；操作结束后清理现场	1. 操作中，违反安全文明生产考核要求的任何一项扣 5 分，扣完为止 2. 当发现学生有重大事故隐患时，要立即予以制止，并每次扣安全文明生产总分 5 分	10		
合计						

任务 6　工作站整机的程序设计与调试

学习目标

知识目标：

1. 熟练掌握工作站各单元的通信地址分配，能够绘制各单元的 PLC 控制原理图。
2. 掌握整个工作站的联机调试方法。

能力目标：

能够根据控制要求，完成整机工作站的程序设计与调试，并能解决运行过程中出现的常见问题。

工作任务

有一台工业机器人手机装配模拟工作站，已完成所有任务模型安装与接线任务，现需要编写 PLC 和机器人控制程序并调试。

具体的控制要求如下：

（1）按下“启动”按钮，系统上电。

（2）按下“联机”按钮，机器人单元、上料整列单元、加盖单元均联机上电。

（3）按下“开”按钮后，再按下送料单元送料按钮，系统自动运行：

1）送料机构顺利把送料盘送入工作区，把手机底座推入工作区。

2）机器人收到料盘信号，先拾取按键吸盘夹具对手机按键进行装配，完成后夹具放回原位。

3）机器人更换平行夹具，手机盖上料机构把手机盖推到出料台，机器人抓取手机盖装配到手机上并放入仓库，完成后放回平行夹具，最后回到原点。

4）手机底座上料机构再次推出手机底座到装配位，发出到位信号，机器人重复上面操作，直到 4 套手机装配完毕。

（4）机器人控制盘动作速度不能过快。

（5）按下“停止”按钮，机器人动作停止。

（6）按下“复位”按钮，自动复位到原点。

相关知识

一、上料整列单元的检查

可参照如图 3—6—1 所示的上料整列单元流程图检查上料整列单元的运行情况。

二、加盖单元的检查

可参照如图 3—6—2 所示的加盖单元流程图检查加盖单元的运行情况。

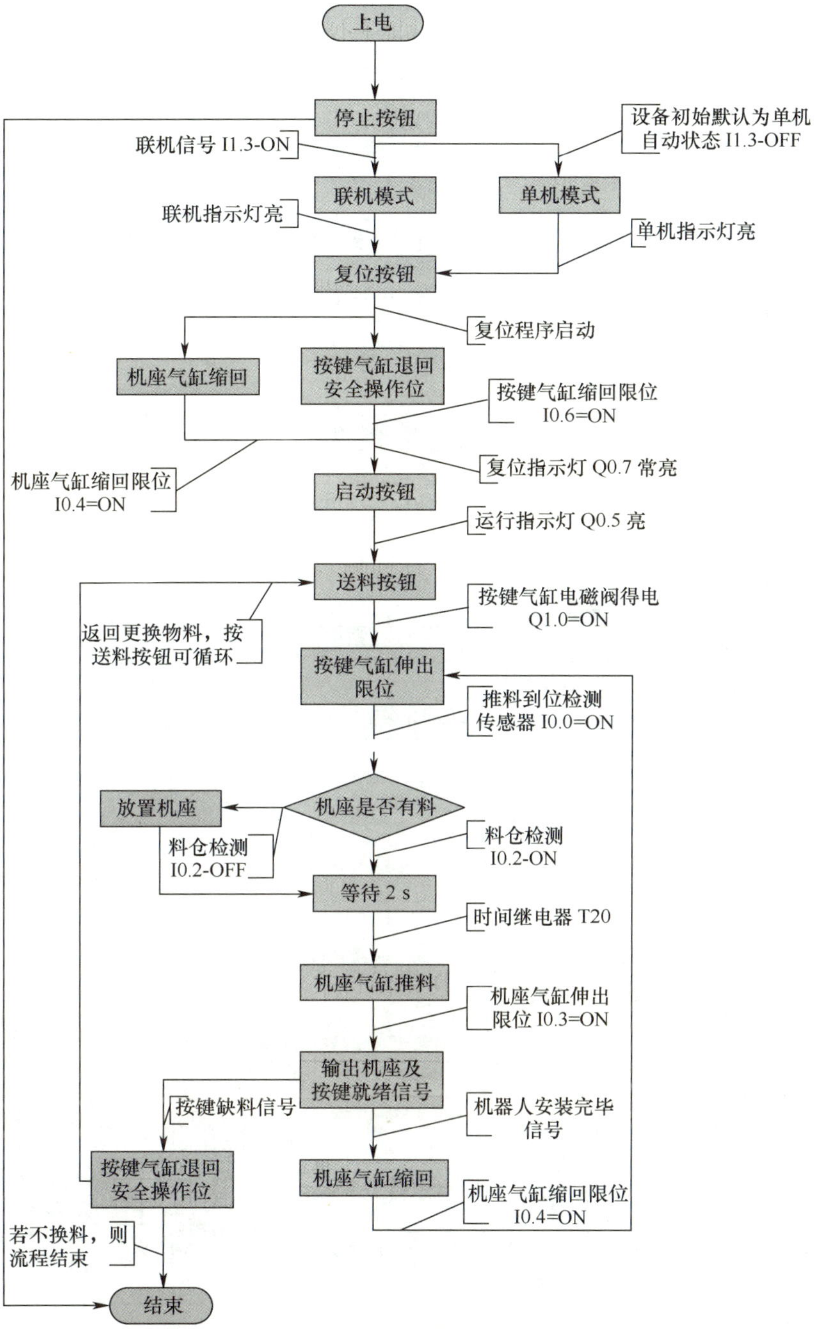

图 3—6—1　上料整列单元流程图

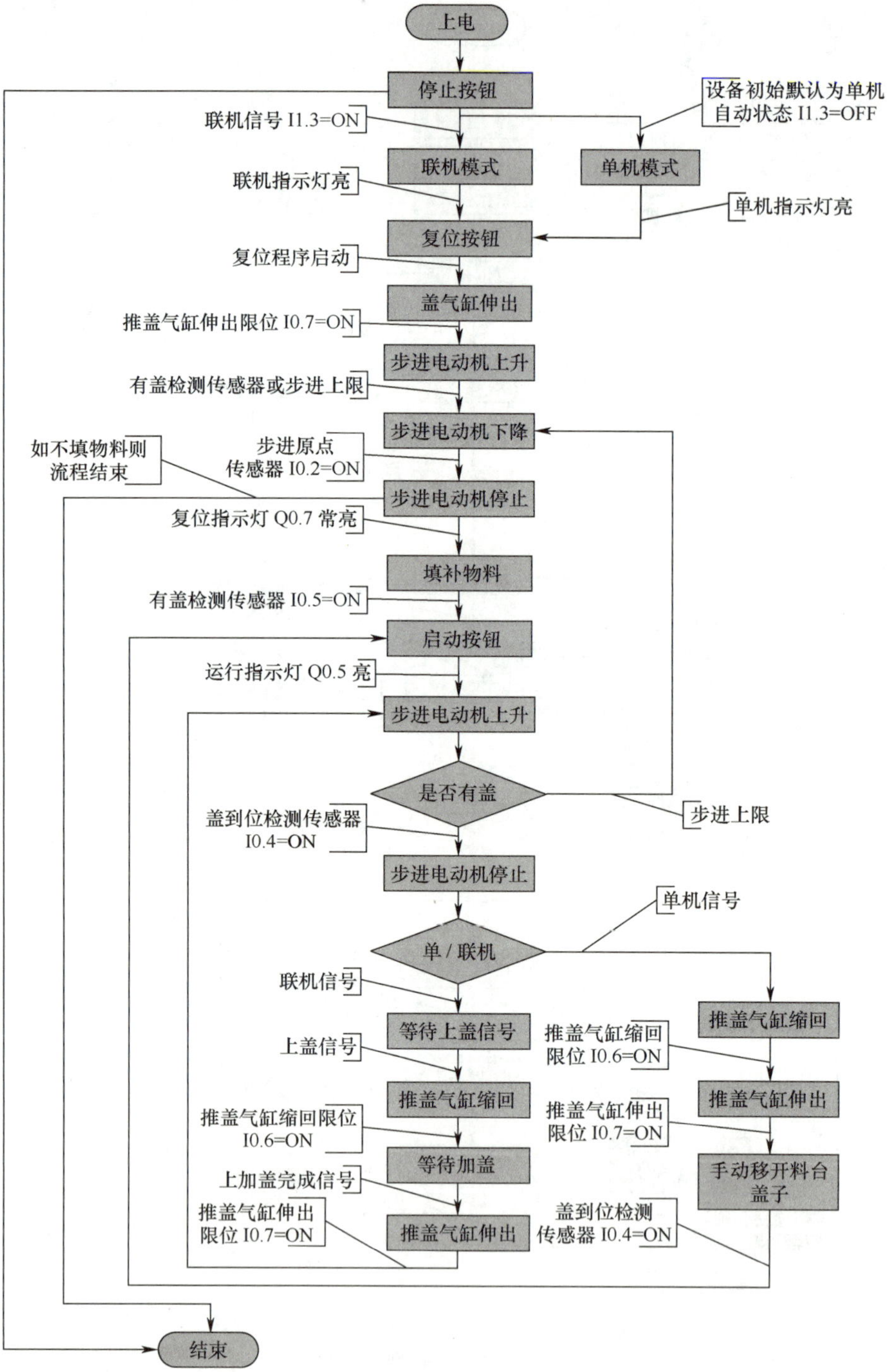

上电
停止按钮
设备初始默认为单机
自动状态 I1.3=OFF
联机信号 I1.3=ON
联机模式
单机模式
联机指示灯亮
单机指示灯亮
复位按钮
复位程序启动
盖气缸伸出
推盖气缸伸出限位 I0.7=ON
步进电动机上升
有盖检测传感器或步进上限
步进电动机下降
如不填物料则
流程结束
步进原点
传感器 I0.2=ON
步进电动机停止
复位指示灯 Q0.7 常亮
填补物料
有盖检测传感器 I0.5=ON
启动按钮
运行指示灯 Q0.5 亮
步进电动机上升
是否有盖
步进上限
盖到位检测传感器
I0.4=ON
步进电动机停止
单机信号
单 / 联机
联机信号
推盖气缸缩回
等待上盖信号
推盖气缸缩回
限位 I0.6=ON
上盖信号
推盖气缸缩回
推盖气缸伸出
推盖气缸伸出
限位 I0.7=ON
推盖气缸缩回限位
I0.6=ON
等待加盖
手动移开料台
盖子
上加盖完成信号
推盖气缸伸出
限位 I0.7=ON
推盖气缸伸出
盖到位检测
传感器 I0.4=ON
结束

图 3—6—2　加盖单元流程图

任务实施

一、任务准备

实施本任务教学所使用的实训设备及工具材料可参考表 3—1—2。

二、机器人控制流程图

根据任务要求，画出机器人控制流程图，如图 3—6—3 所示。

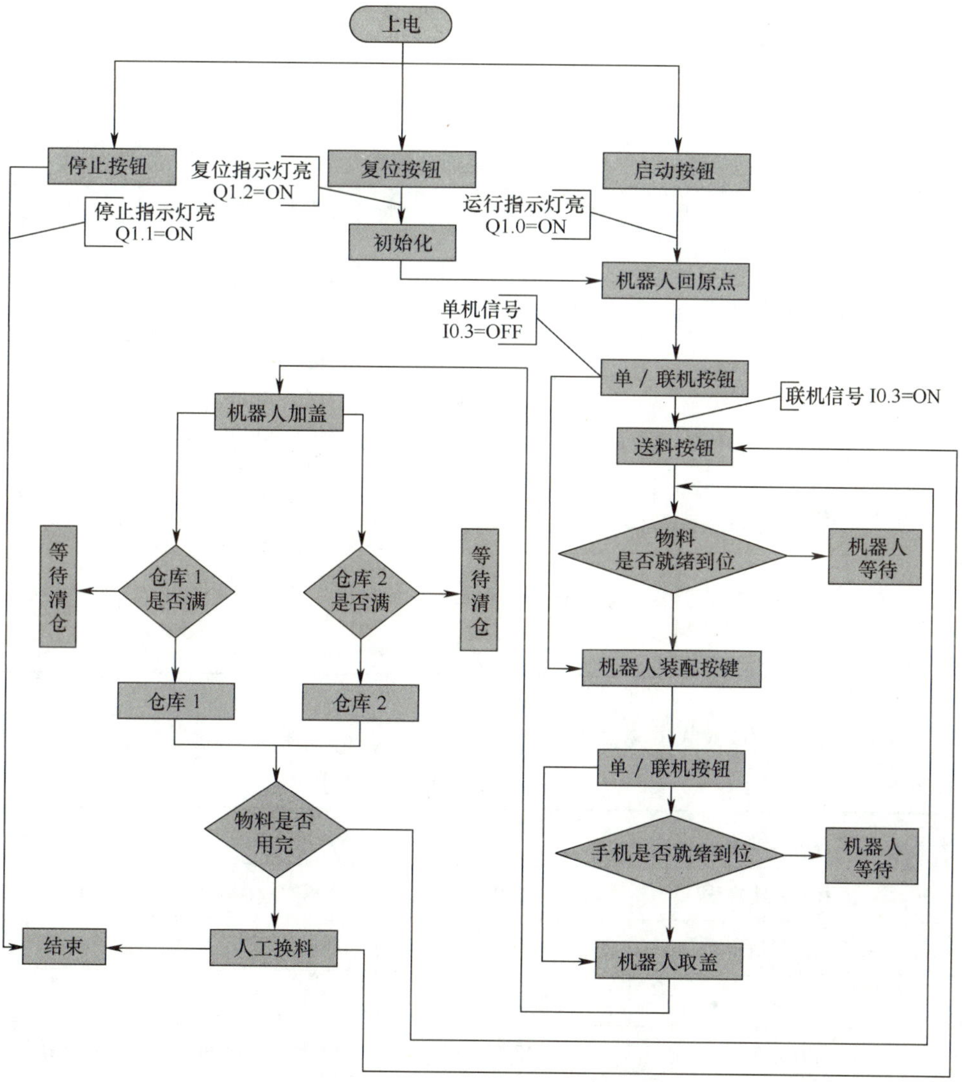

上电
停止按钮
复位指示灯亮
Q1.2=ON
复位按钮
启动按钮
停止指示灯亮
Q1.1=ON
运行指示灯亮
Q1.0=ON
初始化
机器人回原点
单机信号
I0.3=OFF
单／联机按钮
联机信号 I0.3=ON
机器人加盖
送料按钮
物料是否就绪到位
机器人等待
等待清仓
仓库 1 是否满
仓库 2 是否满
等待清仓
机器人装配按键
仓库 1
仓库 2
单／联机按钮
物料是否用完
手机是否就绪到位
机器人等待
结束
人工换料
机器人取盖

图 3—6—3　机器人控制流程图

三、I/O 功能分配

1. 上料整列单元 PLC 的 I/O 功能分配

上料整列单元 PLC 的 I/O 功能分配见表 3—2—1。

2. 加盖单元 PLC 的 I/O 功能分配

加盖单元 PLC 的 I/O 功能分配见表 3—3—1。

3. 机器人单元 PLC 与机器人 I/O 功能分配

机器人单元 PLC 的 I/O 功能分配见表 3—4—1。

4. 通信地址分配

（1）以太网网络通信分配（见表 3—6—1）

表 3—6—1　以太网网络通信分配表

序号	站名	IP 地址	通信地址区域	备注
1	六轴机器人单元	192. 168. 0. 101	MB10-MB11 MB20-MB21 MB15-MB16 MB25-MB26	以太网
2	上料整列单元	192. 168. 0. 102	MB10-MB11 MB20-MB21 MB15-MB16 MB25-MB26	
3	加盖单元	192. 168. 0. 103	MB10-MB11 MB20-MB21 MB15-MB16 MB25-MB26	

（2）通信地址分配（见表 3—6—2）

表 3—6—2　通信地址分配表

序号	功能定义	通信 M 点	发送 PLC 站号	接收 PLC 站号
1	按键就绪信号	M10. 0	102#PLC 发出	101 接收
2	换料信号	M10. 1	101#PLC 发出	102 接收
3	取盖	M15. 0	101#PLC 发出	103 接收
4	仓库 1 满	M15. 5	101#PLC 发出	103 接收
5	仓库 2 满	M15. 6	101#PLC 发出	103 接收

续表

序号	功能定义	通信 M 点	发送 PLC 站号	接收 PLC 站号
6	手机盖推出	M10. 5	103#PLC 发出	101 接收
7	单元停止	M11. 0	101#PLC 发出	102、103 接收
8	单元复位	M11. 1	101#PLC 发出	102、103 接收
9	复位完成	M11. 2	101#PLC 发出	102、103 接收
10	停止指示灯	M11. 3	101#PLC 发出	102、103 接收
11	复位指示灯	M11. 4	101#PLC 发出	102、103 接收

四、机器人控制程序设计

根据控制要求，编写出机器人控制程序，并下载到本体。机器人的参考程序如下：

```
------------------主程序------------------------------------
PROC main( )
    DateInit;
    rHome;
    WHILE TRUE DO
        TPWrite "Wait Start....." ;
        WHILE DI10_12=0 DO
        ENDWHILE
        TPWrite "Running: Start. " ;
        RESET DO10_9;
        Gripper1;
        assemble;
        placeGripper1;
        j:=j+1;
        IF j>=2 THEN
          j:=0;
          i:=i+1;
        ENDIF
        Gripper3;
        SealedByhandling;
        placeGripper3;
        ncount:=ncount+1;
        IF ncount>=4 THEN
```

```
                ncount := 0;
                i := 0;
                j := 0;
            ENDIF
        ENDWHILE
    ENDPROC
------------------初始化子程序--------------------------
    PROC DateInit( )
            p12 := p11;
        ncount := 0;
        mcount := 0;
        acount := 0;
        bcount := 0;
            i := 0;
            j := 0;
        RESET DO10_1;
        RESET DO10_2;
        RESET DO10_3;
        RESET DO10_9;
        RESET DO10_10;
        RESET DO10_11;
        RESET DO10_12;
        RESET DO10_13;
        RESET DO10_14;
        RESET DO10_15;
        RESET DO10_16;
    ENDPROC
------------------回原点子程序--------------------------
    PROC rHome( )
        VAR Jointtarget joints;
                joints := CJointT( );
        joints. robax. rax_2 :=-23;
        joints. robax. rax_3 := 32;
        joints. robax. rax_4 := 0;
        joints. robax. rax_5 := 81;
        MoveAbsJ joints \NoEOffs, v40, z100, tool0;
        MoveJ Home, v100, z100, tool0;
        IF DI10_1 =1 AND DI10_3 =1 THEN
        TPWrite "Running: Stop!";
```

```
            Stop;
        ENDIF
        IF DI10_1=1 AND DI10_3=0 THEN
            placeGripper1;
        ENDIF
        IF DI10_3=1 AND DI10_1=0 THEN
            placeGripper3;
        ENDIF
        MoveJ Home, v200, z100, tool0;
        Set DO10_9;
        TPWrite "Running: Reset complete!";
    ENDPROC
--------------------------加盖入仓子程序----------------------------
    PROC SealedByhandling()
        MoveJ Home, v200, z100, tool0;
        MoveJ Offs(p3, 150, 200, 210), v200, z100, tool0;
        MoveJ Offs(p3, 30, 50, 100), v150, z100, tool0;
        MoveJ Offs(p3, 0, 0, 50), v100, z100, tool0;
        RESET DO10_3;
        Set DO10_2;
        WHILE DI10_13=0 DO
        ENDWHILE
        MoveL Offs(p3, 0, 0, 0), v50, fine, tool0;
        Set DO10_3;
        RESET DO10_2;
        WaitTime 0.7;
        Set DO10_10;
        WaitTime 0.8;
        MoveL Offs(p3, 0, 0, 50), v50, z100, tool0;
        MoveJ Offs(p3, 30, 50, 100), v100, z100, tool0;
        MoveJ Offs(p3, 150, 200, 210), v150, z100, tool0;
        RESET DO10_10;
        MoveJ Offs(p4, -100, -280, 200), v200, z100, tool0;
        MoveL Offs(p4, 0, 0, 30), v150, z100, tool0;
        MoveL Offs(p4, 0, 0, 0), v50, fine, tool0;
        WaitTime 0.7;
        Set DO10_13;
        WaitTime 0.8;
        MoveL Offs(p4, 0, 0, 30), v50, z100, tool0;
```

```
MoveL Offs(p4, -100, -280, 200), v150, z100, tool0;
RESET DO10_13;
IF (mcount<2 or mcount>=4) and mcount<6 THEN
    WHILE DI10_15=1 DO
    ENDWHILE
    MoveJ Offs(p5, 0, 100, 180), v200, z100, tool0;
    MoveJ Offs(p5, 0, 0, 130), v200, z100, tool0;
    MoveL Offs(p5, 0, 0, acount * 20), v50, fine, tool0;
    RESET DO10_3;
    Set DO10_2;
    WaitTime 0.3;
    Set DO10_14;
    MoveL Offs(p5, 0, 0, 150), v100, z100, tool0;
    acount:= acount+1;
    IF acount=4 THEN
        Set DO10_15;
    ENDIF
    MoveJ Home, v200, fine, tool0;
ELSE
    WHILE DI10_16=1 DO
    ENDWHILE
    MoveJ Offs(p6, 0, 100, 180), v200, z100, tool0;
    MoveJ Offs(p6, 0, 0, 130), v200, z100, tool0;
    MoveL Offs(p6, 0, 0, bcount * 20), v50, fine, tool0;
    RESET DO10_3;
    Set DO10_2;
    WaitTime 0.3;
    Set DO10_14;
    MoveL Offs(p6, 0, 0, 150), v100, z100, tool0;
    bcount:= bcount+1;
    IF bcount=4 THEN
        Set DO10_16;
    ENDIF
    MoveJ Home, v200, z100, tool0;
ENDIF
mcount:= mcount+1;
IF mcount>=8 THEN
    mcount:= 0;
    acount:= 0;
```

```
        bcount := 0;
    ENDIF
    RESET DO10_14;
    RESET DO10_2;
ENDPROC
------------------------手机按键装配子程序------------------------
PROC assemble( )
    P12 := p11;
    P12 := Offs(p12, 12 * i, 12 * j, 0);
    MoveJ Offs(p12, -100, 100, 100), v150, z100, tool0;
    MoveJ Offs(p12, 0, 0, 20), v200, z100, tool0;
    !12
    MoveL Offs(p12, 0, 0, 0), v40, fine, tool0;
    Set DO10_2;
    Set DO10_3;
    WaitTime 0.2;
    MoveL Offs(p12, 0, 0, 20), v40, z100, tool0;
    MoveJ p1, v200, z100, tool0;
    !Z
    MoveJ Offs(p2, 0, 0, 20), v200, z100, tool0;
    !2
    MoveL Offs(p2, 0, 0, 0), v40, fine, tool0;
    RESet DO10_3;
    WaitTime 0.1;
    MoveL Offs(p2, 0, 0, 20), v100, z100, tool0;
    MoveJ Offs(p2, -18, 0, 20), v100, z100, tool0;
    !1
    MoveL Offs(p2, -18, 0, 0), v40, fine, tool0;
    RESet DO10_2;
    WaitTime 0.1;
    MoveL Offs(p2, -18, 0, 20), v100, z100, tool0;
    MoveJ p1, v200, z100, tool0;
    !Z
    MoveJ Offs(p12, 0, 60, 20), v200, z100, tool0;
    !3 *
    MoveL Offs(p12, 0, 60, 0), v40, fine, tool0;
    Set DO10_2;
    Set DO10_3;
    WaitTime 0.2;
```

```
MoveL Offs(p12, 0, 60, 20), v40, z100, tool0;
MoveJ p1, v200, z100, tool0;
!Z
MoveJ Offs(p2, -42, 0, 20), v200, z100, tool0;
!3
MoveL Offs(p2, -42, 0, 0), v40, fine, tool0;
RESet DO10_2;
WaitTime 0.1;
MoveL Offs(p2, -42, 0, 20), v100, z100, tool0;
MoveJ Offs(p2, -24, 0, 20), v100, z100, tool0;
! *
MoveL Offs(p2, -24, 0, 0), v40, fine, tool0;
RESet DO10_3;
WaitTime 0.1;
MoveL Offs(p2, -24, 0, 20), v100, z100, tool0;
MoveJ p1, v200, z100, tool0;
!Z
MoveJ Offs(p12, 30, 0, 20), v200, z100, tool0;
!45
MoveL Offs(p12, 30, 0, 0), v40, fine, tool0;
Set DO10_2;
Set DO10_3;
WaitTime 0.2;
MoveL Offs(p12, 30, 0, 20), v40, z100, tool0;
MoveJ p1, v200, z100, tool0;
!Z
MoveJ Offs(p2, 0, 12, 20), v200, z100, tool0;
!5
MoveL Offs(p2, 0, 12, 0), v40, fine, tool0;
RESet DO10_3;
WaitTime 0.1;
MoveL Offs(p2, 0, 12, 20), v100, z100, tool0;
MoveJ Offs(p2, -18, 12, 20), v100, z100, tool0;
!4
MoveL Offs(p2, -18, 12, 0), v40, fine, tool0;
RESet DO10_2;
WaitTime 0.1;
MoveL Offs(p2, -18, 12, 20), v100, z100, tool0;
MoveJ p1, v200, z100, tool0;
```

```
!Z
MoveJ Offs(p12, 30, 60, 20), v200, z100, tool0;
!60
MoveL Offs(p12, 30, 60, 0), v40, fine, tool0;
Set DO10_2;
Set DO10_3;
WaitTime 0.2;
MoveL Offs(p12, 30, 60, 20), v40, z100, tool0;
MoveJ p1, v200, z100, tool0;
!Z
MoveJ Offs(p2, -42, 12, 20), v200, z100, tool0;
!6
MoveL Offs(p2, -42, 12, 0), v40, fine, tool0;
RESet DO10_2;
WaitTime 0.1;
MoveL Offs(p2, -42, 12, 20), v100, z100, tool0;
MoveJ Offs(p2, -24, 12, 20), v100, z100, tool0;
!0
MoveL Offs(p2, -24, 12, 0), v40, fine, tool0;
RESet DO10_3;
WaitTime 0.1;
MoveL Offs(p2, -24, 12, 20), v100, fine, tool0;
MoveJ p1, v200, z100, tool0;
!Z
MoveJ Offs(p12, 60, 0, 20), v200, z100, tool0;
!78
MoveL Offs(p12, 60, 0, 0), v40, fine, tool0;
Set DO10_2;
Set DO10_3;
WaitTime 0.2;
MoveL Offs(p12, 60, 0, 20), v200, z100, tool0;
MoveJ p1, v200, z100, tool0;
!Z
MoveJ Offs(p2, 0, 24, 20), v200, z100, tool0;
!8
MoveL Offs(p2, 0, 24, 0), v40, fine, tool0;
RESet DO10_3;
WaitTime 0.1;
MoveL Offs(p2, 0, 24, 20), v100, z100, tool0;
```

```
MoveJ Offs(p2, -18, 24, 20), v100, z100, tool0;
!7
MoveL Offs(p2, -18, 24, 0), v40, fine, tool0;
RESet DO10_2;
WaitTime 0.1;
MoveL Offs(p2, -18, 24, 20), v100, z100, tool0;
MoveJ p1, v200, z100, tool0;
!Z
MoveJ Offs(p12, 60, 60, 20), v200, z100, tool0;
!9
MoveL Offs(p12, 60, 60, 0), v40, fine, tool0;
Set DO10_2;
WaitTime 0.2;
MoveL Offs(p12, 60, 60, 20), v40, z100, tool0;
MoveJ p1, v200, z100, tool0;
!Z
MoveJ Offs(p2, -42, 24, 20), v200, z100, tool0;
!9
MoveL Offs(p2, -42, 24, 0), v40, fine, tool0;
RESet DO10_2;
WaitTime 0.1;
MoveL Offs(p2, -42, 24, 20), v100, z100, tool0;
MoveJ p1, v200, z100, tool0;
!Z
MoveJ Offs(p12, 90, 0, 20), v200, z100, tool0;
!#(
MoveL Offs(p12, 90, 0, 0), v40, fine, tool0;
Set DO10_2;
Set DO10_3;
WaitTime 0.2;
MoveL Offs(p12, 90, 0, 20), v40, z100, tool0;
MoveJ p1, v200, z100, tool0;
!Z
MoveJ Offs(p2, -54, 24, 20), v200, z100, tool0;
!#)
MoveL Offs(p2, -54, 24, 0), v40, fine, tool0;
RESet DO10_2;
WaitTime 0.1;
```

```
MoveL Offs(p2, -54, 24, 20), v100, z100, tool0;
MoveJ Offs(p2, 12, -15, 20), v100, z100, tool0;
!(
MoveL Offs(p2, 12, -15, 0), v40, fine, tool0;
RESet DO10_3;
WaitTime 0.1;
MoveL Offs(p2, 12, -15, 20), v100, z100, tool0;
MoveJ p1, v200, z100, tool0;
!Z
MoveJ Offs(p12, 90, 60, 20), v200, z100, tool0;
!)
MoveL Offs(p12, 90, 60, 0), v40, fine, tool0;
Set DO10_2;
WaitTime 0.2;
MoveL Offs(p12, 90, 60, 20), v200, z100, tool0;
MoveJ p1, v200, z100, tool0;
!Z
MoveJ Offs(p2, -53, -14, 20), v200, z100, tool0;
!)
MoveL Offs(p2, -53, -14, 0), v40, fine, tool0;
RESet DO10_2;
WaitTime 0.1;
MoveL Offs(p2, -53, -14, 20), v100, z100, tool0;
MoveJ p1, v200, z100, tool0;
!Z
MoveJ Offs(p12, 77+6*i, 90+6*j, 20), v200, z100, tool0;
!DA
MoveL Offs(p12, 77+6*i, 90+6*j, 0), v40, fine, tool0;
Set DO10_2;
WaitTime 0.2;
MoveL Offs(p12, 77+6*i, 90+6*j, 20), v40, z100, tool0;
MoveJ p1, v200, z60, tool0;
!Z
MoveJ Offs(p2, -34, -11.5, 20), v200, z100, tool0;
!DA
MoveL Offs(p2, -34, -11.5, 0), v40, fine, tool0;
RESet DO10_2;
WaitTime 0.1;
MoveL Offs(p2, -34, -11.5, 20), v100, z100, tool0;
```

```
        SET DO10_12;
        IF DI10_12=0 THEN
            MoveJ Home, v200, fine, tool0;
        ENDIF
        IF ncount=3 THEN
            SET DO10_11;
        ENDIF
        MoveJ Offs(ppick, -3, -100, 220), v150, z100, tool0;
        RESET DO10_12;
        RESET DO10_11;
    ENDPROC
---------------------------取放吸盘夹具子程序--------------------
    PROC Gripper1()
        MoveJ Offs(ppick, 0, 0, 50), v200, z60, tool0;
        Set DO10_1;
        MoveL Offs(ppick, 0, 0, 0), v40, fine, tool0;
        Reset DO10_1;
        WaitTime 1;
        MoveL Offs(ppick, -3, -120, 20), v50, z100, tool0;
        MoveL Offs(ppick, -3, -120, 150), v100, z60, tool0;
    ENDPROC
    PROC placeGripper1()
        MoveJ Offs(ppick, -2.5, -120, 200), v200, z100, tool0;
        MoveL Offs(ppick, -2.5, -120, 20), v100, z100, tool0;
        MoveL Offs(ppick, 0, 0, 0), v40, fine, tool0;
        Set DO10_1;
        WaitTime 1;
        MoveL Offs(ppick, 0, 0, 40), v30, z100, tool0;
        MoveL Offs(ppick, 0, 0, 50), v60, z100, tool0;
        Reset DO10_1;
        IF DI10_12=0 THEN
            MoveJ Home, v200, z100, tool0;
        ENDIF
    ENDPROC
---------------------------取放平行夹具子程序-------------------
    PROC Gripper3()
        MoveJ Offs(ppick1, 0, 0, 50), v200, z60, tool0;
        Set DO10_1;
        MoveL Offs(ppick1, 0, 0, 0), v40, fine, tool0;
```

```
    Reset DO10_1;
    WaitTime 1;
    MoveL Offs(ppick1, -3, -120, 30), v50, z100, tool0;
    MoveL Offs(ppick1, -3, -120, 150), v100, z60, tool0;
ENDPROC
PROC placeGripper3()
    MoveJ Offs(ppick1,-3, -120, 220), v200, z100, tool0;
    MoveL Offs(ppick1, -3, -120, 20), v100, z100, tool0;
    MoveL Offs(ppick1, 0, 0, 0), v60, fine, tool0;
    Set DO10_1;
    WaitTime 1;
    MoveL Offs(ppick1, 0, 0, 40), v30, z100, tool0;
    MoveL Offs(ppick1, 0, 0, 50), v60, z100, tool0;
    Reset DO10_1;
ENDPROC
```

五、机器人示教

启动机器人，打开 RobotStudio 软件，学生可自行编程或者利用参考程序，程序下载完毕后，用示教器进行示教。示教的主要内容包括原点示教、托盘取按键与手机装配点示教和手机盖装配点示教等。机器人参考程序点的位置如图 3—6—4、图 3—6—5 和图 3—6—6 所示，所需示教点见表 3—6—3。

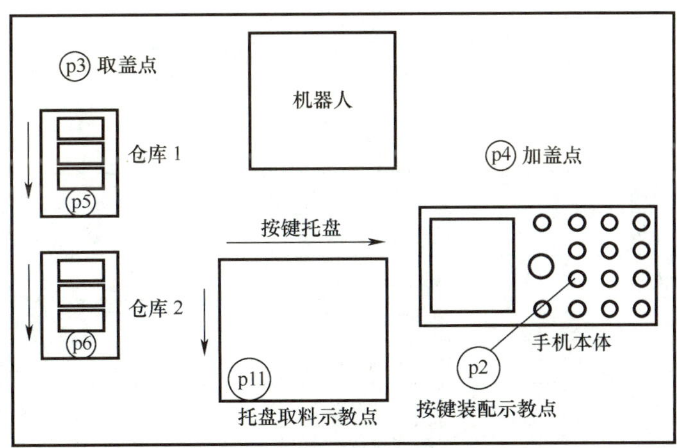

图 3—6—4　机器人示教点参考布局

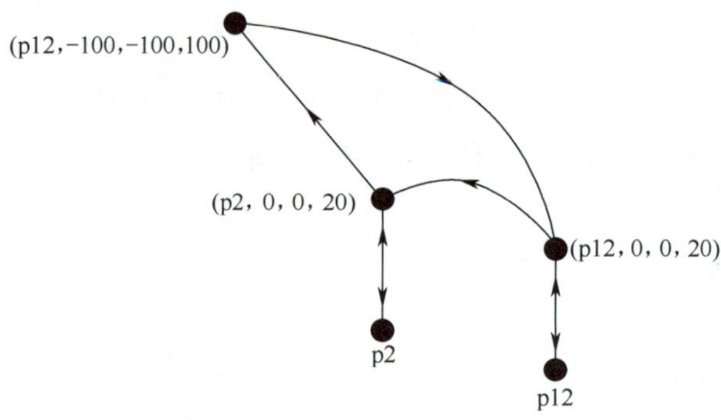

图 3—6—5　托盘取按键与手机装配轨迹示教点

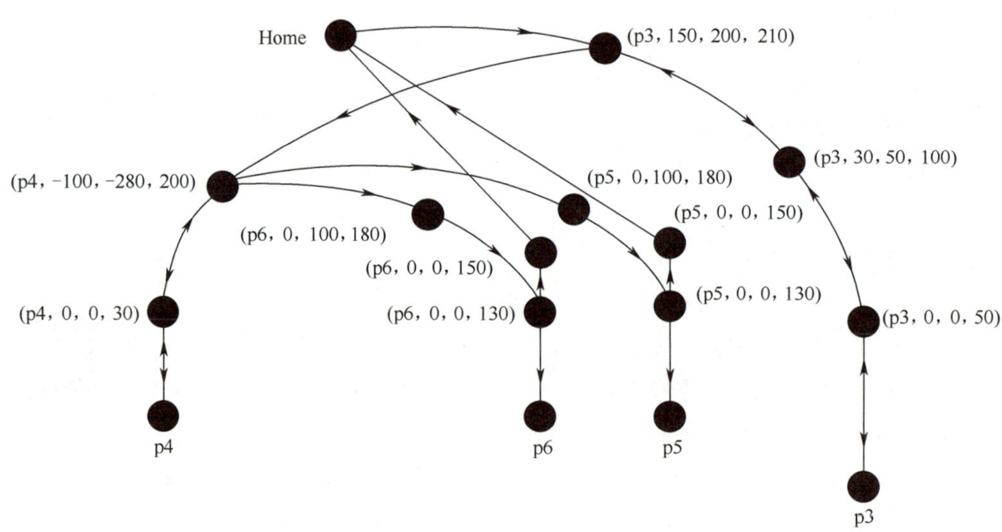

图 3—6—6　手机盖装配与入库轨迹示教点

表 3—6—3　所需示教点

序号	点序号	注释	备注
1	Home	机器人初始位置	程序中定义
2	ppick	取吸盘夹具点	需示教
3	ppick1	取平行夹具点	需示教
4	p11	托盘按键取料点	需示教
5	p12=p11	托盘按键取料点	需示教
6	p2	手机按键放置点	需示教
7	p3	手机取盖点	需示教
8	p4	手机加盖点	需示教
9	p5	手机仓库放置点一	需示教
10	p6	手机仓库放置点二	需示教

六、整机调试与运行

1. 上电前检查

（1）观察机构上各元件外表是否有明显移位、松动或损坏等现象，如果存在以上现象，及时调整、坚固或更换元件。按键送料托盘上是否按要求放置了按键物料，如果没有及时放置。

（2）对照接口板端子分配表或接线图检查桌面和挂板接线是否正确，尤其要检查 24 V 电源和电气元件电源线等线路是否有短路、断路现象。

2. 硬件的调试

（1）接通气路，打开气源，手动按下电磁阀，确认各气缸及传感器的初始状态。

（2）吸盘夹具的气管不能出现折痕，否则会导致吸盘不能吸取手机按键。

（3）槽型光电开关（EE-SX951）的调节。各夹具安放到位后，槽型光电开关无信号输出；安放有偏差时，槽型光电开关有信号输出；调节槽型光电开关位置使偏差小于 1.0 mm。

（4）节流阀的调节。打开气源，用小一字旋具对气动电磁阀的测试旋钮进行操作，调节气缸上的节流阀使气缸动作顺畅柔和。

（5）上电后按下“联机”按钮，联机指示灯亮，单机指示灯灭，进入联机状态。

（6）先按下“停止”按钮，确保机器人在安全位置后，再按下“复位”按钮，各单元回到初始状态。可观察到加盖单元的步进升降机构会自动回到原点。

（7）复位完成后，检测各机构的物料是否按标签标识的要求放好；然后按下“启动”按钮，此时六轴机器人伺服处于 ON 状态，加盖单元步进升降机构上升到第一个物料预推出状态；最后按下“送料”按钮，系统进入联机自动运行状态。

1）在设备运行过程中随时按下“停止”按钮，停止指示灯亮并且启动指示灯灭，设备停止运行。

2）当设备运行过程中遇到紧急状况时，请迅速按下“急停”按钮，设备断电。

3. 故障查询及解决方法

本任务调试时的故障查询及解决方法见表 3—5—2。

想一想，练一练

手机按键的拾取与装配程序是否可以优化？

检查测评

对任务的完成情况进行检查，并将结果填入表 3—6—4 内。

表 3—6—4　　任务测评表

序号	主要内容	考核要求	评分标准	配分	扣分	得分
1	工作站整机程序的设计与调试	机器人程序的编写	1. 输入/输出地址遗漏或错误，每处扣 5 分 2. 梯形图表达不正确或画法不规范，每处扣 1 分 3. 接线图表达不正确或画法不规范，每处扣 2 分	40		
		按 PLC 控制接线图在配线板上正确安装接线，安装要准确、紧固、美观，导线要走线槽，导线要有端子标号	1. 损坏元件扣 5 分 2. 布线不走线槽、不美观，每根扣 1 分 3. 接点松动、露铜过长、反圈、压绝缘层，标记线号不清楚、遗漏或误标，引出端无别径压端子，每处扣 1 分 4. 损伤导线绝缘或线芯，每根扣 1 分 5. 不按 PLC 控制接线图接线，每处扣 5 分	10		
		熟练正确地将所编程序输入 PLC；按照被控设备的动作要求进行模拟调试，达到设计要求	1. 不能熟练操作 PLC 键盘输入指令扣 2 分 2. 不会用删除、插入、修改、存盘等命令，每项扣 2 分 3. 仿真试车不成功扣 30 分	40		
2	安全文明生产	劳动保护用品穿戴整齐；遵守操作规程；讲文明礼貌；操作结束后清理现场	1. 操作中，违反安全文明生产考核要求的任何一项扣 5 分，扣完为止 2. 当发现学生有重大事故隐患时，要立即予以制止，并每次扣安全文明生产总分 5 分	10		
合计						

后　记

“十三五”期间，加速转变生产方式，调整产业结构，将是我国国民经济和社会发展的重中之重，而要完成这种转变和调整，就必须有一大批高素质的技能型人才作为坚实的后盾。根据《国家中长期人才发展规划纲要（2010—2020 年）》的要求，至 2020 年，我国高技能人才占技能劳动者的比例将由 2008 年的 24. 4% 上升到 28%。可以预见，作为高技能人才培养重要组成部分的技工教育，在未来 10 年必将迎来一个高速发展的黄金期。近年来，各技工院校都在积极开展工业机器人应用与维护专业的试点工作，并取得了较好的效果，但由于起步较晚，课程体系、教学模式等都还有待完善，教材建设也相对滞后。因此，开发一套体系完整、特色鲜明、适合理论实践一体化教学、反映企业最新技术与工艺的工业机器人应用与维护专业教材就迫在眉睫。

鉴于工业机器人应用与维护岗位技术工人短缺的现状，我院联合广西机电技师学院与中国劳动社会保障出版社从 2014 年 6 月开始，组织相关人员采用走访、问卷调查、座谈等方式，到全国具有代表性的机电行业企业、部分省市的技工院校进行了调研，对企业相关岗位设置情况、岗位工作任务和工作要求，以及技工院校专业教学现状、课程设置和教材需求等有了比较清晰的认识。在此基础上，紧紧依托行业优势，以向企业输送满足岗位需求的合格人才为目标，组织行业企业专家和技能教育专家对教材编写内容、编写模式等进行了深入研讨，开发了本套教材。

本套教材在编写过程中得到了广西机电技师学院、广西壮族自治区人力资源和社会保障厅技工教研室、广西柳州市职业技能鉴定中心、广西柳州钢铁集团有限公司、上汽通用五菱汽车股份有限公司、柳州九鼎机电科技有限公司的大力支持，在此表示感谢。我们相信，本套教材的出版一定能对深化职业教育改革，提高工业机器人应用与维护专业的人才培养质量等起到积极的作用。

广东三向教育学院院长　伊洪良